高职高专特色课程项目化教材

燃料油生产操作与控制

主　编　李　杰

副主编　张　辉

东北大学出版社

·沈　阳·

图书在版编目（CIP）数据

燃料油生产操作与控制 / 李杰主编. — 沈阳 ：东北大学出版社，2022. 9

ISBN　978-7-5517-3117-1

Ⅰ. ①燃…　Ⅱ. ①李…　Ⅲ. ①燃料油—生产工艺—高等职业教育—教材　Ⅳ. ①TE626. 2

中国版本图书馆 CIP 数据核字（2022）第 164884 号

出 版 者：东北大学出版社
地址：沈阳市和平区文化路三号巷 11 号
邮编：110819
电话：024-83687331(市场部)　83680267(社务部)
传真：024-83680180(市场部)　83680265(社务部)
网址：http://www. neupress. com
E-mail：neuph@ neupress. com
印 刷 者：辽宁一诺广告印务有限公司
发 行 者：东北大学出版社
幅面尺寸：185 mm×260 mm
印　　张：20
字　　数：538 千字
出版时间：2022 年 9 月第 1 版
印刷时间：2023 年 1 月第 1 次印刷
策划编辑：牛连功
责任编辑：鲍　宇
责任校对：周　朦
封面设计：潘正一

ISBN　978-7-5517-3117-1　　　　定　价：50. 00 元

前　言

石油炼制工业与国民经济的发展密切相关，无论是工业、农业，还是交通运输和国防建设，都离不开石油产品。石油燃料是使用方便、较洁净、能量利用效率较高的液体燃料。各种高速度、大功率的交通运输工具和军用机动设备，如飞机、汽车、内燃机车、拖拉机、坦克、船舶和舰艇等，它们的燃料主要是由石油炼制工业提供的。

在世界主要炼油国家油品消费结构中，以汽油、柴油等燃料油的消费量最大。而汽油、煤油、柴油等燃料油是通过原油蒸馏（常压、减压蒸馏）、热裂化、催化裂化、加氢裂化、石油焦化、催化重整，以及炼厂气加工、石油产品精制等加工过程获得的。为了满足对油品的需求，我国投产建设了多套加工能力强、技术先进的炼油装置，民营石化企业也如雨后春笋般迅速崛起，这就需要大量的炼油一线操作工。为了配合广大炼油和石油化工工人技术练兵，特别是为了帮助炼油技术工人考级、帮助读者提高炼油技术知识水平和实际操作能力，我们编写了本书。本书力求通俗易懂，适用于未接触过炼油工艺和操作的初学者进行学习，也适用于高职高专石油化工类学生学习使用。

本书由宝来生物能源、辽宁石化职业技术学院合作完成，具体分工如下：李杰编写模块一，杜凤编写模块二，张辉编写模块三，孙晓琳编写模块四，国玲玲编写模块五，本书由李杰负责统稿。在此，特别感谢宝来生物能源孙强等提供的部分资料。

由于编者水平有限，本书中难免有不妥之处，敬请读者批评、指正。

编　者

2022年1月

前　言

目　录

模块一
常减压蒸馏装置操作与控制

模块二
延迟焦化装置操作与控制

模块三
催化裂化装置操作与控制

模块四
催化加氢装置操作与控制

模块五
催化重整装置操作与控制

模块一

常减压蒸馏装置操作与控制

项目一　原油及蒸馏过程评价

任务一　认识原油蒸馏装置

一、地位及作用

原油蒸馏是最基本的石油炼制过程，指用蒸馏的方法将原油分离成不同沸点范围油品的过程，是炼油厂加工原油的第一道工序，是炼油过程的“龙头”。各炼油厂均将原油蒸馏的处理能力作为本厂的规模。

一般来说，原油经蒸馏装置加工后，可以得到直馏汽油、航空煤油、灯用煤油、轻柴油、重柴油和燃料油等产品，某些富含胶质和沥青质的原油，经减压深加工后，还可直接生产出道路沥青。在上述产品中，除汽油由于辛烷值较低，目前已不再直接作为产品外，其余一般均可直接或经过适当精制后作为产品出厂。此外，原油蒸馏装置还可以为下游二次加工装置或化工装置提供质量较高的原料油，如重整原料油、乙烯裂解原料油、焦化原料油、氧化沥青、溶剂脱沥青及减黏裂化装置的原料油。

二、生产装置组成

生产装置通常包括以下三道工序。

(1) 原油预处理：脱除原油中的水和盐。

(2) 常压蒸馏：在接近常压下蒸馏出汽油、煤油(或喷气燃料)、柴油等直馏馏分，塔底残余为常压渣油(即重油)。

(3) 减压蒸馏：使常压渣油在 8 kPa 左右的绝对压力下蒸馏出重质馏分油(作为润滑油原料油、裂化原料油或裂解原料油)，塔底残余为减压渣油。

某石化公司常减压装置工艺流程图见图 1-1-1。

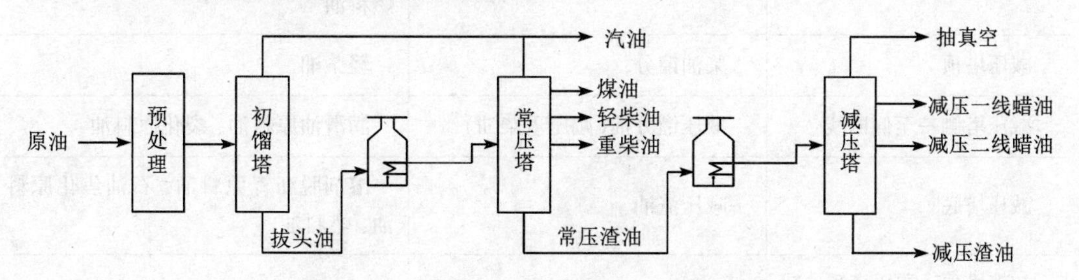

图 1-1-1　某石化公司常减压装置工艺流程图

此套常减压装置由该石化公司自行设计、自行施工建成。从设计到开工，历时 19 个月，于 1988 年 10 月一次开车成功。该装置以加工辽河原油为主，同时掺炼不同品种的外油，如萨哈林、苏丹、查蒂巴朗及其他品种外油。

该装置设计年(330 天) 加工 300 万 t 辽河原油，总能耗 12.2 万 kJ/t。主要中间产品有直馏汽油、航空煤油、轻柴油、混合蜡油、渣油。

如果原油轻质油含量较多或市场需求燃料油多，原油蒸馏也可以只包括原油预处理和常压蒸馏两道工序，俗称原油拔头。

某石化公司常减压装置工艺流程图见图 1-1-2。

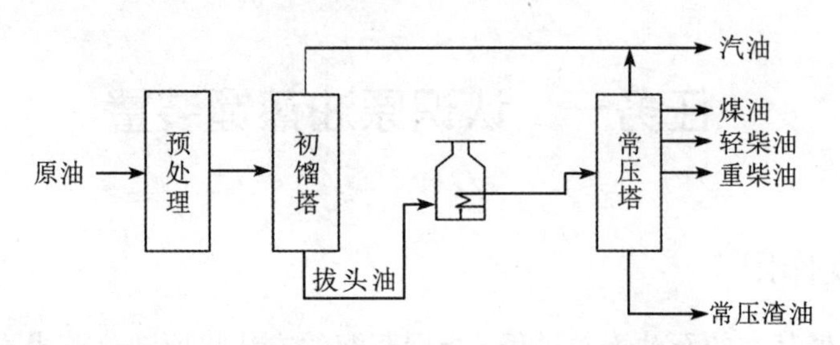

图 1-1-2　某石化公司常减压装置工艺流程图

此套常减压装置设计加工能力 300 万 t/a，主要以加工大庆油为主，同时掺炼不同品种的外油，如萨哈林、苏丹、查蒂巴朗及其他品种外油，掺炼比在 50%以上。此套常减压装置由于主要加工轻质油，所以只有常压部分。

原油蒸馏所得各馏分中，有的是一些石油产品的原料油(见表 1-1-1)，有的是二次加工的原料油(见图 1-1-3)。

表 1-1-1　原油蒸馏馏分

馏出位置	馏分名称	主要用途
初馏塔顶	汽油馏分(石脑油)	催化重整原料油、石油化工原料油、汽油调和组分
常压塔顶		
常压塔侧一线	煤油馏分	喷气燃料、煤油
常压塔侧二线	柴油馏分	轻柴油
常压塔侧三线		重柴油、变压器油原料油
常压塔侧四线	常压重馏分	裂化原料油
常压塔底	常压渣油	减压蒸馏原料油、催化裂化原料油、燃料油
减压塔顶	柴油馏分	轻柴油
减压塔侧一至侧四线	减压馏分油(减压重柴油)	润滑油原料油、裂化原料油
减压塔底	减压渣油	溶剂脱沥青原料油、石油焦化原料油、燃料油
初馏塔顶、常压塔顶、减压塔顶	初馏气体	炼厂气加工原料油

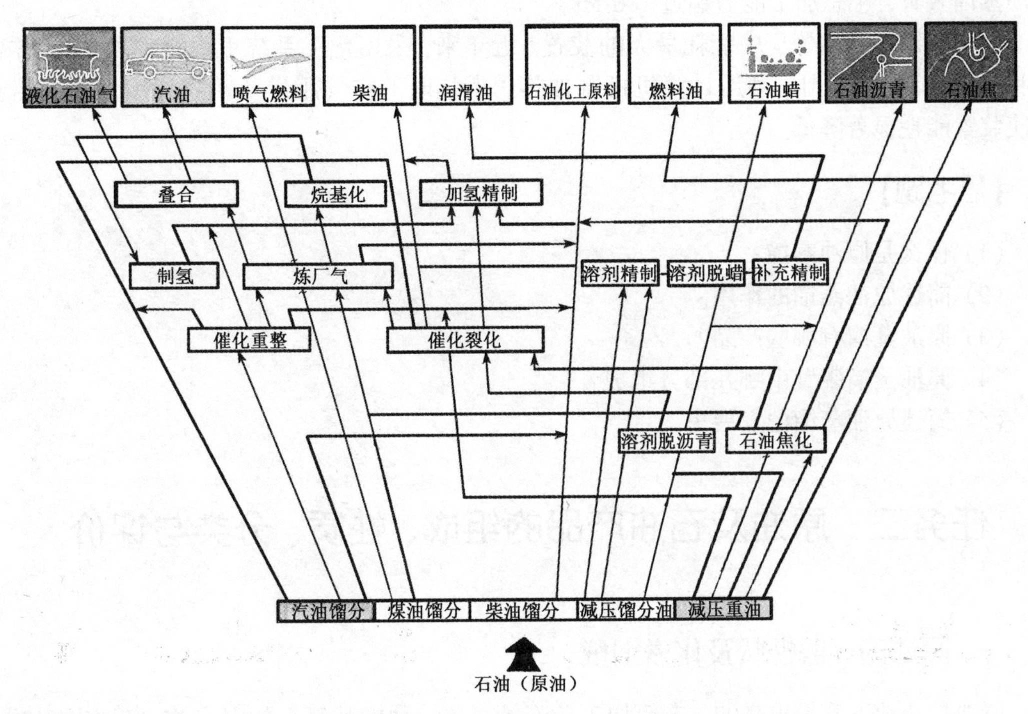

图 1-1-3　炼油厂二次加工原料油

三、原油蒸馏产率

原油蒸馏产率主要取决于原油的性质。中国大庆原油的汽油馏分（130 ℃前）的产率约为 4.2%，喷气燃料馏分（130～240 ℃）约为 9.9%，轻柴油馏分（240～350 ℃）约为 14.5%，重质馏分油（350～500 ℃）约为 29.7%，减压渣油约为 41.7%。胜利原油的汽油馏分（200 ℃前）约为 7%，轻柴油馏分（200～350 ℃）约为 18%，重质馏分油（350～525 ℃）约为 30%，减压渣油约为 45%。

四、发展史

19 世纪 20 年代，世界上主要的石油产品为灯用煤油，原油加工量较少，原油蒸馏采用釜式蒸馏法（原油间歇送入蒸馏釜，在釜中加热）。19 世纪 80 年代，随着原油加工量逐渐增加，原油蒸馏采用连续釜式蒸馏法（将 4～10 个蒸馏釜串联起来，原油连续送入）。1912 年，美国 M.T.特朗布尔应用管式加热炉与蒸馏塔等加工原油，这就是现代化原油连续蒸馏装置的雏形，此后原油加工量越来越大。近 30 年来，原油蒸馏沿着扩大处理能力和提高设备效率的方向不断发展，逐渐形成了现代化大型装置（见图 1-1-4）。中国现有 40 余套

图 1-1-4　常减压蒸馏生产装置图

原油蒸馏装置，年总加工能力超过 100 Mt。

原油蒸馏是石油炼厂中能耗最大的装置。近年来，采用化工系统工程规划方法，使热量利用更为合理。此外，利用计算机控制加热炉燃烧时的空气用量及回收利用烟气余热，可使装置能耗显著降低。

【思考题】

(1) 什么是原油蒸馏？
(2) 简述原油蒸馏的作用。
(3) 原油蒸馏有哪些产品？
(4) 原油蒸馏装置由哪几部分组成？
(5) 简述原油蒸馏的发展史。

任务二　原油及石油产品的组成、性质、分类与评价

一、原油的一般性状及化学组成

原油是从地下开采出来的、未经加工的石油，是一种极其复杂的混合物，其主要成分是烃类，还含有硫、氮、氧等化合物及微量金属有机化合物。不同油田的原油，因组成不同，往往性质不同。原油经炼制加工后，得到各种燃料油、润滑油、蜡、沥青、石油焦等石油产品。了解原油的一般性状及化学组成，对于原油加工、石油产品的综合利用等有重要意义。

（一）原油的一般性状

大多数石油是一种流动或半流动的黏稠液体，绝大多数都是黑色的，但也有暗黑、暗绿、暗褐色的，而且有些石油呈赤褐、浅黄色乃至无色。例如，我国四川盆地开采出来的原油是黄绿色的，玉门原油是红褐色的，大庆原油则是黑色的。石油具有不同的颜色，是因为它们所含的胶质和沥青质的数量不同。胶质和沥青质含量越多，石油颜色越深。我国的石油一般含沥青质不多，但含胶质较多。绝大多数石油的相对密度为 0.80~0.98，但也有例外，如伊朗某石油相对密度达 1.06，美国加利福尼亚州石油相对密度却低至0.707。石油的相对密度大小取决于石油中重质馏分、胶质、沥青质的含量多少，若重质馏分、胶质、沥青质含量多，则石油的相对密度就大；反之，相对密度就小。

由于石油里面含有不同数量的硫化物，因此，石油都有不同程度的气味。在常温下，大多数石油是可以流动的液体，但有的石油是固体或半固体。石油的流动性主要取决于石油中含蜡量：含蜡量少的，常温下呈液体状态，能流动；含蜡量多的，常温下呈固体或半固体状态，不能流动。我国石油一般含蜡量比较高，有的高达 30%。表 1-1-2 为我国几种原油的主要性质。表1-1-3为国外部分原油的主要性质。

表 1-1-2　我国几种原油的主要性质

原油性质	大庆	胜利	辽河	华北	北疆	孤岛
密度(20 ℃)/($g\cdot cm^{-3}$)	0.8617	0.9236	0.9443	0.8840	0.9070	0.9492
API°/℃	32.0	21.0	17.9	27.9	23.9	—
黏度(50 ℃)/($mm^2\cdot s^{-1}$)	31.15	271.03	209.9	68.63	100.75	243.5
凝固点/℃	33	14	0	8	-18	-4
酸度/[mg(KOH)·100 mL^{-1}]	0.01	1.27	3.30	0.14	4.51	1.7
水含量	0.01%	2.50%	1.46%	0.06%	0.61%	1.2%
盐含量	17.7%	244.0%	—	6.4%	—	—
蜡含量	26.3%	9.1%	8.3%	15.6%	7.4%	12.74%
沥青质	0	1.42%	1.80%	0.54%	0.10%	5.79%
胶质	8.36%	19.90%	19.84%	17.88%	12.80%	34.64%
残炭	3.10%	7.22%	9.35%	6.43%	4.75%	7.81%
灰分	0.012%	0.040%	0.030%	0.006%	0.082%	—
硫含量	0.11%	1.03%	0.26%	0.55%	0.13%	1.868%
氮含量	0.16%	0.37%	0.41%	0.53%	0.22%	1.366%
镍含量	3.06%	26.38%	46.80%	10.99%	9.80%	—
钒含量	0.04%	1.61%	1.11%	0.32%	0.42%	—
初馏点/℃	113	151	118	66	79	—

表 1-1-3　国外部分原油的主要性质

原油性质	沙特阿拉伯（轻质）	沙特阿拉伯（中质）	伊拉克	科威特	伊朗（重质）	阿曼	尼日利亚
密度(20 ℃)/($g\cdot cm^{-3}$)	0.8598	0.8691	0.8525	0.8647	0.8679	0.8533	0.8153
API°/℃	32.35	30.62	33.74	31.43	30.84	33.59	—
酸度/[mg(KOH)·100 mL^{-1}]	0.04	0.20	0.05	0.39	0.4	0.28	0.12
残炭	4.25%	5.87%	4.82%	4.73%	5.93%	3.55%	0.41%
硫含量	2.30%	2.80%	1.99%	1.65%	1.80%	1.12%	0.07%
氮含量	0.05%	0.19%	0.12%	0.14%	0.34%	0.12%	0.11%
镍含量	5.40%	11.20%	4.56%	7.69%	25.60%	5.38%	1.00%
钒含量	18.30%	34.70%	0.73%	18.63%	87.50%	7.56%	0.08%
含蜡量	3.48%	4.01%	3.86%	3.85%	4.09%	2.99%	7.38%
初馏点至 350 ℃收率	49.98%	46.19%	50.27%	42.63%	46.36%	44.00%	68.29%

(二) 原油的化学组成

1.石油的元素组成

世界上各种原油的性质虽然差别很大，但基本上由五种元素即碳(C)、氢(H)、硫(S)、氮(N)、氧(O)所组成。一般原油中，碳的质量分数为83%~87%，氢的质量分数为11%~14%，硫的质量分数为0.05%~8.00%，氮的质量分数为0.02%~2.00%，氧的质量分数为0.05%~2.00%。

除上述五种元素以外，在石油中还发现微量的金属元素和非金属元素。在金属元素中，最重要的是钒(V)、镍(Ni)、铁(Fe)、铜(Cu)、铅(Pb)，此外有钙(Ca)、钛(Ti)、镁(Mg)、钠(Na)、钴(CO)、锌(Zn) 等。在非金属元素中，主要有氯(Cl)、硅(Si)、磷(P)、砷(As) 等，它们的含量很少。

石油中的硫、氮、氧及其他金属和非金属元素的含量虽然很少，但对石油的加工过程影响很大。

2.石油的烃类组成

由元素组成可以看出，石油是非常复杂的有机化合物的混合物，包括烃类和非烃类。这些烃类和非烃类的结构和含量决定了石油及其产品的性质。

石油中究竟有多少种烃，至今尚无法说明，但已确定石油中的烃类主要有烷烃、环烷烃和芳香烃。天然石油中一般不含有烯烃、炔烃等不饱和烃，只有在石油的二次加工产物中和利用油页岩制得的页岩油中含有不同数量的烯烃。在不同的石油中，各族烃类含量相差较大；在同一种石油中，各族烃类在各个馏分中的分布也有很大的差异。

(1) 石油中的烷烃。

烷烃是组成石油的主要成分之一，随着相对分子质量的增加，烷烃分别以气、液、固三态存在于石油中。

① 气态烷烃。在常温下，从甲烷到丁烷是气态，它们是天然气和炼厂气的主要成分。

天然气因组成不同可分为干气(贫气) 和湿气(富气)。在干气中，含有大量的甲烷和少量的乙烷、丙烷等气体；而在湿气中，除含有较多的甲烷、乙烷以外，还含有少量易挥发的液态烃(如戊烷、己烷直至辛烷的蒸气)，还可能有极少量的芳香烃及环烷烃。干气和湿气之间并无严格的界限，通常，以天然气中丁烷以上的液态烃(称气体汽油) 含量来区分。当在每立方米天然气中含有低于100 g气体汽油时称为贫气，而在富气中，一般含有100 g以上的气体汽油，有些甚至高达700~800 g。

炼厂气的组成，因加工条件不同，不但含有烷烃，还含有烯烃、氢气等气体。

② 液态烷烃。在常温下，C_5~C_{15}的烷烃为液态，主要存在于汽油和煤油中，其沸点随着相对分子质量的增加而升高(见表1-1-4)。在蒸馏石油时，C_5~C_{11}的烷烃多进入汽油馏分(200 ℃以下) 的组成中，而C_{12}~C_{15}的烷烃则进入煤油馏分(200~300 ℃) 的组成中。

表1-1-4　烷烃相对分子质量与沸点的关系

烃类	沸点/℃	烃类	沸点/℃
C_5H_{12}	36.1	$C_{11}H_{24}$	195.8
C_6H_{14}	68.8	$C_{12}H_{26}$	216.3
C_7H_{16}	98.4	$C_{13}H_{28}$	235.5
C_8H_{18}	125.7	$C_{14}H_{30}$	253.6
C_9H_{20}	150.8	$C_{15}H_{32}$	270.6
$C_{10}H_{22}$	174.1		

③ 固态烷烃。在常温下，C_{16}以上的烷烃为固态，一般情况下多以溶解状态存在于石油中，当温度降低时，就会有结晶析出，工业上称这种固体烃类为蜡。通常，在300 ℃以上的

馏分中，即从柴油馏分开始才会含有蜡。含蜡量对油品的低温流动性有很大影响。

蜡按照结晶形状不同，可分为两种：一种结晶较大、呈板状结晶，称为石蜡；另一种是呈细微结晶的微晶形蜡，称为地蜡。

石蜡主要分布在柴油和轻质润滑油馏分中，相对分子质量一般为300~500，分子中碳原子数为20~35，熔点为30~70 ℃。石蜡的主要成分是正构烷烃，也含有少量的异构烷烃、环烷烃、芳香烃。

地蜡主要分布在重质润滑油馏分、重油和渣油中，相对分子质量一般为500~700，分子中碳原子数为35~55，熔点为60~90 ℃。地蜡的组成较为复杂，各类烃都有，但以环状烃为主体，正、异构烷烃的含量都不高。我国大庆原油含蜡量高且蜡的质量好，是生产石蜡的优良原料油。

(2) 石油中的环烷烃。

环烷烃是饱和的环状化合物，是石油的主要组分之一。

石油中所含的环烷烃主要是环戊烷和环己烷及其衍生物。

环烷烃在石油各馏分中的含量不同，它们的相对含量随着馏分沸点的升高而增加，但在更重的石油馏分中，随着芳香烃的增加，环烷烃则逐渐减少。一般来说，汽油馏分中的环烷烃主要是单环环烷烃(重汽油馏分中有少量双环环烷烃)；在煤油、柴油馏分中，除含有单环环烷烃外(它较汽油馏分中的单环环烷烃具有更长的侧链或更多的侧链数目)，还出现了双环及三环环烷烃(在煤油、柴油重组分中已出现多于三环的环烷烃)，而在高沸点馏分中则包括了单、双、三环及多于三环的环烷烃。

环烷烃含量对油品黏度影响较大，一般环烷烃含量多，油品黏度就大。它是润滑油组成的主要组分，其中少环长侧链的环烷烃是润滑油的理想组分。

(3) 石油中的芳香烃。

芳香烃是指含有苯环的烃类，也是石油的主要组分之一。在轻汽油(沸点低于120 ℃)中含量较少，而在较高沸点(120~300 ℃)馏分中含量较多。一般在汽油馏分中主要含有单环芳烃；煤油、柴油及润滑油馏分中不但含有单环芳烃，还含有双环及三环芳烃；三环及多环芳烃主要存在于高沸点馏分及残油中。多环芳烃具有荧光，这是石油能产生荧光的原因。

芳香烃具有良好的抗爆性，是汽油的优良组分，常用作提高汽油质量的掺合剂。灯用煤油中含芳香烃较多，点燃时会冒黑烟，使灯芯易结焦，是有害组分。润滑油馏分中含有多环短侧链的芳香烃，它可使润滑油的黏温特性变差，高温时易氧化而生焦，因此，润滑油精制时，要设法将其除去。

3.石油中的非烃化合物

石油中含有相当数量的非烃化合物，尤其在石油重馏分中的含量更高。非烃化合物对石油的加工及产品的使用性能产生很大影响。在石油加工过程中，绝大多数精制过程都是为了解决非烃化合物的问题。为了能正确地解决石油加工和产品使用中的一些问题，必须研究石油中的非烃化合物及其化学组成。

石油中的非烃化合物主要有含硫、含氧、含氮化合物，以及胶质、沥青质。

(1) 含硫化合物。

硫是石油中常见的元素之一，不同的石油含硫量相差很大，可从万分之几到百分之几。例如，我国克拉玛依石油含硫量只有0.04%，而委内瑞拉原油含硫量却高达5.48%。由于硫对石油加工影响极大，所以含硫量常作为评价石油的一项重要指标。

通常将含硫量大于1.5%的石油称为高硫石油，含硫量小于0.5%的石油称为低硫石油，含硫量介于0.5%~1.5%的石油称为含硫石油。我国石油大多属于低硫石油。硫在石油中的分布一般随着石油馏分沸点范围的升高而增加，大部分硫均集中在残油中。

硫在石油中大部分以有机含硫化合物形式存在，极小部分以元素硫形式存在。含硫化合物按照性质可分为三大类。

① 酸性含硫化合物主要为硫化氢和硫醇。石油中硫化氢和硫醇含量都不多，它们大多是石油加工过程中其他含硫化合物的分解产物。硫化氢和硫醇大多数存在于低沸点馏分中。目前，已经从石油的汽油馏分中分离出十多种硫醇，但在高沸点馏分中尚未发现硫醇。

硫醇的气味很难闻，空气中硫醇浓度为$2.2\times10^{-2}\,g/m^3$时就可闻出。硫醇能与烯烃缩合生成胶质，对汽油安定性有影响。在高温时，硫醇能分解成硫化氢。硫醇和硫化氢对金属都有腐蚀作用，特别是硫化氢对金属的腐蚀作用更显著，在油品精制时，必须除去这类化合物。

② 中性含硫化合物主要有硫醚和二硫化物。它是中性化合物，是石油中含量较多的硫化物之一。硫醚在石油中的分布是随着馏分沸点的上升而增加的。它大量集中在煤油、柴油馏分中。硫醚是中性液体，热稳定性好，与金属不发生化学反应。

二硫化物在石油馏分中含量较少，而且较多集中于高沸点馏分。二硫化物也不与金属发生化学反应，但它的热稳定性较差，受热后，可分解成硫醇、硫醚或硫化氢。

③ 热稳定性较好的含硫化合物主要有噻吩及其同系物。噻吩具有芳香气味，在物理性质和化学性质上接近于苯及其同系物。噻吩对热极为稳定，易溶于硫酸中，利用此性质可将它除去。噻吩主要分布在石油的中间馏分中。

含硫化合物对石油加工及产品质量的影响是多方面的，具体有以下四个方面。

① 对产品质量的影响。汽油中含硫化合物会降低汽油的感铅性及安定性，使燃料性质变坏。

② 对设备的腐蚀。在石油炼制时，含硫化合物对一般的钢材腐蚀严重，尤其是在炼油装置的高温重油部位(常压塔底、减压塔底、焦化塔底等) 及低温轻油部位(初馏塔顶、常压塔顶等) 腐蚀更为严重。

在石油产品的使用中，各种含硫燃料燃烧后生成二氧化硫和三氧化硫，遇水生成亚硫酸和硫酸，对机器零件造成强烈的腐蚀。

③ 对环境的污染。在加工过程中生成的硫化氢及低分子硫醇等有毒气体会造成空气污染，影响人体健康。

④ 在气体和各种石油馏分的催化加工过程中，会造成催化剂中毒。

综上所述，在油品精制过程中，必须除去含硫化合物。

(2) 含氧化合物。

石油中的含氧量一般都很低，大约在千分之几，但也有个别石油含氧量较高，达2%~3%。石油中的氧大部分集中在胶质、沥青质中。

(3) 含氮化合物。

石油中含氮量很低，一般在万分之几到千分之几。我国大多数原油含氮量均低于0.5%，如大庆原油含氮量仅为0.13%。石油中的含氮量一般是随着馏分沸点升高而增加的，因此，氮化物大部分以胶质、沥青质形式存在于渣油中。

石油中的氮化物可分为碱性和中性两类。碱性氮化物有吡啶、喹啉、异喹啉、胺及它们的同系物。碱性氮化物占20%~40%，其余60%~80%为中性氮化物。

氮化物在石油中含量虽然低，但对石油加工及产品使用都有一定的影响，氮化物能使催化剂中毒。在储存过程中，油品会因氮化物与空气接触氧化生成胶质而使其颜色变深、气味变臭，并降低安定性，从而影响油品的正常使用。

因此，在油品精制过程中，必须除去含氮化合物。

(4) 胶质、沥青质。

石油中常含有深褐色或黑色的胶黏的胶质和沥青质。它们在石油中含量相当可观，我国各主要原油中，含有百分之十几至百分之四十几的胶质和沥青质。

胶质、沥青质是石油中结构最复杂、分子量最大的物质，在其组成中，除含碳、氢元素外，还含有硫、氮、氧等元素。

① 胶质。它是一种很黏稠的液体或半固体状态的胶状物，其颜色为黄色或暗褐色。它的平均分子量为600~800，最高可达1000左右，相对密度在1.00~1.07。胶质具有很强的着色能力，0.005%的胶质就能使无色汽油变为草黄色，所以油品的颜色变化主要是由于胶质的存在而引起的。

胶质能溶于石油醚、苯、乙醇，也能溶于石油馏分。胶质在石油中的分布是从煤油馏分开始，随着馏分沸点的上升，其含量不断增多，在渣油中的含量最大。

胶质很易被吸附剂吸附，因此，油品用石油醚稀释后，再用硅胶吸附，就可得出油品中胶质的含量，这些胶质称为硅胶胶质。

胶质受热氧化时，可以转变为沥青质，进而生成不溶于油的油焦质。

② 沥青质。它是一种黑色的、无定形脆性的固体，相对密度大于1。它的相对分子质量很高，大约为1300或更高。沥青质能溶于苯、二硫化碳、四氯化碳中，但不溶于石油醚，而石油的其他组分都能溶于石油醚中，因此，当在石油中加入适量的石油醚后，沥青质就可以沉淀出来。沥青质没有挥发性，石油中的沥青质全部集中在渣油中，但它是以胶体状态分散在石油中，而不是同胶质一样与石油形成真溶液。

沥青质在300 ℃以上时，就会分解成焦炭状物质和气体。

胶质、沥青质一般都能与硫酸起作用，作用后的产物能够溶于硫酸中，一般把在一定条件下和硫酸起作用的物质在石油中所占体积的比例称为硫酸胶质。硫酸胶质实际上包括胶质、沥青质及能和硫酸反应或溶解在硫酸中的物质，所以同一油品，硫酸胶质的数量大于硅胶胶质的数量。

胶质、沥青质对油品性质影响很大，润滑油含有胶质，会使黏度指数降低，在自动氧化过程中生成积炭，造成机器零件磨损和细小输油管路堵塞；裂化原料油中含有胶质、沥青质容易在裂化过程中生焦。

因此，在油品精制过程中，必须除去石油馏分中的胶质、沥青质。

4.石油馏分

石油是一个多组分的复杂混合物，各个组分有各自不同的沸点。按照各组分沸点的差别，使混合物得以分离的方法称为分馏。通常，炼油厂没有必要把石油分成单个组分，而是按需将石油分成几个部分。按照一定的沸点范围分得的油品称为馏分，如分成低于200 ℃的馏分、200~300 ℃的馏分等。应该强调的是，即使温度范围很小的馏分，还是一个混合物，只不过包含的组分数目比原油少而已。

对常用石油馏分常冠以汽油、煤油、柴油、润滑油等名称。但馏分并不就是石油产品，还必须将馏分进一步加工，以满足油品规格的要求。同一沸点范围的馏分也可因使用目的不同而加工成不同产品。从原油直接分馏得到的馏分称为直馏馏分，其产品称为直馏产品。

二、原油及石油产品的物理性质

原油及石油产品的物理性质是科学研究和生产实践中评定油品质量与控制加工过程的重要指标，也是设计炼油设备和计算石油加工过程的必要数据。

油品的物理性质和化学组成及结构有密切关系，通过物理性质，也可以大致判断油品的化学组成。

由于油品是各种化合物的复杂混合物，因此，油品的物理性质是组成其各种烃类和非烃类化合物的综合表现。与纯物质的性质不同，油品的物理性质往往是条件性的，离开了测量的方法、仪器和条件，这些性质就没有意义。所以，为了便于比较油品质量，往往采用标准的仪器，在特定的条件下，测定其物理性质的数据。

（一）蒸气压

在某一温度下，液体与在其液面上方的蒸气呈平衡状态时，由此蒸气所产生的压力称为饱和蒸气压，简称蒸气压。

蒸气压的高低表明了液体中分子逃离液体汽化或蒸发的能力，蒸气压越高，就说明液体越易汽化。

1.纯烃的蒸气压

纯烃和其他纯的液体一样，其蒸气压随着液体的温度不同而异。液体的温度越高，则其蒸气压越高。纯烃的蒸气压可以通过考克斯图求得。

利用此图可以找到各种烃类在某一温度下的蒸气压，还可以用它来换算烃类和油品的沸点，即从减压下沸点换算至常压下沸点，反之亦可。

2.石油馏分的蒸气压

石油馏分是各种烃类的复杂混合物，其蒸气压不仅与温度有关，还与油品的组成有关。而油品的组成是随着汽化率的不同而改变的。所以，石油馏分的蒸气压也因汽化率的不同而不同。在温度一定时，油品的汽化率越高，则液相组成就越重，其蒸气压就越小。

石油馏分蒸气压通常有两种情况：一种是其汽化率为零时的蒸气压，也就是泡点蒸气压，或者叫作真实蒸气压，一般说的蒸气压即指这种情况；另一种是所谓雷德蒸气压，它是在特定仪器中、在规定条件下测得的条件蒸气压。

（二）馏程（沸程）

对于纯化合物来说，在一定外压下，当加热到某一温度时，其饱和蒸气压与外界压力相等时的温度称为沸点。在外压一定时，沸点是一个恒定值。

油品是一个复杂的混合物，它与纯化合物不同，没有恒定的沸点。由于油品的蒸气压随着汽化率不同而变化，所以，当外压一定时，油品沸点随着汽化率增加而不断升高。因此，油品的沸点则以某一温度范围来表示，这一温度范围称为馏程或沸程。

油品的沸点范围因所用蒸馏设备不同，测定的数值也有差别，在生产控制和工艺计算中使用的是最简便的恩氏（Engler）蒸馏设备。

当油品在恩氏蒸馏设备中进行加热蒸馏时，最先汽化蒸馏出来的主要是一些沸点低的烃类。当流出第一滴冷凝液时的气相温度称为初馏点。在蒸馏过程中，烃类分子基本上按照沸点高低依次蒸出，气相温度也逐渐升高，将馏出体积为10%，20%，30%，…，90%时的气相温度分别称为10%，20%，30%，…，90%点，当蒸馏到最后达到的最高气相温度称为终馏点或干点。

油品从初馏点到干点这一温度范围称为馏程或沸程。温度范围窄的称为窄馏分，温度范围宽的称为宽馏分。低温度范围的馏分称为轻馏分，高温度范围的馏分称为重馏分。蒸馏温度与馏出量之间的关系称为馏分组成，它是区分油品质量的重要指标。

油品的馏程大致如下：汽油为40~200 ℃、轻柴油为180~350 ℃、煤油为150~300 ℃、重质燃料油为大于500 ℃、航空煤油为130~250 ℃。

恩氏蒸馏是粗略的蒸馏，得到的馏分组成结果是条件性的，它不能代表馏出物的真实沸点范围，所以它只能用于油品馏程的相对比较或大致判断油品中轻重组分的相对含量。

(三) 平均沸点

馏程在原油的评价和油品规格上虽然用处很大，但在工艺计算上却不能直接应用。因此，工艺计算上为了表示某一馏分油的特征，需要用到平均沸点概念。它在设计、计算及其他物理性质的求定上用处甚大。

平均沸点有体积平均沸点、质量平均沸点、实分子平均沸点、立方平均沸点和中平均沸点。其意义和用途也不一样，常用的是体积平均沸点。

恩氏蒸馏的10%，30%，50%，70%，90%这5个馏出温度的平均值称为油品的体积平均沸点，其公式为

$$t_V=\frac{t_{10}+t_{30}+t_{50}+t_{70}+t_{90}}{5} \tag{1-1-1}$$

式中，　t_V——油品的体积平均沸点，℃；

t_{10}，t_{30}，…，t_{90}——油品恩氏馏程10%，30%，…，90%的馏出温度，℃。

体积平均沸点主要用来求定其他难以直接测定的平均沸点。

[例1-1-1]已知某油品的恩氏蒸馏数据如下：

馏出体积	初馏点	10%	30%	50%	70%	90%	干点
馏出温度/℃	45	70	95	105	145	185	200

请求出它的体积平均沸点。

解：

$$t_V=\frac{70+95+105+145+185}{5}$$

$$=120(℃)$$

(四) 密度和相对密度

原油及石油产品的密度和相对密度在生产和储运中有着重要意义，在原料油及产品的计量及炼油装置的设计等方面都是必不可少的。

1.油品的密度和相对密度

单位体积油品的质量称为油品的密度，通常以g/cm³或kg/m³为单位，以ρ表示，公式为

$$\rho=\frac{m}{V} \tag{1-1-2}$$

式中，m——物质的质量，g或kg；

V——物质的体积，cm^3或m^3。

液体油品的相对密度是其密度与规定温度下水的密度之比，通常以 d 表示。因为水在 4 ℃时的密度为 1 g/cm^3，所以常以 4 ℃水作为基准，将温度为 t 时油品的密度和 4 ℃水的密度之比称为油品的相对密度，写成 d_4^t。可以看出，液体油品的相对密度与密度在数值上是相等的，但相对密度是无量纲的量，而密度是有量纲的量。

我国常用的相对密度是 d_4^{20}，表示 20 ℃油品和 4 ℃水的密度之比，国外常用 $d_{15.6}^{15.6}$表示 15.6 ℃油品与 15.6 ℃水的密度之比。

d_4^{20} 与 $d_{15.6}^{15.6}$的换算公式为

$$d_4^{20} = d_{15.6}^{15.6} - \Delta d \quad (1-1-3)$$

式中，Δd——校正值，可从表 1-1-5 中查出。

表 1-1-5　相对密度(d_4^{20} 与 $d_{15.6}^{15.6}$) 换算

d_4^{20} 与 $d_{15.6}^{15.6}$	校正值	d_4^{20} 与 $d_{15.6}^{15.6}$	校正值
0.700～0.710	0.0051	0.830～0.840	0.0044
0.710～0.720	0.0050	0.840～0.850	0.0043
0.720～0.730	0.0050	0.850～0.860	0.0042
0.730～0.740	0.0049	0.860～0.870	0.0042
0.740～0.750	0.0049	0.870～0.880	0.0041
0.750～0.760	0.0048	0.880～0.890	0.0041
0.760～0.770	0.0048	0.890～0.900	0.0040
0.770～0.780	0.0047	0.900～0.910	0.0040
0.780～0.790	0.0046	0.910～0.920	0.0039
0.790～0.800	0.0046	0.920～0.930	0.0038
0.800～0.810	0.0045	0.930～0.940	0.0038
0.810～0.820	0.0045	0.940～0.950	0.0037
0.820～0.830	0.0044		

注：$d_{15.6}^{15.6} = d_4^{20}$+校正值，$d_4^{20} = d_{15.6}^{15.6}$−校正值。

此外，d_4^{20} 与 $d_{15.6}^{15.6}$之间的关系式可用式(1-1-4)换算：

$$d_4^{20} = 0.9990 d_{15.6}^{15.6} \quad (1-1-4)$$

国外常以比重指数 API°来表示油品的相对密度。它与 $d_{15.6}^{15.6}$的关系式如下：

$$API° = \frac{141.5}{d_{15.6}^{15.6}} - 131.5 \quad (1-1-5)$$

[例 1-1-2] 汽油的 d_4^{20} 为 0.7439，求它的 $d_{15.6}^{15.6}$和 API°。

解：由表 1-1-5 可知，d_4^{20} 为 0.7439 时的校正值为 0.0049，故

$$d_{15.6}^{15.6} = 0.7439 + 0.0049 = 0.7488$$

$$API° = \frac{141.5}{d_{15.6}^{15.6}} - 131.5$$

$$=\frac{141.5}{0.7488}-131.5$$

$$=57.47$$

石油产品标准测定方法中规定，20 ℃密度为石油产品的标准密度，用ρ_{20}表示，以代替原来的标准相对密度 d_4^{20}。在数值上，ρ_{20}与 d_4^{20} 是相等的，但是它们的物理意义和单位则不同。

2.液体油品密度与温度、压力的关系

当温度升高时，油品体积会膨胀，因而它的密度会减小。

一般在非极高的压力下，压力对液体油品密度的影响可以忽略不计。但在高温、高压条件下，压力对液体密度有一定的影响，此时应进行校正。

3.油品的密度与组成的关系

油品的密度取决于其组成中的烃类的分子大小和分子结构。

同一原油的各个馏分，随着沸点上升，相对分子质量增大，密度也相应增大。但对不同原油的同一馏分，密度却有较大差别，这主要是由于它们的化学组成不同。

当碳原子数相同时，芳烃的密度最大，环烷烃次之，烷烃最小。因此，当石油馏分的密度相同时，含芳烃越多密度越大，含烷烃越多密度越小，通过密度的数据大致可判断油品中哪种烃类的含量较多。各种油品的相对密度范围见表 1-1-6。

表 1-1-6　各种油品的相对密度范围

油品	相对密度($d_{15.6}^{15.6}$)	API°	油品	相对密度($d_{15.6}^{15.6}$)	API°
原油	0.65~1.06	86~2	柴油	0.82~0.87	41~31
汽油	0.70~0.77	70~50	润滑油	>0.85	<35
煤油	0.75~0.83	57~39			

4.混合油品的密度

当两种或更多种油品混合时，混合油品的密度可按照加和性进行计算，即按照比例取其平均值：

$$\rho=\rho_1\varphi_1+\rho_2\varphi_2+\cdots+\rho_i\varphi_i \tag{1-1-6}$$

式中，ρ_1，ρ_2，…，ρ_i——混合油品中各组分的密度，g/cm³；

φ_1，φ_2，…，φ_i——混合油品中各组分的体积分数。

根据这一道理，当油品黏度很大又难以直接测定其密度时，可用等体积已知密度的煤油与之混合稀释，然后测定混合油品的密度，再利用式(1-1-7)即可求出该黏度较大的油品的密度。

$$\rho_{黏}=2\rho_{混}-\rho_{煤} \tag{1-1-7}$$

式中，$\rho_{黏}$——黏度较大的油品的密度，g/cm³；

$\rho_{混}$——混合油品的密度，g/cm³；

$\rho_{煤}$——煤油的密度，g/cm³。

[例 1-1-3]用已知ρ_{20}=0.8400 g/cm³的煤油测某一同体积黏性油品的密度，测得混合油品的密度为$\rho_{混}$=0.8900 g/cm³，求黏性油品的密度$\rho_{黏}$。

解：黏性油品的密度为

$$\rho_{黏}=2\rho_{混}-\rho_{煤}=2\times0.8900-0.8400=0.94(g/cm^3)$$

5.石油气体的密度

气体的密度是指在标准状态(0 ℃, 101.3 kPa) 下的密度。标准状态下空气的密度为1.293 kg/m^3。

气体的密度不仅与温度有关，而且与压力也有很大的关系。当压力较高时，要计算不同压力下气体的密度，必须进行压力校正，在此不做详述。

(五) 特性因数

为表示石油馏分化学组成的特性，特引出特性因数的概念。所谓特性因数，是把相对密度与平均沸点关联起来，说明油品化学组成特性的一个复合参数，用 K 表示。

表 1-1-7 列出了几种纯烃的特性因数。由表中数据可以看出：烷烃的 K 值最大，芳烃的 K 值最小，而环烷烃的 K 值介于二者之间。

表 1-1-7 纯烃的特性因数

碳数	烃名称	沸点/℃	相对密度	特性因数
7	正庚烷	98.4	0.6837	12.72
	甲基环己烷	100.9	0.7694	11.36
	甲苯	110.6	0.8670	10.15
8	正辛烷	125.6	0.7025	12.68
	乙基环己烷	131.8	0.7879	11.37
	乙苯	136.2	0.8670	10.37

石油馏分是烃类的复杂混合物，研究结果证明，纯烃的规律也完全适用于石油馏分。即油品的 K 值低，说明它含芳香烃多；K 值高，说明它含烷烃多。一般含芳烃多的油品，K 值在 9.7~11.0；含烷烃较多的油品，K 值在 12.0~13.0；含环烷烃较多的油品，K 值在 11.0~12.0。因此，通过 K 值的大小，可以大致判断石油馏分的化学组成。

我国某些原油的特性因数见表 1-1-8。

表 1-1-8 我国某些原油的特性因数

原油	大庆混合原油	玉门混合原油	克拉玛依混合原油	胜利混合原油	大港混合原油	孤岛原油
特性因数	12.5	12.3	12.2~12.3	11.8	11.8	11.6

特性因数不仅可以用来判断石油及其馏分的化学组成的特性，而且对于石油的分类及确定原油的加工方案也是相当有用，还可以用它来求油品的其他理化常数。

(六) 平均相对分子质量

由于石油是各种化合物的复杂混合物，所以石油馏分的相对分子质量取其各组分相对分子质量的平均值，称为平均相对分子质量。

油品的平均相对分子质量常用来计算油品的汽化热、石油蒸气的体积、分压及石油馏分某些化学性质等。

油品的相对分子质量随着石油馏分沸程的增高而增大或随着密度增加而增大。

不同馏分的平均相对分子质量见表 1-1-9。

表 1-1-9　不同馏分的平均相对分子质量

馏分温度范围/℃	相对密度（d_4^{20}）	平均相对分子质量	馏分温度范围/℃	相对密度（d_4^{20}）	平均相对分子质量
60~80	0.680	90	140~160	0.795	120
80~100	0.710	100	160~180	0.810	132
100~120	0.750	110	180~200	0.820	140
120~140	0.770	115	200~220	0.835	150

各种油品的相对分子质量大致如下：汽油 100~120，煤油 180~200，轻柴油 210~240，低黏度润滑油 300~360，高黏度润滑油 370~500。

石油馏分的平均相对分子质量（M）可用式（1-1-8）计算：

$$M=a+bt_{分}+ct_{分}^2 \tag{1-1-8}$$

式中，$t_{分}$——油品的分子平均沸点，℃；

a，b，c——常数，其数值随着馏分 K 值的不同而变化，见表 1-1-10。

表 1-1-10　平均相对分子质量的常数表

特性因数	10.0	10.5	11.0	11.5	12.0
a	56	57	59	63	69
b	0.28	0.24	0.24	0.225	0.15
c	0.0008	0.0009	0.0010	0.00115	0.0014

对于石蜡基油品（如大庆油），可用式（1-1-9）计算：

$$M=60+0.3t_{分}+0.001t_{分}^2 \tag{1-1-9}$$

（七）油品的黏度

黏度是评价油品流动性的指标，是油品，尤其是润滑油质量标准的重要项目。在油品的流动和输送过程中，黏度对流量和压力降的影响很大，因此，在炼油工艺计算中，黏度是不可缺少的物理性质。

1. 油品黏度的表示方法

（1）动力黏度。

液体流动时，分子间因摩擦而产生阻力的性质称为黏性，表示黏性大小的物理量称为黏度。

动力黏度的物理意义：当两个液体层面积各为 1 m²、相距为 1 m、相对移动速度为 1 m/s时所产生的阻力，单位为 Pa · s。

通常，在手册中查到的黏度是用物理单位制表示的。在物理单位制中，动力黏度单位是dyn · s/cm²，通常称为 P（泊），其百分之一称为 cP（厘泊）。进行工程计算时，需将其换算成法定单位制（SI）或工程单位。

（2）运动黏度。

运动黏度为液体的动力黏度与其同温度、压力下的密度之比，公式为

$$\nu=\frac{\mu}{\rho} \tag{1-1-10}$$

式中，ν——运动黏度；

μ——动力黏度；

ρ——液体的密度。

在法定单位制中，运动黏度单位为 m^2/s。

在物理单位制中，运动黏度单位为 cm^2/s，称为St(斯)，St的百分之一称为cSt(厘斯)。

(3) 恩氏黏度、雷氏黏度和赛氏黏度。

除了上述两种黏度外，在石油商品的规格中，还有恩氏黏度、雷氏黏度和赛氏黏度。它们都是条件黏度，即都需要用特定仪器，在规定条件下测定。

在某温度下，200 mL油品与同体积20 ℃纯水从同一恩氏黏度计中流出的时间之比，称为该温度下的恩氏黏度，以 E_t 表示，公式为

$$E_t = \frac{\tau_{油}}{\tau_{水}} \tag{1-1-11}$$

式中，$\tau_{油}$——测定某温度下油品流出黏度计的时间，s；

$\tau_{水}$——20 ℃纯水流出黏度计的时间，s。

雷氏黏度和赛氏黏度是在雷氏和赛氏黏度计中，测定油品在温度 t(℃) 时的黏度，也是计量一定体积的油品在 t(℃) 时通过规定尺寸的管子所需要的时间，以秒数作为黏度的数值。

2.油品黏度与组成的关系

黏度反映了液体内部的分子摩擦，因此，它必然与分子的大小和结构有密切关系。当油品的比重指数减小、平均沸点升高时，即当油品中烃类分子量增大时，则黏度增加。

当油品的平均沸点相同时，因原油的性质不同，特性因数有差别，所以黏度也不同。随着特性因数减小，黏度相应增加，即当石油馏分的沸点相同时，含烷烃多的油品黏度小，而含环烷烃及芳烃多的油品黏度大。

3.油品黏度与压力的关系

当压力低于4 MPa时，压力对液体油品黏度的影响不大，可以忽略。当压力高于4 MPa时，黏度随着压力增加而逐渐增加，在高压下则显著增大。

油品的化学组成不同，压力对其黏度的影响也不同，一般芳香烃油品的黏度随着压力的变化最大，环烷烃油品次之，烷烃油品的黏度随着压力的变化最小。

在工艺计算中，凡压力在4 MPa以上，应对油品的常压黏度进行压力校正。

4.油品黏度与温度的关系

评价石油产品的性质，尤其是评价润滑油，黏度与温度的关系是十分重要的。当温度升高时，所有石油馏分的黏度都降低；而当温度降低时，黏度则升高。

油品黏度随着温度变化的性质称为黏度特性。

在润滑油的使用中，油品的黏度随着温度变化越小越好。黏度随着温度变化越小，表示其黏温特性越好。黏温特性的表示方法有多种，最常用的是黏度比和黏度指数。

(1) 黏度比。

同一油品在两个温度下的黏度之比称为黏度比，即 $\frac{\nu_{t_1}}{\nu_{t_2}}$，其中，$\nu_{t_1}$，$\nu_{t_2}$ 为在 t_1，t_2 温度下的黏度。

对内燃机润滑油用 50 ℃与 100 ℃的黏度比；8 号喷气机润滑油则用-20 ℃与 50 ℃的黏度比；液压油则用 50 ℃与 200 ℃的黏度比和 0 ℃与 50 ℃的黏度比。

黏度比较为直观，可以直接读出黏度变化的数字，比值越小，表示黏温特性越好。

(2) 黏度指数。

国外常用黏度指数表示油品黏温特性的好坏。油品的黏度指数越高，说明黏度随着温度变化越小，即黏温特性越好。

(八) 油品的热性质

在进行炼油工艺计算中，经常要用到油品的热性质，其中最重要的有比热容、蒸发潜热、热焓等。测定这些热性质的试验方法比较复杂，工程上一般都是通过公式或图表来确定。

1.比热容

单位质量的油品温度升高 1 ℃(1 K) 时所需要的热量称为该油品的比热容。

1 kg 油品从 t_1 加热到 t_2，平均每升高 1 ℃(1 K) 所需要的热量称为该油品的平均比热容，公式为

$$c_{平}=\frac{Q}{t_2-t_1} \tag{1-1-12}$$

式中，$c_{平}$——油品的平均比热容，J/(kg · ℃)或 J/(kg · K)；

Q ——热量，J/kg；

t_1, t_2 ——开始和终了温度，℃或 K。

油品的比热容是随着温度的增加而增加的，且随着油品相对密度的增大、相对分子质量的增加，比热容减小。

当烃类的碳原子数相同时，烷烃比热容最大，环烷烃次之，芳烃最小。因此，同一馏程范围的油品含烷烃多时，其比热容大；含芳烃多时，其比热容小。

压力对液体比热容影响很小，一般可以忽略，不必进行压力校正。

石油蒸气的比热容 c_p 受压力影响很大，当求其他压力下的比热容时，需进行压力校正，在此不做讨论。

混合油品的比热容的公式为

$$c_{混}=c_1w_1+c_2w_2+\cdots+c_nw_n \tag{1-1-13}$$

式中，$c_{混}$——混合油品的比热容，J/(kg · ℃) 或 J/(kg · K)；

c, c_2, …, c_n——各组分的比热容；

w_1, w_2, …, w_n ——各组分的质量分数。

2.蒸发潜热(汽化潜热)

在常压沸点下，单位质量油品由液态转化为同温度下的气态油品所需要的热量称为油品的蒸发潜热或汽化潜热，单位为 J/kg。一般蒸发潜热是指在常压沸点下的蒸发潜热。当温度、压力升高时，蒸发潜热逐渐减少，到临界点时，蒸发潜热等于零。

油品的沸点越高，蒸发潜热越小；当几个馏分的馏程相同时，含烷烃多的馏分蒸发潜热较小，含环烷烃多的馏分蒸发潜热较大，含芳烃多的馏分蒸发潜热最大。

3.热焓

在炼油工业设计和工艺计算中，应用得更多的是油品的热焓，因为其应用起来较为

简便。

单位质量的油品自基准温度加热到某温度与压力时(包括相变化在内)所需的热量称为热焓，单位为J/kg。油品的热焓因其所处的状态不同而异。对液态油品来说，它的热焓是将单位质量的液态油品从基准温度加热到某温度时所需的热量，以 $q_{液}$ 表示。对气态油品来说，它的热焓是将单位质量液态油品由基准温度加热到沸点，使之全部汽化，并使蒸气过热至某一温度所需的热量，以 $q_{气}$ 表示。

（九）油品的低温流动性

燃料和润滑油通常需要在冬季、室外、高空等低温条件下使用，所以油品在低温时的流动性是评价油品使用性能的重要指标，原油和油品的低温流动性对输送也有重要意义。油品低温流动性能包括浊点、结晶点、冰点、凝点、倾点和冷滤点等，都是在规定条件下测定的。

油品在低温下失去流动性的原因有两种。一种是对于含蜡很少或不含蜡的油品，随着温度降低，油品黏度迅速增大，当黏度增大到某一程度，油品就变成无定形的黏稠状物质而失去流动性，即所谓“黏温凝固”。另一种是对于含蜡油品，油品中的固体蜡在温度适当时可溶解于油中，随着温度的降低，油中的蜡就会逐渐结晶；当温度进一步下降时，结晶大量析出，并形成网状结构的结晶骨架，蜡的结晶骨架把此温度下还处于液态的油品包在其中，使整个油品失去流动性，即所谓“构造凝固”。

浊点是在规定条件下，清晰的液体油品由于出现蜡的微晶粒而呈雾状或浑浊时的最高温度。若油品继续冷却，直到油中出现肉眼可见的晶体，此时的温度就是结晶点。油品中出现结晶后，再使其升温，使原来形成的烃类结晶消失时的最低温度称为冰点。同一油品的冰点比结晶点稍高 1~3 ℃。

浊点是灯用煤油的重要质量指标，而结晶点和冰点是航空汽油和喷气燃料的重要质量指标。

纯化合物在一定温度和压力下有固定的凝点，而且与熔点数值相同。但油品是一种复杂的混合物，它没有固定的凝点。所谓油品的凝点，是在规定条件下测得的油品刚刚失去流动性时的最高温度，完全是条件性的。

倾点是在标准条件下，被冷却的油品能流动的最低温度。

冷滤点是表示柴油在低温下堵塞滤网可能性的指标，是在规定条件下测得的油品不能通过滤网时的最高温度。

国内已开始逐渐采用倾点代替凝点、冷滤点代替柴油凝点，并将其作为油品低温性能的指标。

油品的低温流动性与其化学组成有密切关系。油品的沸点越高，特性因数越大或含蜡量越多，其倾点或凝点就越高，低温流动性越差。

（十）燃烧性能

石油及其产品是众所周知的易燃品，又是重要燃料，因此，研究其燃烧性能，对于燃料使用性能和安全均十分重要。油品的燃烧性能主要用闪点、燃点和自燃点等来描述。

油品蒸气与空气的混合气在一定的浓度范围内遇到明火就会闪火或爆炸。混合气中油气的浓度低于这一范围(油气不足)或高于这一范围(空气不足)，都不能发生闪火或爆炸。因此，这一浓度范围就称为爆炸范围，油气的下限浓度称为爆炸下限，上限浓度称为爆炸上限。

1.闪点

闪点是在规定条件下，加热油品所逸出的蒸气和空气组成的混合物与火焰接触发生瞬间闪火时的最低温度。

由于测定仪器和条件的不同，油品的闪点又分为闭口闪点和开口闪点两种，二者的数值是不同的。通常轻质油品测定其闭口闪点，重质油和润滑油多测定其开口闪点。

石油馏分的沸点越低，其闪点也越低。汽油的闪点为-50~30 ℃，煤油的闪点为28~60 ℃，润滑油的闪点为130~325 ℃。

2.燃点

燃点是在规定条件下，当火焰靠近油品表面的油气和空气混合物时，即着火并持续燃烧至规定时间所需的最低温度。

测定闪点和燃点时，需要用外部火源引燃。

3.自燃点

如果预先将油品加热到很高的温度，然后使之与空气接触，则无须引火，油品因剧烈的氧化而产生火焰自行燃烧，称为油品的自燃。发生自燃的最低温度称为油品的自燃点。

闪点和燃点与烃类的蒸发性能有关，而自燃点却与烃类的氧化性能有关。所以，油品的闪点、燃点和自燃点与其化学组成有关。油品的沸点越低，其闪点和燃点越低，而自燃点越高。含烷烃多的油品，其自燃点低，但闪点高。

闪点、燃点和自燃点对油品的储存、使用和安全生产都有重要意义，是油品安全保管、输送的重要指标，在储运过程中，要避免火源与高温。

（十一）油品的其他物理性质

1.折射率（折光率）

严格地讲，光在真空中的速度（2.9986×10^{8} m/s）与光在物质中的速度之比称为折射率，以 n 表示。通常用的折射率数据是光在空气中的速度与被空气饱和的物质中速度之比。

折射率的大小与光的波长、被光透过物质的化学组成及密度、温度和压力有关。在其他条件相同的情况下，烷烃的折射率最低，芳香烃的折射率最高，烯烃和环烷烃的折射率介于二者之间。对于环烷烃和芳香烃，分子中环数越多则折射率越高。常用的折射率是 n_{D}^{20}，即温度为20 ℃、常压下钠的D线（波长为589.6 nm）的折射率。

油品的折射率常用于测定油品的烃类族组成，炼油厂的中间控制分析也采用折射率来求定残炭值。

2.含硫量

如前所述，石油中的硫化物对石油加工及石油产品的使用性能影响较大。因此，含硫量是评价石油及产品性质的一项重要指标，也是选择石油加工方案的依据。含硫量的测定方法有多种，如硫醇硫含量（即总硫含量）、腐蚀等定量或定性方法。通常来说，含硫量是指油品中含硫元素的质量百分数。

3.胶质、沥青质和蜡含量

原油中的胶质、沥青质和蜡含量对原油输送影响很大，特别是制定高含蜡、易凝原油的加热输送方案时，胶质与含蜡量之间的比例关系会显著地影响热处理温度和热处理效果。这三种物质的含量对制定原油的加工方案也至关重要。因此，通常需要测定原油中胶质、沥青质和蜡的含量(均以重量分率表示)。

4.残炭

在规定的条件下，用特定的仪器将油品在不通空气的情况下加热至高温，此时油品中的烃类即发生蒸发和分解反应，最终成为焦炭。此焦炭占试验用油的重量分率，叫作油品的残炭或残炭值。

残炭与油品的化学组成有关。生成焦炭的主要物质是沥青质、胶质和芳香烃。在芳香烃中，又以稠环芳香烃的残炭最高。石油的残炭在一定程度上反映了其中沥青质、胶质和稠环芳香烃的含量。这对于选择石油加工方案有一定的参考意义。此外，因为残炭的大小能够直接地表明油品在使用中积炭的倾向和结焦的多少，所以残炭还是润滑油和燃料油等重质油及二次加工原料油的质量指标。

三、原油的分类与评价

由于地质构造、原油产生的条件和年代不同，世界各地区所产原油的化学组成和物理性质，有的相差很大，有的却很相似。即使同一地区生产的原油，有的在组成和性质上也很不相同。

为了选择合理的原油加工方案，预测产品的种类、产率和质量，有必要对各种原油进行分类。

(一) 原油的分类

原油分类的方法有很多，通常可以从工业、地质、物理和化学等不同角度对原油进行分类，但应用较广泛的是化学分类法和工业分类法。

1.化学分类法

化学分类应以化学组成为基础，由于原油的化学组成十分复杂，所以通常采用原油某几个与化学组成有关系的物理性质作为分类基础。化学分类法中常用以下两种分类方法。

(1) 特性因数分类法。

特性因数分类法是在20世纪30年代提出的，是根据原油的特性因数进行分类的(见表1-1-11)。

表1-1-11　原油特性因数分类

特性因数	原油类别	特点
>12.1	石蜡基原油	烷烃含量一般在50%以上，密度较小，含蜡量较高，凝点高，含硫、含氮、含胶质的量较低。我国大庆原油和南阳原油是典型的石蜡基原油
11.5~12.1	中间基原油	其性质介于石蜡基原油和环烷基原油之间
10.5~11.5	环烷基原油	环烷和芳香烃的含量较多，密度较大，凝点较低，一般含硫、含胶质、含沥青质较多，所以又叫沥青基原油。孤岛原油和单家寺(胜利油区)原油等都属于环烷基原油

(2) 关键馏分分类法。

关键馏分分类法是1935年由美国矿务局提出的，是目前应用较多的原油分类法。它是把原油放在特定的简易蒸馏设备中，在常压下，取250～275 ℃的馏分为第一关键馏分，残油用不带填料的蒸馏瓶。在5.33 kPa的减压下蒸馏，取275～300 ℃馏分（相当于常压395～425 ℃）作为第二关键馏分，并测定以上两个关键馏分的相对密度，根据密度对这两个馏分进行分类，最终确定原油的类别。关键馏分的分类标准和特性分类分别见表1-1-12和表1-1-13。

表1-1-12　关键馏分的分类标准

关键馏分	石蜡基	中间基	环烷基
第一关键馏分	$d_4^{20}<0.8210$ API°>40(K>11.9)	$d_4^{20}=0.8210\sim0.8562$ API°=33～40(K=11.5～11.9)	$d_4^{20}>0.8562$ API°<33(K<11.5)
第二关键馏分	$d_4^{20}<0.8723$ API°>30(K>12.2)	$d_4^{20}=0.8723\sim0.9305$ API°=20～30(K=11.5～12.2)	$d_4^{20}>0.9305$ API°<20(K=11.5)

注：K值是由关键馏分中平均沸点和比重指数(API°)查图求得，它不是分类标准，仅供参考。

表1-1-13　关键馏分的特性分类

编号	第一关键馏分类别	第二关键馏分类别	原油类型
1	石蜡	石蜡	石蜡
2	石蜡	中间	石蜡-中间
3	中间	石蜡	中间-石蜡
4	中间	中间	中间
5	中间	环烷	中间-环烷
6	环烷	中间	环烷-中间
7	环烷	环烷	环烷

2.工业分类法

原油的工业分类法又叫商品分类法，可作为化学分类的补充。分类可按照相对密度、含硫量、含氮量、含蜡量、含胶量的方式进行。其分类标准见表1-1-14。

表1-1-14　工业分类法分类标准

按照相对密度分类		按照含硫量分类		按照含蜡量分类		按照含胶量分类	
d_4^{20}	原油名称	含硫量	原油名称	含蜡量	原油名称	含胶量*	原油名称
<0.830	轻质原油	<0.5%	低硫原油	0.5%～2.5%	低蜡原油	<5%	低胶原油
0.830～0.904	中质原油	0.5%～2.0%	含硫原油	2.5%～10%	含蜡原油	5%～15%	含胶原油
0.904～0.966	重质原油	>2.0%	高硫原油	>10%	高蜡原油	>15%	多胶原油
>0.966	特重原油						

注：*为硅胶胶质含量。

为了更全面地反映原油的性质，我国现阶段采用的是关键馏分分类与含硫量分类相结合的分类方法(后者作为对前者的补充)。根据这种分类方法，我国几个主要油田原油的类别见表 1-1-15。

表 1-1-15　几种国产原油的分类

原油名称	含硫量	相对密度	特性因数	特性因数分类	第一关键馏分	第二关键馏分	关键馏分分类	建议原油分类命名
大庆混合原油	0.11%	0.8615	12.5	石蜡基	0.814	0.850	石蜡基	低硫石蜡基
玉门混合原油	0.18%	0.8520	12.3	石蜡基	0.818	0.870	石蜡基	低硫石蜡基
克拉玛依原油	0.04%	0.8689	12.2~12.3	石蜡基	0.828	0.895	中间基	低硫中间基
胜利混合原油	0.83%	0.9144	11.8	中间基	0.823	0.881	中间基	低硫中间基
大港混合原油	0.14%	0.8896	11.8	中间基	0.860	0.887	环烷-中间基	低硫环烷-中间基
孤岛原油	2.03%	0.9574	11.6	中间基	0.891	0.936	环烷基	含硫环烷基

从表 1-1-15 中可以看出，仅用原油特性因数分类法对个别原油(如克拉玛依原油)分类显得不恰当。因为克拉玛依原油的窄馏分特性因数及其他性质均反映出中间基原油的特性，关键馏分特性分类属中间基原油，而特性因数分类却属于石蜡基原油，显然不合适。从大港混合原油分类也可以看出，特性因数分类法只能笼统地将该原油定为中间基，而其轻重馏分特性不同，按照关键馏分特性分类却能较全面地反映原油特性是属于环烷-中间基。

(二) 原油的评价

不同性质的原油应采用不同的加工方法，以生产适当产品，使原油得到合理利用。对于新开采的原油，必须先在实验室进行一系列的分析、试验，习惯上称之为原油评价。

1.原油评价的类别内容

(1) 原油评价的类别。

根据评价目的不同，原油评价分为以下四类。

① 原油性质分析。目的是在油田勘探开发过程中，及时了解单井、集油站和油库中原油一般性质，掌握原油性质变化规律和动态。

② 简单评价。目的是初步确定原油性质和特点，适用于原油性质普查。

③ 常规评价。为一般炼油厂提供设计数据。

④ 综合评价。为综合性炼油厂提供设计数据。

(2) 原油评价的内容。

原油的综合评价内容包括：原油的一般性质；实沸点蒸馏所得原油馏分组成及馏分性质；各馏分的化学组成；各种石油产品的潜含量及其使用性能；等等。其具体内容如下。

① 原油的一般性质分析。从油田井场、集输站、输油管线或储油库、炼油厂取来的原油，先测其含水量、含盐量和机械杂质。原油含水量如大于 0.5%，需先脱水。脱水原油测定密度，黏度，凝点，闪点，残炭，灰分，胶质，沥青质，含蜡量，平均分子量，硫、氮等元

素含量，微量金属含量和馏程等数据。

② 原油馏分组成和窄馏分性质。脱水原油经实沸点蒸馏，切割成每(约)3%的窄馏分(或按照一定沸程切割窄馏分)，得到原油的蒸馏数据，即原油的馏分组成。测定各窄馏分的密度、黏度、凝点、苯胺点、酸度(值)、折射率和硫含量等，并计算特性因数、黏度指数等。

③ 直馏产品的切割与分析。为提出合理的原油切割方案，按照比例配制或重新把原油切割成汽油、煤油、柴油、重整原料油、裂解原料油及润滑油馏分等；按照产品质量标准要求，测定各产品的主要性质，并测定不同拔出深度重油的各种物性；减压渣油还需测定针入度、软化点和延度等沥青的质量指标。

④ 汽油、煤油、柴油和重整、裂解、催化裂化原料油的组成分析。

⑤ 润滑油、石蜡和地蜡潜含量及其性质分析。

⑥ 测定原油的平衡汽化数据，绘制平衡汽化产率与温度关系曲线。

评价数据均以表格或曲线形式列出。原油综合评价流程图见图 1-1-5。

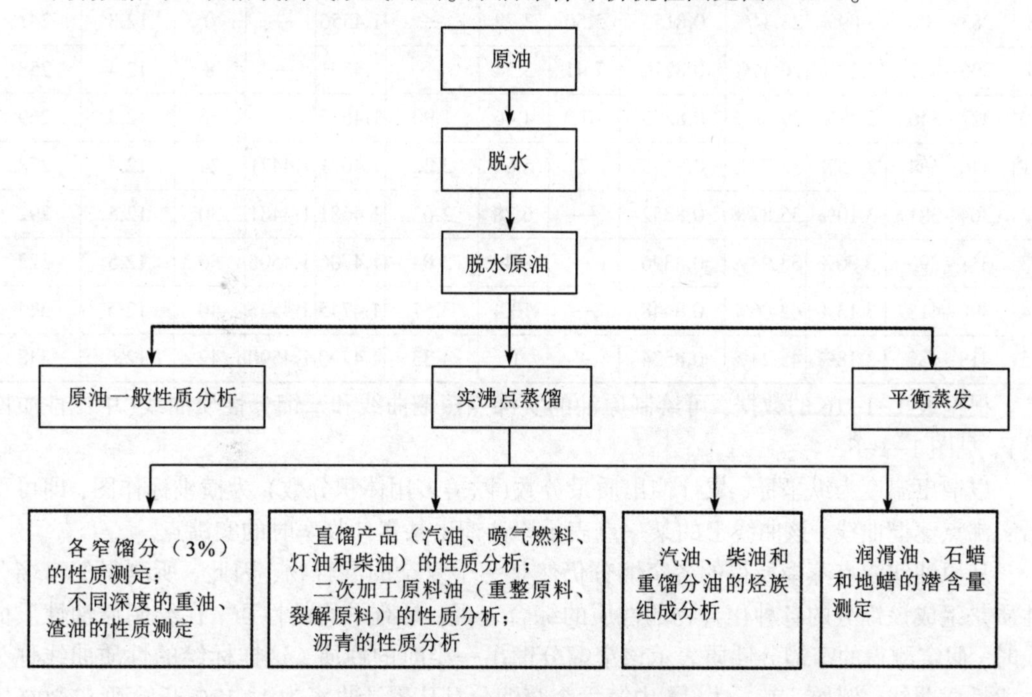

图 1-1-5　原油综合评价流程图

2.原油评价的方法

(1) 原油实沸点蒸馏及窄馏分性质。

实沸点蒸馏是用来考察石油馏分组成的实验方法。原油实沸点蒸馏所用的实验装置和操作条件都有一定的规定。该实验装置是一种间歇式釜式精馏设备，精馏塔的理论板数为15~17 块，精馏过程在回流比为 5：1 的条件下进行。馏出物的最终沸点一般为500~520 ℃，釜底残留物则为渣油。为避免原油的裂解，蒸馏时，釜底温度不得超过 350 ℃。因此，整个蒸馏过程分为三段进行：常压蒸馏，减压蒸馏，二段减压蒸馏(不带精馏柱)。

原油在实沸点蒸馏装置中按照沸点高低被切割成多个窄馏分和渣油。一般按照每 3%~5%取作一个窄馏分。将窄馏分按照馏出顺序编号、称重及测量体积，然后测定各窄馏分和渣油的性质，所得数据见表 1-1-16。

表 1-1-16 大庆混合原油实沸点蒸馏及窄馏分性质

馏分号	沸点范围/℃	占原油(重量)		相对密度(d_4^{20})	运动黏度/($mm^2 \cdot s^{-1}$)			折射率		凝点/℃	特性因数	平均分子质量
		馏分	总收率		20 ℃	50 ℃	100 ℃	n_D^{20}	n_D^{70}			
1	初馏点至 96	2.70%	2.70%	0.6788	—	—	—	1.3873	—	—	—	—
2	96~130	2.77%	5.47%	0.7287	—	—	—	1.4089	—	—	12.1	—
3	130~166	2.84%	8.31%	0.7717	—	—	—	1.4214	—	<-60	11.8	—
4	166~201	2.87%	11.18%	0.7712	1.36	—	—	1.4314	—	-58	12.1	—
5	201~228	2.97%	14.17%	0.7981	2.02	—	—	1.4451	—	-40	11.9	178
6	228~255	3.03%	17.20%	0.8070	2.87	—	—	1.4510	—	-24	12.0	186
7	255~283	3.05%	20.25%	0.8140	3.97	2.18	—	1.4548	—	-12	12.1	192
8	283~306	3.09%	23.34%	0.8155	5.50	2.78	—	1.4556	—	0	12.3	241
9	306~327	3.10%	26.44%	0.8210	7.41	3.54	—	1.4591	—	8	12.4	258
10	327~346	3.18%	29.62%	0.8285	10.0	4.46	1.90	1.4635	—	16	12.3	269
11	346~364	3.15%	32.77%	0.8333	7	5.60	2.22	1.4671	1.4471	24	12.4	278
12	364~381	3.10%	35.87%	0.8352	—	6.78	2.63	1.4681	1.4481	30	12.5	292
13	381~398	3.06%	38.93%	0.8396	—	8.40	3.04	1.4706	1.4506	36	12.5	322
14	398~418	3.13%	42.06%	0.8448	—	10.4	3.57	1.4745	1.4545	40	12.5	334
15	418~439	3.18%	45.24%	0.8534	—	0	4.33	1.4790	1.4590	42	12.5	348

根据表 1-1-16 的数据，可绘制原油的实沸点蒸馏曲线和窄馏分性质曲线(中比性质曲线)，见图 1-1-6。

以馏出温度为纵坐标、累计馏出质量分数(欧美多用体积分数) 为横坐标作图，即可得出实沸点蒸馏曲线。该曲线上的某一点表示原油馏出某累计收率时的实沸点。

从原油实沸点蒸馏所得的各窄馏分仍然是一个复杂的混合物，因此，所测得的窄馏分性质是组成该馏分的各种化合物的性质的综合表现，具有平均的性质。在绘制原油性质曲线时，假定测得的窄馏分性质表示该窄馏分馏出一半时的性质，这样标绘的性质曲线称为中比性质曲线。例如，表 1-1-16 中第六个窄馏分是从累计收率为 14.17%开始到 17.20%完成的，因此，这一馏分测得的相对密度($d_4^{20}=0.8070$)、黏度($\nu_{20}=2.87$)等就认为相当于馏出量为(14.17%+17.20%) /2=15.69%时的数值。在标绘时，以 0.8070 为纵坐标，以15.69%为横坐标，就得到中比密度曲线上一点，连接各点，即得到原油的中比密度曲线。用同样的方法可以绘出其他各性质的中比性质曲线。

原油中比性质曲线表示了窄馏分的性质随着沸点的升高或累计馏出百分数增大的变化趋势。通过此曲线，也可以预测任意一个窄馏分的性质。但是，中比性质曲线有一定的局限性，因为原油的性质除相对密度外，其他性质都没有加和性，它只表明石油的各窄馏分各种性质的变化情况，不能用作制定原油加工方案或切割方案的根本依据。而制定原油加工方案比较可靠的依据是原油各种产品的产率曲线。

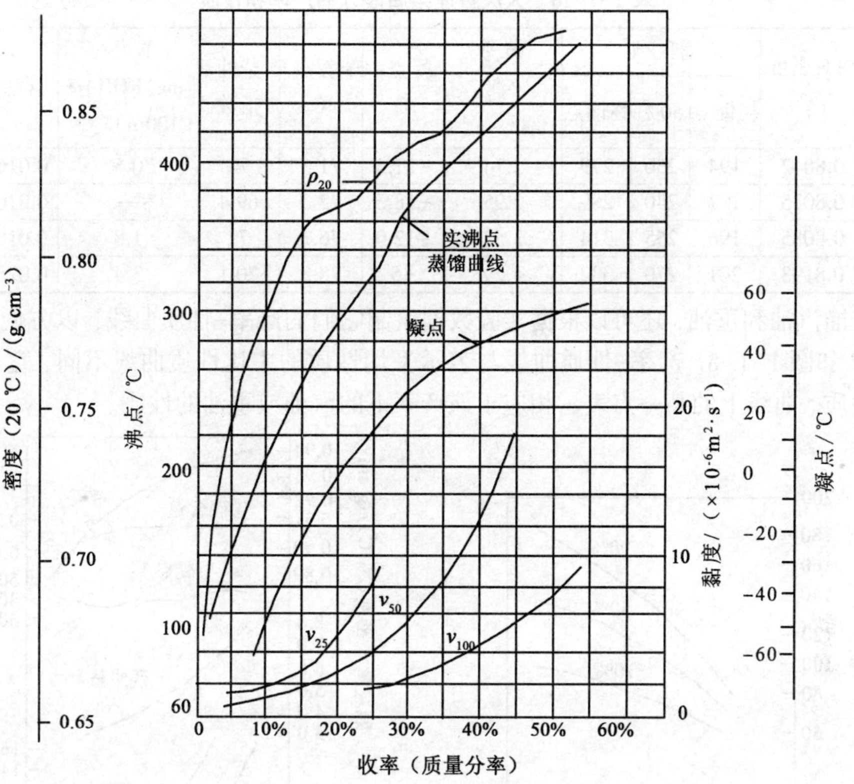

图 1-1-6　大庆混合原油实沸点蒸馏曲线及窄馏分性质曲线(中比性质曲线)

(2) 直馏产品的性质及产率曲线。

直馏产品一般是较宽的馏分，为了取得其较准确的性质数据作为设计和生产的依据，必须由实验实际测定。通常的做法是先由实沸点蒸馏将原油切割成多个窄馏分和残油，再根据产品的需要，把相邻的几个馏分按照其在原油中的含量比例进行混合，测定该混合物的性质。也可以直接由实沸点蒸馏切割得到该产品相应的宽馏分，测定该宽馏分的性质。表1-1-17和表 1-1-18 分别表示大庆汽油馏分及轻柴油馏分的产率和性质。

表 1-1-17　大庆汽油馏分的产率和性质

沸点范围/℃	相对密度(d_4^{20})	馏程/℃						酸度/[mg(KOH)·100 mL^{-1}]	辛烷值 MON	占原油(重量)
		初馏点	10%	50%	90%	终馏点	残留及损失			
初馏点至 130	0.7109	54	75	96.5	118	136.5	—	0.9	52	4.2%
初馏点至 180	0.7330	61	90	127	161	177	—	1.6	40	8.0%
初馏点至 200	0.7439	62	94	137	179	196	—	1.1	37	9.8%

表 1-1-18 大庆直馏柴油馏分的产率和性质

沸点范围/℃	相对密度(d_4^{20})	馏程/℃			黏度 ν_{20}/($mm^2 \cdot s^{-1}$)	凝点/℃	苯胺点/℃	柴油指数	酸度/[mg(KOH)·100 mL^{-1}]	含硫量	占原油(重量)
		初馏点	50%	终馏点							
180~300	0.8042	194	236	279	2.74	−21.5	71.5	70	0.5	0.016%	13.2%
180~310	0.8075	197	240	289	2.95	−18.5	72.3	69.4	—	0.016%	14.5%
180~330	0.8085	196	255	314	3.53	−12.0	76.2	72	1.8	0.018%	17.5%
180~350	0.8193	201	270	332	4.29	−5	78.8	70.1	3.4	0.028%	20.8%

对直馏汽油和重油，还可以根据实验数据绘制它们的产率-性质曲线，以方便使用，见图 1-1-7 和图 1-1-8。产率-性质曲线与表示平均性质的中比性质曲线不同，它表示的是累积的性质。曲线上的某一点表示相应于该产率下的汽油或重油的性质。

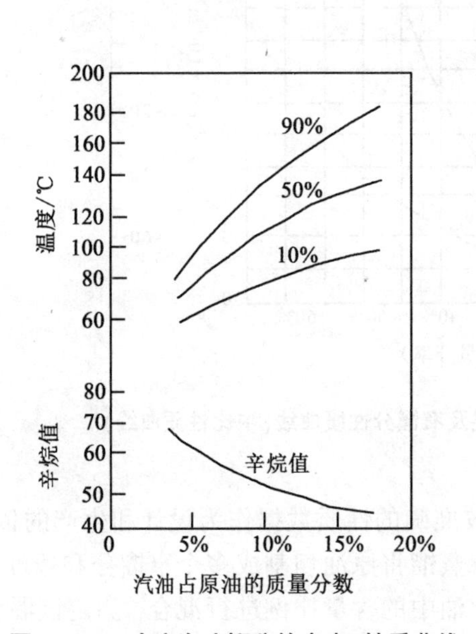

图 1-1-7 大庆汽油馏分的产率-性质曲线

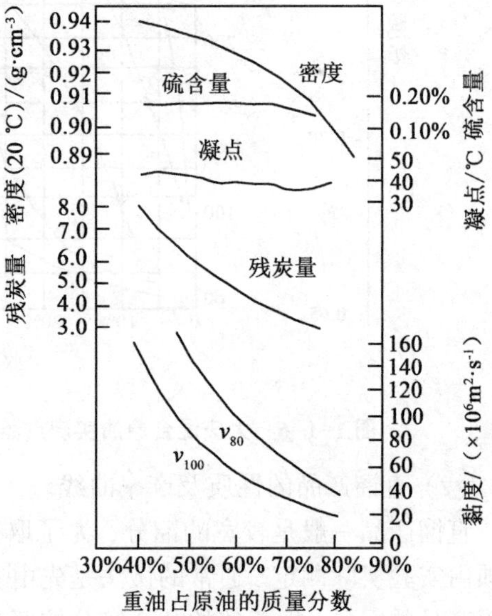

图 1-1-8 大庆重油馏分的产率-性质曲线

在得到了原油实沸点蒸馏数据和曲线、中比性质曲线及直馏产品的产率-性质数据和曲线以后，就完成了一种原油的初步评价，为制定原油蒸馏方案提供了依据。

原油蒸馏分割方案确定的基本内容就是从原油可生产哪些产品，在什么温度下切割，所得的产品性质怎样。其方法就是将上述各种馏分的产率-性质数据与各种油品对应的规格指标进行比对，然后确定各种产品的切割温度，也就知道所得产品的性质了。

（三）我国主要原油性质及加工方案简介

为设计建立一个炼油厂，在确定厂址、规模、原油来源之后，首要的任务是选择和确定原油的加工方案。

1.原油加工方案概述

所谓原油加工方案，其基本内容是生产什么产品，使用什么样的加工过程来生产这些产品。原油加工方案的确定取决于诸多因素，如市场需要、经济效益、投资力度、原油的特性等。通常主要从原油特性的角度来讨论如何选择原油加工方案。理论上，可以从任何一种原油生产出各种所需的石油产品，但实际上，若选择的加工方案适应原油的特性，则可以做到用最小的投入获得最大的产出。

原油的综合评价结果是选择原油加工方案的基本依据。有时还需对某些加工过程做中型试验，以取得更详细的数据。对生产航空煤油和某些润滑油，往往还需要做产品的台架试验和使用试验。

根据目的产品的不同，原油加工方案大体上可以分为三种基本类型。

(1) 燃料型。

燃料型加工方案中的主要产品是用作燃料的石油产品。除了生产部分重油燃料油外，减压馏分油和减压渣油通过各种轻质化过程转化为各种轻质燃料。

(2) 燃料-润滑油型。

燃料-润滑油型加工方案中，除了生产用作燃料的石油产品外，部分或大部分减压馏分油和减压渣油还被用于生产各种润滑油产品。

(3) 燃料-化工型。

燃料-化工型加工方案中，除了生产燃料产品外，还生产化工原料油及化工产品，如某些烯烃、芳烃、聚合物的单体等。这种加工方案体现了充分合理利用石油资源的要求，也是提高炼厂经济效益的重要途径，是石油加工的发展方向。

2.各种类型的加工方案

(1) 大庆原油的主要特点及加工方案。

大庆原油按照原油的分类属于低硫石蜡基原油，其主要特点是含蜡量高、凝点高、沥青质含量低、重金属含量低、硫含量低。通过原油评价数据可知，其主要的直馏产品的主要性质特点如下：初馏点至200 ℃直馏汽油的辛烷值低，仅有37，应通过催化重整提高其辛烷值；直馏航空煤油的密度较小、结晶点高，只能符合2号航空煤油的规格指标；直馏柴油的十六烷值高，有良好的燃烧性能，但其收率受凝点的限制；煤油、柴油馏分含烷烃多，是制取乙烯的良好裂解原料油；350~500 ℃减压馏分的润滑油潜含量(烷烃+环烷烃+轻芳轻) 约占原油的15%，而黏度指数可达90~120，是生产润滑油的良好原料油；减压渣油含硫量低，沥青和重金属含量低，可以掺入减压馏分油作催化裂化的原料油，也可以丙烷脱沥青及精制生产残渣润滑油。由于渣油含沥青质和胶质较少，而蜡含量较高，所以难以生产高质量的沥青产品。

根据大庆原油及其直馏产品的性质，大庆原油可选择燃料-润滑油型加工方案见图1-1-9。

(2) 胜利原油的主要特点及加工方案。

胜利原油是含硫中间基原油，硫含量在1%左右，在加工方案中，应充分考虑原油含硫的问题。

直馏汽油的辛烷值为47，初馏点至130 ℃馏分中芳烃潜含量高，是重整的良好原料油；航煤馏分的密度大、结晶点低，可以生产1号航空煤油，但必须脱硫醇，而且由于芳烃含量较高，应注意解决符合无烟火焰高度的规格要求的问题。直馏柴油的柴油指数较高、凝点不高，可以生产-20号、-10号、0号柴油及舰艇用柴油。由于含硫量及酸度较高，产品须适当精制。减压馏分油的脱蜡油的黏度指数低，而且含硫量及酸度较高，不易生产润滑油，可以用作催化裂化或加氢裂化的原料油。减压渣油的黏温性质不好而且含硫，也不宜用来生产润滑油，但胶质、沥青质含量较高，可以用于生产沥青产品。胜利减压渣油的残炭值和重金属含量都较高，只能少量掺入减压馏分油中作为催化裂化原料油，最好是先经加氢处理后，再送去催化裂化。由于加氢处理的投资高，一般多用作延迟焦化的原料油。由于含硫，所得的石油焦的品级不高。

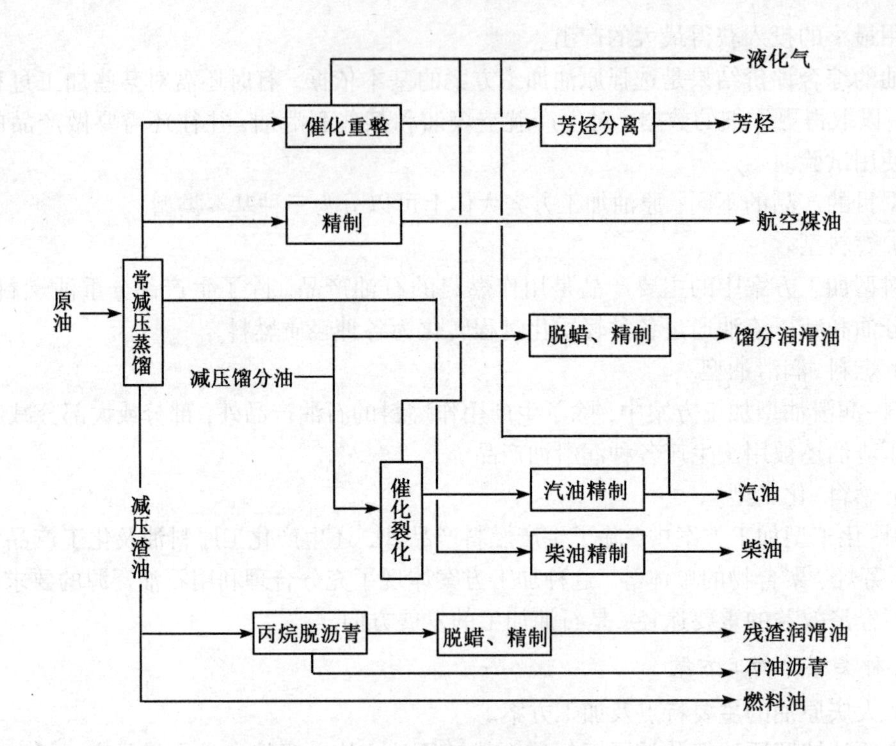

图 1-1-9　大庆原油的燃料–润滑油型加工方案

胜利原油多采用燃料型加工方案，见图 1-1-10。

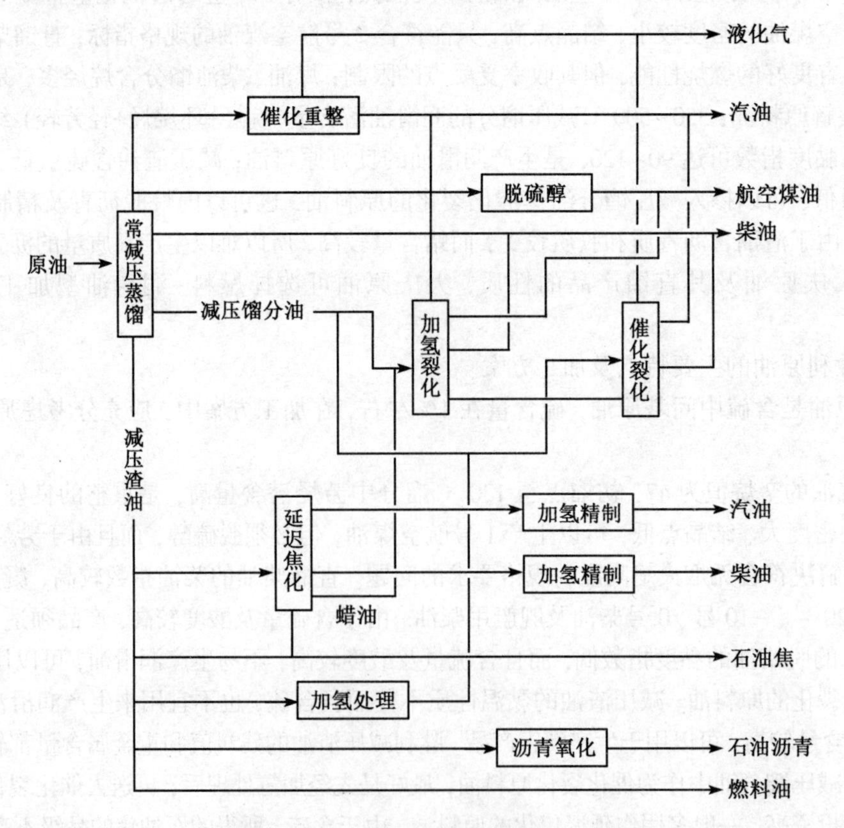

图 1-1-10　胜利原油的燃料型加工方案

(3) 燃料-化工型加工方案。

为了合理地利用石油资源和提高经济效益，许多炼油厂的加工方案都考虑同时生产化工产品，只是其程度因原油性质和其他具体条件不同而异。有的是最大量地生产化工产品，有的则只是予以兼顾。关于化工产品的种类，多数炼油厂主要是生产化工原料油和聚合物的单体，有的也生产少量的化工产品。图 1-1-11 列举了一个燃料-石油化工型加工方案。

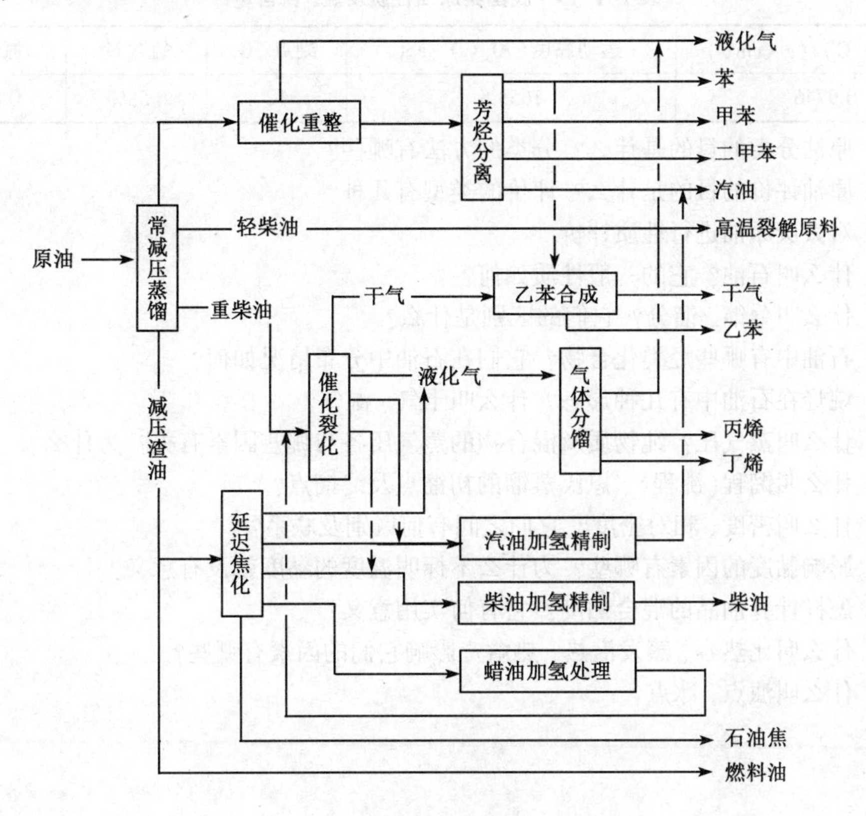

图 1-1-11　燃料-石油化工型加工方案

【思考题】

(1) 石油中的元素组成有哪些？它们在石油中的含量如何？

(2) 请归纳我国主要原油的外观特性。

(3) 石油中有哪些非烃化合物？它们在石油中分布情况如何？它们的存在对石油加工有何危害？

(4) 什么是油品的特性因数？为什么说油品的特性因数的大小可以大致判断石油及其馏分的化学组成？

(5) 有两种油品的馏程一样，但相对密度 d_4^{20} 不同，请说明相对密度 d_4^{20} 与特性因数的关系？

(6) 什么叫闪点、燃点、自燃点？油品的组成与它们有什么关系？

(7) 油品的化学组成对相对密度、黏度、凝点、闪点、自燃点、比热容、蒸发潜热、热焓有什么影响？

(8) 什么是油品的黏度和黏温特性？有几种表示方法？黏温特性有何实用意义？

(9) 请分析油品在低温下流动性能变差的原因。

(10) 为什么少环长侧链的环烷烃是润滑油的理想组分?

(11) 表 1-1-19 所列是我国某原油的某些性质及硫、氮含量，根据这些数据，能得出什么结论?

表 1-1-19　我国某原油性质及硫、氮含量

密度(20 ℃)/(g · cm^{-3})	运动黏度(70 ℃) /cSt	凝点/℃	硫含量	氮含量
0.9746	1653.5	12	0.58%	0.82%

(12) 原油分类的目的是什么? 分类的方法有哪些?

(13) 原油评价的目的是什么? 评价的类型有几种?

(14) 对大庆原油进行性质评价。

(15) 什么叫石油? 它的一般性质如何?

(16) 什么叫分馏、馏分? 它们的区别是什么?

(17) 石油中有哪些烃类化合物? 它们在石油中分布情况如何?

(18) 烷烃在石油中有几种形态? 什么叫干气、湿气?

(19) 什么叫蒸气压? 纯物质及混合物的蒸气压各与哪些因素有关? 为什么?

(20) 什么叫馏程(沸程)、恩氏蒸馏的初馏点及终馏点?

(21) 什么叫密度、相对密度? 它们之间有何区别及联系?

(22) 影响黏度的因素有哪些? 为什么不标明温度的黏度就没有意义?

(23) 怎样计算油品的混合黏度? 它有何实用意义?

(24) 什么叫比热容、蒸发潜热、热焓? 影响它们的因素有哪些?

(25) 什么叫浊点、冰点?

项目二　生产工艺与过程控制

任务一　原油预处理

一、原油预处理的目的

从地底油层中开采出来的石油都伴有水，这些水中都溶解有无机盐，如氯化钠（NaCl）、氯化镁（$MgCl_2$）、氯化钙（$CaCl_2$）等，在油田，原油要经过脱水和稳定，可以把大部分水及水中的盐脱除，但仍有部分水不能被脱除，因为这些水是以乳化状态存在于原油中的，原油含水含盐给原油运输、贮存、加工和产品质量都会带来危害。

原油含水过多会造成蒸馏塔操作不稳定，严重时，甚至造成冲塔事故，含水多增加了热能消耗，增大了冷却器的负荷和冷却水的消耗量。原油中的盐类一般溶解在水中，这些盐类的存在对加工过程危害很大，主要表现如下。

（1）在换热器、加热炉中，随着水的蒸发，盐类沉积在管壁上，形成盐垢，降低传热效率，增大流动压降，严重时，甚至会堵塞管路，导致停工。

（2）造成设备腐蚀。例如，氯化钙、氯化镁水解生成具有强腐蚀性的氯化氢：

$$MgCl_2+2H_2O \rightleftharpoons Mg(OH)_2+2HCl$$

若系统又有硫化物存在，则腐蚀会更严重：

$$Fe+H_2S \rightleftharpoons FeS+H_2$$

$$FeS+2HCl \rightleftharpoons FeCl_2+H_2S$$

（3）原油中的盐类在蒸馏时，大多残留在渣油和重馏分中，将会影响石油产品的质量。

根据上述原因，目前国内外炼油厂要求在加工前，保证原油含水量达到 0.1%~0.2%，含盐量为 5~10 mg/L。

二、原油预处理的依据

原油中的盐大部分溶于所含水中，故脱盐脱水是同时进行的。为了脱除悬浮在原油中的盐粒，在原油中注入一定量的新鲜水（注入量一般为 5%），充分混合，然后在破乳剂和高压电场作用下，使微小水滴逐步聚集成较大水滴，借重力从油中沉降分离，达到脱盐脱水的目的，这通常称为电化学脱盐脱水过程。

原油乳化液通过高压电场时，在分散相水滴上形成感应电荷，带有正、负电荷的水滴在做定向位移时，相互碰撞而合成大水滴，加速沉降，见图 1-2-1。

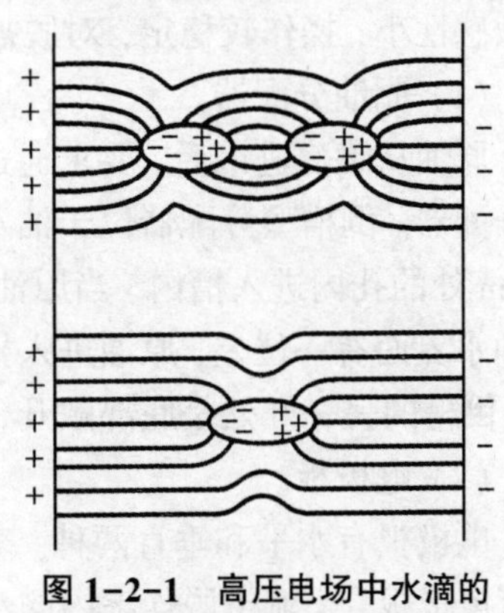

图 1-2-1　高压电场中水滴的偶极聚结示意图

水滴直径越大，原油和水的相对密度差越大，温度越高，原油黏度越小，沉降速度越快。在这些因素中，水滴直径和油水相对密度差是关键，当水滴直径小到使其下降速度小于原油上升速度时，水滴就不能下沉，而随油上浮，达不到沉降分离的目的。

三、工艺流程

（一）脱盐设备

我国在20世纪80年代后期开发出国产化成套交流电脱盐设备后，于20世纪90年代初又开发了高效交直流电脱盐成套设备，并已被许多常减压蒸馏装置采用。该设备具有脱盐效率高、耗电少、适应性强等显著优点。

1.电脱盐罐

交流及交直流电脱盐罐的外形和内部结构见图1-2-2。

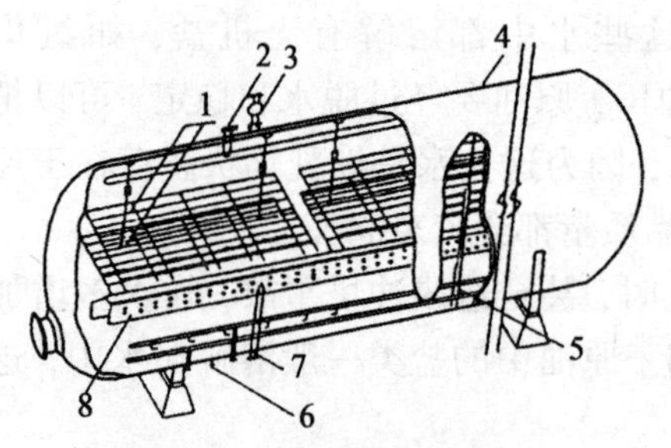

（a）电脱盐罐结构示意图（交流）

1—电极板；2—油出口；3—变压器；4—罐体；5—油水界面控制器；6—排水口；7—原油进口；8—分配器

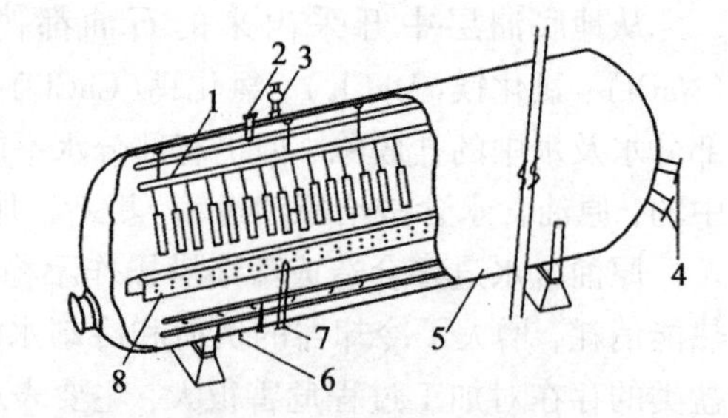

（b）电脱盐罐结构示意图（交直流）

1—电极板；2—油出口；3—变压器；4—油水界面控制器接口；5—罐体；6—排水口；7—原油进口；8—分配器

图1-2-2 交流及交直流电脱盐罐的外形和内部结构

盐罐的尺寸是根据原油在强电场中合适的上升速度而确定的。也就是说，首先要考虑罐的轴向截面积及油和水的停留时间。目前，我国炼油厂的电脱盐罐的最大直径为4000 mm。一般认为，轴向截面相同的两个罐在所用材料相近的条件下，直径大的优于直径小的，因为大直径罐界面上油层和界面下水层的容积均大于小直径罐的相应容积。容积大意味着停留时间长，有利于水滴的聚集和沉降分离。另外，采用较大直径的脱盐罐，对干扰的敏感性小，操作较稳定，对脱盐脱水均有利。

（1）原油分配器。

原油从罐底进入后，要求通过分配器均匀地垂直向上流动。目前，一般采用低速倒槽型分配器。倒槽型分配器位于油水界面以下，槽的侧面开两排小孔，乳化原油沿槽长每隔2~3 m处的孔内进入槽内。当原油进入倒槽后，槽内水面下降，出现油水界面，此界面与罐的油水界面有一位差，原油进入槽内后，借助水位差压，原油可低速、均匀地从小孔进入罐内。倒槽的另一好处是底部敞开，大滴水和部分杂质可直接下沉，不会堵塞。

（2）电极板。

电极板有水平和垂直两种。交流电脱盐一般采用水平电极板，交直流电脱盐一般采用垂直电极板。交流电脱盐罐内的水平电极板一般为两层或三层。如为两层，则下极板通电，上极板接地；如为三层，则中极板通电，上、下极板接地。

目前，各炼油厂采用两层的较多。电极板可由圆钢(或钢管) 和扁钢组合而成。每层极板一般分为三段，以便于与三相电源连接。每段电极板又由许多预制单块极板组成。上层接地电极用圆钢悬吊在罐内上方支耳或横梁上，下层通电电极则用聚四氟乙烯棒挂在上层电极板下面。上、下层极板之间为强电场，间距为 200~300 mm，可根据处理的原油导电性质预先做好调整。下层极板与油水界面之间为弱电场，间距为 600~700 mm，视罐的直径不同而异。

我国在 20 世纪 90 年代中后期建设或改造的电脱盐罐一般多采用交直流电，其电极板为垂直变极距电极板。卧式罐上装有正、负电极的钢梁，正、负电极板相间排列，且上、下电极板间距不同，形成强、中、弱三段直流电场。此外，由于正、负极上的电压交替变化，极板下端部与界面之间形成一个交变电场。

(3) 界面控制系统。

保持脱盐罐内油水界面的相对稳定是顺利进行电脱盐操作的关键因素之一。油水界面稳定，能保持电场强度稳定；油水界面稳定，能保证脱盐水在罐内所需的停留时间，保证排放水含油量达到规定要求。

油水界面一般采用短波发射仪或内浮筒界面控制器控制。短波发射仪是基于不同介质吸收的能量不同，而内浮筒界面控制器是利用油与水的密度差所得信号经处理后输出至放水调节阀进行油水界面的控制。

(4) 沉渣冲洗系统。

原油进脱盐罐所带入的少量泥砂等杂质，部分沉积于罐底，运行周期越长，沉积越厚，占去了罐的有效空间，相应地减少了水层的容积，缩短了水在罐内的停留时间，影响出水水质，为此需定期冲洗沉渣。沉渣冲洗系统主要为一根带若干喷嘴的管子，沿罐长安装在罐内水层下部。冲洗时，用泵将水打入管内，通过喷嘴的高速水流，将沉渣吹向各排泥口排出。

2.防爆高阻抗变压器

变压器是电脱盐设施中最关键的设备。根据电脱盐的特点，应采取限流式供电，即采用电抗器接线或可控硅交流自动调压设备。国产 100%电抗变压器为防爆充油型，其铁芯与电抗器的铁芯为共轭整体式结构，具有电耗少、操作灵活、安全可靠的优点。变压器有单相、三相两种。单相变压器的优点是：对装置规模的适应性强；一组极板短路，不影响另两组操作；罐内、外接线简单。单相变压器的缺点是价格稍贵。交直流电脱盐采用的电源设备，除防爆变压器外，还需采用防爆整流器。

3.混合设施

油、水、破乳剂在进脱盐罐前，需借混合设施充分混合，使水和破乳剂在原油中尽量分散。分散得细，脱盐率则高，但有一限度，如分散过细，形成稳定乳化液，脱盐率反而下降，故混合强度要适度。新建电脱盐设施多采用静态混合器与可调差压的混合阀组成组合式混合设施，利用它，可根据脱盐脱水情况来调节混合强度。

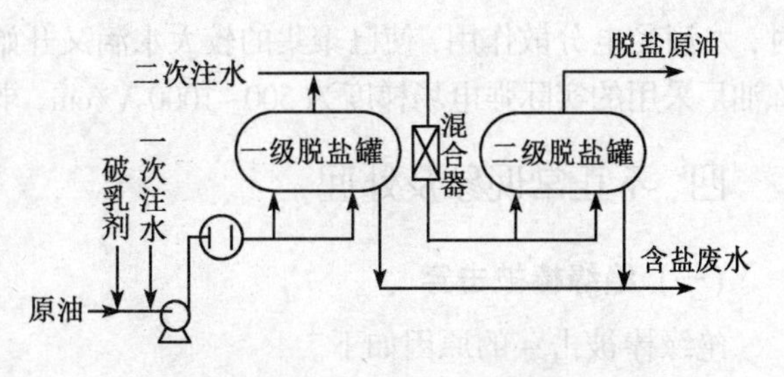

图 1-2-3 两级脱盐脱水流程示意图

(二) 流程组织

我国各炼油厂大都采用两级脱盐脱水流程，见图 1-2-3。

原油自油罐抽出后，先与淡水、破

乳剂按照比例混合，经加热到规定温度后，送入一级脱盐罐，一级电脱盐的脱盐率在90%~95%。在进入二级脱盐罐之前，仍需注入淡水。一级注水是为了溶解悬浮的盐粒，二级注水是为了增大原油中的水量，以增大水滴的偶极聚结力。脱水原油从脱盐罐顶部引出，经接力泵送至换热、蒸馏系统。脱出的含盐废水从罐底排出，经隔油池分出污油后，排出装置。

（三）操作指标的确定

1.温度

温度升高可降低原油的黏度和密度及乳化液的稳定性，水的沉降速度增加。若温度过高（高于 140 ℃），油与水的密度差反而减小，同样不利于脱水。同时，原油的导电率随着温度的升高而增大，所以温度太高不但不会提高脱水、脱盐的效果，反而会因脱盐罐电流过大而跳闸，影响正常送电。因此，原油脱盐温度一般选在 105~140 ℃。

2.压力

脱盐罐需在一定压力下进行，以避免原油中的轻组分汽化，引起油层搅动，影响水的沉降分离。操作压力视原油中轻馏分含量和加热温度而定，一般为 0.8~2.0 MPa。

3.注水量及注水的水质

在脱盐过程中，注入一定量的水与原油混合，以增加水滴的密度，使之更易聚结；注水还可以破坏原油乳化液的稳定性，对脱盐有利。同时，二级注水量对脱后原油含盐量影响极大，这是因为一级电脱盐罐主要脱除悬浮于原油中及大部分存在于油包水型乳化液中的原油盐，二级电脱盐罐主要脱除存在于乳化液中的原油盐。注水量一般为 5%~7%。

4.破乳剂和脱金属剂

破乳剂是影响脱盐率的最关键的因素之一。近年来，随着新油井的开发，原油中杂质变化很大，而石油炼制工业对馏分油质量的要求也越来越高。针对这一情况，许多新型广谱多功能破乳剂应运而生，一般都是二元以上组分构成的复合型破乳剂。破乳剂的用量一般是 10~30 μg/g。

为了将原油电脱盐功能扩大，近年来，开发了一种新型的脱金属剂，它进入原油后，能与某些金属离子发生螯合作用，使其从油相转入水相再加以脱除。这种脱金属剂对原油中的 Ca^{2+}，Mg^{2+}，Fe^{2+} 的脱除率可分别达到 85.9%，87.5%，74.1%，脱后原油含钙可达到 3 μg/g以下，能满足重油加氢裂化对原料油含钙量的要求。这种脱金属剂由于减少了原油中的导电离子，降低了原油的电导率，也使脱盐的耗电量有所降低。

5.电场梯度

电场梯度 E 越大，f 越大。但提高 E 有一定限度。当 E 大于或等于电场临界分散梯度时，水滴受电分散作用，使已聚集的较大水滴又开始分散，脱水、脱盐效果下降。我国现在各炼油厂采用的实际强电场梯度为 500~1000 V/cm，弱电场梯度为 150~300 V/cm。

四、不正常现象及处理

（一）绝缘棒被击穿

绝缘棒被击穿的原因如下。

（1）原油中电解质附在绝缘棒上，形成短路。

（2）运行时间过长，绝缘棒老化，降低了耐压强度。

(3) 绝缘棒质量低劣。

(4) 绝缘棒顶部套管防雨、雪、雷电效果不好，被击穿。

(5) 操作温度过高，绝缘棒被烧坏。

绝缘棒被击穿的处理方法如下。

(1) 立即停止注水，脱盐罐改走副线。

(2) 切断电源。

(3) 按照有关规定退油，经允许后，进罐检查或更换绝缘棒。

(4) 按照停开工操作，停运脱盐罐。

(二) 突然停电

突然停电的处理方法如下。

(1) 立即复送电，若送不上电，应停止注水。

(2) 联系电工，检查线路和电气设备。

(三) 突然停风

突然停风的处理方法：界位切水阀改为手动，控制好界面高度。

(四) 突然停水

突然停水的处理方法如下。

(1) 应立即停泵，关闭注水阀，防止串油。

(2) 关小切水阀，防止跑油。

五、技能训练：参数的仿真调节

(1) 训练目标：能进行操作参数的调节。

(2) 训练的准备：

① 熟悉原油电脱盐的工艺流程；

② 了解原油电脱盐的操作参数。

(3) 操作要领：见表 1-2-1。

表 1-2-1　参数的调节

序号	操作参数	调节方法
1	原油性质发生变化，新开罐原油含盐量高，酸度大； 原油中掺稠油量大，乳化程度加重，电流偏高	选择合适的破乳剂，并加大破乳剂用量
2	原油在电脱盐罐中的停留时间过短	提高原油电脱盐罐的处理能力，降低加工量
3	电脱盐罐内沉积物过多	定期冲洗电脱盐罐
4	脱盐原油温度太低或太高	调节换热器温度在要求的范围内
5	注水量太大或不足	按照要求控制注水量
6	破乳剂注入量少	按照要求注入破乳剂
7	电脱盐罐压力不稳	控制好原油压力

表 1-2-1(续)

序号	操作参数	调节方法
8	送电不正常，跳闸	找电工进行处理
9	脱盐罐油水界面过高或过低	勤调节，将油水界面控制在指标内
10	原油与注水混合强度变化	调节混合强度

【思考题】

(1) 原油含盐、含水等杂质对原油加工有什么危害？

(2) 电脱盐的基本原理是什么？

(3) 电脱盐过程有哪些设备？其作用是什么？

(4) 影响电脱盐效率的因素是什么？

(5) 绝缘棒被击穿的原因有哪些？如何处理？

(6) 突然停水应如何处理？

(7) 突然停电应如何处理？

(8) 突然停风应如何处理？

任务二　常压蒸馏

一、生产依据

用蒸馏方法分离混合物，就是将混合物进行多次加热、汽化和冷凝的方法。了解石油及其馏分的汽化与冷凝实质，掌握蒸馏的基本原理是很重要的。

(一) 原油蒸馏的基本形式

炼油厂蒸馏操作可以归纳为三种形式，即闪蒸、简单蒸馏和精馏。

1.闪蒸(平衡汽化)

如图 1-2-4 所示，进料以某种方式被加热至部分汽化，经过减压设施，在一个容器(如闪蒸罐、蒸发塔、蒸馏塔的汽化段等) 的空间内，于一定的温度和压力下，气、液两相迅速分离，得到相应的气相和液相产物，此即闪蒸。

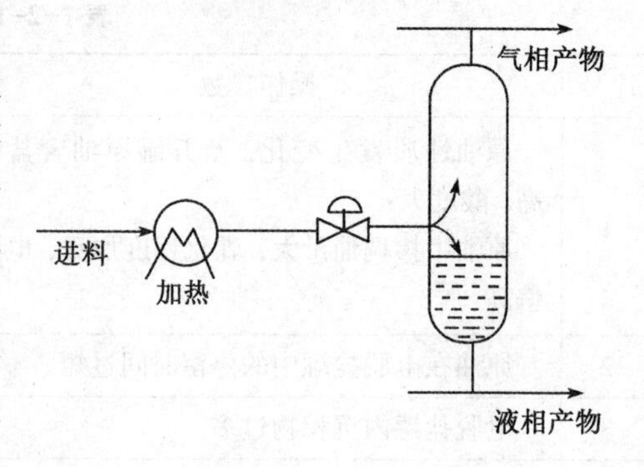

图 1-2-4　闪蒸示意图

如果在加热汽化过程中，气、液两相有足够的时间密切接触，使气、液两相产物达到平衡状态，这种汽化方式称为平衡汽化。这样得到的气相产物中显然含有较多的低沸点轻组分，液相产物中含有较多的高沸点重组分，从而达到一定程度的分离。

2.简单蒸馏(渐次汽化)

在一定压力下，液体混合物在蒸馏釜中被加热，当加热到某一温度时，液体开始汽化，生成少量蒸气即被引出。继续加热，蒸气不断形成并不断被引出，将其冷却为液体并收集，一直加热到所需要的程度为止。这种蒸馏方式称为简单蒸馏，它是一种间歇式蒸馏过程。

实验室或小型装置上，常用蒸馏釜式瓶来浓缩物料或粗略地把原油分割成油料。

3.精馏(蒸馏的高级形式)

由于闪蒸和简单蒸馏都不能有效地分离混合物，因此，出现了精馏(或称蒸馏、分馏)。精馏按照操作可分为间歇式和连续式两种。现代石油加工中都采用连续式精馏设备——精馏塔(或称蒸馏塔、分馏塔)。间歇式精馏设备只用于实验室或小型装置。

(二) 原油的精馏与回流

1.原油的精馏

为了满足生产上对分离产品的数量和质量的要求，工业上常用精馏过程来实现。

精馏是分馏精确度较高的蒸馏过程。它的特点在于，在提供回流的条件下，气、液两相多次逆流接触，进行相间传质、传热，使混合物中各组分依据挥发性不同而有效地分离。

精馏过程实质上是不平衡的气、液两相，经过热交换，气相多次部分冷凝与液相多次部分汽化相结合的过程。

从分析精馏过程的实质可以看出，要使精馏过程顺利进行，必须具备下列条件：

(1) 首先要求混合物中各组分间挥发度存在差异，这是用精馏方法分离混合物的根本依据；

(2) 气、液两相接触时，必须存在浓度差和温度差；

(3) 为了创造两相接触时的浓度差别和温度差别，必须有顶部的液相回流和底部的气相回流；

(4) 必须提供气、液两相接触的场所——塔板。

2.回流的作用与方式

(1) 回流的作用。

塔内回流的作用除了提供塔板上的液相回流，造成气、液两相充分接触，起到传质、传热的作用外，就是取走塔内多余的热量，维持全塔热平衡，以控制、调节产品的质量。

从塔顶打入的回流量常用回流比来表示：

$$\text{回流比}=\frac{\text{回流量}}{\text{塔顶产品流量}} \tag{1-2-1}$$

增加回流比，塔板上回流量增加，于是上升的气相的温度降低得多，重组分就冷凝得多。与此同时，随着回流比增加，从液相回流中补充了更多的轻组分，以致气相中轻组分浓度增加，塔板的分离效果也随之提高。

回流比与塔板数的关系是：当产品分离程度一定时，加大回流比，可适当减少塔板数。

但是回流比的增加是有限度的，塔内回流量的多少是由全塔热平衡决定的。如果回流比过大，必然使下降的液相中轻组分浓度增大，此时，如果不相应地增加进料的热量或塔底的热量，就会使轻组分来不及汽化，而被带到下层塔板甚至塔底。这一方面减少了轻组分的收率，另一方面会造成侧线产品或塔底产品不合格。此外，增加回流比，塔顶冷凝冷却器的负荷也随之增加，提高了操作费用。

在设计时，应恰当地选用回流比，既要提高塔板效率，减少塔板数，又要考虑上述不利因素的影响。

(2) 回流的方式。

根据回流的取热方式不同，回流可分为冷回流、热回流、循环回流等形式，见图1-2-5。

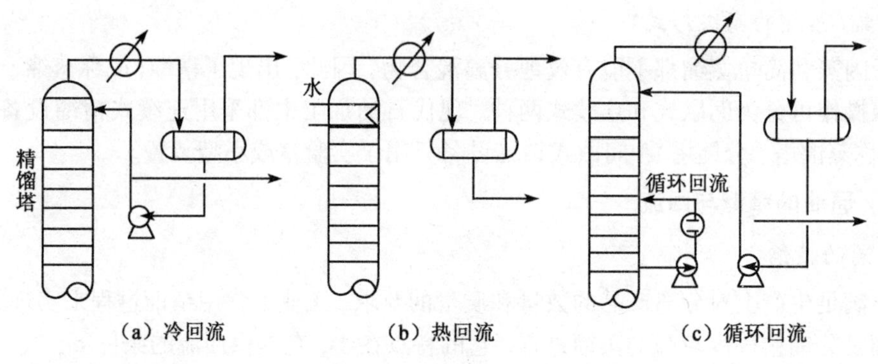

图 1-2-5 回流的方式

① 冷回流。它是用塔顶气相馏出物以过冷液体状态打入塔顶的。塔顶冷回流是控制塔顶温度，保证产品质量的重要手段。冷回流入塔后，吸热升温、汽化，再从塔顶蒸出。其吸热量等于塔顶回流取热，当回流热一定时，冷回流温度越低，需要的冷回流量就越少。但冷回流的温度受冷却介质、冷却温度的限制。冷却介质用水时，冷回流的温度一般不低于冷却水的最高出口温度，常用的汽油冷回流温度一般为 30~45 ℃。

② 热回流。在塔顶装有部分冷凝器，将塔顶蒸气冷凝成液体部分做回流，回流温度与塔顶温度相同(为塔顶馏分的露点)，它只吸收汽化潜热。所以，取走同样的热量，热回流量比冷回流量大。热回流也可有效地控制塔顶温度，适用于小型塔。

③ 循环回流。上面两种回流都是从塔顶取出全部回流热，由于塔顶馏出物的温度低，低温位的热量难以回收利用，同时需要庞大的冷却设备，还消耗大量的冷却水，并且造成塔内上、下气、液负荷很不均匀。为了改变这种状况，生产中广泛采用中段循环回流或塔底循环回流。

将液体从侧线或塔底抽出，经换热冷却后，重新送回抽出板上方的一块或几块塔板作回流，吸热后，本身温度升高，取出部分回流热，这种回流称为循环回流。

(三) 水蒸气蒸馏与减压蒸馏

利用精馏的方法能将原油中沸点不同的混合物分开。但是，原油中重组分的沸点很高，在常压下蒸馏时，需要加热到较高的温度，而当原油被加热到 370 ℃以上时，其中大分子烃类对热不稳定，容易裂解，影响产品的质量。因此，在原油蒸馏过程中，为了降低分馏温度，避免大分子烃裂解，常采用水蒸气蒸馏和减压蒸馏。

1.水蒸气蒸馏

在原油蒸馏时，通入水蒸气，使它们在水蒸气的接触之下进行蒸馏，从而达到降低油品沸点的目的，此过程称为水蒸气蒸馏。生产中，一般都采用温度为 400~420 ℃的过热蒸气(汽提蒸气)，将其通入塔底或塔的侧线。根据道尔顿分压定律，在塔内总压力保持一定时，由于水蒸气和油形成互不相溶的混合物，所以，塔内总压力等于水蒸气分压和油气分压之和。这时，油是在一定的油气分压下进行蒸馏的，吹入的水蒸气量越多，形成的水蒸气分压就越大，油气分压就越小，油品沸腾所需的温度就越低，从而达到降低油品沸点的目的。

水蒸气用量并非越多越好，太大量的水蒸气，一方面会使油品的处理量下降，另一方面增加了装置的能耗。所以，水蒸气的用量要根据各方面实际情况综合考虑来决定。

2.减压蒸馏

为了提高油品的拔出率，又避免其严重裂解，生产上常用的方法就是提高精馏塔内的真空度，即将蒸馏设备内的气体(包括水蒸气、不凝气及少量的油气等)抽出，使塔内的油品在低于大气压力下进行蒸馏，这样，高沸点组分就在低于它们沸点的温度下汽化蒸出，不至于产生裂解，这种方法称为减压蒸馏。

减压设备内的实际压力称为残压，大气压减去残压即为真空度。真空度越高，油品蒸馏所需要的温度就越低。润滑油型减压塔顶的残压为 5~8 kPa，而燃料油型减压塔顶的残压可允许高些。

(四) 原油及油品实验室蒸馏方法

1.蒸馏方法

石油和石油馏分是一种复杂的混合物，其组分非常多，故无法测定其完整的化学组成，因此称为复杂系统。用“物理化学”或“分离工程”课中所学的双组分或多组分气液平衡关系来计算复杂系统的气液平衡是非常困难的，况且炼油工业中的蒸馏过程也并不要求从石油或石油馏分中分离出单体烃来。所以，石油及其馏分的气液平衡关系通常不用其化学组成来表示，而是通过蒸馏实验测出数据，再通过换算的方法得到平衡汽化数据，从而确定石油分馏塔内各点温度。

(1) 恩氏蒸馏。

恩氏蒸馏在项目一中已经讨论过，它是一种简单蒸馏，是以规格化的仪器和在规定的试验条件下进行的，故是一种条件性的试验方法。

(2) 实沸点蒸馏。

原油实沸点蒸馏是在分馏精确度较高的实沸点蒸馏装置中进行的，将原油按照沸点高低分割成许多窄馏分。原油实沸点蒸馏装置示意图见图 1-2-6。

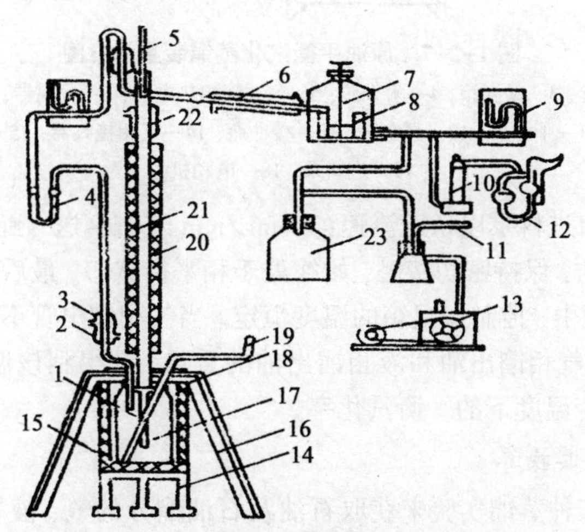

图 1-2-6 原油实沸点蒸馏装置示意图

1—热电偶管；2—冷凝器；3—铜管；4—压差计；5—温度计；6—冷凝器；7—接收器；8—接收管；9—压力计；10—吸收器；11—放气管；12—恒压调节器；13—真空泵；14—电炉盘；15—电炉；16—三脚架；17—蒸馏釜；18—填充物支网；19—装油及抽油管；20—保温套；21—蒸馏柱；22—部分冷凝器；23—压力缓冲罐

其精馏柱内装有分离能力相当于 17 块理论板的填料，顶部有回流，热量交换条件和物质交换条件较好，在精馏柱顶部取出的馏出物几乎由沸点相近的组分所组成，近乎于馏出物真实沸点。操作时，控制馏出速度为 3~5 mL/min，每一窄馏分约占原油的 3%(重)。为了避免原油受热分解，实沸点蒸馏整个操作过程分为三阶段进行。第一阶段在常压下进行(釜底温度不超过 350 ℃)，大约可蒸出200 ℃前的馏出物。第二阶段在减压下进行，残压为 1333 Pa。第三阶段也在减压下进行，残压为 667 Pa。实沸点蒸馏装置通常可以蒸出 500 ℃前的馏出物。蒸馏完毕后，将减压下的蒸馏温度换算为常压下相应的温度，然后测定每一个窄馏分的物理性质，如密度、黏度、凝点、苯胺点等，并计算特性因数及黏度指数等。同时，要对不同深度的重油、渣油及沥青的产率和性质进行测定。

为了合理地提出原油的切割方案，还必须将原油进行蒸馏，切割成各种汽油、煤油、柴油及重整原料油、裂解原料油和裂化原料油等，并测定其主要性质。另外，要对汽油、柴油、减压馏分油的烃类族的组成进行分析，对润滑油、石蜡和地蜡的潜含量进行测定。为了得到原油的气液平衡蒸发数据，还应进行原油的平衡蒸发实验。

(3) 平衡汽化。

液体混合物在加热、蒸发过程中所形成的蒸气始终与液体保持接触，直到某一温度之后，才最终进行气、液分离，此过程称为平衡汽化(或称平衡蒸发、一次汽化)。原油平衡汽化蒸馏装置示意图见图 1-2-7。

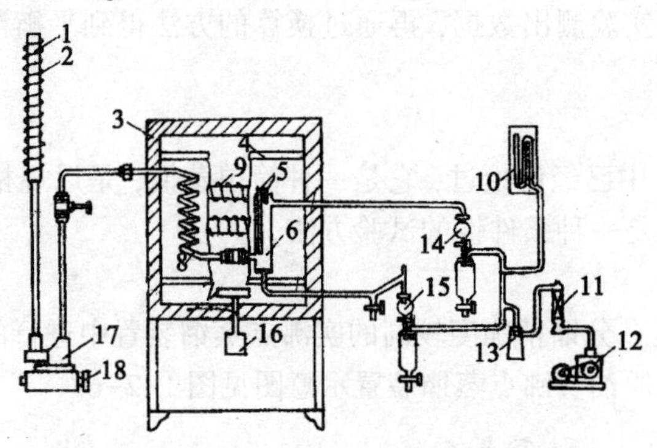

图 1-2-7　原油平衡汽化蒸馏装置示意图

1—进料管；2—电热丝；3—保温箱；4—耐火砖；5—气、液相热电偶；6—分离器；7—风扇；8—蛇形管；9—电炉丝；10—压力计；11—干燥器；12—真空泵；13—缓冲瓶；14—气相接收器；15—液相接收器；16—电动机；17—进料泵；18—电动机

进料管中的油料由进料泵以稳定流速(10 mL/min 左右) 送入蛇形管加热并汽化。气、液两相同时在管内流动，保持密切接触，始终处于相平衡状态。最后在分离器将气、液两相进行分离。在实验过程中，控制保温箱的温度恒定。当气相馏出管不再有油滴流出时，记录气、液两相温度，称出气相馏出油和液相馏出油的重量，即得到该温度下原油的平衡汽化率。通常要测定 4~5 个温度下的平衡汽化率。

2.三种蒸馏曲线及其换算

实验室中可通过三种蒸馏实验来获取石油及石油馏分的气、液平衡关系数据，分别是恩氏蒸馏、实沸点蒸馏和平衡汽化蒸馏。实验所得的结果可用馏分组成表示，也可用蒸馏曲线(馏出温度-馏出百分率) 表示。

（1）三种蒸馏曲线。

① 恩氏蒸馏曲线。将馏出温度(气相温度)对馏出量(体积百分率)作图，就得到恩氏蒸馏曲线(见图1-2-8)。恩氏蒸馏的本质是渐次汽化，基本上没有精馏作用，因而不能显示油品中各组分的实际沸点，但它能反映油品在一定条件下的汽化性能，而且简便易行，所以广泛用作反映油品汽化性能的一种规格试验。由恩氏蒸馏数据可以计算油品的一部分性质参数，因此，它也是油品的最基本的物性数据之一。

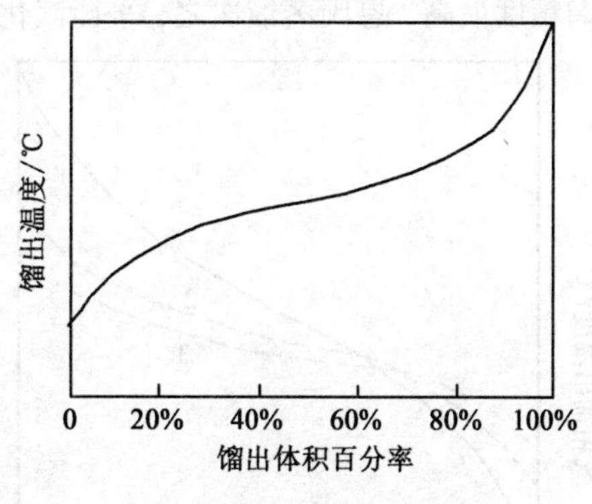

图1-2-8　恩氏蒸馏曲线

② 实沸点蒸馏曲线。实沸点蒸馏是一种实验室间歇精馏。若一个间歇精馏设备的分离能力足够高，则可以得到混合物中各个组分的量及对应的沸点，所得数据在一张馏出温度-馏出体积百分率的图上标绘，可以得到一条阶梯形曲线，不过这是不大容易做到的。石油中所含组分数极多，且相邻组分的沸点十分接近，但每个组分的含量很少。因此，油品的实沸点蒸馏曲线只是一条大体反映各组分沸点变迁情况的连续曲线(见图1-2-9)。实沸点蒸馏主要用于原油评价。原油的实沸点蒸馏实验是相当费时的，为了节省实验时间，近十几年出现了用气体色谱分析来取得原油和石油馏分的模拟实沸点数据的方法。

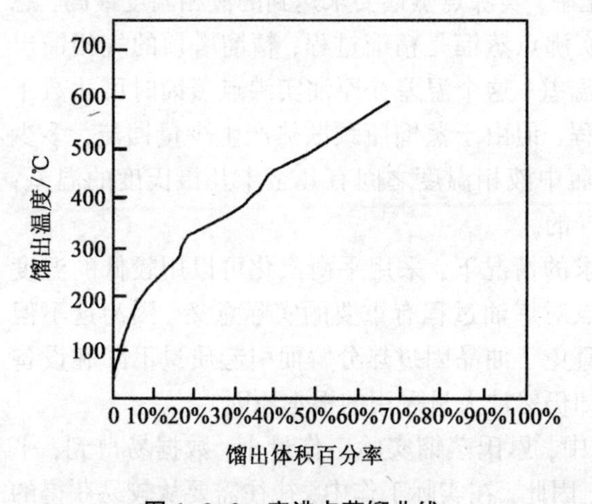

图1-2-9　实沸点蒸馏曲线

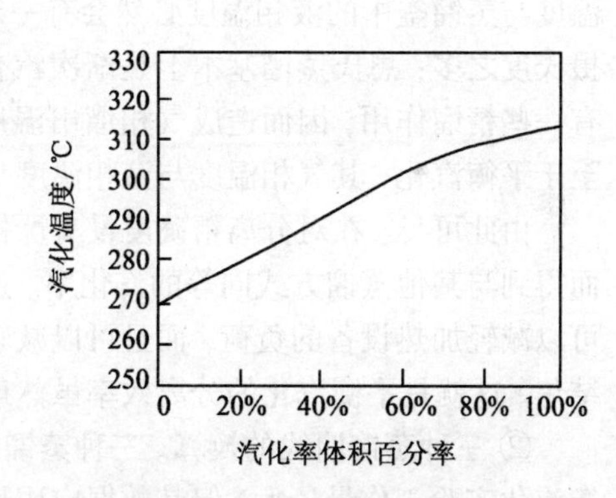

图1-2-10　平衡汽化曲线

③ 平衡汽化曲线。在恒压下，选择几个(一般至少为5个)合适的温度进行试验，即可得到恒压下平衡汽化率与温度的关系。以汽化温度对汽化率作图，即可得到油品的平衡汽化曲线(见图1-2-10)。根据平衡汽化曲线，可以确定油品在不同汽化率时的温度、泡点温度、露点温度等。

（2）三种蒸馏曲线的比较与换算。

① 三种蒸馏曲线的比较。将同种油品的三种蒸馏曲线画在同一张图上(见图1-2-11和图1-2-12)，进行比较可以看出：就曲线的斜率而言，平衡汽化曲线最平缓，恩氏蒸馏曲线斜率较大，实沸点蒸馏曲线斜率最大；平衡汽化的初馏点和终馏点之差最小，恩氏蒸馏次之，实沸点蒸馏的初馏点和终馏点之差最大。由此可见，三种蒸馏方法中，实沸点蒸馏的

分馏精度最高，恩氏蒸馏次之，平衡汽化效果最差。

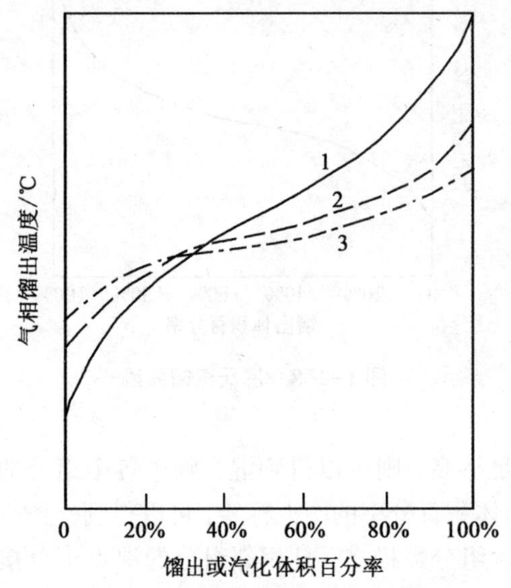

图 1-2-11　以气相为横坐标的三种曲线比较

1—实沸点蒸馏曲线；2—恩氏蒸馏曲线；3—平衡汽化曲线

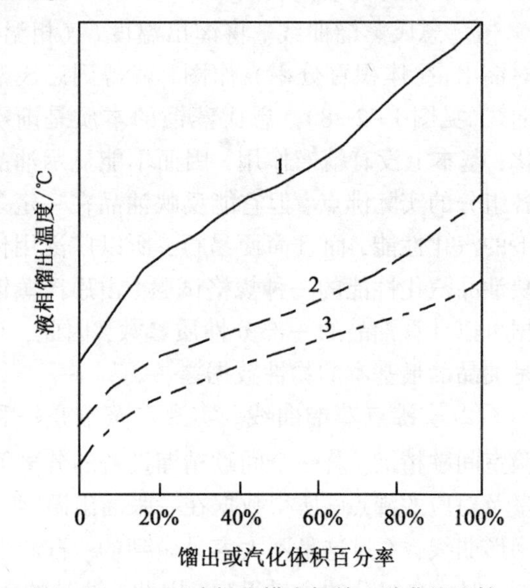

图 1-2-12　以液相为横坐标的三种曲线比较

1—实沸点蒸馏曲线；2—恩氏蒸馏曲线；3—平衡汽化曲线

为了进一步地比较三种蒸馏方式，以液相温度为纵坐标进行标绘，可得图 1-2-12 所示的曲线。由该图可知：为了获得相同的汽化率，实沸点蒸馏要求达到的液相温度最高，恩氏蒸馏次之，而平衡汽化则最低。这是因为实沸点蒸馏是精馏过程，精馏塔顶的气相馏出温度与蒸馏釜中的液相温度必然会有一定的温差，这个温差在原油实沸点蒸馏时可达数十摄氏度之多；恩氏蒸馏基本上是渐次汽化过程，但由于蒸馏瓶颈散热产生少量回流，多少有一些精馏作用，因而造成气相馏出温度与瓶中液相温度之间有几至十几摄氏度的温差；至于平衡汽化，其气相温度与液相温度是一样的。

由此可见，在对分离精确度没有严格要求的情况下，采用平衡汽化可以用较低的温度而得到与其他蒸馏方式同等的汽化率。这一点对炼油过程有重要的实际意义。因为这不但可以减轻加热设备的负荷，而且可以减轻或避免了油品因过热分解而引起质量下降和设备结焦。这就是平衡汽化的分离效率虽然最差却仍然被大量采用的根本原因。

② 三种蒸馏曲线的换算。三种蒸馏方式中，恩氏蒸馏实验工作量小，数据易得到，平衡汽化实验工作量最大，但其数据应用最广。因此，在实际工作中，往往需要从较易获得的恩氏蒸馏或实沸点蒸馏曲线换算得出平衡汽化数据。此外，有时也需要在这三种蒸馏曲线之间进行相互转换。

三种蒸馏曲线的换算主要借助于经验的方法。通过大量实验数据的处理，找到各种曲线之间的关系，制成若干图表以供换算使用。由于各种石油和石油馏分的性质有很大差异，而在做关联工作时不可能对所有的油料都进行蒸馏试验，因而所制得的经验图表不可能有广泛的适用性，而且在使用时也必然会带来一定的误差。因此，在使用这些经验图表时必须严格注意它们的适用范围及可能的误差。只要有可能，应尽量采用实测的实验数据。

二、工艺流程

（一）生产设备

1.分馏塔

分馏塔是原油蒸馏过程的核心设备。分馏塔的工艺条件和结构及内件，决定着产品质量、收率和拔出率。

(1) 分馏塔的工艺条件。

分馏塔的工艺条件主要有分馏塔的温度、压力及回流比等。塔的闪蒸段压力由塔顶压力和闪蒸段以上塔板总压降决定。常压塔顶压力由塔顶冷凝系统的压降确定。减压塔顶压力主要由抽空器的能力决定。不论是常压塔还是减压塔，其闪蒸段压力的降低，均意味着在相同汽化率下，炉出口温度可降低，从而降低燃料消耗；闪蒸段以上部分压力降低，各侧线馏分之间的相对挥发度增大，有利于侧线馏分的分离。分馏塔的各点温度是根据原油和产品(组分) 的性质，通过分段做热平衡后计算确定的。我国几种原油常压蒸馏塔和减压蒸馏塔的典型工艺条件见表 1-2-2 和表 1-2-3。

表 1-2-2　原油常压蒸馏塔工艺条件

项目	大庆原油	胜利原油	鲁宁管输原油	中东含硫原油
塔顶压力(表) /kPa	45~65	50~70	40~60	50
塔顶温度/℃	90~110	100~130	90~110	130
塔顶回流温度/℃	40	40	40	40
一线抽出温度/℃	170~190	180~200	180~200	180
二线抽出温度/℃	230~250	240~270	230~250	260
三线抽出温度/℃	280~300	310~330	280~310	330
四线抽出温度/℃	320~340	340~350	330~340	345
进塔温度/℃	355~365	360~365	350-365	368
进料段以上塔板数/层	38~42	42~44	34~42	44

表 1-2-3　原油减压蒸馏塔工艺条件

项目	大庆原油	胜利原油	鲁宁管输原油	中东含硫原油
减压蒸馏类型	润滑油型	燃料型	燃料型	燃料型
减压蒸馏方式	湿式	干式	干式	干式
塔顶残压/kPa	3.3~4.0	0.9~1.3	1.00~1.40	2.0
塔顶温度/℃	66~68	50~55	60~65	70
塔顶循环回流温度/℃	35~40	40~45	50~55	50
减压一线抽出温度/℃	130~149	145~155	148~155	170
减压二线抽出温度/℃	268~279	260~270	222~237	270
减压三线抽出温度/℃	332~340	310~315	295~310	320

表 1-2-3(续)

项目	大庆原油	胜利原油	鲁宁管输原油	中东含硫原油
减压四线抽出温度/℃	359~361	355~365	348~356	340
闪蒸段温度/℃	380~390	370~375	365~370	390
闪蒸段残压/kPa	6.5~7.5	2.4~3.0	2.0~3.3	3.8
全塔压降/kPa	3.2~3.5	1.5~1.7	1.0~1.9	1.8
塔底温度/℃	372	375	360~365	385
塔内件形式	塔板为主	全部填料	全部填料	填料为主

分馏塔内的回流量是工艺条件中最关键的因素。回流量的大小要满足两个方面的要求：一是要取走全部剩余的热量，使全塔进出热量平衡；二是不仅要使塔内各段的内回流量大于各段产品分馏需要的最小回流量，而且要使各段塔板上的气、液负荷量处于各塔板的适宜操作范围内，以保证平稳操作。

构成各塔板适宜操作区的条件有最高、最低液量线，液泛线，漏液线和过量雾沫夹带线。图 1-2-13 是网孔塔板适宜操作区示意图。

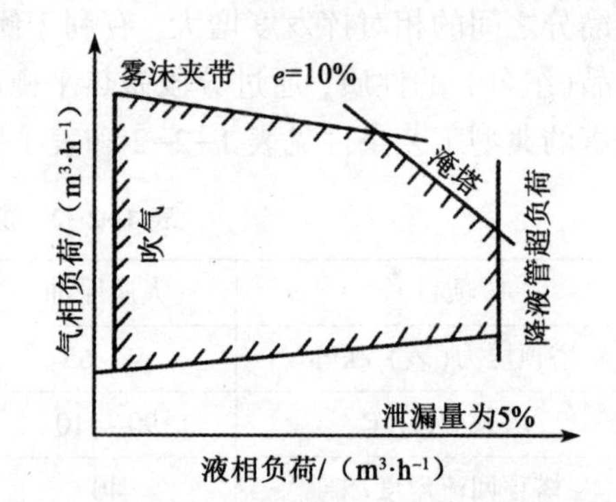

图 1-2-13　网孔塔板适宜操作区示意图

为保证一定的塔板效率，一般要求雾沫夹带量控制在 0.1 kg(液/气)以下，泄漏量不大于 5%，液体在降液管内停留时间为 3~5 s 等。其他参数则视塔板类型和其他操作条件的不同而异。

(2) 常压塔的作用、结构与内件。

① 常压塔的作用。常压塔用于在接近常压状态下分离出原油中的部分组分，获得汽油、煤油和柴油等产品。

② 常压塔的结构。常压塔的内部结构一般为塔顶冷凝换热段、分馏段、中段回流换热段和进料以下的提馏段。常压塔换热段的塔板形式一般与分馏段塔板相同，层数多数为 3~4 层。提馏段有用圆形泡帽塔板的，也有用浮阀塔板的。分馏段是常压塔的主要部分，以浮阀塔板居多。常压塔一般除塔顶出产品外，有 3~4 个侧线出产品。另外，为了取走剩余热量，设一个塔顶冷回流和(或) 循环回流及 2~3 个中段回流。由于产品多，取热量大，故全塔塔板总数较多，一般有 42~48 层。常压塔各侧线之间的大致塔板数见表1-2-4。

表 1-2-4　常压塔塔板数

馏分	塔板数/层
汽油—煤油	10~12
煤油—轻柴油	10~11
轻柴油—重柴油	8~10
重柴油—裂化原料油	6~8
裂化原料油—进料	3~4
进料—塔底	4

③ 常压塔的内件。其主要是塔板和填料。我国原油蒸馏塔上采用的塔板有浮阀塔板、文丘里形浮阀塔板、圆形泡帽塔板、伞形泡帽塔板、浮动舌形塔板、网孔塔板、条形浮阀塔板和船形浮阀塔板等多种形式。这些塔板各有优缺点，它们的性能比较见表1-2-5。

表 1-2-5　塔板的性能比较

项目	圆形泡帽	伞形泡帽	浮阀	V4 型浮阀	条形浮阀	船形浮阀	网孔	浮动舌形
分离效率	良好	良好	良好	良好	良好	良好	较好	尚可
操作弹性	良好	良好	良好	良好	良好	良好	尚可	较好
低气相负荷	良好	较好	良好	良好	良好	良好	尚可	较好
低液相负荷	良好	较好	良好	良好	良好	良好	尚可	尚可
塔板压降	大	较大	较大	较小	较大	较大	小	较小
设备结构	复杂	较复杂	简单	较简单	简单	简单	较简	较简单
制造费用	大	较大	较小	较小	较小	小	单	较小
安装维修	复杂	较复杂	尚可	尚可	较简单	较简单	简单	较简单

注：在泛点 80%附近操作。

目前浮阀塔板较多应用在常压蒸馏塔。条形浮阀塔板、船形浮阀塔板和导向浮阀塔板是近年来用在常压蒸馏塔的新型改进的浮阀塔板。

国内已工业化的条形浮阀塔板有 T 形排列和顺排两种(见图 1-2-14)。T 形排列的条形浮阀气体和液体在塔板上流动方向不断发生变化，增加了气、液两相接触的机会，有利于传质；另外，相邻浮阀出来的气体不直接碰撞，减少了雾沫夹带。顺排条阀液体流动方向不受扰动，减少了塔板上的液相返混，提高了板效率。

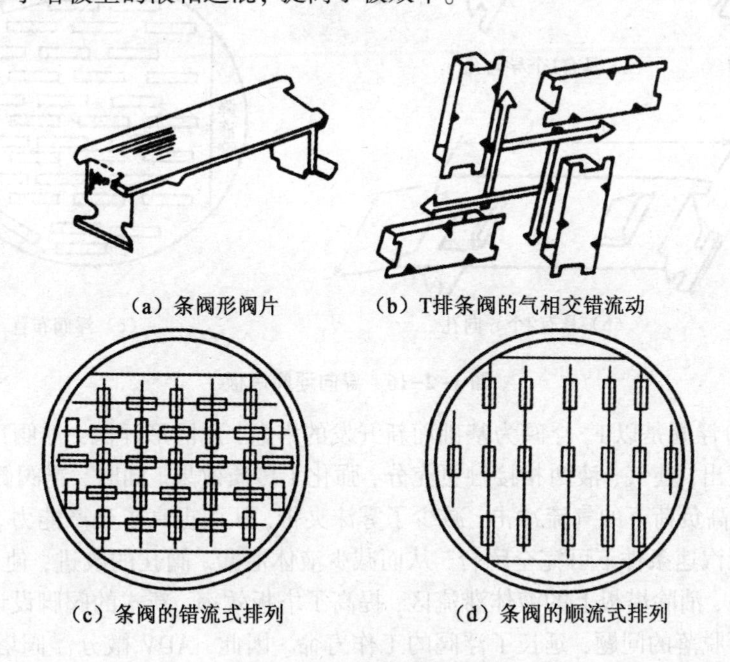
(a) 条阀形阀片　(b) T排条阀的气相交错流动

(c) 条阀的错流式排列　(d) 条阀的顺流式排列

图 1-2-14　条形浮阀塔板

船形浮阀塔板的阀体似船形，两端有腿，卡在塔板的矩形孔中(见图 1-2-15)。阀体的排列采取阀的长轴与液流方向平行的方式，可使气、液两相增加接触，减少液体的逆向返混，提高了传质效率和分离精度。

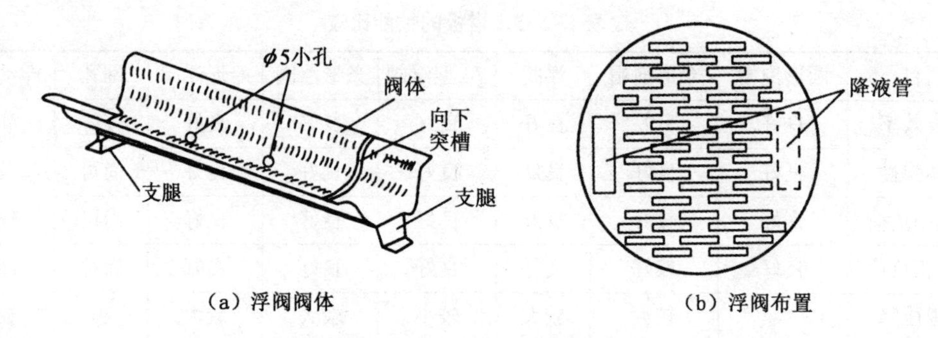

(a) 浮阀阀体　　(b) 浮阀布置

图 1-2-15　船形浮阀塔板

导向浮阀塔板是条形浮阀的一种改进形式，与条形浮阀塔板的区别是在条形浮阀上增开与塔板上液流方向一致的导向孔 1 或 2 个(见图 1-2-16)。导向浮阀在塔板上一般为错排，但在液体滞流区的部分，导向浮阀部分为斜向排列；操作中，借助导向孔流出的气体动能，推动塔板上的液体流动，从而消除或减少塔板上的液面梯度。导向浮阀非常适合用于塔径较大的塔上。

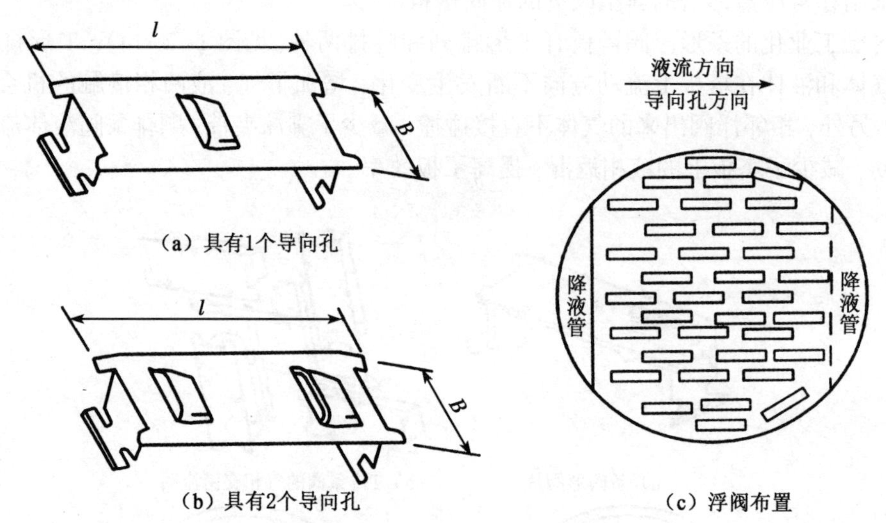

(a) 具有1个导向孔

(b) 具有2个导向孔　　(c) 浮阀布置

图 1-2-16　导向浮阀塔板

ADV 微分浮阀是以 F_1 浮阀为基础而新开发的塔盘，属圆形浮阀。浮阀顶面有切孔，部分气流由此喷出，使气、液两相接触更充分，强化了传质效果。同时，浮阀侧面的气体负荷减少，减轻了高负荷下的气流冲击，减少了雾沫夹带，从而提高了生产能力。浮阀顶部的切孔使浮阀在低汽速条件下可完全闭合，从而减少液体泄漏。阀孔的改进，使 ADV 塔盘具有一定的导向性，消除塔板上的液体滞流区，提高了塔板效率。新式的阀脚设计，克服了圆形浮阀因旋转而脱落的问题，延长了浮阀的工作寿命。因此，ADV 微分浮阀塔盘具有处理能力大、效率高、操作弹性大、布阀简易的优点，适用于常压塔、气体分馏塔、稳定吸收系统等塔器装置。在塔器的改造工程中，原有塔盘的支撑圈等内构件可以保留，这样可节省投资，缩短施工周期。

2.加热炉

常减压蒸馏是在油品汽化和冷凝过程中进行的。加热炉的作用就是为油品的汽化提供热源。

在炼油厂工艺装置中，原油蒸馏的常压炉和减压炉的处理量与热负荷较大。正确选择炉型，以及采取各项提高加热炉效率的措施，对降低全厂能耗，具有重要的意义。

(1) 炉型。

我国目前采用的原油蒸馏加热炉，有圆筒炉、卧管立式炉和立管箱式炉等炉型。这三种基本炉型的技术指标见表 1-2-6。

表 1-2-6　基本炉型对比表

项目	圆筒炉	卧管立式炉	立管箱式炉（中间排管）
炉体占地面积①/($m^2 \cdot MW^{-1}$)	3.5~4.5	7.5~9.5	3~4
金属材料用量/($t \cdot MW^{-1}$)	8~12	2~15	6~8
高铬镍合金钢管架用量/($kg \cdot MW^{-1}$)	130~170	190~230	150~200
投资对比	100	100~150	70~90
适用热负荷范围/MW	<30	10~30	>30
辐射室炉管表面平均热流密度/($kW \cdot m^{-2}$)	24~37	29~44	24~37

注：①包括水平抽管场地面积。

① 圆筒炉。早期的圆筒炉辐射管都是沿圆周排列的。射室内燃烧器和管排成同心圆布置，辐射炉管距火焰的相对位置匀称，炉管径向的辐射热量均匀，同时便于布置成多程并联形式，见图1-2-17。圆筒炉的结构紧凑，材料用量、投资和占地面积均小于卧管立式炉。但这种炉型的辐射管高度和炉管节圆直径之比在 2.5 左右，沿管长受热的不均匀系数较大(一般为1.2~2.0)，故辐射管的平均热流密度也较低。为了弥补常减压蒸馏装置的大型圆筒炉炉膛热流密度低的缺点，有的厂家除沿炉膛周边排放炉管外，又在炉膛中间布置了炉管，除能充分利用炉膛空间外，由于中间设置的炉管承受双面辐射，故可提高辐射管的平均热流密度，从而节省材料用量。

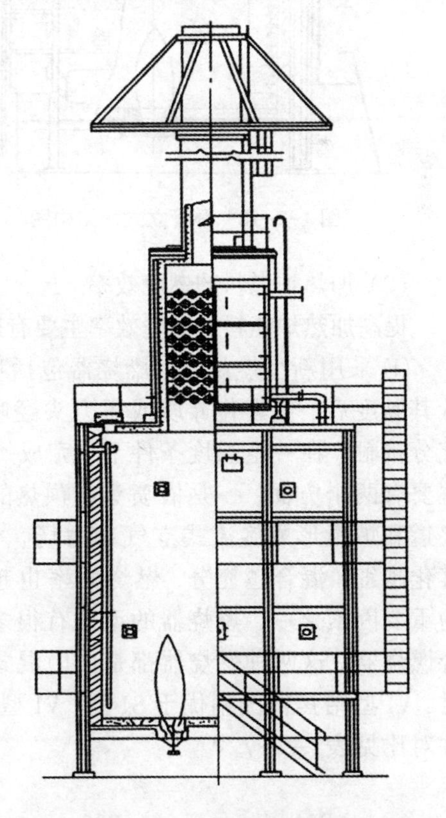

图 1-2-17　圆筒炉结构图

② 卧管立式炉。其结构图见图1-2-18。这种炉型高宽比小，且燃烧器沿管长布置，故辐射管受热均匀，平均热流密度较高。辐射管沿两面侧墙排列，适用于布置成双程并联形式，形成比较适合于润滑油型减压蒸馏的加热炉。

卧管立式炉炉管沿管长方向受热虽较均匀，但沿辐射室高度方向因受燃烧器形式和焰形的制约，各部位的炉管热流密度仍有差异。为了改善这种状态，可选用较合适的燃烧器或在炉管的排列上做适当调整。

③ 立管箱式炉。它是指辐射室为矩形、炉管为立排的加热炉(见图1-2-19)。这种炉型具有辐射管垂直布置、节省占地面积和对流炉管长、压降小等优点。其辐射管可布置在炉膛四周和中间。对流室安放在炉顶或炉侧。此种炉型炉膛热流密度大，特别适用于大型加热炉。

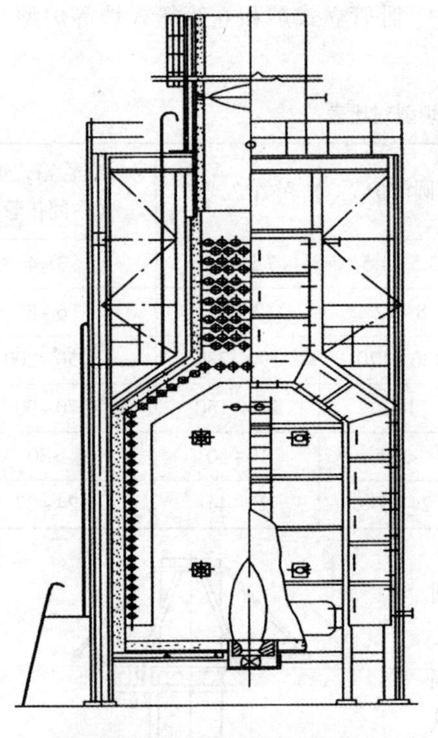

图 1-2-18　卧管立式炉结构图

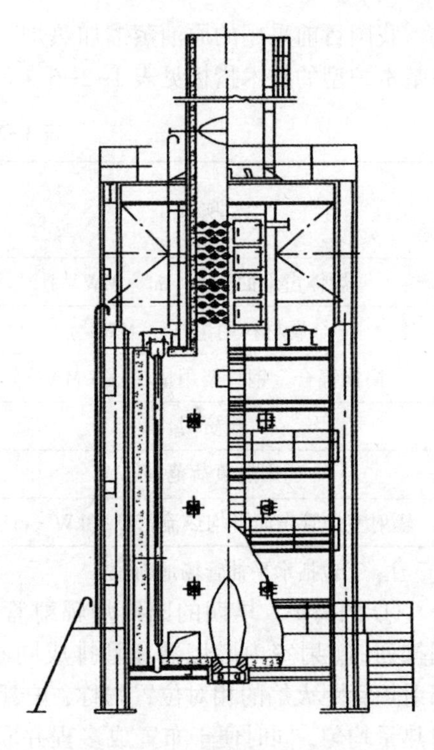

图 1-2-19　立管箱式炉结构图

(2) 加热炉燃料的燃烧效率。

提高加热炉燃料的燃烧效率主要有以下三条途径。

① 采用新型燃烧器。燃烧器包括喷头、调风口和火道三个部分。燃料油经预热降低其黏度后，借雾化介质或压力头经喷头喷散成雾状小滴，随即蒸发成气体，与空气充分接触，在一定温度条件下，完成燃烧过程。燃烧器在燃料燃烧过程中所起的作用主要有两个方面：一是借喷头将预热的燃料油进行雾化；二是通过调风口使空气进入火道和炉膛形成旋流式空气动力场，与汽化的燃料油充分混合，促使燃料燃烧完全。雾化越细，混合越充分，燃烧效率也越高，因此，燃烧器的结构是影响燃料燃烧效率的重要因素之一。燃烧器的型号有很多，我国目前主要采用 VI 型和 SJ 型两种油-气联合燃烧器。这两种燃烧器都是由内混式蒸气雾化和外混式燃料气喷头组成。在烧渣油时，VI 型结焦情况稍优于 SJ 型。VI 型和 SJ 型燃烧器的结构简图见图 1-2-20，操作条件对比见表1-2-7。

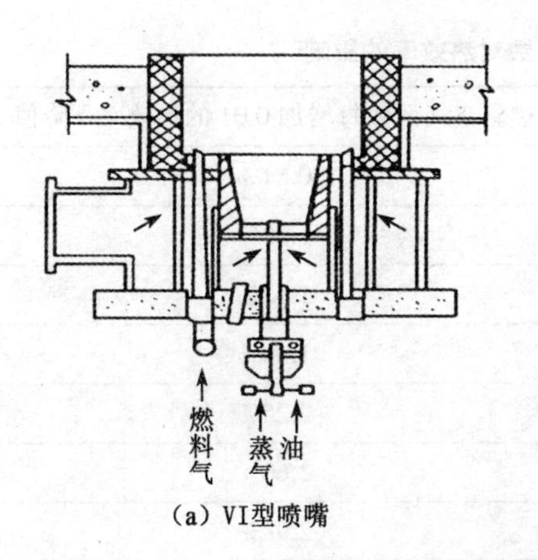

(a) VI型喷嘴

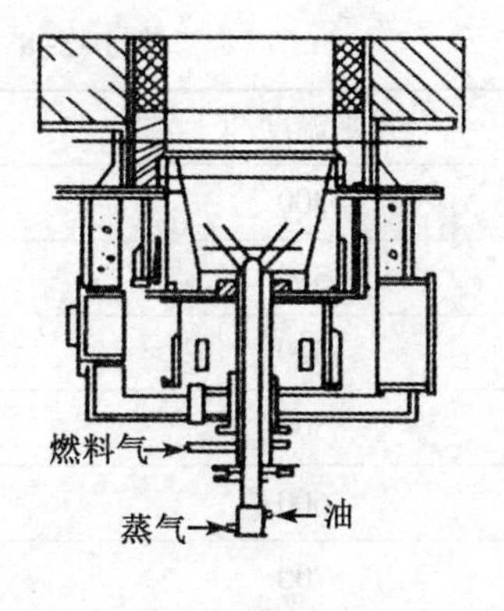

(b) SJ型喷嘴

图 1-2-20 VI 型和 SJ 型燃烧器结构简图

表 1-2-7 VI 型与 SJ 型燃烧器操作条件对比

燃烧器型号	供热能力①/(kg·h⁻¹)	燃料油		燃料气	雾化蒸气		
		压力/MPa	黏度/($mm^2 \cdot s^{-1}$)	压力/MPa	压力/MPa	温度/℃	汽耗②/(kg·kg⁻¹)
VI	100~500	≥0.6	<33	0.05	0.7	>210	0.2~0.3
SJ	300~400	≥0.6	<30	0.02~0.20	0.7	>210	0.2~0.3

注：① 每小时燃烧标准燃料油的千克数。

② 燃烧每千克标准燃料油的耗汽量。

在 VI 型燃烧器的基础上，又开发了 VII 型燃烧器，其燃料油的雾化性能更好，燃烧效率更高，但目前国内仍广泛采用 VI 型燃烧器。

为了降低烟气中的 NO_x 的含量以控制大气污染，低 NO_x 燃烧器也开始在国内炼油厂陆续得到采用。这种火嘴按照其工作原理，可分为分级供风燃烧器和分级供应燃料燃烧器。这两种燃烧器都是通过降低火焰温度以减少 NO_x 的生成量。与普通燃烧器相比，分级供风燃烧器的 NO_x 生成量可减少 30%~35%；分级供应燃料燃烧器的 NO_x 生成量可减少 55%~60%。为了进一步地降低 NO_x 的生成量，目前国外一些燃烧器公司又开发出烟气循环技术用于上述两种燃烧器，其主要原理是将烟气循环与空气混合，以降低火焰区内氧分子浓度，从而达到进一步地减慢燃烧速度并降低火焰温度的目的。

② 控制过剩空气系数。燃料燃烧效率高低，在很大程度上取决于空气供给量是否合适。一般地，燃料燃烧时的空气供给量必须大于理论需要量。换言之，燃料燃烧必须在有一定的过剩空气系数条件下，才能达到高的燃烧效率。但过高的过剩空气系数又会带走大量热量，降低炉子的热效率。特别是在排烟温度高时，过剩空气系数对炉子热效率的影响更大(见表 1-2-8)。控制过剩空气系数的手段是调节风道的挡板度。我国原油蒸馏加热炉所采用的油-气联合燃烧器在自然通风条件下，用蒸气雾化操作的过剩空气系数，燃油时为 1.2~1.3，燃气时为 1.1。为使加热炉能在合适的过剩空气系数条件下长期平稳操作，不少工厂已采用微机或可编程序控制器，通过氧化锆氧分析仪对排烟中氧气含量进行监测，以控制加热炉总供风量。

表 1-2-8　过剩空气系数对热效率的影响

排烟温度/℃	过剩空气系数每增加 0.01 的热效率下降值
200	0.81%
300	1.20%
400	1.53%
500	1.90%
600	2.25%
700	2.60%
800	2.98%

③ 预热空气。燃烧用空气的预热不仅能回收余热，而且能促进燃料的燃烧速度，从而提高燃料的燃效率。

（3）回收加热炉烟气余热。

回收加热炉烟气余热的方法较多，根据具体条件选用。采用余热回收系统的加热炉，其热效率最高值通常受烟气低温露点腐蚀的限制，即余热回收设备的壁温不能低于烟气的露点温度。我国采用的各种余热回收系统，在没有具体防腐措施的条件下，一般可使加热炉的热效率提高到 90%以上。

① 加热炉对流室采用冷原油直接与烟气换热。在常规的蒸馏装置中，冷原油一般与产品和回流油换热，而加热炉烟气余热则用来加热自身所需的燃烧空气。采用冷原油与烟气换热，则用油品的余热来预热空气，这样就把回收加热炉烟气余热与装置换热流程结合起来。其优点除能使整个装置换热系统冷热流的匹配更为合理外，还有由于从原来的气-气换热改为液-气换热，提高了换热设备的效率，缩小了传热面积，还可省去烟气与空气直接换热所需的大型往返烟道，且可不用引风机，故设备较简单，维修工作量小，因此在原油蒸馏加热炉中已得到广泛应用。例如，某厂在原油常压及减压蒸馏装置的加热炉对流段顶部增设冷油炉管，使烟气温度由 500~525 ℃降至 200~230 ℃，并用油品余热将空气预热至 220~240 ℃，使加热炉平均热效率由 65%提高至 85%。

② 采用回转式空气预热器。回转式空气预热器是一种直接回收烟气热量的蓄热式设备，其中有一个装有蓄热体(波形板) 的转子。当转子转动时，蓄热体交替经过烟气区和空气区。通过烟气区时，蓄热体吸收热量，待转至空气区时，即将热量传递给空气。这样往复循环，将空气温度升高，同时使排烟温度降低，提高加热炉热效率。这种预热器示意图见图 1-2-21。

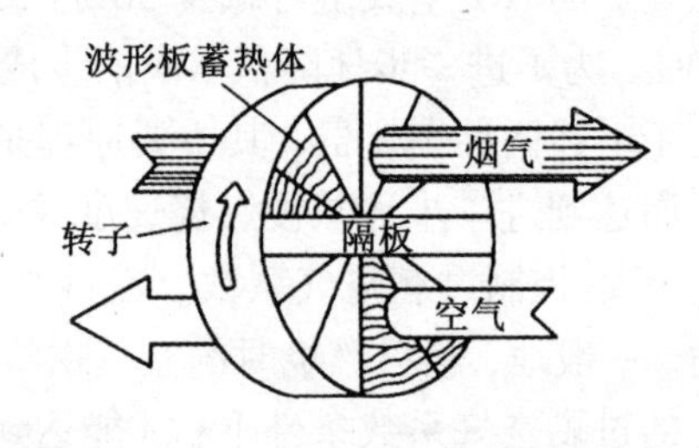

图 1-2-21　回转式空气预热器示意图

这种烟气余热回收设施为独立系统，开停方便，投运与停运不影响装置生产运行。由于其中的蓄热体交替通过烟气区和空气区，壁温不断变化，故低温露点腐蚀较轻。又因为这种预热器属蓄热式换热，冷端与热端的蓄热体是分开的，便于拆卸和更换，一旦波形板被腐蚀穿孔，仍可继续使用。另外，波形板仅为 0.5 mm 厚的薄钢板，故钢材用量少。根据我国的使用经验，当将加热炉热效率提高 10%左右时，每兆瓦主炉热负荷需回转式空气预热器本体的钢材用量 0.55~0.65 t；包括烟风道在内的钢材用量随着具体布置条件的不同为 2.0~3.0 t。这种预热器的单位体积换热面积大，故适用于大型加热炉。

这种预热器的不足之处如下。首先，由于带有转动部件，在烟气侧和空气侧之间的密封性较差，漏风量较大。根据空气区和烟气区压差的大小与制造安装质量的不同，漏风量一般在 7%~15%。其次，预热器必须放置在地面上，需要庞大的往返烟道与炉顶的烟囱相连，且占地面积大。另外，由于蓄热体交替通过烟气区和空气区，如波形板上积有未吹净的油灰或其他可燃物时，就会在一定条件下着火而将设备烧坏，故在操作过程中，应保持燃料的完全燃烧并及时吹灰。

③ 采用管式空气预热器。管式空气预热器是一种换热器式设备，通常烟气走壳程，空气走管程。根据操作温度高低及烟气露点温度的不同，其管束可分别采用钢管、内外带翅片的铸铁管或硅硼玻璃管。一般均采用组合式结构。

管式空气预热器可以直接放在圆筒炉对流室的顶部，这样可不用引风机，且不占地面。但这种布置当预热器存在露点腐蚀时，管子不易更换，且管子间腐蚀物和积灰会堵塞烟气通道，增大烟气流动阻力，使炉膛出现正压而影响操作，故仅适用于燃用脱硫气体或换热管壁温高于烟气露点的工况。当采用包括铸铁管或玻璃管在内的耐低温露点腐蚀的组合结构时，因其重量和结构尺寸均较大，通常不将其放置在炉顶上，而是直接置于炉侧的基础上或专设钢架上。这样，在检修预热器时，可不影响主炉的正常操作，但占地面积大，且必须设置引风机，因而操作费用也较高。

管式空气预热器的缺点是单位体积换热面积小，体积庞大，用料多。尤其是使用带翅片的铸铁管更为突出，故不宜在大型加热炉上使用。

④ 采用热管空气预热器。热管空气预热器是由热管组成的一种气-气换热设备。热管是一种管外带有翅片，管内充有工质的封闭单管，分成蒸发段和冷凝段两部分，烟气和空气在管外分别流过蒸发段和冷凝段，借助于管内工质的蒸发和冷凝进行换热，是一种高效的传热元件。

我国某些原油蒸馏加热炉上使用的热管空气预热器的最大回收热量约为 5 MW，可将加热炉热效率提高到 90%以上。预热器的高温区为碳钢-导热姆管，低温区为经过处理、不产生不凝气体的碳钢-水热管。

（二）流程组织

1.汽化段数的选择

原油经过加热汽化的次数，称为汽化段数，汽化段数一般取决于原油性质、产品方案和处理量等。例如，原油蒸馏过程中，在一个塔内分离一次称一段汽化。原油蒸馏装置汽化段数可分为一段汽化、二段汽化、三段汽化、四段汽化等几种。

目前，炼油厂最常采用的原油蒸馏流程是二段汽化流程和三段汽化流程。常压蒸馏是否要采用二段汽化流程，应根据具体条件对有关因素进行综合分析而定。如果原油所含的轻馏分多，则原油经过一系列热交换后，温度升高，轻馏分汽化，会造成管路巨大的压力降，其结果是原油泵的出口压力升高，换热器的耐压能力也应增加。另外，如果原油脱盐脱水不好，进入换热系统后，尽管原油中轻馏分含量不高，水分的汽化也会造成管路中相当可观的压力降。当加工含硫原油时，在温度超过 160~180 ℃的条件下，某些含硫化合物会分解而释放出硫化氢，原油中的盐分则可能水解而析出氯化氢，造成蒸馏塔顶部、气相馏出管线与冷凝冷却系统等低温位的严重腐蚀。采用二段汽化蒸馏流程时，这些现象都会出现，给操作带来困难，影响产品质量和收率，大型炼油厂的原油蒸馏装置多采用三段汽化流程。

2.原油蒸馏工艺流程

原油常减压蒸馏工艺流程图(燃料型)见图1-2-22。

从罐区来的原油经过换热，温度达到80~120 ℃时，进电脱盐脱水罐进行脱盐脱水。经这样预处理后的原油再经换热到210~250 ℃进入初馏塔，塔顶出轻汽油馏分，塔底为拔头原油，拔头原油经换热进常压加热炉至360~370 ℃，形成的气液混合物进入常压塔，塔顶出汽油馏分，经冷凝冷却至40 ℃左右，一部分作塔顶回流，另一部分作汽油馏分。各侧线馏分油经汽提塔汽提出装置，塔底是沸点高于350 ℃的常压重油。用热油泵从常压塔底部抽出送到减压炉加热，温度达到390~400 ℃进入减压精馏塔，减压塔顶一般不出产品，直接与抽真空设备连接。侧线各馏分油经换热冷却后出装置，作为二次加工的原料油。塔底减压渣油经换热、冷却后出装置，作为下道工序(如焦化、溶剂脱沥青等)的进料。

(三) 常压塔的工艺特征

1.初馏塔的作用

原油蒸馏是否采用初馏塔，应根据具体条件，对有关因素进行综合分析后决定。下面讨论初馏塔的作用。

(1) 原油的轻馏分含量。

含轻馏分较多的原油在经过换热器被加热时，随着温度的升高，轻馏分汽化，从而增大了原油通过换热器和管路的阻力，这就要求提高原油输送泵的扬程和换热器的压力等级，即增加了电能消耗和设备投资。

将原油经换热过程中已汽化的轻组分及时分离出来，让这部分馏分不必再进入常压炉去加热。这样，一则能减少原油管路阻力，降低原油泵出口压力；二则能减少常压炉的热负荷。二者均有利于降低装置能耗。因此，当原油含汽油馏分接近或大于20%时，可采用初馏塔。

(2) 原油脱水效果。

当原油因脱水效果波动而引起含水量增高时，水能从初馏塔塔顶分出，使得常压塔操作免受水的影响，保证产品质量合格。

(3) 原油的含砷量。

对含砷量高(大于2000 μg/g)的原油，如大庆原油，为了生产重整原料油，必须设置初馏塔。重整催化剂极易被砷中毒而永久失活，重整原料油的砷含量要求小于200 μg/g。如果进入重整装置的原料油含砷量超过200 μg/g，则仅依靠预加氢精制是不能使原料油达到要求的。此时，原料油应在装置外进行预脱砷，使其含砷量小于200 μg/g后，才能送入重整装置。重整原料油含砷量不仅与原油的含砷量有关，而且与原油被加热的温度有关。

例如，在加工大庆原油时，初馏塔进料温度约230 ℃，只经过一系列换热，温度低且受热均匀，不会造成砷化合物的热分解，由初馏塔顶得到的重整原料油的含砷量小于200 μg/g。若原油加热到370 ℃直接进入常压塔，则从常压塔顶得到的重整原料油的含砷量通常高达1500 μg/g。重整原料油含砷量过高，不仅会缩短预加氢精制催化剂的使用寿命，而且有可能保证不了精制后的含砷量降至1 μg/g以下。因此，国内加工大庆原油的炼油厂一般都采用初馏塔，并且只取初馏塔顶的产物作为重整原料油。

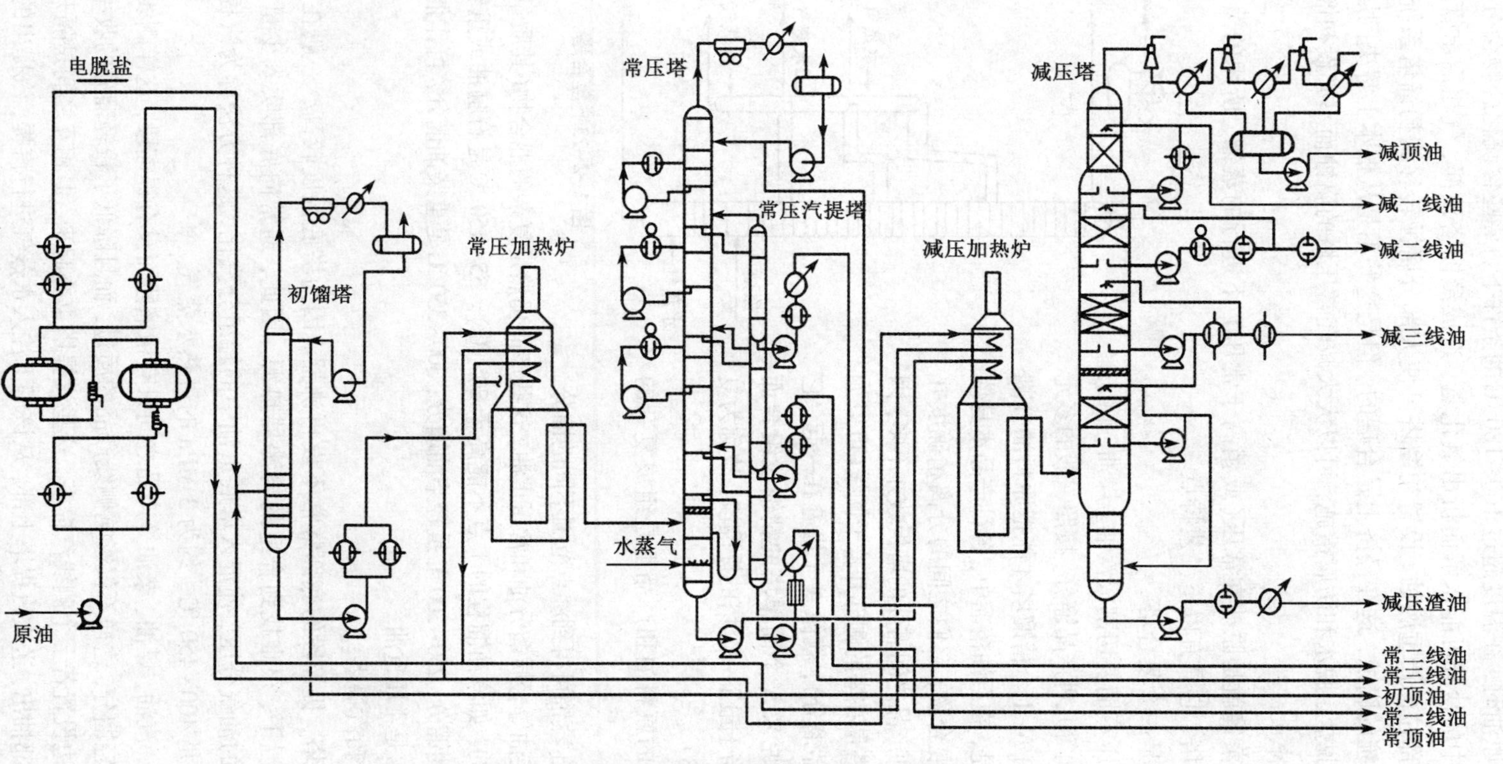

图1-2-22　原油常减压蒸馏工艺流程图（燃料型）

（4）原油的含硫量和含盐量。

当加工含硫原油时，在温度超过160～180 ℃的条件下，某些含硫化合物会分解而释放出硫化氢，原油中的盐分可能水解而析出氯化氢，造成蒸馏塔顶部、气相馏出管线与冷凝冷却系统等低温部位的严重腐蚀。设置初馏塔可使大部分腐蚀转移到初馏塔系统，从而减轻了常压塔顶系统的腐蚀，这在经济上是合理的。但是这并不是从根本上解决问题的办法。实践证明，加强脱盐、脱水和防腐措施，可以大大减轻常压塔的腐蚀而不必设初馏塔。

2.常压塔的特点

原油的常压蒸馏就是原油在常压(或稍高于常压）下进行的蒸馏，所用的蒸馏设备叫作原油常压精馏塔，它具有以下工艺特点。

（1）常压塔是一个复合塔。

原油通过常压蒸馏要切割成汽油、煤油、轻柴油、重柴油和重油等几种产品馏分。按照一般的多元精馏办法，需要有 $N-1$ 个精馏塔才能把原料油分割成 N 个馏分。但是，在石油精馏中，各种产品本身依然是一种复杂的混合物，它们之间的分离精确度并不要求很高，两种产品之间需要的塔板数并不多，因而原油常压精馏塔是在塔的侧部开若干侧线(可以如上所述的多个产品馏分)，就像 N 个塔叠在一起，它的精馏段相当于原来 N 个简单塔的精馏段组合而成，而其下段相当于最下一个塔的提馏段，故称为复合塔(见图1-2-23)。

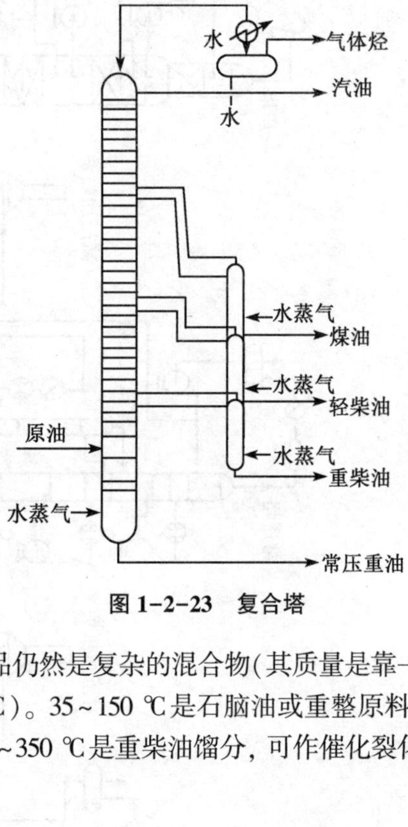

图 1-2-23　复合塔

（2）常压塔的原料油和产品都是组成复杂的混合物。

原油经过常压蒸馏可得到沸点范围不同的馏分，如汽油、煤油、柴油等轻质馏分油和常压重油，这些产品仍然是复杂的混合物(其质量是靠一些质量标准来控制的，如汽油馏程的干点不能高于205 ℃)。35～150 ℃是石脑油或重整原料油；130～250 ℃是煤油馏分；250～300 ℃是轻柴油馏分；300～350 ℃是重柴油馏分，可作催化裂化原料油；大于350 ℃是常压重油。

（3）汽提段和汽提塔。

对石油精馏塔，提馏段的底部常常不设再沸器，因为塔底温度较高，一般在350 ℃左右，在这样的高温下，很难找到合适的再沸器热源。因此，通常向底部吹入少量过热水蒸气，以降低塔内的油气分压，使混入塔底重油中的轻组分汽化，这种方法称为汽提。汽提所用的水蒸气通常是400～450 ℃、约为3 MPa的过热水蒸气。

在复合塔内，汽油、煤油、柴油等产品之间只有精馏段而没有提馏段，这样侧线产品中会含有相当数量的轻馏分，这样不仅影响侧线产品的质量，而且降低了较轻馏分的收率。所以通常在常压塔的旁边设置若干个侧线汽提塔，这些汽提塔重叠起来，但相互之间是隔开的，侧线产品从常压塔中部抽出，送入汽提塔上部，从该塔下注入水蒸气进行汽提，汽提出的低沸点组分同水蒸气一道从汽提塔顶部引出返回主塔，侧线产品由汽提塔底部抽出送出装置。

在有些情况下，侧线的汽提塔不采用水蒸气而仍同正规的提馏段那样采用再沸器。这种做法是基于以下几点考虑的。

① 侧线油品汽提时，产品中会溶解微量水分，对有些要求低凝点或低冰点的产品(如航空煤油)可能使冰点升高，采用再沸提馏可避免此弊病。

② 汽提用水蒸气的质量分数虽然小(通常为侧线产品的2%~3%)，但水的相对分子质量比煤油、柴油低数十倍，因而体积流量相当大，增大了塔内的气相负荷。采用再沸提馏代替水蒸气汽提，有利于提高常压塔的处理能力。

③ 水蒸气的冷凝潜热很大，采用再沸提馏有利于降低塔顶冷凝器的负荷。

④ 采用再沸提馏有助于减少装置的含油污水量。

采用再沸提馏代替水蒸气汽提会使流程设备复杂些，因此，采用何种方式要具体分析。至于侧线油品用作裂化原料油时，则可不必汽提。

常压塔进料汽化段中未汽化的油料流向塔底，这部分油料中还含有相当多的温度低于350 ℃的轻馏分。因此，在进料段以下也要有汽提段，在塔底吹入过热水蒸气，以使其中的轻馏分汽化后返回精馏段，达到提高常压塔拔出率和减轻减压塔负荷的目的。塔底吹入的过热水蒸气的质量分数一般为2%~4%。常压塔底不可能用再沸器代替水蒸气汽提，因为常压塔底温度一般在350 ℃左右，如果用再沸器，很难找到合适的热源，而且再沸器也十分庞大。减压塔的情况也是如此。

(4) 全塔热平衡。

由于常压塔塔底不用再沸器，热量来源几乎完全取决于加热炉加热的进料。汽提水蒸气(约450 ℃) 虽然也带入一些热量，但由于只放出部分显热，且水蒸气量不大，因而这部分热量是不大的。

全塔热平衡的情况引出以下几个问题。

① 常压塔进料的汽化率至少应等于塔顶产品和各侧线产品的产率之和，否则不能保证要求的拔出率或轻质油收率。至于一般二元或多元精馏塔，理论上讲，进料的汽化率可以在0~1任意变化而仍能保证产品产率。在实际设计和操作中，为了使常压塔精馏段最低一个侧线以下的几层塔板(在进料段之上) 上有足够的液相回流，以保证最低侧线产品的质量，原料油进塔后的汽化率应比塔上部各种产品的总收率略高一些。高出的部分称为过汽化度。常压塔的过汽化度一般为2%~4%。实际生产中，只要侧线产品质量能保证，过汽化度低一些是有利的，这不仅可减轻加热炉负荷，而且由于炉出口温度降低，可减少油料的裂化。

② 在常压塔只依靠进料供热，而进料的状态(温度、汽化率) 又被规定，因此，常压塔的回流比是由全塔热平衡决定的，变化的余地不大。常压塔产品要求的分离精确度不太高，只要塔板数选择适当，在一般情况下，由全塔热平衡所确定的回流比已完全能满足精馏的要求。二元系或多元系精馏与原油精馏不同，它的回流比是由分离精确度要求确定的，至于全塔热平衡，可以通过调节再沸器负荷来达到。在常压塔的操作中，如果回流比过大，必然会引起塔的各点温度下降、馏出产品变轻、拔出率下降。

③ 在原油精馏塔中，除了采用塔顶回流，通常还设置1~2个中段循环回流，即从精馏塔上部的精馏段引出部分液相热油，经与其他冷流换热或冷却后再返回塔中，返回口比抽出口通常高2~3层塔板。

中段循环回流的作用是，在保证产品分离效果的前提下，取走精馏塔中多余的热量，这些热量因温位较高，成为价值很高的可利用热源。采用中段循环回流的好处是，在相同的处理量下可缩小塔径，或者在相同的塔径下可提高塔的处理能力。

(5) 恒分子回流的假定完全不适用。

在二元和多元精馏塔的设计计算中，为了简化计算，对性质及沸点相近的组分所组成的体系作出了恒分子回流的近似假设，即在塔内的气、液相的摩尔流量不随着塔高而变化。这个近似假设对原油常压精馏塔是完全不能适用的。石油是复杂的混合物，各组分间的性质可以有很大的差别，它们的摩尔汽化潜热可以相差很远，沸点之间的差别甚至可达几百摄氏度，如常压塔顶和塔底之间的温差可达 250 ℃左右。显然，以精馏塔上、下部温差不大，塔内各组分的摩尔汽化潜热相近为基础所作出的恒分子回流这一假设对常压塔是完全不适用的。

(四) 操作指标的确定

常压蒸馏系统主要过程是加热、蒸馏和汽提，主要设备有加热炉、常压塔和汽提塔。常压蒸馏操作的目标以提高分馏精确度和降低能耗为主。影响这些目标的工艺操作条件主要有温度、压力、回流比、气流速度、水蒸气吹入量及塔底液面等。

1.温度

常压蒸馏系统主要控制的温度点有加热炉出口、塔顶、侧线温度。

加热炉出口温度高低直接影响进塔油料的汽化量和带入热量，相应地，塔顶和侧线温度都要变化，产品质量也随之改变。一般控制加热炉出口温度和流量恒定。如果炉出口温度不变，回流量、回流温度、各处馏出物数量的改变也会破坏塔内热平衡状态，引起各处温度条件的变化，其中塔顶温度对热平衡的影响最灵敏。加热炉出口温度和流量平稳是通过加热炉系统和原油泵系统控制来实现的。

塔顶温度是影响塔顶产品收率和质量的主要因素。塔顶温度高，则塔顶产品收率提高，相应塔顶产品终馏点提高，即产品变重；反之，则相反。塔顶温度主要通过塔顶回流量和回流温度控制实现。

侧线温度是影响侧线产品收率和质量的主要因素。侧线温度高，侧线馏分变重。侧线温度可通过侧线产品抽出量和中段回流进行调节与控制。

2.压力

油品汽化温度与其油气分压有关。塔顶温度是指塔顶产品油气(汽油) 分压下的露点温度，侧线温度是指侧线产品油气(煤油、柴油等) 分压下的泡点温度。油气分压越低，蒸出同样的油品所需的温度也越低。而油气分压是设备内的操作压力与油品分子分数的乘积，当塔内水蒸气吹入量不变时，油气分压随着塔内操作压力的降低而降低。操作压力降低，同样的汽化率要求进料温度可低些，燃料消耗可少些。

因此，在塔内负荷允许的情况下，降低塔内操作压力，或适当吹入汽提蒸气，有利于进料油气的蒸发。

3.回流比

回流提供气、液两相接触的条件，回流比的大小直接影响分馏的好坏，对一般的原油分馏塔，回流比大小由全塔热平衡决定。随着塔内温度条件等改变，适当调节回流量，是维持塔顶温度平衡的手段，以达到调节产品质量的目的。此外，要改善塔内各馏出线间的分馏精确度，也可借助于改变回流量(改变馏出口流量，即可改变内回流量)。但是由于受到全塔热平衡的限制，回流比的调节范围是有限的。

4.气流速度

塔内上升气流由油气和水蒸气两部分组成，在稳定操作时，上升气流量不变，上升蒸气的速度也是一定的。在塔的操作过程中，如果塔内压力降低，进料量或进料温度增高，吹入水蒸气量上升，都会使蒸气上升速度增加，严重时，雾沫夹带现象严重，影响分馏效率。相反，又会因蒸气速度降低，上升蒸气不能均衡地通过塔板，此时要降低塔板效率，这对于某些弹性小的塔板(如舌形)，就需要维持一定的蒸气线速。在操作中，应该使蒸气线速在不超过允许速度(即不致引起严重雾沫现象的速度)的前提下，尽可能地提高，这样，既不影响产品质量，又可以充分提高设备的处理能力。对不同塔板，允许的气流速度也不同，以浮阀塔板为例，常压塔为0.8~1.1 m/s，减压塔为1.0~3.5 m/s。

5.水蒸气吹入量

在常压塔底和侧线吹入水蒸气能起到降低油气分压的作用，从而达到使轻组分汽化的目的。吹入量的变化对塔内的平衡操作影响很大，改变吹入蒸气量，虽然是调节产品质量的手段之一，但是必须全面分析对操作的影响，吹入量多时，增加了塔及冷凝冷却器的负荷。

6.塔底液面

塔底液面的变化，反映物料平衡的变化和塔底物料在蒸馏塔的停留时间，取决于温度、流量、压力等因素。

(五)过程控制

1.加热炉支路出口温度的均衡控制

常压炉进料一般分为几个支路。常规的控制方法是，在各支路上都安装各自的流量变送器和控制阀，而用炉出口汇合后的温度来调节炉用燃料量。这种调节方法，仅能将炉子总出口温度保持在规定的范围内，而各支路的出口温度则有较大的变化，某一路炉管有可能局部过热而结焦。为了改善和克服这种情况，采用支路均衡控制(见图1-2-24)，其调节方法如下：保持通过炉子的总流量一定，而允许支路流量有变化；各支路的出口温度自动和炉总出口温度进行比较，通过公式计算自动调节各支路的进料流量，维持各支路的温度均衡。

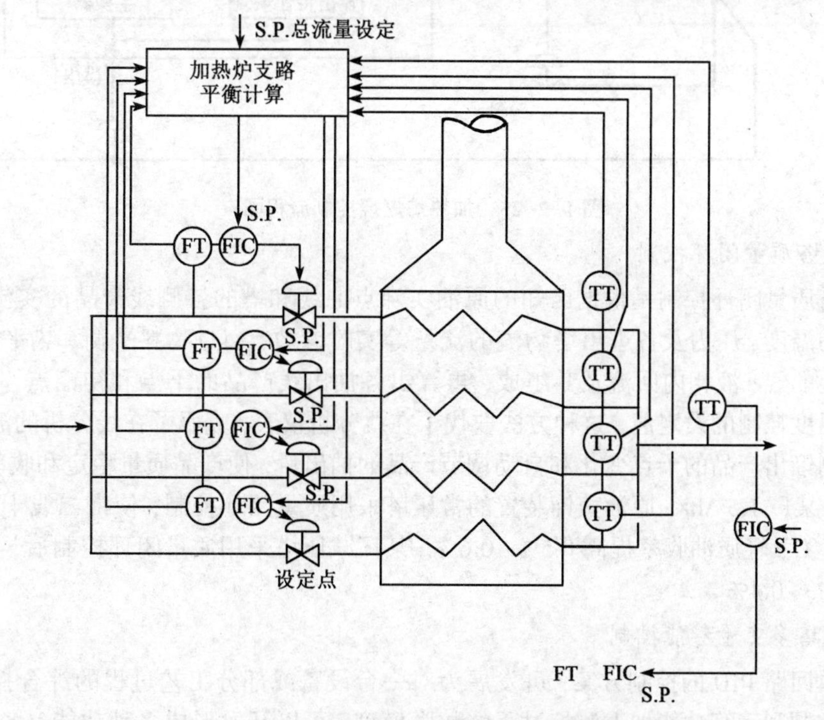

图1-2-24　加热炉支路均衡控制流程图

例如，某厂的原油蒸馏装置，常压炉是三路进料，减压炉是二路进料。在采用加热炉支路均衡控制前，各路温差只能做到不大于 5 ℃；在采用均衡控制后，可以达到不大于 1 ℃，操作较好时，甚至不大于 0.5 ℃，在提量或降量的情况下，也能保证各路温差不大于 1 ℃。

2.加热炉燃烧控制

在常规的控制系统中，加热炉出口温度、炉膛负压、烟气含氧量等变量是独立的、互不关联的，而实际上，各变量之间是互相影响的。某厂采用单回路可编程序调节器控制后，加热炉热效率平均提高 4%左右。其控制系统采用了反馈加前馈的控制方法。反馈调节对象选择加热炉的热效率，执行手段采用调节空气量；前馈系统采用单参数前馈，干扰源选定燃料压力。其控制流程图见图 1-2-25。

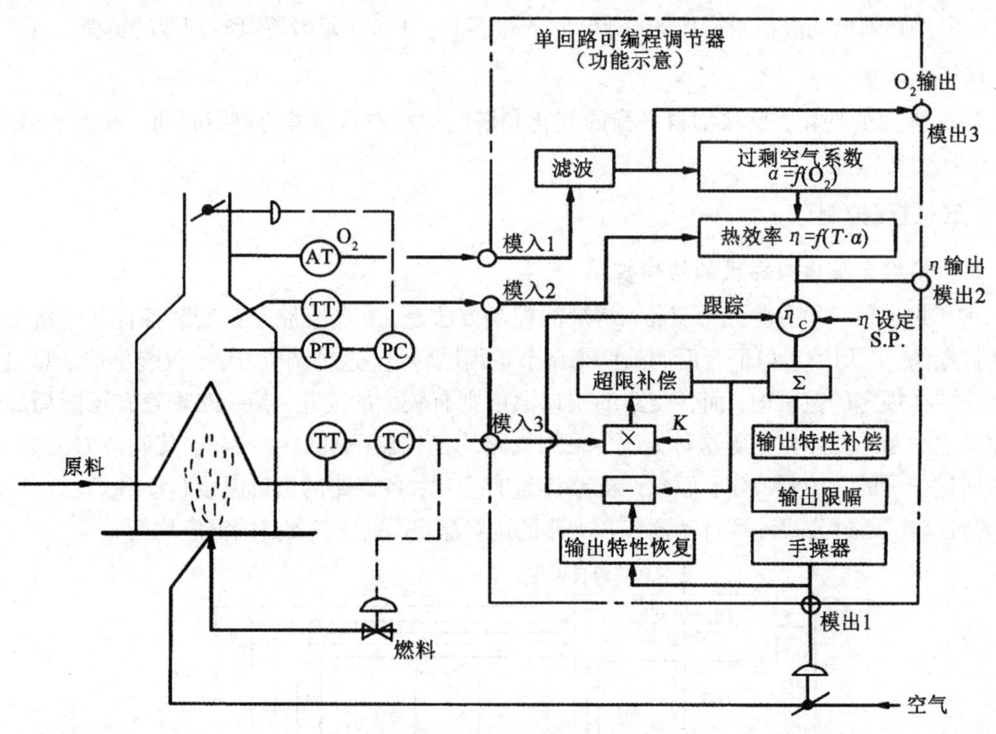

图 1-2-25　加热炉燃烧控制流程图

3.分馏塔质量闭环控制

分馏塔质量闭环控制是根据已知的原油实沸点曲线和塔的各侧线产品的实沸点曲线、塔各部位的温度、压力及各进出塔物流的流量等实时参数，通过物料平衡、热平衡计算出塔各分段上的气、液相内回流及其组成，再算出各抽出线产品的干点和初馏点，并以其温度值作为温度控制的设定值。这种方法取代了在线分析仪表，克服了在线分析的滞后现象，可及时检测馏出产品的干点变化和自动调节产品的抽出量，使产品质量稳定和收率提高。

例如，某厂 1.5 Mt/a 原油蒸馏装置的常压塔采用质量闭环控制，使常二线干点控制在（308±0.5）℃，轻质油收率提高 0.5%～0.6%。某厂减压塔采用质量闭环控制后，馏分油收率提高 0.3%～0.4%。

4.常压塔多变量智能控制

多个单回路 PID 的控制方案，可发展为对一台设备或部分工艺过程的综合控制。DCS 所具有的控制和运算功能加上测控过程的数学模型，可以开发形成多种功能、多种形式的软件包，实现先进控制和优化控制，给企业带来可观的经济效益。

例如，某厂在DCS上，实现的一个先进控制方案称作“常压塔多变量智能控制”（见图1-2-26）。这个控制功能，在平稳操作、克服原油变化引起的扰动、克服炉出口温度扰动和提高产品质量上均取得良好效果。

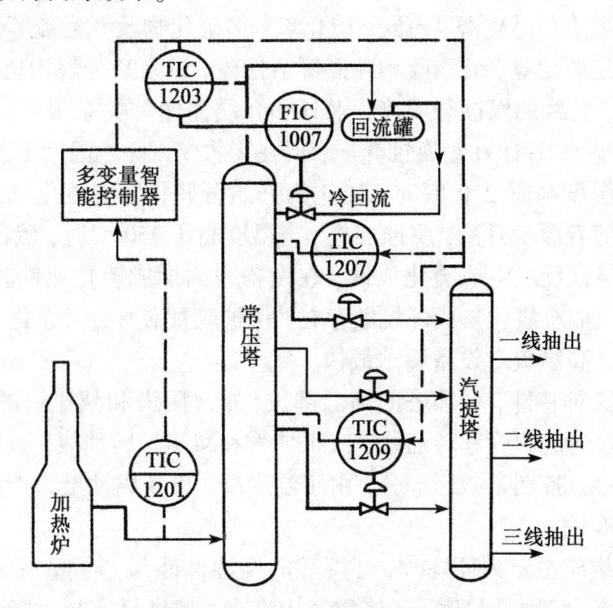

图1-2-26　常压塔控制方案

被控制变量：常顶温度、常一线气相温度、常三线气相温度。

控制变量：常顶冷回流流量、常一线抽出量、常三线抽出量。

可测扰动变量：加热炉出口温度、塔顶压力。

5.过汽化率控制

在原油蒸馏中，为了保证馏分油的收率和质量，必须有一定的过汽化率，但过汽化率太高，又会增加装置的能耗，通常以过汽化率2%~3%为适宜。控制过汽化率的方法，可以应用DCS或计算机进行闭环控制或开环指导。

（六）设备的腐蚀与防腐

原油中引起设备和管线腐蚀的主要物质是无机盐类、各种硫化物和有机酸等。这些杂质化合物中，有的本身已是腐蚀性物质，如脂肪酸、环烷酸等；有的则是在蒸馏加热过程中分解或水解出腐蚀性物质，如氯化镁、氯化钙等易水解的无机盐类和各种硫化物；还有像氯化钠这样的无机盐在蒸馏温度范围内一般不水解，但也会在高温部位结垢，产生垢下腐蚀。原油腐蚀性的强弱直接与这些腐蚀性杂质的含量多少密切相关。通常认为，含硫量在0.5%以上、酸度在0.5 mg（KOH）/100 mL以上脱盐未脱到5 mg/L以下的原油，在蒸馏加工过程中，对设备、管线将产生较严重的腐蚀。

我国胜利、孤岛原油酸度和硫含量均较高，新疆和辽河原油含硫量不高但酸度较高。这些原油都被认为是腐蚀性强的原油，蒸馏加工时，必须采取一定的防腐措施。

1.腐蚀特性和腐蚀部位

（1）无机盐类的腐蚀。

在蒸馏过程中，原油中的盐类受热水解，生成具有强烈腐蚀性的氯化氢。氯化氢与硫化氢在蒸馏过程中，随着原油的轻馏分和水分一起挥发和冷凝，在塔顶部及冷凝系统内，形成低温 $HCl-H_2S-H_2O$ 型腐蚀介质，对初馏塔、常压塔顶部的塔体、塔板、馏出线、冷凝冷却器等有相变的部位产生严重腐蚀。

(2) 硫化物的腐蚀。

原油中的硫化物主要是硫醇、硫醚、硫化氢、多硫化物及元素硫等。这些硫化物中，参与腐蚀反应的主要是硫化氢、元素硫和硫醇等活性硫，以及易分解为硫化氢的硫化物。

硫化物对设备、管线的腐蚀与温度、水分和介质流速等关系很大。温度低于 120 ℃且有水存在，形成 $HCl-H_2S-H_2O$ 型腐蚀介质；但在无水情况下，温度虽然高至 240 ℃，但对设备仍无腐蚀。当温度高于 240 ℃时，硫化物开始分解，生成硫化氢，形成高温 $S-H_2S-RSH$ 型腐蚀介质，随着温度升高，腐蚀加重。当温度高于 350 ℃时，硫化氢开始分解为氢和活性很高的硫，硫与铁反应生成硫化亚铁，在设备表面形成硫化亚铁膜，对设备腐蚀起到一定的保护作用。但如有氯化氢或环烷酸存在，保护膜被破坏，又强化了硫化物的腐蚀。当温度达到 425 ℃时，高温硫对设备腐蚀最快。

根据硫化物的这种特性，分馏塔的高温部位(如常压塔和减压塔的进料段及进料以下塔体、常压炉出口附近的炉管和转油线、减压炉管和减压炉转油线、减压塔底部管线等)都会产生较严重的腐蚀。特别是减压部分，由于温度高，设备腐蚀最为严重。

(3) 环烷酸的腐蚀。

原油中的酸性物质主要为环烷酸。环烷酸的腐蚀性能与分子量有关，低分子环烷酸腐蚀性最强。腐蚀环境，特别是温度、环烷酸气相流速对腐蚀性有很大影响。温度在 220 ℃以下时，环烷酸基本不腐蚀。随着温度的升高，腐蚀性逐渐增强，到 270~280 ℃时，腐蚀性最强。温度再提高，环烷酸部分汽化但未冷凝，而液相中环烷酸浓度降低，故腐蚀性又下降。到 350 ℃左右时，环烷酸汽化增加，气相速度增加，腐蚀又加剧。直至 425 ℃左右时，原油中环烷酸已基本全部汽化，对设备的高温部位不产生腐蚀。

常压塔柴油馏分侧线和减压塔润滑油馏分侧线及侧线上的弯头等出现环烷酸凝液处，腐蚀较严重。常减压炉出口附近的炉管、转油线、常减压塔的进料段等处的温度在 350~400 ℃，环烷酸大部汽化，气相流速加快，腐蚀加剧。但所含环烷酸已基本汽化完，环烷酸对塔底的塔壁、内件、管线、机泵、弯头等的腐蚀有所下降。

环烷酸的腐蚀除对常减压装置的高温部位造成穿孔外，其腐蚀所产生的铁离子对下游加氢裂化装置的长期运行也会造成严重威胁。

2.防腐措施

抑制原油蒸馏装置中设备和管线腐蚀的主要办法有两种。

对低温的塔顶及塔顶油气馏出线上的冷凝冷却系统采取化学防腐措施，即脱盐脱水，注碱、中和剂、缓蚀剂和水等，即“一脱四注”。

对温度高于 250 ℃的塔体及塔底出口系统的设备和管线等高温部位的防腐措施，主要是选用合适的耐蚀材料。

(1) 化学防腐。

① 原油脱盐脱水。原油脱盐脱水是抑制轻油低温部位腐蚀的有效方法。实践证明，如能把原油的含盐量脱至 5 mg/L 以下，再辅以注中和剂、缓蚀剂和水等措施，使塔顶冷凝水铁离子含量控制在 1 μg/g 以下、氯离子含量低于 20 μg/g，则低温 $HCl-H_2S-H_2O$ 型腐蚀就能得到有效的抑制。

② 注中和剂。为使常压塔顶冷凝冷却系统的低温 $HCl-H_2S-H_2O$ 型腐蚀进一步降低，在塔顶馏出线上注中和剂也是行之有效的防腐措施之一。各炼油厂所采用的中和剂多为液氨或氨气，也有用有机胺的。有机胺对控制 pH 值较容易，但价格较贵。

氨（或胺）在油气开始冷凝前注入，随后注入缓蚀剂，氨注入量以塔顶回流罐中冷凝水的 pH 值（7.5~8.5）来调节。

注氨后，塔顶馏出系统可能出现氯化铵沉积，既影响冷凝冷却器的传热效果，又引起设备的垢下腐蚀。氯化铵在水中溶解度很大，故可用连续注水办法洗去。连续注水量一般为塔顶总馏出量的 5%~10%。

③ 注缓蚀剂。缓蚀剂是一种表面活性剂，其分子内部有硫、氮、氧等极性基团和烃类的结构基团。极性基团吸附在金属设备表面，形成保护膜，使金属不被腐蚀。国产各种缓蚀剂的性能见表 1-2-9。

表 1-2-9　国产各种缓蚀剂的性能

缓蚀剂牌号	7019	7201	4502	尼凡丁	1017	兰 4-A
主要成分	脂肪族酰胺类化合物	饱和脂肪族酰胺类化合物	氯化烷基吡啶	脂肪胺衍生物	多氧烷基咪唑啉油酸盐	聚酰胺
溶解性	溶于水	溶于水	溶于水	油、水皆溶	溶于油	溶于油
用量①/（$\mu g \cdot g^{-1}$）	10	10~20	5~8	10~15	10~20	5~10
pH 值控制范围缓蚀率②	7.0~8.0	7.0~8.5	7.5~8.5	7.0~8.0	7.5~8.5	7.0~8.0
室挂片	>90	>90	>90	>90	>90	>90
现场探针	95	87	72~78	79	87	96
馏出物中铁离子总含量/（$\mu g \cdot g^{-1}$）	50~60	69	77	75	—	61

注：①水溶性缓蚀剂按照冷凝水量计算，油溶性缓蚀剂按照塔顶总馏出量计算。
②与未注缓蚀剂相比。

表 1-2-9 中的水溶性缓蚀剂，可加水配制成 0.2%~1.0%溶液；油溶性缓蚀剂，可加汽油配制成 0.2%~1.0%溶液。水溶性缓蚀剂溶液一部分注入塔顶管线注氨点之后，以保护塔顶冷凝冷却系统；另一部分则注入塔顶回流管线内，以防止塔顶部腐蚀。油溶性缓蚀剂只注入塔顶管线注氨点之后。由于回流液中溶有部分缓蚀剂，故可同时保护塔顶和顶部冷凝冷却系统。尼凡丁为油、水皆溶化合物，故其配制方法和注入点可按照上述方法任择一种。

例如，某厂常压塔顶馏出系统采用上述化学防腐措施前后，各部分腐蚀率对比见表 1-2-10。

表 1-2-10　工艺防腐措施效果对比表

防腐措施	碳钢腐蚀率/（$mm \cdot a^{-1}$）			
	塔顶筒体及头盖	上部塔板	塔顶馏出线	空冷器
无任何措施	2	2	—	4
脱盐至 5 mg/L	0.1~0.2	1.7	0.1~0.2	2.0~2.5
脱盐至低于 5 mg/L，并注碱、氨、缓蚀剂和水	0.1	0.4	<0.1	0.1~0.2

表 1-2-10 说明用深度脱盐，注碱、氨、缓蚀剂和水的化学防腐措施，对控制常压塔顶系统低温 $HCl-H_2S-H_2O$ 型腐蚀是有效的。

（2）选用耐蚀材料。

对设备高温部位的抗硫化物和环烷酸的腐蚀，可采用耐蚀合金钢材。表 1-2-11 是我国各炼油厂在原油蒸馏装置中所采用的耐蚀材料选用表。

表 1-2-11　主要设备高温部位防腐材料的选用

高温部位			材质		
			轻微腐蚀	严重腐蚀	环烷酸腐蚀
常压塔	-250 ℃	塔体	碳素钢+4②	碳素钢+4	碳素钢+4
		塔板	碳素钢	碳素钢	碳素钢
	250~300 ℃	塔体	碳素钢+4	碳素钢+5	碳素钢衬 3 mm 1Cr18Ni12Mo2Ti
		塔板	碳素钢	0Cr13	1Cr18Ni9Ti
	>300 ℃	塔体	碳素钢+4	碳素钢衬 3 mm 0Cr13	碳素钢衬 3 mm 1Cr18Ni12Mo2Ti
		塔板	碳素钢	0Cr13	1Cr18Ni9Ti
	进料段	塔体	碳素钢+4	碳素钢衬 3 mm 0Cr13	20R 衬 3 mm 1Cr18Ni12Mo2Ti 或3 mm 316L③
减压塔	<300 ℃	塔体	碳素钢+3	碳素钢+3	碳素钢+3
		塔板	碳素钢	碳素钢或 0Cr13	碳素钢或 0Cr13
	>300 ℃	塔体	碳素钢+5	碳素钢衬 3 mm 0CrB0cR13	碳素钢衬 3 mm 1Cr18Ni12Mo2Ti
		塔板	碳素钢	0Cr130Cr13	1Cr18Ni9Ti
	进料段	塔体	碳素钢	碳素钢衬 3 mm 0Cr13	20R 衬 3 mm 1Cr18Ni12Mo2Ti 或3 mm 316L③
减压汽提塔	<300 ℃	塔体	碳素钢+3	碳素钢+3	碳素钢+3
	>300 ℃	塔体	碳素钢+5	碳素钢衬 3 mm 0Cr13	碳素钢衬 3 mm 0Cr13
换热器（渣油-原油）	管束		碳素钢+3	碳素钢或 0Cr13	碳素钢或 0Cr13
常压炉炉管	<300 ℃		碳素钢+3	碳素钢+3	碳素钢+3
	>300 ℃		碳素钢+3	Cr5Mo+3	Cr5Mo+3
	辐射出口前 1~4 根炉管		碳素钢+3	Cr5Mo+3	0Cr18Ni9Ti 或 316L③
减压炉炉管	辐射出口前 1~4 根炉转		碳素钢+3	Cr5Mo+3	0Cr18Ni9Ti 或 316L③
	油线过渡段		碳素钢+3 或 Cr5Mo+3	Cr5Mo+3	316L 或 0Cr18Ni9Ti(加强监测)
	转油线		碳素钢+3	Cr5Mo+3	20R 衬 3 mm 316L③或 0Cr18Ni9Ti

表 1-2-11(续)

高温部位			材质		
			轻微腐蚀	严重腐蚀	环烷酸腐蚀
泵（工艺物料温度）	<250 ℃	泵壳	碳素钢+3	碳素钢+3	碳素钢+3
		叶轮	碳素钢	碳素钢	碳素钢
	250~350 ℃	泵壳	碳素钢+3	碳素钢+3	1Cr18Ni12Mo2
		叶轮	碳素钢	Cr13	1Cr18Ni12Mo2
	>350 ℃	泵壳	Cr13	Cr13	1Cr19Ni12Mo2
		叶轮	Cr13	Cr13	1Cr19Ni12Mo2

注：①腐蚀类型划分：原油含硫量低于0.5%、酸度低于0.5 mg（KOH）/100 mL的为轻微腐蚀；含硫量大于0.5%、酸度低于0.5 mg（KOH）/100 mL的为严重腐蚀；酸度大于0.5 mg（KOH）/100 mL的为环烷酸腐蚀。

②碳素钢+4表示加4 mm腐蚀裕度，以下类同。

③316L为国外不锈钢钢号，其组成通式为00Cr18Ni12Mo2。

三、不正常现象及处理

（一）回流油带水

回流油带水的原因如下。

（1）回流油罐因控制系统失灵或控制阀堵塞，造成水液面过高。

（2）汽油冷却器内漏。

（3）后冷温度高，沉降不好。

处理方法如下。

（1）加强回流罐脱水，但要防止回流泵抽空，当影响到外放（温度）量时，应及时通知碱洗。

（2）后冷器漏时，要适当降低水压，加强脱水，维持生产。严重时，应联系车间处理。

（3）属沉降不好引起时，要降低后冷温度。

（二）冲塔

冲塔的原因如下。

（1）回流油带水。

（2）塔底液面过高。

（3）原油含水高，产生携带。

处理方法如下。

（1）切除汽油回流罐，加速把不合格油品转入污油罐，缩小事态。

（2）适当减少外放，加大回流量，以加速冲洗系统中的黑油。

（3）属第三种原因引起的，应立即切换原油罐，提高塔的压力（但不能超过定压指标），加强脱水。

（4）关小或暂停塔底吹汽。

（5）属塔底液面过高引起时，则需降低原油量，提高（拔头量）塔底抽出量。注意：要缓慢进行，以防止温度突然变化引起事态扩大。

（三）安全阀顶开

安全阀顶开的处理方法如下。

（1）初馏塔安全阀顶开时，应立即关闭塔底吹汽，适当降低原油量，检查原油含水及回流罐的脱水情况，然后酌情处理。

（2）常压塔安全阀顶开时，应立即关小塔底吹汽，适当降低进料量，检查回流罐的脱水情况，然后酌情处理。

（3）安全阀顶开后，如果经处理仍关不回去，则须请示调度，按照正常停工处理。

（四）司炉岗位异常现象及处理

司炉岗位异常现象包括炉温迅速下降、瓦斯带油、炉膛回火和打枪，以及炉子点天灯等。

1.炉温迅速下降

（1）炉温迅速下降的现象：瓦斯压力指示下降或回零；流量指示值减少或回零；炉出口温度下降；塔底液面迅速升高。

（2）原因及处理方法。当装置上发现瓦斯压力下降时，应首先询问瓦斯站。若其压力正常，说明问题出在瓦斯加热器进口(可能进口堵塞)；如果是瓦斯站压力低，应尽快增点燃料油火嘴，以维持正常生产；假如瓦斯站出故障，一时不能恢复正常供给，各炉子应增点燃料油火嘴，以维持正常生产；如果是瓦斯突然掉零，应降低处理量，并将调节改手动，关闭调节阀。若没有“常明灯”，炉火熄灭时，应立即关闭火嘴开关，并大量向炉膛吹汽，而后根据具体情况，重新点瓦斯或燃料油。

2.瓦斯带油

（1）瓦斯带油的现象：炉出口温度和炉膛温度升高；瓦斯火嘴下面漏油；严重时，烟囱冒黑烟；火嘴风道着火。

（2）原因及处理方法。催化瓦斯大量带油或瓦斯站分液罐液面顶死，会造成低压瓦斯系统大量带油。发现带油，应首先询问瓦斯站，根据具体情况进行操作处理。若轻微带油，没有造成着火，应打开环形圈放空阀，将油放出去；如果是严重带油，且局部着火，在打开放空阀的同时，将着火的火嘴关闭，并用灭火器材将火扑灭。另外，中间罐液面太高，造成中间罐瓦斯带油，从而使分液罐迅速装满，最后携带到炉子中引起炉膛着火。这时，应立即将分液罐液面降低，罐底放空阀打开。火嘴的处理同上，假如瓦斯大量带油，多数火嘴漏油，炉底大火燃烧，应首先切断瓦斯，炉膛全部熄火，吹蒸气原油降量或切断，设法将火熄灭，存油放尽后，再根据情况，重新点火。

3.炉膛回火和打枪

（1）炉膛回火和打枪的原因：由于操作不当，使炉膛内形成正压，点火时，炉膛内可燃气体没赶干净，瓦斯压力太低或剧烈波动，风量太小或烟道挡板开度太小，等等。

（2）预防及处理方法。点火嘴时，必须按照要求向炉膛吹汽，调节烟挡，开大自然通风门。点火时，燃料阀须慢慢开启，如果瓦斯压力太低，应关闭一个或几个火嘴，当炉火熄灭重新点火前，必须向炉膛吹蒸气。如果瓦斯流量调节仪表有问题，也可能使火嘴上瓦斯量波动，应手动调节，检修仪表，假如发生频繁打枪，应关闭该火嘴，查找原因。

4.炉子点天灯

（1）炉子点天灯的原因：外来瓦斯或中间罐瓦斯带油多，压力高，喷到上部燃烧，燃料油压力大，雾化不好，喷到上部燃烧，对流室积灰多，进入的空气多，炉膛的上部温度高引起对流室着火。

（2）处理方法。按照紧急停工处理并报警。熄灭炉子各火嘴，向炉膛吹入大量蒸气，关死各火嘴风门，中间罐瓦斯改放空，过热蒸气改放空。注意各塔液面和炉管过汽量吹扫情况，根据情况，开大灭火蒸气、吹灰蒸气，并通知调度和有关部门的人员。

四、技能训练：参数的控制与调节

（1）训练目标：能进行操作参数的调节。

（2）训练的准备：①熟悉常压蒸馏的工艺流程；②了解原油常压蒸馏的操作参数。

（3）操作要领：见表1-2-12。

表1-2-12　参数的控制与调节

序号	控制内容	控制手段	调节内容
1	塔顶温度	塔顶冷回流量	（1）塔顶回流量和回流温度； （2）塔顶压力； （3）塔顶循环回流及中段循环回流取热量； （4）进料性质、进料量及进料温度； （5）侧线抽出量； （6）塔底及侧线吹气量
2	塔顶压力	塔顶空气冷却器冷却能力	（1）塔顶空气冷却器冷却能力； （2）塔顶温度； （3）进料性质、进料量及进料温度； （4）塔底及侧线吹气量
3	进料温度	产品收率和产品质量	（1）各操作参数是否稳定，产品质量是否合格； （2）过汽化量； （3）原油性质； （4）处理量
4	侧线抽出温度	产品收率和产品质量	产品质量
5	塔底和侧线汽提蒸气量	塔底抽出量	（1）进料流量、性质、温度； （2）塔顶压力； （3）侧线抽出量； （4）塔底吹气量； （5）仪表控制性能； （6）塔底泵的运行情况
6	塔底液位	入塔量和出塔量	（1）入塔量和出塔量的大小； （2）吹气量的高低； （3）入塔油的性质

【思考题】

(1) 举例说明精馏过程的实质。

(2) 精馏过程的条件是什么？

(3) 一个完整的精馏塔由几部分构成？各段操作的必要条件是什么？

(4) 在原油精馏中，为什么采用复合塔代替多塔系统？

(5) 原油精馏塔底为什么要吹入过热水蒸气？它有何作用及局限性？

(6) 原油入塔前，为何必须有一定的过汽化度？

(7) 何谓“过汽化度”？它有何作用？其数值范围为多少？为什么要尽量降低过汽化度？

(8) 回流的方式以什么区分？炼油厂常用的回流有几种？

(9) 回流的作用是什么？

(10) 中段循环回流有何作用？为什么在油品分馏塔上经常采用，而在一般化工厂精馏塔上并不使用？

(11) 原油常减压蒸馏的类型有几种？什么叫原油的汽化段数？增加汽化段数的优缺点各是什么？

(12) 原油常减压蒸馏中采用初馏塔的原因是什么？设置初馏塔有什么优缺点？初馏塔是否都需要开侧线？为什么？

(13) 为什么说常压塔是复合型塔？

(14) 回流带水的原因是什么？如何处理？

(15) 常压塔顶温度如何控制？怎样调节？

(16) 实验室三种蒸馏方法是什么？

(17) 设备和管线腐蚀的原因是什么？腐蚀部位的防腐措施有哪些？

(18) 什么是塔顶温度、汽化段温度？如何确定？

任务三　减压蒸馏

一、减压蒸馏的目的

石油是馏程范围很宽的复杂混合物，其中沸点在350~500 ℃的馏分在我国多数原油中约占总馏出物的50%。油品在加热条件下容易受热分解而使油品颜色变深、胶质增加，所以一般加热温度不宜太高。350~500 ℃的馏分在常压条件下难以蒸出，而这部分馏分油是生产润滑油原料油和催化裂化原料油的主要原料油。

减压蒸馏的目的主要是切取催化裂化原料油或润滑油原料油。

二、工艺流程

(一) 生产设备

1.减压塔

(1) 减压塔的工艺条件。

减压塔顶压力主要由抽空器的能力决定。减压蒸馏塔的典型工艺条件见表 1–2–13。

表 1–2–13　减压蒸馏塔的典型工艺条件

项目	大庆原油	胜利原油	鲁宁管输原油	中东含硫原油
减压蒸馏类型	润滑油型	燃料型	燃料型	燃料型
减压蒸馏方式	湿式	干式	干式	干式
塔顶残压/kPa	3.3~4.0	0.9~1.3	1.0~1.4	2.0
塔顶温度/℃	66~68	50~55	60~65	70
塔顶循环回流温度/℃	35~40	40~45	50~55	50
减压一线抽出温度/℃	130~149	145~155	148–155	170
减压二线抽出温度/℃	268~279	260~270	222~237	270
减压三线抽出温度/℃	332~340	310~315	295~310	320
减压四线抽出温度/℃	359~361	355~365	348~356	340
闪蒸段温度/℃	380~390	370~375	365~370	390
闪蒸段残压/kPa	6.5~7.5	2.4~3.0	2.0~3.3	3.8
全塔压降/kPa	3.2~3.5	1.5~1.7	1.0~1.9	1.8
塔底温度/℃	372	375	360~365	385
塔内件形式	塔板为主	全部填料	全部填料	填料为主

（2）减压塔的作用、结构与内件。

① 减压塔的作用。减压塔的作用是在减压状态下，对常压塔分馏后的常底油继续进行分馏，获得重柴油、蜡油或润滑油基础油料等产品。

② 减压塔的结构。减压塔结构与装置类型有关。燃料型减压塔的馏分一般是作为催化裂化或加氢裂化的原料油，对相邻侧线馏分的分离精度要求不高，故侧线、中段回流及全塔塔板数均比常压塔少。近年来，新建厂有的采用高效填料代替 V4 型浮阀或网孔塔板，塔高有所降低。润滑油型减压塔由于对馏分的馏程宽度有较高要求，故其塔板总数多于燃料型减压塔。1987 年投产的一套润滑油型常减压蒸馏装置，采用了填料与网孔塔板混合型减压塔，加工临商原油，馏分的馏程很窄（70 ℃或 90 ℃），色度和残炭值接近大庆原油馏分（见表 1–2–14）。塔内各段塔板数和填料种类及高度见图 1–2–27。

表 1–2–14　润滑油型原油减压蒸馏塔侧线馏分油性质

馏分	大庆原油			
	2%~97%宽度/℃	黏度（100 ℃）/（$mm \cdot s^{-1}$）	残炭（康氏）	色度/号
减压二线	80~90	4~5	0.010%~0.015%	2~2.5
减压三线	90~100	8~9	0.10%~0.12%	3~3.5
减压四线	100~120	11.0~11.5	0.45%~0.46%	5~5.5

表 1-2-14(续)

馏分	临商原油			
	2%~97%宽度/℃	黏度(100 ℃)/($mm \cdot s^{-1}$)	残炭(康氏)	色度/号
减压二线	70~78	13.5~16.5	0.02%	2.5
减压三线	65~75	9~11	0.14%~0.16%	5
减压四线	70~90	14.0~14.2	0.36%~0.42%	6

近几年来，为了提高润滑油馏分质量，润滑油型减压塔逐渐采用了新型高效规整填料，并配合以分布性能良好的多级槽式液体分布器，取得了显著的效果。

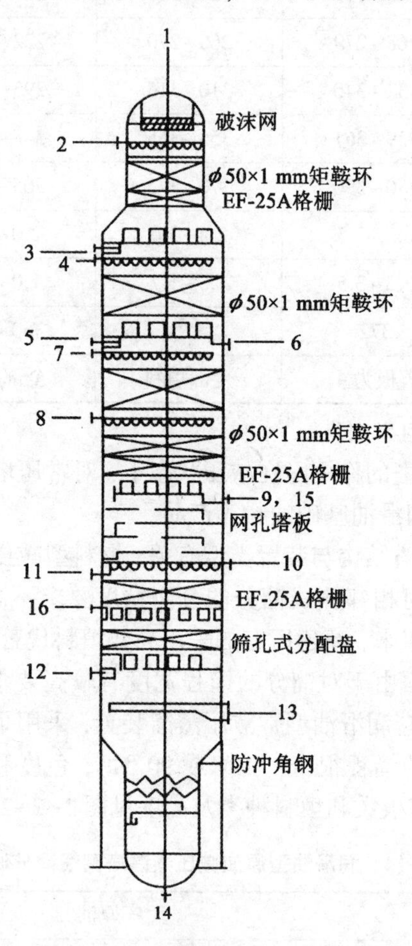

图 1-2-27 混合型减压塔示意图

1—油气出口；2—减一线冷回流入口；3—减一线抽出口；4—减一线热回流入口；5—减一中回流出口；6—减二线抽出口；7—减一中回流入口；8—减二中回流入口；9—减三线抽出口；10—重馏分油入口；11—减四线抽出口；12—减五线抽出口；13—进料口；14—减压渣油抽出口；15—减二中回流出口；16—过汽化油入口

③ 减压塔的内件。其内件主要是塔板和填料。应用于减压蒸馏塔的塔板有 V4 型浮阀塔板、网孔塔板、浮动舌形塔板、伞形塔板、泡帽形塔板等。V4 型浮阀塔板由于升气口为文丘里形，因此，压降较常压蒸馏塔用的浮阀塔板小，但是与网孔和浮动舌形塔板

相比压降较大，特别是压降随着负荷的增加上升较快。图 1-2-28 所示的网孔塔板是喷射型塔板，板上有定向斜孔，上方装有挡沫板；塔板分成若干个区段，每一区段内相邻两排呈 90°排列，气体通过网孔与液体进行喷射混合，同时有方向变化，强化了气液接触。这种塔板适合于气量大、液体负荷小的场合。气相负荷增加，压降增加很小，是这种塔板的一个特点。图 1-2-29 所示的浮动舌形塔板也是一种喷射型塔板，与网孔塔板近似，但是压降大于网孔塔板，气体负荷增加时，压降增加较多。伞形塔板（见图 1-2-30）是泡帽塔板的改进，它的泡帽呈伞形。气体通过升气管和泡帽之间的空间大，路程短，升气口是文丘里形，塔板压降小于传统的泡帽塔板。此外，相邻泡帽之间气体相撞的现象也大大减少。这种塔板具有泡帽塔板弹性大、不易泄漏、分馏效率高等优点，但是压降仍较大，只宜在低负荷下应用。

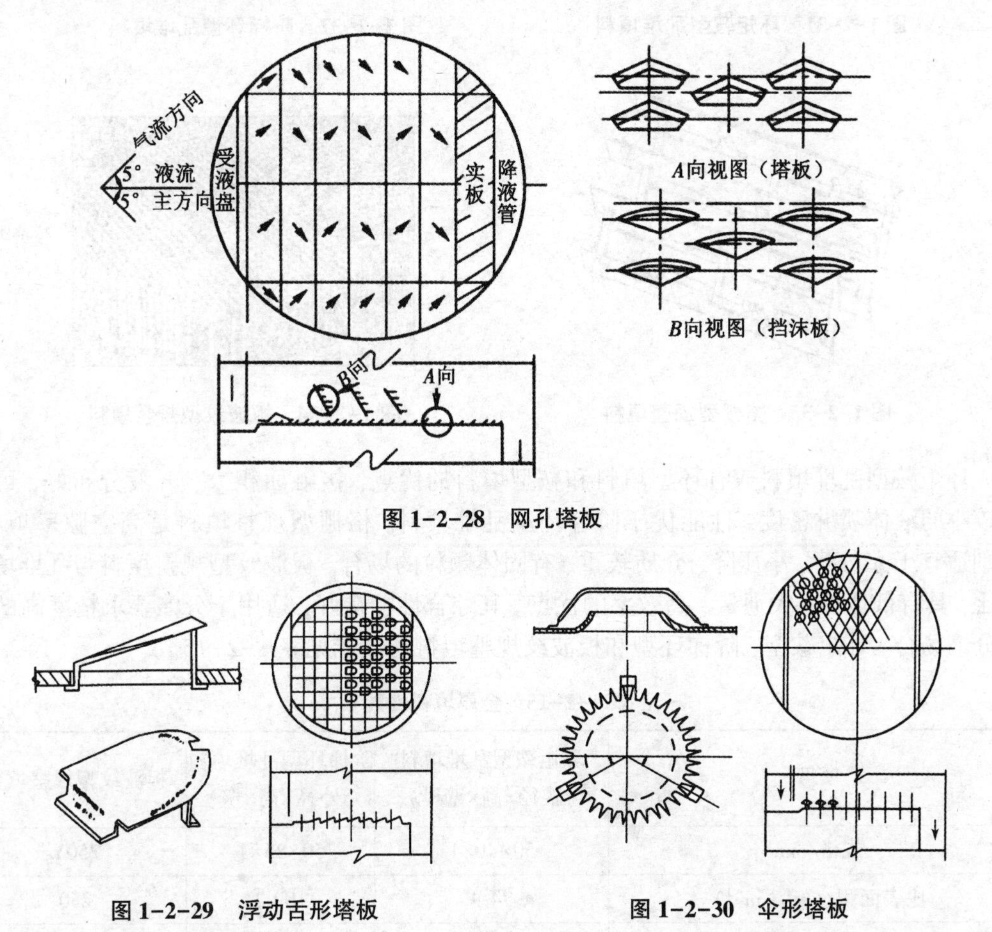

图 1-2-28　网孔塔板

图 1-2-29　浮动舌形塔板

图 1-2-30　伞形塔板

填料作为原油减压蒸馏塔内件，用于传热和传质时都表现出良好的性能。与板式塔相比，填料的突出优点是压降小、弹性接近浮阀塔板的弹性。这些优点特别适宜于减压蒸馏塔。我国原油减压蒸馏塔应用的填料分为乱堆填料和规整填料。常用的乱堆填料有环矩鞍型（见图1-2-31）和阶梯环型（见图 1-2-32），常用的规整填料有格栅型（见图 1-2-33）和板波纹型（见图 1-2-34）等。

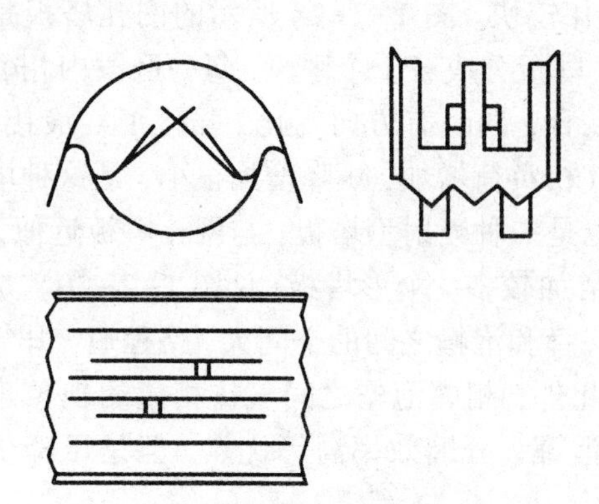

图 1-2-31　环矩鞍型乱堆填料　　　　图 1-2-32　阶梯环型乱堆填料

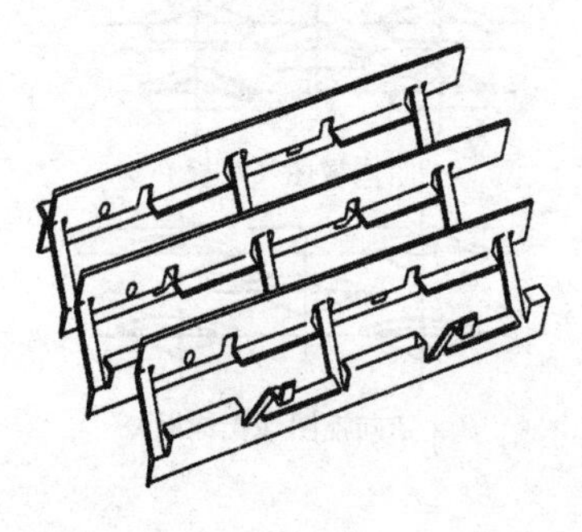

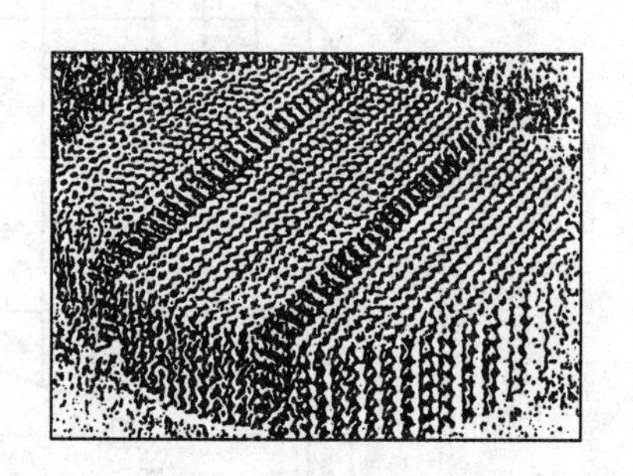

图 1-2-33　格栅型规整填料　　　　图 1-2-34　板波纹型规整填料

环矩鞍型乱堆填料兼有环型填料和鞍型填料的优点，接触面积大，气液分布好，可采用较小的液体喷淋密度，性能优于阶梯环型乱堆填料。格栅型规整填料是高空隙率填料，特别适宜于大负荷、小压降、介质较重、有固体颗粒的场合。板波纹型规整填料与乱堆填料相比，具有低压降、大通量、高效率的优点。其综合性能良好，适用于分馏要求精度高的低压分馏场合。环矩鞍型、阶梯环型和板波纹规整填料的性能见表 1-2-15。

表 1-2-15　金属填料性能

项目	环矩鞍型乱堆填料（腰径×高×壁厚）	阶梯环型乱堆填料（外径×高×壁）	板波纹型规整填料
规格/mm	50×40×1	50×25×1	250Y
比表面积/($m^2 \cdot m^{-3}$)	74.9	109.2	250
空隙率/($m^2 \cdot m^{-3}$)	0.96	0.95	200
堆积密度/($kg \cdot m^{-3}$)	291	400	200
干填料因子/m^3	84.7	127.4	—
等板高度/mm	560~740	550~800	300~450
最小喷淋密度/($m^3 \cdot m^2 \cdot h^{-1}$)	1.2	1.2	0.2
相对压力降	130	210	—

由于填料的良好性能，在燃料型减压蒸馏塔上已采用了全填料的塔内件；在润滑油型

减压蒸馏塔上，为了生产优质润滑油料，目前也趋向于全填料的塔内件。在塔顶冷凝段，入口气液负荷大，出口气液负荷小，多采用格栅型规整填料和环矩鞍型乱堆填料组成的复合填料床。分馏段要求有较高的分离效率，多采用板波纹型规整填料。洗涤段采用格栅型规整填料，以避免被杂质堵塞；但为了强化洗涤效果，目前也有采用比表面积合适的板波纹型规整填料。

用好填料塔的关键，一是要保证在填料上有必要的液体喷淋密度（见表1-2-15）；二是要保证液体在填料中的均匀分配。对于乱堆填料，一般采用旋芯式液体分配器（见图1-2-35）和筛孔盘式液体分配器（见图1-2-36）。前者液体通过喷嘴均匀喷洒在填料床层上。分配器与填料床层之间要有一定的间距（900 mm以上），这种喷嘴易堵塞，要在合适的场合使用。而筛孔盘式分配器，液体是靠位差通过分配器上的筛孔自流分布的，这种分配器将筛孔适当放大，可用于洗涤段。分配器与填料床顶面的距离可缩小，最小可达150~200 mm。对于规整填料，特别是当用于分馏段时，液体分布的均匀程度对填料的性能影响很大。为保证液体分布均匀，此时一般采用二级槽式分布器，见图1-2-37。液体通过进料管流入主槽内，再由主槽按照比例分配到各分槽中，以此类推，最下面的分槽中的液体最后均匀地分布到填料表面上。

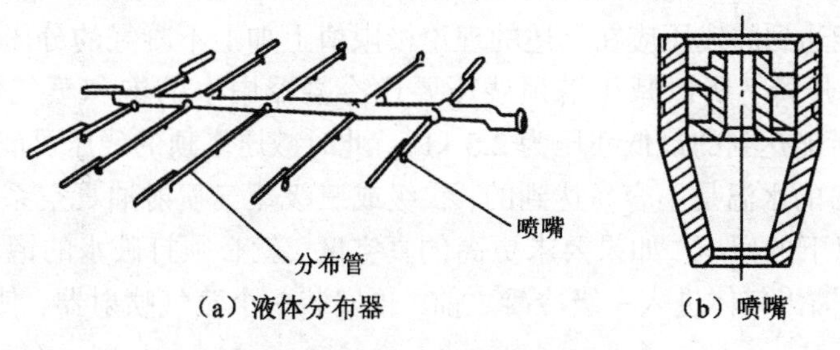

（a）液体分布器　　（b）喷嘴

图1-2-35　旋芯式液体分配器

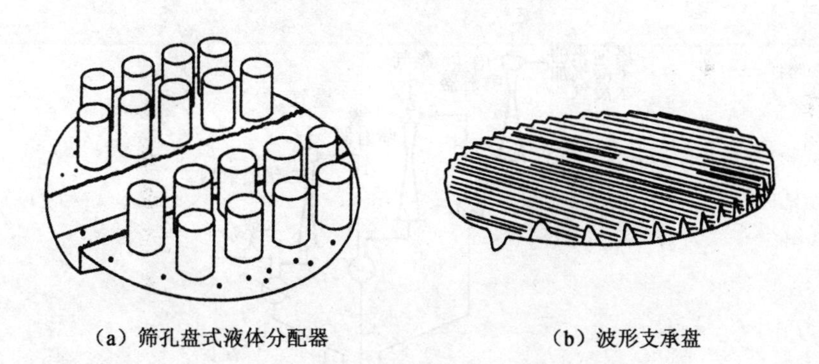

（a）筛孔盘式液体分配器　　（b）波形支承盘

图1-2-36　筛孔盘式液体分配器和波形支承盘

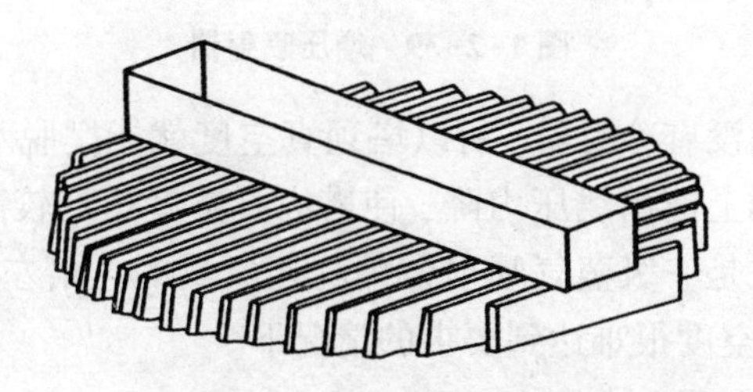

图1-2-37　二级槽式分布器

2. 蒸气喷射器

蒸气喷射器(或称蒸气喷射泵)见图 1-2-38。

蒸气喷射器由喷嘴、扩张器和混合室构成。高压工作蒸气进入喷射器中，先经收缩喷嘴将压力能变成动能，在喷嘴出口处，可以达到极高的速度(1000～1400 m/s)，形成了高度真空。不凝气从进口处被抽吸进来，在混合室内与驱动蒸气混合，并一起进入扩张器，扩张器中混合流体的动能又转变为压力能，使压力略高于大气压，这样混合气才能从出口排出。

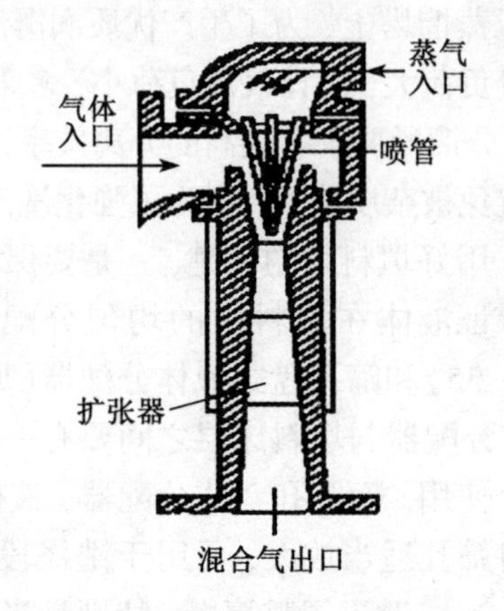

图 1-2-38　蒸气喷射器

3. 增压喷射器

在抽真空系统中，不论是采用直接混合冷凝器、间接式冷凝器，还是采用空冷器，其中都会有水存在。水在其本身温度下，有一定的饱和蒸气压，故冷凝器内总是会有若干水蒸气。因此，理论上，冷凝器中所能达到的残压最低只能达到该处温度下水的饱和蒸气压。

减压塔顶所能达到的残压应在上述的理论极限值上加上不凝气的分压、塔顶馏出管线的压降、冷凝器的压降，所以减压塔顶残压要比冷凝器中水的饱和蒸气压高。当水温为 20 ℃时，冷凝器所能达到的最低残压为 2.3 kPa，此时减压塔顶的残压可能高于4 kPa。

实际上，20 ℃的水温是不容易达到的，二级或三级蒸气喷射抽真空系统，很难使减压塔顶达到 4 kPa 以下的残压。如果要求更高的真空度，就必须打破水的饱和蒸气压这个极限。因此，在塔顶馏出气体进入一级冷凝之前，再安装一个蒸气喷射器，使馏出气体升压，见图 1-2-39。

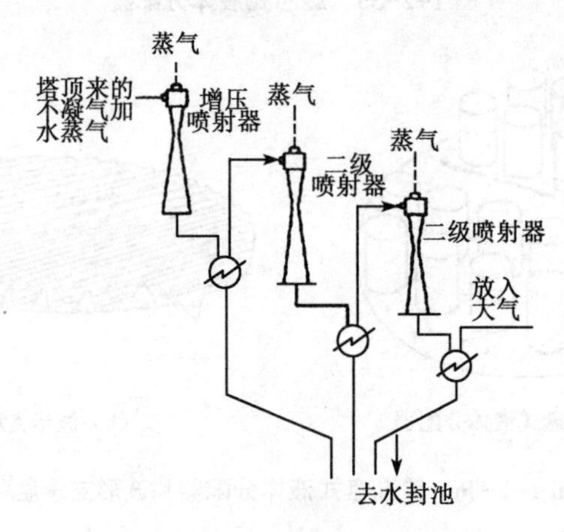

图 1-2-39　增压喷射器

由于增压喷射器前面没有冷凝器，所以塔顶真空度就能摆脱水温限制，而相当于增压喷射器所能造成的残压加上馏出线压力降，使塔内真空度达到较高程度。但是，由于增压喷射器消耗的水蒸气往往是一级蒸气喷射器消耗蒸气量的 4 倍左右，故一般只用在夏季、水温高、冷却效果差、真空度很难达到要求的情况下。

(二) 流程组织

减压分馏塔有两种类型，分别为润滑油型减压塔(见图 1-2-40) 和燃料油型减压塔

(见图 1-2-41)。

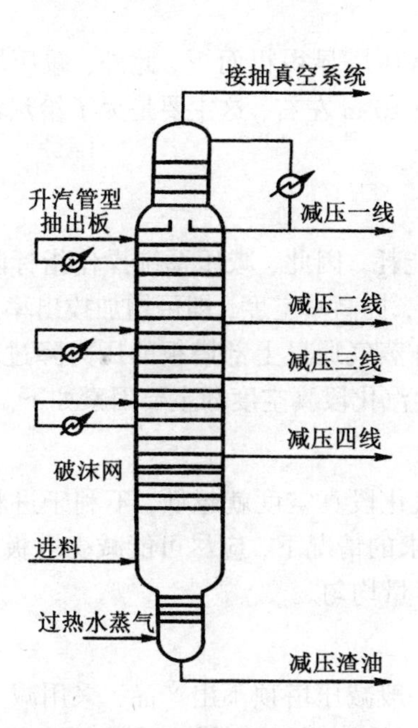

图 1-2-40　润滑油型减压塔

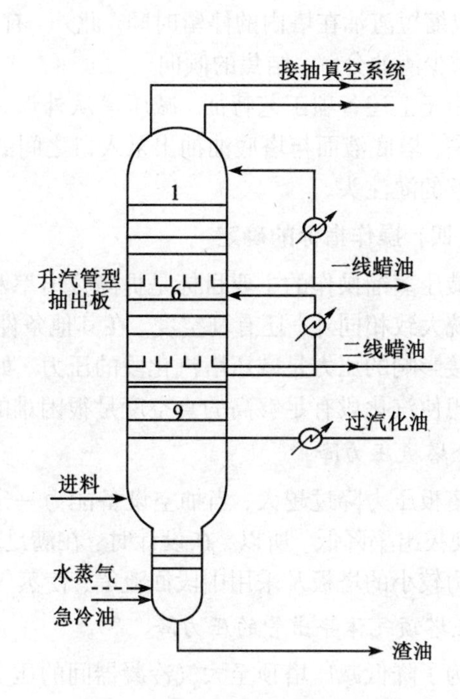

图 1-2-41　燃料油型减压塔

燃料油型常减压装置中的常低油经减压炉加热到 385 ℃左右进入减压塔，减压塔顶接抽真空系统，一般不直接出产品。抽真空系统抽出的油气冷凝后，一般并入常二、常三线，作为柴油出装置。减一线出重柴油，部分作为机泵封油。减二、减三线出蜡油，可作为催化裂化和加氢裂化原料油。减压塔一般设有一中回流、减二中回流、减三中回流及洗涤油回流等。

(三) 减压塔的工艺特征

(1) 降低从汽化段到塔顶的流动压降。这主要依靠减少塔板数和降低气相通过每层塔板的压降。

(2) 降低塔顶油气馏出管线的流动压降。为此，减压塔塔顶不出产品，塔顶管线只供抽真空设备抽出不凝气使用。因为减压塔顶没有产品馏出，所以只采用塔顶循环回流而不采用塔顶冷回流。

(3) 减压塔塔底汽提蒸气用量比常压塔大，其主要目的是降低汽化段中的油气分压。近年来，少用或不用汽提蒸气的干式减压蒸馏技术有较大的发展。

(4) 降低转油线压降，通过降低转油线中的油气流速来实现。减压塔汽化段温度并不是常压重油在减压蒸馏系统中所经受的最高温度，此最高温度的部位是在减压炉出口。为了避免油品分解，对减压炉出口温度要加以限制，在生产润滑油时不得超过 395 ℃，在生产裂化原料油时不超过 400~420 ℃。同时，在高温炉管内，采用较高的油气流速，以减少停留时间。

(5) 缩短渣油在减压塔内的停留时间。塔底减压渣油是最重的物料，如果在高温下停留时间过长，则其分解、缩合等反应进行得比较显著。其结果是，一方面生成较多的不凝气，使减压塔的真空度下降；另一方面会造成塔内结焦。因此，减压塔底部的直径通常缩小，以缩短渣油在塔内的停留时间。此外，有的减压塔还在塔底打入急冷油，以降低塔底温度，减少渣油分解、结焦的倾向。

由于上述各项工艺特征，减压塔从外形来看比常压塔显得粗而短。此外，减压塔的底座较高，塔底液面与塔底油抽出泵入口之间的位差在 10 m 左右，这主要是为了给热油泵提供足够的灌注头。

（四）操作指标的确定

减压蒸馏操作的主要目标是提高拔出率和降低能耗。因此，减压系统操作指标除与常压系统大致相同外，还有真空度。在其他条件不变时，提高真空度，即可增加拔出率。拔出率直接影响的压力是减压塔汽化段的压力。如果上升蒸气通过上部塔板的压力降过大，那么要想使汽化段有足够高的真空度是很困难的。影响汽化段真空度的主要因素如下。

1.塔板压力降

塔板压力降过越大，当抽空设备能力一定时，汽化段真空度就越低，不利于进料油汽化，使拔出率降低。所以，在设计时，在满足分馏要求的情况下，应尽可能减少塔板数，选用阻力较小的塔板及采用中段回流等，使蒸气分布尽量均匀。

2.塔顶气体导出管的压力降

为了降低减压塔顶至大气冷凝器间的压力降，一般减压塔顶不出产品，采用减一线油打循环回流控制塔顶温度。这样，塔顶导出管蒸出的只有不凝气和塔内吹入的水蒸气，由于塔顶的蒸气量大为减少，从而降低了压力降。

3.抽空设备的效能

采用二级蒸气喷射抽空器，一般能满足工业上的要求。对处理量大的装置，可考虑用并联二级抽空器，以利抽空。抽空器的严密和加工精度、使用过程中可能产生的堵塞和磨损程度也都影响抽空设备的效能。

此外，在上述设备条件外，抽空器使用的水蒸气压力、大气冷凝器用水量和水温的变化，以及炉出口温度、塔底液面的变化，都会影响汽化段的真空度。

三、不正常现象及处理

（一）油品变色

油品变色的原因如下。

（1）塔底液面高。

（2）乏汽压力或吹汽量大。

（3）侧线馏出量过大。

（4）塔顶及各回流中断时间过长，温度过高。

（5）各种回流性质变化。

（6）换热器漏。

处理方法如下。

（1）迅速改进污油罐。

（2）尽快查明原因，酌情处理。

（二）减压塔漏入空气

减压塔漏入空气的现象是指在操作条件不变的情况下，减压系统真空度大幅度下降，调节后不见起色。

处理方法如下。

（1）由于设备腐蚀、破裂等原因，造成减压塔大量漏入空气。空气与塔内高温油品接触到一定程度时，会造成严重的爆炸事故。因此，遇到这种情况，要正确判断，处理要果断迅速。

（2）停工的同时，要通知调度部门、消防队及有关单位，马上采取灭火措施。

（三）塔盘吹翻

塔盘吹翻的现象是指在正常操作时，分馏效果越来越差，用各种方法进行调节也不见好转。

塔盘吹翻的原因如下。

（1）设备腐蚀严重。

（2）汽速太高或操作大幅度波动。

处理方法如下。

（1）事故不严重时，降量维持操作。

（2）事故严重时，应及时与调度联系，进行停工检修。

四、技能训练：参数的控制与调节

（1）训练目标：能进行操作参数的调节。

（2）训练的准备：①熟悉减压蒸馏的工艺流程；②了解原油减压蒸馏的操作参数。

（3）操作要领：见表 1-2-16。

表 1-2-16　参数的控制与调节

序号	控制内容	控制手段	调节内容
1	塔顶真空度	抽空蒸气的压力和流量	（1）蒸气压力； （2）塔顶气相负荷； （3）冷却设备的冷却能力； （4）减压炉出口温度； （5）减顶油水分离罐水封； （6）减压塔塔顶温度
2	进料温度	减压炉出口温度	减压塔进料量
3	塔顶温度	一线回流量	（1）一线回流温度； （2）二中、三中回流量； （3）减压炉出口温度； （4）减压塔进料量
4	塔底吹气量和炉管注汽量	塔顶真空度	馏出口温度

【思考题】

(1) 减压塔的真空系统是怎样产生的？
(2) 何谓“干式减压蒸馏”？此新工艺的特点是什么？
(3) 蒸气喷射泵的结构和工作原理是什么？
(4) 减压塔有何特点？
(5) 常压、减压系统的操作目的有何不同？它们各自的操作因素有哪些？
(6) 减压蒸馏的目的是什么？
(7) 减压塔的作用是什么？
(8) 减压塔底为何要缩径？
(9) 减压塔漏入空气所产生的现象及处理方法是什么？
(10) 减压蒸馏控制的内容有哪些？控制手段有哪些？调节方法有哪些？

任务四　蒸馏装置的能耗及节能

炼油厂加工所消耗的能量占原油加工量的4%~8%，而常减压蒸馏又是耗能大的生产装置。因此，常减压蒸馏装置的节能具有特殊意义，它不仅给炼油厂带来良好的经济效益，而且为我国的能源紧张提供了更多的燃料。

一、常减压蒸馏装置的能耗

（一）能耗的分析

在实际生产中，常减压蒸馏装置一般要用到水、电、汽及燃料四大项，这是炼油工艺过程所必须消耗的。在四大项消耗中，燃料消耗比例最大，占总能耗的60%~85%；其次是电和蒸气，共占总能耗的10%~15%；水占总能耗的4%左右。

（二）影响能耗的客观因素

影响常减压装置能耗的客观因素有下列几点。

(1) 原油性质对能耗的影响。
(2) 产品方案对能耗的影响。
(3) 装置处理量对能耗的影响。一般来说，低负荷运转会使装置能耗上升，原因如下。
① 换热器内流体流速降低，结垢速率增加。
② 分馏塔盘在较低的汽速下易漏液，从而降低塔板效率。
③ 当处理量下降时，没有降低加热炉供风量，造成过剩空气量上升。
④ 电动泵的效率离开最佳点，致使效率下降。
⑤ 散热损失并不因处理量减少而减少。
⑥ 加热炉降低热负荷时，冷空气漏入量并不因此而降低，致使效率下降。
⑦ 分馏塔的中段回流量未加调整，不必要地提高了分馏精度，造成能量浪费。
⑧ 抽空器并不因处理量降低而少用蒸气。
⑨ 燃烧器的雾化蒸气并不因此而降低。

(4) 装置规模对装置能耗影响。

(5) 气候条件对能耗有影响。

(6) 运转周期中的不同时期对装置能耗有影响。

(三) 常减压装置节能的方向

常减压装置节能主要从以下五个方面着手。

(1) 改进工艺流程。

(2) 提高设备效率。

(3) 优化生产方案及操作。

(4) 采用先进的自动控制流程。

(5) 加强维修管理。

(四) 节能与改造投资的关系

节能措施的采用不仅在技术上可行，而且必须经济合理。节能与投资的关系实质上是操作费用与投资的关系在节能领域的体现，能耗高低表明了操作费用的高低。

人们总是希望所花费的投资能在最短的时间内得到回收，但是为节能改造而花费的投资在多长时间内得到回收才合理，目前还没有统一规定，一般认为，三年以内是合理的。

总的来说，应对节能改造进行多方案的技术经济比较，最后选定效果最好的方案实施。

二、常减压蒸馏装置的节能

(一) 节能途径

1.减少工艺总用能

工艺总用能是指完成工艺过程实际上所用的(即实际上进入工艺利用环节的) 能量的总和。

原油蒸馏过程就是消耗有效能而将原油分馏为各种油品，所以工艺过程用能是必要的，但应本着减少用能的原则。

(1) 提高初馏塔、常压塔拔出率。

减少过汽化率，这样可以减少加热炉热负荷和混合物的分离功，降低有效能损耗。初馏塔顶油作重整原料油时，增开初馏塔侧线送入常压塔内，或者在初顶油作汽油调和组分时，初馏塔按照闪蒸塔操作，即塔顶油气引入常压塔内，可以提高初馏塔拔出率，降低常压炉热负荷。减少常压塔顶冷凝冷却系统流动阻力，降低塔顶压力，有助于提高常压塔的拔出率。在保证常压最下线产品质量合格的条件下，尽量减少过汽化率，或者把过汽化油抽出作为催化裂化原料油或作减压塔回流，可降低减压炉负荷。

(2) 降低蒸馏系统压力降。

选用填料代替塔板或采用低压降新型塔板，减少减压塔内压力降，降低汽化段压力，降低减压炉出口温度，不仅能避免油料在高温下过度裂化，而且有利于节能。扩大减压炉出口处炉管直径，减少减压塔转油线压力降，就能减少无效的压力损失，降低炉出口温度，提高减压系统拔出率。

(3) 减少工艺用蒸气。

减少工艺用蒸气也是节能的重要手段，包括初馏塔不注汽提蒸气、常压塔侧线产品用“热重沸”代替水蒸气汽提控制产品闪点、采用干式减压操作等。

2.提高能量转换和传输效率

(1) 提高加热炉热效率是节能的重要方面，因为加热炉燃料能耗一般占装置能耗的70%，炉效率提高，装置能耗明显下降。节能工作开展前，加热炉排烟温度高达350~400 ℃，炉子热效率为68%，装置能耗大。采用低温原油与烟气换热（“冷进料”），能使烟气温度降至200 ℃，炉效率可达85%~90%。国外采取措施使加热炉排烟温度达160~170 ℃，炉效率高达94%。据报道，增设空气预热可使炉效率提高10%，可以在采取加热炉“冷进料”的同时，利用侧线油品余热预热空气。其他，如搞好炉壁保温、降低炉壁温度、减少散热损失、限制加热炉内过剩空气系数等，都是行之有效的措施。

(2) 调整机泵，选择合适电机以减少泵出口阀门截流压头损失，或采用调速电机以减少电能损耗。

(3) 提高减压抽真空系统效率，减少工作蒸气用量。采用低压蒸气抽空器，充分利用能级低的蒸气，节省能级高的蒸气。

3.提高热回收率

(1) 调整分馏塔回流取热比例，尽量采用中段回流，减少塔顶回流，提高取热温位。我国原油一般含轻质油较少，塔顶产率不高，在一线抽出板以上塔板数为9块左右的情况下，常压塔顶回流热占全塔回流热的40%左右可达到产品质量要求。过去常压塔各回流取热比（顶回流：一中段回流：二中段回流）为50：25：25，减压塔为35：30：28，这显然是不合适的。现在有些装置将其常压塔各回流取热比（塔顶冷回流：塔顶循环回流：一中段回流：二中段回流）调整为5：25：30：40；减压塔（顶回流：一中段回流：二中段回流）调整为7：43：50，使分馏效果得到保证，且热回收率大大提高。

(2) 优化换热流程，提高原油换热量和换热后温度，降低产品换热后温度。

(3) 合理利用低温热量，包括塔顶油气、常压塔一侧线产品及各高温油品换热后的低温位热源的热量，可考虑与低温原油、软化水等换热或产生低压蒸气。

(4) 采取产品热出料，如减压馏分油和渣油换热后不经冷却送下道工序作为热进料。

（二）常减压蒸馏装置的换热系统

为了使分馏过程得以顺利进行，需要供给进塔油料大量热能。从表1-2-17可见，对三段汽化蒸馏装置进塔油料先后共需供热1.19 GJ/t原油。相反地，还要从分馏塔馏出物中取出大量余热，使之冷至常规温度（通常水冷却负荷量近供热量的一半）。

表1-2-17　2.5 Mt/a常减压蒸馏装置所需供热量

项目		初馏塔	常压塔	减压塔	总供热
拔出率（重）		7.94%（包括侧线3.84%）	26.7%	23.7%	—
进塔温度/℃		235	365	400	—
供热量	$GJ \cdot h^{-1}$	180.4	14109.2	5212.4	37362.1
	$MJ \cdot t^{-1}$（原油）	573.3	451.3	166.8	1195.4
供热方式		换热	炉加热	炉加热	—

蒸馏装置换热系统的作用就是回收产品的余热来加热原油，减小加热炉热负荷，从而降低装置能耗。若利用换热使常压炉入炉温度上升10 ℃，等于减少能耗29.3~32.5 MJ/t原油，或者相当于2.5 Mt/a常减压蒸馏装置每年节省燃料2000 t及冷却水1.45 Mt左右。诚

然，设置换热系统要增加投资和钢材消耗。据统计，换热系统的钢材占全装置钢材量16.5%～22.0%，投资占12%～16%。因此，在蒸馏装置的设计和技术改造中，确定换热方案是一个重大的工艺问题，但换热系统在蒸馏装置节能中所起的作用是明显的。

设计完善的换热方案是一个很复杂的问题，除影响固定投资外，提高换热量可以降低燃料与冷却水用量，但有可能过多地增加冷、热流的流动压力降，增加机泵的耗电量。因而牵涉面广，需要考虑的因素多，主要有以下几个方面。

（1）完善的换热流程应该是热回收率高，原油换热后温度高，传热系数高，换热强度适当，系统压力降较小，操作和检修方便。

热回收率是指装置中换热回收的热量与换热、冷却热量和之比。一般来说，热回收率高，设备投资较大，操作费用降低。当前国内原油或初馏塔底油换热终温达280～300 ℃，平均热回收率为63.5%。国外装置换热终温达338 ℃，热回收率为80%。过去国内往往侧重于单台换热设备的强化选型，热流密度大，传热平均温差大，设备投资虽然节省一些，但回收热量少，大量低温热不能利用，尤其是温差大，传热过程熵损失大。

（2）合理地安排换热顺序是制订换热流程时必须慎重考虑的一个问题。一般来说，总是将冷流先与温度较低的热源换热，再与温度较高的热源换热，但要考虑热源的热容量及温位情况。热源的温位是指热源温度高低，热容量则是流体的流率与其焓值的乘积。对于热容量较小的热源，由于在换热过程中温度下降很快，出口端温差小，因此，虽然其温位较高，但也应安排在较前面与冷流换热。对于热容量大、温位又高的热源，如减压渣油等，应该分几次换热。在经济合理的前提下，热流换热后进冷却器前的温度应尽可能低，一般不应高于130 ℃（国外装置要求不高于121 ℃）。

利用温位图图示法能够既方便又直观地安排换热流程，见图1-2-42。

温位图横坐标为原油的累计热负荷（或总热容量），纵坐标为温度。先画好原油热负荷随着原油温度变化的曲线，再相应地画上每个热源的温位线。为了减少换热系统流动压降，可以将原油分为多路换热，此时应按照每路分别绘制温位图。对于三段汽化常减压蒸馏装置，有两种类型的换热流程：一是将原油依次与所有热源换热，尽量提高原油入初馏塔温度；二是适当控制原油换热后温度送入初馏塔，然后使初馏塔底拔头原油再与较高温位的热源换热。前者若处理大庆原油，由于原油入初馏塔温度高，塔顶重整原料油含砷量也较高。

（3）蒸馏装置换热流程的管壳程、流体介质的选择，可按照一般原则确定，如容易结垢的介质走管程，温度、压力很高的介质也宜走管程。在没有特殊要求的情况下，主要着眼于提高传热系数和获得适宜的压力降。如流体在壳程内流动易达到湍流，因而选黏度高或流量小的流体走壳程。据生产现场资料统计，原油和拔头油多走壳程，尤其是与减压渣油或油浆换热时均走壳程。

（4）其他如自用燃料用热渣油可不换或部分换热，全面利用热源不仅参与原油换热，而且发生蒸气或其他供热，采用传热系数高的新型换热器，采用防垢剂以保持换热设备的传热效率等，都是与换热流程确定和充分发挥其节能作用有关的问题。

换热系统的影响因素很多，关系复杂，对于一个既定设计或技术改造任务，可以拟出多个换热流程方案。手工计算不可能进行大量的方案比较，只能凭借经验，参照已有的装置流程进行一些个别方案计算，因而局限性很大。当前，随着计算技术的发展和电子计算机的应用，换热方案优化的问题逐步得到解决，国内也已经编制了一些优化设计程序。在

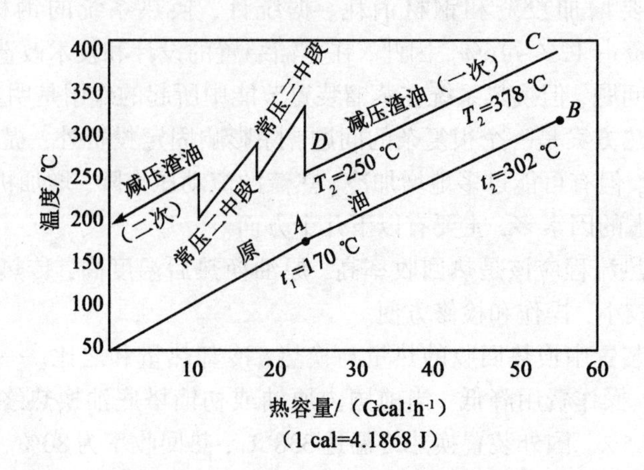

图 1-2-42　换热流程温位图

使用优化程序之前，通常要用温位图计算几个方案并进行分析比较，找出合适的参数作为计算的初始数据和限制条件。

项目三 操作技术

任务一 开工操作

一、装置的正常开工

常减压蒸馏装置建成后或经过一个生产周期，检修完毕后，应尽快地、安全地投入生产。根据多年来装置开工的实践经验，要做到开工一次成功。

（一）开工前的准备

准备好开工的必要条件：查验检修或新建项目是否全部完成；制定切实可行的开工方案；组织开工人员熟悉工艺流程和操作规程；联系好有关单位，做好原油、水、电、蒸气、压缩风、燃料油、药剂、消防器材等的供应工作；通知调度室、化验分析、仪表、罐区等单位做好配合工作。

（二）设备及生产流程的检查

设备及生产流程的检查工作是对装置所属设备、管道和仪表进行全面检查：管线流程是否有误；人孔、法兰、垫片螺帽、丝堵、热电偶套管和温度计套是否上好；放空阀、侧线阀是否关闭；盲板加拆位置是否符合要求；安全阀定压是否合适。要做到专人负责，落实无误。

机泵润滑和冷却水供应是否正常，电机旋转方向是否正确，运转是否良好，有无杂音和震动。

炉子回弯头、火嘴、蒸气线、燃料油线、瓦斯线、烟道挡板、防爆门、鼓风机等部件是否完好。

（三）蒸气吹扫

蒸气吹扫是对装置所有工艺管线和设备进行蒸气贯通吹扫，排除杂物，以便检查工艺流程是否有误，管道是否畅通无阻。

蒸气吹扫时应注意如下事项。

(1) 贯通前应关闭仪表引线，以免损坏仪表。管线上的孔板、调节阀应拆下，避免被杂质损坏。机泵和抽空器的进口处加过滤网，以防杂质进入损坏内部零件。

(2) 蒸气引入装置时，先缓慢通入蒸气暖管，打开排水管，放出冷凝水，以免发生水击和冷缩热胀，再逐步开大到工作压力。

(3) 蒸气贯通应分段、分组并按照流程方向进行，蒸气压保持在 8 MPa 左右，蒸气贯通的管道，其末端应选在放空或油罐处；管道上的孔板和控制阀处应拆除法兰除渣；有存水处，须先放水，再缓慢给气，以免水击；吹扫冷换设备时，另一程必须放空，以免憋压。

(4) 新建炉子，蒸气贯通前，须进行烘炉。

(5) 装置内压力表必须预先校验，导管预先贯通。

(四) 设备及管道的试压

开工时，要对设备和管道进行单体试压。通过试压过程来检查施工或检修质量，暴露设备的缺陷和隐患，以便在开工进油前加以解决。

试压标准应根据设备承压和工艺要求来决定，对加热炉和换热器一般用水或油试压，对管道、塔和容器一般用水蒸气试压。塔和容器试压时，应缓慢，不能超过安全阀的定压。减压塔应进行抽真空试验。

试压发现问题，应在放压排凝后进行处理，然后试压至合格为止。

(五) 柴油冲洗循环

柴油冲洗循环的目的是清除设备内的脏物和存水，校验仪表，缩短冷循环及升温脱水时间，以利安全开工。

进柴油前，改好冲洗流程，与流程无关的阀门全部关死以防串油、跑油，冲洗流程应与原油冷循环流程相同，按照塔的大小，选择合理的柴油循环量。

柴油进入各塔后，须先进行沉降放水，再启动塔底泵，进行闭路循环，并且严格控制各塔底液面，防止满塔，有关的备用泵及换热器的正、副线，都要冲洗干净。

柴油冲洗完成后，将柴油排出装置，有过滤网处，拆除排渣，然后上好法兰，准备进油。

(六) 案例分析：某石化公司二套常减压装置的正常开工

(1) 原油冷循环，目的是检查工艺流程是否有误、设备和仪表是否完好，同时赶出管道内的部分积水。

冷循环流程按照正常操作的流程进行，见图 1-3-1。循环正常后，就可以转为热循环。

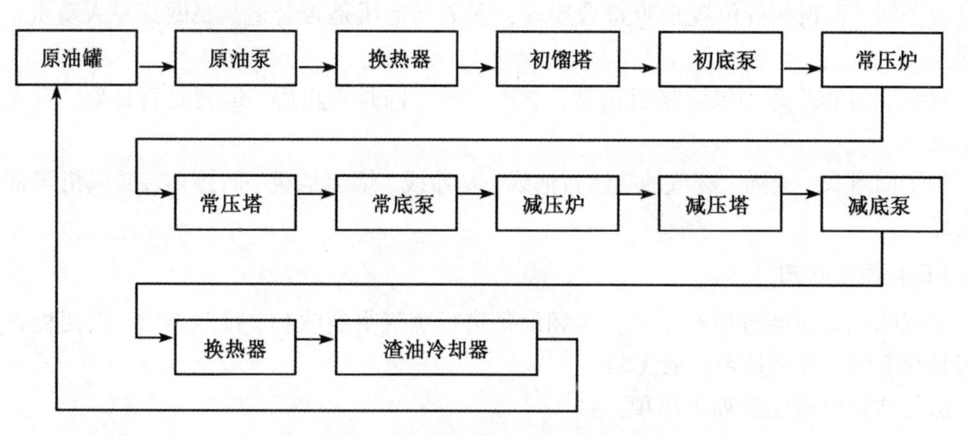

图 1-3-1 原油蒸馏冷循环流程示意图

冷循环开始前，应做好燃料油系统的循环和加热炉炉膛吹汽，做好点火准备。冷循环开始后，为保证原油循环温度不降下来，常压炉、减压炉各点一只火嘴进行加热。注意：点炉火前，炉膛应用蒸气吹扫，以保安全。

进油总量应予控制，各塔液面维持在中下部，注意各塔底脱水情况。

启动空冷试运，大气冷凝器给水，维持一定真空度，以利脱水。

各塔回流系统要进行赶水入塔，以便在各塔进行脱水时脱除，以防止升温后所存水分进入塔内，引起事故。

原油冷循环时间一般为 4 h。

(2) 原油热循环及切换原油。在原油冷循环的基础上，炉子点火升温，过渡到正常操作的过程，称热循环。

热循环有三个内容：升温、脱水和开侧线。整个过程贯穿升温，升温分两个阶段：前一阶段主要是升温脱水，这是关键操作；后一阶段主要是开侧线。

要严格控制升温速度，速度过快会造成设备热胀损坏，系统中水分或原油轻组分突沸，造成冲塔事故，后果严重，应认真操作。

热循环流程与冷循环流程相同。

开始升温至 150 ℃以前，原油和设备内的水分很少汽化，升温速度可快些，以50~60 ℃/h 为宜。炉出口温度为 160~200 ℃时，水逐渐汽化，升温速度放慢到 30~40 ℃/h。炉出口温度为 200~240 ℃时，是脱水阶段，为了使水分缓慢汽化，逐步脱除，升温速度要再慢一些，以 10~15 ℃/h 为宜。因为过快的速度，会造成大量水分突沸，引起冲塔等事故。按此速度继续升温，充分预热设备到 250 ℃，恒温 2 h，进行全装置检查和必要的热紧。

脱水阶段应随时注意塔底有无声响，塔底由有声响变成无声响时，说明水分基本脱尽。

注意回流罐脱水情况，水分放不出时，说明水分基本脱尽。此外，还要注意塔进料和塔底的温度差，温差小或温差恒定时，都说明水分基本脱尽。

脱水完全程度决定下阶段的正常进油能否实现，脱水过程应将所有机泵(包括塔底备用泵)分别启动，用热油排出泵内积水。各侧线和中段回流等塔侧线阀门均应打开排水。

脱水阶段要严格防止塔底泵抽空，发生抽空时，可采取关闭泵出口阀憋压处理，待上油后再开出口阀，快速升温，闯过脱水期。如原油含水过多，可降温脱水或重新进行热油循环置换，抽空时间过长，也可暂停进料，待泵上油后，再行调整。

脱水阶段还应注意各塔塔顶冷凝冷却器的正常操作，加热炉点火前，即应通入冷却水，防止汽油蒸气排入大气，引起事故。

脱水阶段结束后，可加快升温速度，一般控制在 50 ℃/h 左右，直至温度为 370 ℃左右为止。

改好各塔回流管线流程，准备启动回流泵，当初馏塔和常压塔塔顶温度达 100 ℃时，开始打入回流。回流罐水面要低，严防回流带水入塔，同时开好中段回流。

当常压炉出口温度达 270~280 ℃时，塔底泵会因油品汽化而抽空。所以，在此温度以后，常压塔应自上而下逐个开好侧线：280 ℃时开常一线，300 ℃时开常二线，320 ℃时开常三线。操作基本正常后，开启初馏塔，侧线油进入常压塔上部作中段回流。

开侧线前，应对侧线系统流程进行放水和蒸气贯通预热，直至汽提塔有液面时，停吹贯通用蒸气，启动侧线泵，将油品送入废油罐，待油品合格后，再送入成品罐。

随着炉出口温度的升高，过热蒸气温度也相应升高，达到 350 ℃以后，开始吹入塔内，吹前应放尽冷凝水。

常压开完侧线，常压炉出口温度达 320 ℃以后，开始减压炉点火升温，并开始抽真空。

根据经验，减压系统应采取快升温和快抽真空的操作，升温速度可控制在30~40 ℃/h，直至 410 ℃，当减压炉出口达 340 ℃时开始抽真空，并自上而下逐个开好侧线，此时应迅速将真空度提到规定指标。侧线油应全部作回流，不出装置。

当常压炉出口温度达 320 ℃，侧线已开正常，各塔液面已维持好，炉子流量平稳时，应停止热循环，切换原油。炉子继续升温，启用主要流量仪表，并进行手动控制。

当减压侧线来油正常，塔顶温度达 110~120 ℃时，开始减压塔顶打回流，侧线向装置外送油。

按照产品方案，调整操作，使产品质量尽快达到指标。产品质量合格后进入成品罐，并逐步提高处理量。

在操作过程中，必须掌握好物料平衡。物料平衡的变化具体反映在塔底的液面上，因此，对各塔液面的变化，必须加强观察和调整。在开工前，应根据循环量的大小、仪表流量系数大小，估算出原油总流量、分流量、各塔底抽出量和侧线抽出量的大致范围，以便于操作中参考。

热循环和原油切换阶段，要做到勤检查、勤调节、勤联系，严格执行开工方案，做好岗位协作，防止“跑、冒、串、漏”等事故的发生。

二、装置的第一次开工

（一）开工前的准备

（1）按照规范要求做好装置中的交验收工作。

（2）认真做好劳动组织安排工作，开展现场技术练兵。

（3）制定好开工方案，并组织认真学习。

（4）准备好各种开工用具及化工助剂等。

（5）做好对外联系工作，保证各公用工程引至装置界区。

（二）机械设备的空试车及检查

1.装置设备的检查

（1）塔和容器类：检查人孔、安全阀、液面计、流量计、热电偶、压力表、加强圈有无泄漏。

（2）加热炉：检查炉管、回弯头、火嘴、防爆门、消防线、烟道挡板、炉膛内部情况，检查废热回收系统设备、热电偶、压力表的安装情况。

（3）冷换设备：检查进出口阀门、压力表、管头法兰、头盖螺栓、温度计等的安装情况。

（4）机动设备：检查盘车情况，检查冷却水、润滑油、接地线、电流表、压力表等的安装情况。

（5）管线：按照油、燃料、水、汽、风流程进行系统的流程检查，检查管线上的温度计、压力表是否装好，盲板是否拆除，各阀门、法兰等是否符合工艺要求。

（6）检查电脱盐极板的安装情况，以及供电系统是否安全好用。

（7）检查控制室 DCS 的输入、输出信号有无差错，检查控制阀的正反向是否正确。

2.电动机的空运及检查

（1）电机要进行空运试车 2~4 h，检查正反转、地脚螺栓、轴承、电缆是否过热，电机有无杂音，电流指示是否正常。

（2）电机空运正常后再找正对轮。

3.油泵的试运及检查

(1) 新安装的油泵在投用前进行水运 2~4 h，试运时要有专人看管检查。

(2) 检查内容：泵体振动情况，地脚螺栓松动情况，出口压力稳定情况，密封是否良好，等等。

4.减压塔抽真空试运

(1) 减压塔抽真空，并保持 24 h。

(2) 试运合格后，逐渐消除真空。

(三) 设备的试压、贯通

1.装置的分段水试压

(1) 按照规程要求，分别对各段以不同压力的水压进行试压。

(2) 水压力到达后，应详细检查各设备的基础沉降等情况是否符合规程要求。

(3) 确认无问题后，结束水试压。

2.设备管线的蒸气贯通试压

与正常开工方法相同。

(四) 柴油冲洗

与正常开工方法相同。

(五) 案例分析：某石化公司二套常减压装置的首次开工

首次开工操作和正常开工基本一样。应特别注意的是，加热炉的烘炉工作应按照规程要求认真进行。

三、技能训练：常减压蒸馏装置冷态开车仿真操作

(1) 训练目标：

① 熟悉常减压蒸馏装置工艺流程及相关流量、压力、温度等控制方法；

② 掌握常减压蒸馏装置开车前的准备、冷态开车。

(2) 训练的准备：熟悉工艺流程及原理。

本装置为常减压蒸馏装置(见图 1-3-2)，原油用泵抽送到换热器，换热至 110 ℃左右，加入一定量的破乳剂和洗涤水，充分混合后进入一级电脱盐罐。同时，在高压电场的作用下，使油水分离。脱水后的原油从一级电脱盐罐顶部集合管流出后，再注入破乳剂和洗涤水充分混合后进入二级电脱盐罐，同样在高压电场作用下，进一步油水分离，达到原油电脱盐的目的。然后经过换热器加热到高于 200 ℃进入蒸发塔，在蒸发塔拔出一部分轻组分。拔头油再用泵抽送到换热器继续加热到 280 ℃以上，然后去常压炉升温到 356 ℃进常压塔，在常压塔拔出重柴油以前组分，高沸点重组分再用泵抽送减压炉升温到 386 ℃进减压塔，在减压塔拔出润滑油料，塔底重油经泵抽送到换热器、冷却槽，最后出装置。

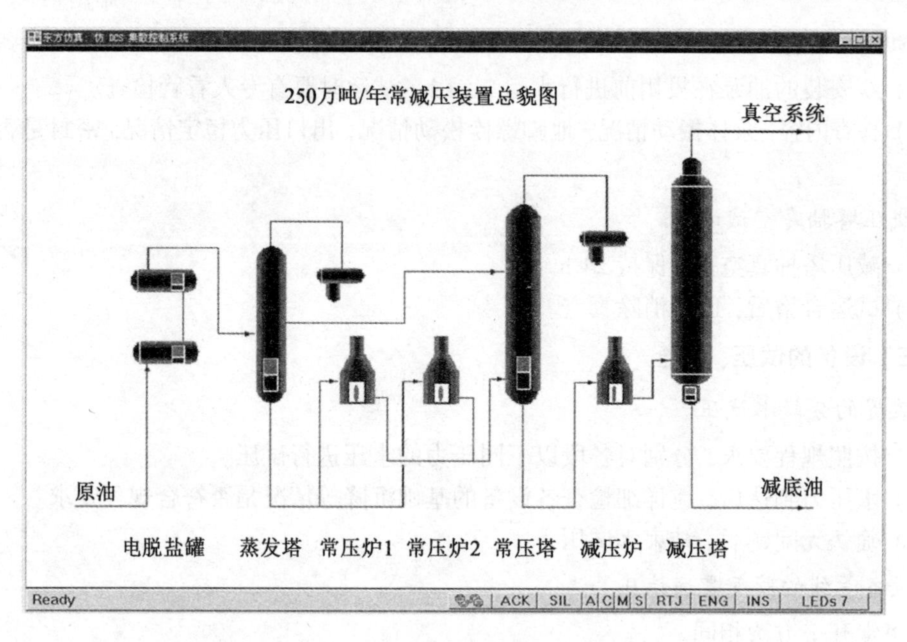

图 1-3-2　常减压蒸馏装置总貌图

（3）冷态开工，包括装油和点火升温。

装油的目的是进一步检查机泵情况，检查和发现仪表在运行中存在的问题，脱去管线内积水，建立全装置系统的循环。

常减压装油流程：

H1-1/2/3/4 →H1-5/6 →H1-7/8 →H1-9/10
原油罐→P1/2 →H2-1/2/3/4 →H2-5/6 →H2-7 →H2-8
1#炉上对流→D101 →D102 →
H3-1/2 →H3-3/4 →2#炉上对流
3#炉上对流

H1-11/12/13 →H1-14 →H1-15 →H1-16/17/18 →H1-19/20 →H1-21 →H1-22 →H1-23
H2-9/10 →H1-11 →H2-12 →H2-13 →H2-14/15 →H2-16/17 →H2-18 →H2-19 →H2-20

H1-24/25/26 →H1-27/18/19
→T101 →P103 →H2-21 →H2-22/23/24 →H2-25/26/27/28
常压炉 F101

→→T103 →P9/10 →减压炉 F103 →T108 →
常压炉 F102

H1-27/28/29 →H1-24/25/26 →H1-16/17/18 →H1-11/12/13 →H3-3/4
→冷却槽 H2-25/26/27/28 →H2-23/24/25 →H2-14/15 →H2-9/10 →H2-8 →H3-1/2

装油步骤如下。

① 启动原油泵后，立即启动原油计量表，指定专人记录原油表量，并检查各换热器有无泄漏。

② 由专人看好蒸馏塔液面，当见到蒸馏塔底有油时，准备启动蒸馏塔底泵，并依次准备启动常压塔底泵和减压塔底泵。

③ 减压塔底泵启动后再排放冷凝水，见油后立即通过开工循环线转到原油泵出口。

④ 停原油泵及原油泵后手操阀。

⑤ 装置冷循环装油量约在 750 m^3，循环量为 120 t/h(一般冷循环量是以减底泵最大流量为准)。

⑥ 在循环过程中，注意看好三个大塔液面，各路流量分配均匀，搞好物料平衡，不满塔、不抽空。各大塔四、五馏出口不允许打开，防止塔底液面升高，开工时出黑油。

点火升温的流程如下。

① 点火前联系气体车间供应好高压瓦斯，保证压力稳定在 0.196 MPa。

② 点火前烟道挡板开至 2/3 处，自然通风门开好。

③ 在点火过程中注意安全，特别是烧瓦斯，如火嘴熄灭，吹蒸气后再重新点火。

④ 减压炉点火时，过热蒸气管转 0.98 MPa 蒸气，在减炉上排空。

⑤ 点火升温后，全面检查炉管情况，流量指示要与实际相符，避免干烧炉管。进料泵抽空时，应立即熄火，防止炉管结焦。

⑥ 三炉点着后，把自然通风切换为鼓风机鼓风。

⑦ 升温时，注意控制烟道氧含量。

⑧ 常压塔顶回流建立并且常一中建立后，停止闭路循环，减压塔底油转去重油罐。在循环过程中严格控制减压塔底冷后温度，使温度低于 120 ℃。

⑨ 塔底吹汽，过热蒸气温度在 300~340 ℃，常压炉出口温度在 300 ℃以上可吹汽，吹汽量为正常的一半。

⑩ 蒸馏塔必须正常以后再吹汽，防止蒸馏塔底泵抽空影响开工。

(4) 正常生产运行包括常压系统转入正常生产、减压塔系统转入正常生产，以及电脱盐与其他系统转入正常生产。

常压系统转入正常生产的流程如下。

① 蒸顶在 100 ℃、回流罐见液面时，迅速启动汽油泵，打回流及外送，不能因泵抽空，不能及时打回流而引起顶温过高，从而造成冲塔事故。

② 常顶在 120 ℃、回流罐见液面时，迅速启动汽油泵，打回流及外送，不跑油、不抽空。如果回流油不够，蒸常顶油可互为补充。一般在循环时，初顶、常顶回流罐外借汽油打回流。

③ 根据塔负荷情况，常压炉炉温达 300 ℃左右时，可开各中段回流，蒸顶循环、常一中、常二中要相继开好，逐渐建立好回流。

④ 常压从上至下依次开侧线，常压侧线汽提塔有油时，可依次开一、二、三、四线泵外送。

⑤ 常压炉出口温度控制在(356±1) ℃，生产方案按照调度安排进行。

⑥ 全面投用计算机控制，各仪表打自动或串级。

⑦ 调好冷后温度并保持在指标内，空冷及时开风机。

⑧ 蒸顶、常顶在打回流时就要注氨，以免汽油腐蚀不合格。

⑨ 调整各侧线温度流量，尽快转成品罐。

⑩ 蒸常顶低压瓦斯转加热炉烧掉。

一般减压系统开工操作的快慢，主要根据减顶回流油来源确定，如外借可与常压同步打开，若靠本装置常三、常四供给，只有当常压系统基本正常后才能打开减压系统。

减压塔系统转入正常生产的流程如下。

① 减压塔顶温度在 60 ℃时，可先借油打回流，不能使回流温度高于 60 ℃，避免塔顶跑柴油，抓紧外送。

② 减压炉出口温度达 320 ℃且顶回流建立后，开始缓慢抽真空，并保持真空在40 kPa一段时间，然后逐步将真空抽至正常。

③ 减压汽提塔阀门均打开，使汽提塔水汽抽回大塔内，防止机泵抽空。

④ 防止塔顶因温度高而跑油，要及时打开减一线、减二线、减一中。

⑤ 减三线、减四线开侧线，汽提塔有液面时打开泵外送，减二中逐步调节正常量。

⑥ 减五线减压基本正常后再打开。

⑦ 适当调节各线冷却槽冷却水量，冷后温度在指标内。

⑧ 操作正常后，低压瓦斯转加热炉烧掉。

⑨ 班长搞好对外联系工作，各线油品外送无阻力，逐步调节达到正常，尽快转成品罐，缩短开工时间。

电脱盐及其他系统转入正常生产的流程如下。

① 常减压操作正常后，联系电工向脱盐罐送电。

② 调配破乳剂，把破乳剂原液倒入地调罐内，送至破乳剂罐，再加入新鲜水搅拌即可。

③ 分别向一、二级罐注入破乳剂，注入量小于 4×10^{-5}。如果脱盐脱水效果不好，可适当提高注剂量。

④ 送电并注入破乳剂后，当电脱盐罐电流稳定时，方可向二级电脱盐罐注入软化水。

⑤ 待二级电脱盐罐界位在 20%左右时，打开罐底切水及循环水泵入口，启动循环水泵，向一级电脱盐罐注水，注水量由二级电脱盐罐的油水界位控制，一般注水量为原油量的2%~6%。

⑥ 待一级电脱盐罐界位建立后，脱下含盐水并引入换热器与新鲜水换热冷却后，排入地下水沟，并通过一级电脱盐罐的界位控制阀来调节排水量。

⑦ 根据脱后含盐含水情况及原油乳化情况，随时调节油水混合阀，使注破乳剂量、注水量、控制混合阀压降在工艺指标内。

⑧ 保持脱水清白，罐内界位控制在 10%~30%，随时用旋转采样器核对实际界位，防止因界位过高引起跳闸或界位过低引起脱水带油。

【思考题】

（1）第一次开工前须做哪些准备工作？

（2）正常开工的步骤有哪些？

（3）在常减压蒸馏装置仿真软件上进行冷态开车操作时，初顶温度、常顶温度、减顶温度须控制在多少摄氏度？

任务二　岗位操作

一、常压岗位操作

（一）操作方法

1.初馏塔的操作

在各种生产方案中，虽然初馏塔的操作基本不变，但是，初馏塔的操作受多种因素影响，将直接影响整个常压的操作。因此，必须注意以下几点。

（1）在原油性质既定的条件下，影响初馏塔操作的主要因素有初馏塔进料温度，原油含水，初侧线量，塔顶温度、压力、回流油温度及回流量。这些因素相互制约，当出现波动时，要抓住主要矛盾，及时处理。

（2）在含水、处理量等因素不变的情况下，初馏塔进料温度的变化将直接影响初馏塔的汽化和拔出量。这时应及时控制好塔顶温度，使汽油干点控制在规定范围内，两路原油的出口温度要稳，换热温差要小。

（3）在其他因素不变的情况下，当原油含水发生变化时，对初馏塔操作的影响是很大的，表现为换热温度、塔顶及初侧线的温度和压力发生变化（压力尤为明显）。原油严重带水，初馏塔操作难以维持正常时，应特别提防拔头油油泵抽空及初馏塔冲油等事故。在装置诸操作条件稳定的情况下，根据从初馏塔进料温度的变化来判断原油含水的情况。

（4）初馏塔的液面处于变化之中，调节液面的方法有以下两种：

① 稳住拔头量，用原油量调节初馏塔液面；

② 稳住原油量，用拔头量调节初馏塔液面。

这两种方法在操作中均可行，但各有利弊。

（5）根据装置特点，无论哪种生产方案，初馏塔汽油干点均控制为 193~203 ℃，正常时作为两塔回流外放。但在生产航空煤油时，为提高航煤收率，初馏塔汽油只打回流，不准外放。

（6）初侧线的拔出量随原油含水、换热温度及塔顶温度等因素的变化而变化。

（7）汽油的冷却温度，回流罐的油、水液面及汽油的颜色等都将直接影响整个常压操作。应根据工艺要求、季节变化，保证其控制在指标范围内，发生异常应及时处理。

2.常压塔和常压汽提塔的操作

影响常压塔操作的因素有很多，且这些因素间相互制约，它们之间任何一个波动，均会或多或少地影响整个塔的操作。因此，要经常注意各因素的变化情况，以便抓住主要矛盾及时调节。

（1）常压塔的主要矛盾。

常压塔的主要矛盾是全塔的物料平衡和热平衡。

① 物料平衡（进料量与产品量的平衡）：具体反映在塔底液面上。其影响因素有进料量与进料性质、常压炉出口温度、侧线抽出量、塔顶馏出量、塔底抽出量、塔顶压力、汽提蒸气量和温度等的变化，以及仪表状态。

② 热平衡(进塔热量与出塔热量的平衡)：具体反映在塔顶温度上。其影响因素有常压炉出口温度的变化、回流量及其温度的变化、回流带水、汽提蒸气温度及其量的变化、塔顶压力的变化，以及初馏塔拔出率的变化。

因常压塔的平衡具体反映在塔底液面和塔顶温度上，所以，在操作中只要密切注视，分析这两块仪表的变化情况，及时调节，就能基本上掌握全塔的物料平衡和热平衡，保证全塔的平稳操作。

(2) 生产航煤操作中应注意的问题。

在几种生产方案中，常压塔顶温度是基本不变的。但在生产航煤时，要求有较低的温度，这时塔顶的负荷增大很多，须注意以下几点。

① 各回流要逐渐增加，防止压得过猛，影响全塔。

② 常压瓦斯多，要及时通知减压司炉并注意变化情况，以便进行必要的处理，防止系统憋压。

③ 启用专用泵，外放常压塔顶汽油，并打开进出口循环线，以保证汽油容器液面及汽油泵工作正常。

④ 控制好汽油回流罐的油及水液面，严防回流油带水打乱操作，放跑汽油。

⑤ 常压汽提塔各段的吹汽，可根据不同的加工方案进行缓慢调节。严防开度过大、调节过猛，造成汽提塔憋压、丰塔出油减少或成品泵抽窄中断。

(二) 岗位冷换设备的使用

岗位冷换设备的使用包括换热器、管壳式冷却器、空气冷却器和蒸气发生器的使用。

1.换热器的使用

换热器的正常开、停工过程的启用、停用较为简单。使用原则：启用时，先冷流、后热流；停用时，先热流、后冷流。在启用之前，确保换热器试压合格。在检查流程时，将各放空阀全部关严。如果是在开工过程中，个别换热器因故需启用或停用时，应采用下列方式。

(1) 启用。

将热流程的放空阀稍打开一点，然后慢慢将冷流出口阀开启，稍后将冷流入口阀打开，再将冷流副线慢慢关闭；冷流启用正常后，将热流出口阀稍打开一点，并关闭放空阀，等油充满后，打开热流入口阀，并开大出口阀，慢慢将热流副线关闭；两程投用完毕后，再检查一下放空阀是否关严，各连接处有无泄漏，并对热流进行看样检漏，确信无泄漏后换热器启用才算完毕。

(2) 停用。

确认换热器有问题需要停用时，先将热流副线阀打开，再分别关闭入口和出口阀；用蒸气将两程的污油吹扫到污油系统。

(3) 正常检查。

冷热流的副线阀要关死，进出口阀门要开大，各放空阀关严，各连接部位无泄漏，通过取样、看样等方式，检查是否泄漏。

2.管壳式冷却器的使用

(1) 启用。

管壳式冷却器启用的基本步骤同换热器启用步骤，但下水阀的开度要根据冷却温度的要求进行调节，当冷却温度太低时，应关小下水阀，不要开热流副线。

(2) 停用。

管壳式冷却器停用的基本步骤同换热器停用步骤，但在冬季停用时，冷却水要稍打开一点，以保证过水量，防止冻结。

(3) 正常检查。

检查冷却温度是否合适，有无泄漏。

注意：对冷换器进行单程蒸气吹扫时，另一程放空阀必须打开，以防将冷换器胀坏。

3.空气冷却器的使用

(1) 启用。

空冷各部位均完好方可启用；打开入口阀及出口放空阀，排出空气且放空见油后，关闭放窄阀，打开出口阀，进、出口阀开大后，副线关闭；根据具体情况决定是否使用风机，如果打开风机，要进行试车检查。

(2) 停用。

先将风机停止，再打开副线，最后关闭进、出口阀；冬季停用后，将存油从放空阀放净，防止油中含水冻坏设备。

4.蒸气发生器的使用

(1) 启用。

检查各部件(压力表、液面计和安全阀等) 是否完好；打开顶放空阀，倒好流程，关闭所有相关的小放空阀，热源暂走副线；引无盐水进入发生器，待液面至蒸发生器液面计刻度的50%左右时，缓慢打开热源进口阀和出口阀，并逐步将热源副线关小；待蒸气质量正常后，再并入系统蒸气网中，并关闭热源副线开关；检查液面，调节好无盐水的流量，保证系统蒸气压力的稳定；定时排污排垢，保证蒸气质量及蒸发器工作的正常运行。

(2) 停用。

先将热源改走副线，将蒸气放空；缓慢关闭无盐水进出发生器的开关；放净存水。

(三) 工艺条件的控制

工艺条件的控制包括汽油冷却温度、中段回流、炉温和吹汽的控制。

1.汽油冷却温度的控制

汽油冷却温度高时，回流比增加，塔顶压力上升，汽油干点轻，一线油闪点不易合格，各线重叠度大；汽油冷却温度低时，则相反。

2.中段回流的控制

中段回流温度高或量大时，塔上部负荷小，塔顶回流比减小，一线油变重，有利于闪点，但二线油变轻，一、二线重叠度大；中段回流温度低或量小时，塔上部负荷大，塔顶回流比增大，对一线闪点不利，二线变重。

3.炉温的控制

炉出口温度高时，塔顶温度上升，油品变重。故应稳定各炉温度。

4.吹汽的控制

吹汽量大，塔顶温度上升，油品分馏效果差。

(四) 质量调节

质量调节包括汽油质量、初馏点和闪点，以及干点等的调节。

1.汽油质量的调节

(1) 汽油质量由塔顶温度来调节。干点低，应提高塔顶温度；干点高，则相反。

(2) 原油含水量大，塔内汽速增加，塔顶压力上升，分馏效果差。汽油干点高时，应降低塔顶温度，但一定要适当、缓慢降低，否则容易造成冲塔事故。若塔顶负荷高，不能再加大回流时，要适当降量。

(3) 汽油干点随塔顶压力而波动。在一般操作时，塔顶压力上升，塔顶温度就须往上提；若塔顶压力降低，塔顶温度就须往下降，否则汽油干点不合格。

(4) 塔底吹汽量、过热蒸气温度及塔的进料温度升高都可造成汽油干点升高，故应调至正常流量及温度。

2.初馏点和闪点(对润滑油而言是闪点黏度) 的调节

(1) 在诸因素一定时，初馏点和闪点低说明上一线(或塔顶) 未充分蒸出，这样不仅影响本线质量，还影响上线(或汽油) 的收率。初馏点和闪点近似平行关系，调节方法如下：

① 提高上一线的抽出量(或提高塔顶温度)，以减少内回流；

② 加大本线油品的汽提量，赶走轻组分。

(2) 塔顶压力高时，则初馏点及闪点低；塔顶压力低时，则相反。在塔顶压力变化的同时，塔顶温度也随之变化。

(3) 塔顶或上线回流油性质变轻，也会使初馏点及闪点变低；回流油性质变重时，则相反。所以，塔顶及各中段回流油性质一定要稳定。

(4) 初馏点和闪点也随过热蒸气温度、吹汽量及油品进料温度的高低而加重或变轻，若有变化，应及时调节。

3.干点的调节

(1) 干点高说明下线分割不好，重组分被携带上来，这样不仅本线不合格，还影响下线收率。其调节方法如下：

① 降低本线抽出量，增加内回流；

② 减小下线油品的汽提量。

(2) 当馏分整个轻时，在上线允许的情况下，首先应提高塔顶温度，这时若干点或黏度还低，则再适当加大抽出量；馏分整个重时，则相反。

(3) 塔顶或上线回流变轻，干点则变低；回流变重，则相反。所以，塔顶及各中段回流性质一定要稳定。

(4) 下线抽出量过大、内回流减小，也会使干点升高，应减少抽出量。

4.初馏点低、干点高、风量低、黏度小的调节

初馏点低、干点高、风量低、黏度小说明塔内分馏效果差，上线馏分未能充分蒸出，下线重组分被携带上来，应综合上述方案进行调节。

5.密度调节

(1) 初馏点低、干点合格、密度偏离指标时，应调节塔顶或上线馏出量，使轻组分完全蒸出。

(2) 初馏点合格、干点低、密度偏离指标时，应适当加大本线抽出量。

(3) 初馏点和干点都合格、密度偏离指标时，应降中段回流量，把 50% 馏出温度提起来，使密度合格；若同时干点上升，可适当减少侧线抽出量。

6.润滑油黏度的调节

馏程之间在正常分馏情况下，润滑油的黏度与油品密度基本上近似正比关系。在密度馏程调节的同时，也包括了黏度的调节，因此，黏度的调节可参考上述有关方法。

二、减压岗位操作

(一) 正常操作

减压岗位正常操作包括以下几项。

(1) 常压和减压炉岗位对减压岗位影响较大，正常操作中，要经常注意常压拔出的轻重及减压炉温度的变化情况，以便及时调节。

(2) 真空度是减压操作中的一个关键因素，正常操作时，必须密切注意真空度诸因素的变化情况。真空度发生波动时，要及时找出原因，进行调节，以保证平稳的真空度。

(3) 经常用手搬动液面计(注意不要影响自控)，防止失灵，保证减压各液面正常。

(4) 把各点温度稳定在正常范围内。

(5) 树立没有质量就没数量的观念，把产品质量、颜色及外放温度控制在规定指标内，发生问题要及时处理。

(6) 随时掌握好物料平衡和油品去向，防止串油和跑油现象的发生。

(7) 冬季要注意管线的防冻和防凝问题。

(二) 真空度的影响因素及调节方法

1.真空度的影响因素

(1) 设备方面的影响因素如下。

① 蒸气抽空器设计能力低。

② 减压塔至冷凝器的馏出线直径小、阻力大。

③ 真空泵喷嘴腐蚀、冲刷严重，喷嘴堵塞或泄漏。

④ 间冷系统出故障。

⑤ 设备泄漏。

(2) 操作方面的影响因素如下。

①蒸气压力、温度及各处开度的变化。

②热冷水、压力、温度及各处开度的变化。

③减压瓦斯至加热炉管线阻力及开度的变化。

④塔底及炉管吹汽量的变化。

⑤过热蒸气温度的变化。

⑥减压炉出口温度的变化。

⑦减压塔进料油性质和进料量的变化。

⑧回流油温度、流量及其性质的变化。

⑨塔底和汽提塔及各段液面的变化。

⑩塔顶温度的变化。

2.调节方法

在正常情况下，塔顶真空度的高低取决于抽空蒸气的压力和流量的大小。蒸气量太大，真空度反而降低。因此，可能会出现倒汽现象。合适的蒸气量应该是随蒸气汽量增加，真空度不再上升时的蒸气流量。另外，对湿法操作的减压塔，塔底吹汽量对塔顶真空度影响也比较大，吹汽量越大，真空度越低。而吹汽量与塔顶真空度对闪蒸气化率产生相反的影响。进料汽化率最高时的吹汽量为合适的吹汽量。一般情况下，湿法操作的减顶减压不应低于5.32 kPa。在夏季，一级冷凝器的冷却水中应补充新鲜水，以提高冷凝冷却效果。当真空度变化时，根据上述的影响因素，应认真分析原因，对症下药，使真空度保持在正常范围内。

（三）塔底液面的影响因素及调节方法

塔底液面平稳与否，直接反映该塔的物料平衡是否正常。任何使物料平衡发生变化的因素都将引起塔底液面的波动，进而影响全塔的正常操作。因此，努力稳定塔底液面也是减压操作的一项重要内容。

1.塔底液面的影响因素

（1）进料及抽出量变化。

（2）炉出口温度波动。

（3）真空度变化。

（4）塔底吹汽量变化。

（5）液面控制仪表失灵，致使液面失控。

2.调节方法

减压塔液面采用改变抽出量大小的方式进行调节，并由仪表自动控制，当液面发生变化时，应根据上述影响因素迅速找出原因，及时排除。如果影响因素不能及时排除而造成液面升高，应协同常压适当降低进料量，防止因液面长时间超高，发生淹塔事故。

（四）减压塔顶温度的影响因素及调节方法

减压塔顶温度的高低，主要取决于集油箱下的气相温度，及塔顶回流取热量的大小。由于全塔的余热都靠上部的回流来取出，所以塔顶温度能够很灵敏地反映出全塔的热平衡情况。塔顶温度的高低，对塔的操作影响甚大。塔顶温度高时，可导致真空度降低，影响全塔各部位的操作。因此，正常操作时，应使塔顶温度尽量低而平稳。

1.减压塔顶温度的影响因素

（1）炉出口温度波动。

（2）进料性质变化。

（3）进料流量变化。

（4）集油箱下气相温度变化。

（5）顶回流流量变化。

（6）顶回流返塔温度变化。

（7）真空度波动变化。

（8）塔底吹汽量变化。

（9）塔顶回流分布喷头堵塞，造成汽油偏流。

（10）控制和检查仪表失灵或失真，温度失控。

2.调节方法

塔顶温度由顶回流手动调节控制。当顶回流量调整到最大，返塔温度正常，而塔顶温度仍然控制不住时，说明集油箱下的气相温度太高，应增加中段回流量或降低返塔温度，以增大中段回流取热量。在正常情况下，炉出口温度及塔底吹汽量应该稳定。当真空度波动时，应查清原因，及时稳定真空度。当发现顶回流量减少、返塔压力高于正常值时，说明过滤器可能堵塞。如果控制仪表失灵，应改手动或副线控制。

（五）回流分配是否正常的判定及调节方法

在填料塔内，由于其结构的需要，所有回流都通过分配才能分布到填料表面上，完成气液的均匀接触。一旦回流分配不均或分配管堵塞，就会造成气相短路，影响传热传质和产品质量。在正常情况下，各回流量记录比较平稳，而且可以调节，回流返塔前压力指示正常，回流集油箱液面正常，回流控制的温度也比较正常。而不正常的情况如下。

（1）回流返滤器堵塞：表现为泵出口压力正常或升高，回流量减少，返塔前压力降低，集油箱液面上升，回流上部温度升高。处理办法是更换过滤器。

（2）分布管上喷头堵塞：表现为返塔前压力及上部温度升高，回流量有所下降。处理办法是清洗或更换喷头。

（3）喷头螺旋芯倒移：表现为回流量指标、泵出口压力和返塔前压力都正常，但由于回流喷淋不均，部分气相短路，造成上部气相升高，精馏效果变差。处理办法是更换喷头螺旋芯。

（六）集油箱温度的影响因素及调节方法

填料塔中集油箱温度与板式塔抽出油斗油温相比较，前者由于集油箱体积较大，存油量较多，所以变化很迟缓。因为，当其他影响因素发生变化时，集油箱油温在短时间内变化甚微，经过较长一段时间才能看出明显变化。

1.集油箱温度的影响因素

（1）炉出口温度变化。

（2）塔顶真空度变化。

（3）上段回流返塔温度变化。

（4）回流量变化。

（5）塔底吹汽量变化。

（6）集油箱上、下部的气相温度变化。

2.调节方法

正常情况下，要求集油箱温度平稳，即上述影响因素要稳定。当要改变油温时，主要手段是改变集油箱下部的气相温度和上部回流量。改变回流量主要是改变内回流，而内回流量的改变，又是靠改变侧线量或中段回流量来实现的。无论调节哪个量，最先变化的是气相温度，然后才能引起集油箱油温变化。因此，对填料塔的温度调节，应该主要观察有关气相温度变化。

（七）集油箱液面的影响因素及调节方法

采用手动控制集油箱液面时，应维持中液面。

1.集油箱液面的影响因素

（1）抽出泵上量不正常。

（2）液面控制仪表失灵或没有投入使用。

（3）上部回流量变化。

(4) 回流返塔温度变化。

另外，炉温进料量、真空度和吹汽量的变化也会对集油箱液面产生影响。

2.调节方法

集油箱液面靠仪表控制。影响液面变化最常见、最主要的因素是仪表，其次是真空度。真空度的大幅度变化，使塔内蒸发量大幅度波动，这不仅影响塔底液面，也使集油箱液面大幅度变化。对减压过汽化集油箱，其液面由返二层的过汽化量自动控制，所以外放二层油一般情况下不得停用。否则过汽化油将溢出集油箱，通过闪蒸段落入塔底，这样会造成严重的气相携带，影响分馏效果。

(八) 质量调节

1.机油原料油黏度的影响因素及调节方法

(1) 塔顶真空度高，油的黏度容易提高；塔顶真空度低，油的黏度变小。在较低真空度下，要达到同样的黏度，就必须提高抽出温度。

(2) 炉出口温度升高，造成塔顶及集油箱温度升高，油的黏度增大，故须严格控制炉温平稳。

(3) 塔底吹汽量大，油的黏度增大。

(4) 上一侧线油轻(质)，则本侧油就轻(质)。

(5) 上一侧线抽出量大，则本侧线油黏度就高。

(6) 中段回流取热量增加，其下侧线的油的黏度变小。

2.油品馏程宽度的影响因素及调节方法

(1) 精馏段气液相负荷不平衡，传热、传质效果变差，抽出油馏程变宽，故应平衡全塔气液相负荷，保证各回流正常分布，使各点温度正常，使塔在较好的分馏效果下操作。

(2) 提轻塔内通过热蒸气或启用重沸器，可将头部的轻组分提出去，使馏程变窄。但提轻塔液面太高时，汽提效果不好。

(3) 真空度太低，塔内回流减少，油品馏程变宽。

(4) 塔内回流分布均匀(如喷头堵塞、旋芯倒移) 或回流泵出故障，造成回流中段，使气相短路，影响气相平衡，上部油品馏程变宽。

3.比色、残炭的影响因素

(1) 洗涤油(包括脏洗油和净洗油) 量大，洗涤段分馏效果好，则上部油品的比色、残炭降低。因此，正常情况下，洗涤油不得中断，特别是一线集油箱的液面一定要稳定在中部。

(2) 炉出口温度升高，进料裂解加重，油的比色、残炭升高。因此，应该严格控制炉出口温度。

(3) 塔底液面太高或事故状态(如冲塔、淹塔等) 时，油品被污染、变色，残炭大幅度升高，甚至发黑。

(4) 塔底吹汽量增加，如果造成严重携带，会使侧线油的比色、残炭升高，故吹汽量要适当。

(5) 真空度太高也会引起比色、残炭升高。

（九）蒸气喷射器的操作

1.启用步骤

（1）首先将各冷凝冷却器给水，并循环正常。

（2）减顶液封罐给水，并建立好水封。

（3）打开减顶罐的放空阀，将蒸气引至真空发生器前，并将冷凝水排放净。

（4）先开二级抽空器，即将喷射泵的上、下阀门打开（备用喷射泵上阀门关好），放净存水后，慢慢打开蒸气阀（注意：阀门打开速度过快容易造成倒气），根据真空度调节蒸气阀的开度。二级开启后，再打开一级，如果是干操作，等操作正常后，再启用增压器。

（5）启用增压器时，先将上、下阀门打开，再打开蒸气，最后将挥发线开关（增压器副线）关闭。

2.停用步骤

（1）先停增压器，打开副线，再停一级抽空器，最后停二级抽空器。

（2）蒸气关闭后，再关闭上、下阀。

（3）如果紧急停用，首先将减顶罐上、下凝气放空阀（或去炉子的阀门）关闭，再停蒸气，以防空气倒入塔，引起爆炸事故。

3.正常操作

（1）蒸气调节得当，不发生倒汽现象，抽空器过汽均匀，声音正常，无喘气现象。

（2）各冷凝冷却器前压力指示正常，循环水上、下流开关开大，减顶罐水封正常。

（3）要求蒸气压力表指示正常，蒸气压力不低于 0.7 MPa。蒸气过滤器设备没有堵塞。

（4）对备用的抽空器，应将上、下流阀门关严，冬季应将其内法兰拆开或采取其他防冻措施，以防蒸气阀不严，冻坏抽空器。

三、司炉岗位操作

（一）开、停炉操作

开、停炉操作包括开炉前的准备工作、点火操作和停炉操作。

1.开炉前的准备工作

（1）组织操作人员进行开工学习，熟悉流程和开工方案。

（2）蒸气贯通试压，试压压力为全压。

（3）进行油试压，试压压力为操作压力的 1.5~2.0 倍。

（4）对加热炉的零部件、炉子系统所属设备、工艺管线和仪表等进行全面检查。

（5）检查烟道挡板是否灵活好用，并将烟道挡板稍打开一点。

（6）检查炉膛内有无杂物，并将防爆门关上。

（7）通过火嘴向炉膛吹汽，等待点火命令。

（8）准备点火用具，并清除炉子周围的易燃物。

2.点火操作

（1）点瓦斯火嘴时的操作步骤如下。

① 开大火嘴蒸气，吹扫炉膛 10~15 min，直至烟囱冒白烟，然后关闭火嘴蒸气。

② 稍开风门，将浸透轻柴油的点火棒点燃，放在火嘴旁，人靠上风，防止回火烧伤。

③ 点火先少许打开一些汽，然后慢慢打开燃料气线。点燃后，根据火焰的情况，适当调节三门一板的开度。

（2）点油火嘴时的操作步骤如下。

① 打开火嘴蒸气，吹扫炉膛10~15 min，直至烟囱冒白烟，然后关闭火嘴蒸气。

② 稍开风门，将浸透灯油的火棒点燃，放在火嘴旁，人靠上风，身置一侧，面部勿对准火嘴，防止回火烧伤。

③ 点火时，先少开些汽，后开油。点燃第一、二火嘴时，火焰应软些。这是因为炉子较凉，容易缩火、熄火，会造成大量燃料油喷入炉膛，必须勤检查、勤调节。

④ 点火升温过程中，应使火嘴分布均匀，防止局部过热。蒸气压力不能过低，过低易造成雾化不良。

3.停炉操作

（1）停炉前一天停烧瓦斯，瓦斯线扫净处理好。

（2）随着装置降量、降温的进行，逐渐关小并停掉火嘴，到剩下两三个火嘴时，稍打开一点返回线，但要保证燃料油压力稳定。

（3）全部熄火后，火嘴蒸气继续开着，并开大烟道挡板，以加速炉膛降温。

（4）炉膛温度降至150 ℃左右时，打开防爆门加速冷却。

（5）若炉管有烧焦现象，应停止燃料油循环，并进行管线处理。

（二）正常操作

正常操作包括加热炉的正常操作和炉出口温度的调节。

1.加热炉的正常操作

（1）严格按照工艺要求控制炉出口温度，波动范围不得超过±1 ℃，两路进料出口温差不得超过3 ℃，各炉膛温度不得超过750 ℃。

（2）炉膛温度要昼夜保持均匀，各点燃的火嘴要对称，燃料燃烧要完全，各火嘴火焰要齐，不扑舔炉管、炉墙，保持炉膛明亮。烧瓦斯时火焰呈蓝白色，烧燃料油时火色呈黄色。

（3）炉膛内应保持一定的负压，使火嘴有一定抽力，烟气过剩氧含量应为2%~3%。

（4）按时对加热炉对流室进行吹灰。吹灰时，严格执行吹灰操作规程。

（5）要根据炉出口温度及原油换热终温进行调节各炉冷进料的流量，尽量控制使炉出口温度与换热终温接近，使脱水塔温度具有较高的进料。

（6）定时按照巡回路线进行检查，经常观察各火嘴的燃烧情况和瓦斯压力情况。火苗不齐的要调齐，烟囱冒黑烟时，调节气油比或油气比，使燃料完全燃烧。

（7）对所属的蒸馏液塔面要严格控制，既不能使塔底泵抽空，又不能造成淹塔。减压炉管注入汽时，必须保证过汽正常，使注汽量在工艺要求的范围内。

2. 炉出口温度的影响因素及调节方法

（1）炉出口温度的影响因素如下。

① 瓦斯压力波动。

② 燃料油压力大幅度波动。

③ 燃料流量波动。

④ 进料流量波动。

⑤ 燃料油带水。

⑥ 火嘴燃烧不正常。

⑦ 控制仪表失灵。

⑧ 进料质量改变。

⑨ 控制仪表手动调节或副线控制，使燃料量变化幅度大。

（2）调节方法。

正常操作时，如果要提高或降低处理量，一定要幅度小、动作慢、调节勤，使炉温的变化跟上进料的变化。如果进料没有变化，而炉温波动，应立即查清原因，联系有关人员给予解决。如果仪表失灵，改手动控制，应经常注意温度的变化并及时调节。特别是减压司炉，当进料因故突然中断又一时不能恢复时，应首先将炉温降低或熄火，保护好炉管，严防结焦。

（三）烧焦操作

1.烧焦操作的原理

炉膛温度一般为 600~700 ℃，管内焦子在一定温度下，受到高温和空气的冲击而崩裂、粉碎，发生燃烧，产生二氧化碳逸出，燃烧产物和未燃烧的焦粉一齐随气流带出。水蒸气的作用是降低空气中焦子的含量，减缓燃烧速度，避免因燃烧过于激烈和温度上升太快而烧坏炉管。

2.烧焦步骤

蒸气-空气烧焦工艺一般分两个步骤进行，即蒸气吹扫和烧焦。从对流管进口引入蒸气，点火升温；在引入蒸气前，清焦罐给水冷却，并保持水封。蒸气吹扫的流程：蒸气→对流管进口→对流管→辐射管→清焦罐→下水道。

炉膛温度在 500 ℃以下时，按照 40~50 ℃/h 的速度升温；炉膛温度达 500 ℃后，按照 30 ℃/h 的速度升温，当炉膛温度达 520 ℃/h 时，大量吹蒸气。此时，焦子发生胀缩而崩裂，脱落的焦子随蒸气吹至清焦罐。

炉膛温度为 600 ℃时，降低蒸气吹入量，增大空气量，此时炉出口温度上升，打开放空线可以看到烟气发黑。一般根据燃烧产物中二氧化碳和氧气的含量、炉子出口压力的下降、炉管表面温度，以及炉管中正在燃烧着透亮的斑点的移动等情况来判断烧焦的效果。二氧化碳含量作为主要的判断指标，当二氧化碳含量不再增加时，表示烧焦完结(现可用炉壁温度高低来判断，即使用远红外测温仪)。

引风烧焦应逐路进行，每路每次以 1~2 根炉管为宜。如果炉管呈桃红色，则说明温度过高，应当减小空气量，加大蒸气量，直到炉管由桃红色转为暗红色，并在清焦罐采样口取样。在炉管内吹出物的分析中判断烧焦是否结束，这样反复操作，使炉管从进口至出口方向依次烧焦，一路炉管烧焦结束，将该路风源切断，蒸气开大，依次烧第二路、第三路……依次烧焦过程中，炉膛温度应严格控制不高于 650 ℃。

烧焦结束后，关闭空气阀，改通蒸气降温。降温速度在炉膛温度为 400 ℃以上时，选 50 ℃/h，在炉膛温度为 350 ℃时熄火。炉膛温度下降到 200 ℃时，停止吹蒸气。炉膛温度降至 90 ℃时，打开烟道挡板、通风门等进行自然通风冷却。冷却至常温，拆卸堵头，检查烧焦结果。

(四) 烘炉操作

1.烘炉操作的目的

烘炉是为了缓慢地除去炉墙砌筑过程中积存的水分，并使耐火胶泥物得到充分烧结。如不去掉这些水分，开工时炉温上升很快，水分急剧蒸发，会造成砖缝膨胀、裂缝，严重时会造成墙倾斜倒塌。

2.烘炉的正确操作

（1）烘炉前，先打开全部人孔门、防爆门、看火门及烟道挡板等，自然通风五天以后，关闭各种门孔，并将烟道挡板开启 1/6~1/3。

（2）炉管内吹入蒸气开始暖炉，待炉温升到 100 ℃时，可点火嘴正式升温。

（3）烘炉时升温速度要控制在 5~10 ℃/h。

（4）烟气出辐射室温度为 600~700 ℃时，即可停止升温。

（5）恒温 20~24 h 后，开始以 15 ℃/h 的速度降温。

（6）等炉内冷到常温时，进行炉内检查，如炉墙没有裂缝、倾斜、凸起，金属物件无明显变形等缺陷，可认为烘炉合格。

四、电脱盐岗位操作

(一) 电脱盐的开工

1.检查和准备工作

（1）联系电工检查瓷瓶、绝缘棒高压输入电源接头、防雨雪雷击措施，以及电流和电压等电气设备与线路，确保无问题。

（2）罐内外一切设备安装须达到要求。

（3）安装好压力表、温度计和安全阀。

（4）消除罐内杂物。

（5）空罐送电若干次，确保合格。

（6）封闭人孔。

2.蒸气贯通试压

含盐污水线、污油线、退油线、液面管等用蒸气贯通，然后憋压 10 min，检查法兰、焊口、人孔等有无泄漏，若存在问题，应及时处理。

3.投运

（1）先检查切水线、液面管、排污阀、退油阀是否关严，防止跑油，再打开罐顶放空阀放空。

（2）打开罐装油阀，缓慢装油（注意全装置物料平衡），待顶放空阀见油后，关闭放空阀。

（3）缓慢开大进油线，用系统油试压 0.5 h，保证无泄漏。

4.静止送电并入系统

静止送电 0.5 h 无问题后，缓慢开大进、出口阀，逐渐关小副线阀，直至关阀为止，并入原油系统。

5.注水

待脱盐罐投运正常后，逐渐提注水量至5%~7%，随油界面的建立，确定控制液界面。

6.注破乳剂

原油注水的同时，注入预先配制好的破乳剂溶液，其浓度可根据注入量及防冻情况而定，注入量则根据乳化层厚度和脱盐效率，控制在10 mg/L以下。

（二）电脱盐罐的停用切换

（1）停止注破乳剂，逐渐减小注水量，关小切水阀，直至停止注水。

（2）停止注水0.5 h后，改副线停掉电脱盐罐。

（3）甩电脱盐罐后，继续送电15 min，切净水。故障检查例外。

（4）启动专用机泵将电脱盐罐的油抽出，打入原油系统中（注意出馏塔液面）罐顶放空，待抽空后再打开罐顶放空阀，放净存油。

（5）用蒸气扫线后，打开人孔吹扫8 h以上。

（6）清洗罐内污泥。

（7）接鼓风机强制通风16 h后，采气体样分析，达到安全浓度或经点水试验合格后方可进入动火。

【思考题】

（1）操作初馏塔应注意哪些问题？

（2）换热器的使用原则是什么？

（3）如何控制汽油冷却温度？

（4）汽油的质量如何调节？

（5）干点如何调节？

（6）真空度的影响因素有哪些？如何调节？

（7）减压塔顶温度的影响因素有哪些？如何调节？

（8）蒸气喷射器的启用步骤有哪些？

（9）开炉前需做哪些准备工作？

（10）加热炉点火的步骤是什么？

（11）影响炉出口温度波动的因素有哪些？如何调节？

（12）烧焦操作的原理是什么？

（13）烘炉操作的目的是什么？烘炉操作的步骤有哪些？

（14）脱盐罐启用前，应进行哪些检查？

（15）冷换设备在常减压蒸馏中的作用和特点各是什么？

（16）在生产中，如何判断物料是否处于平衡状态？

任务三　停工操作

生产装置运转一定的生产周期后，会出现一些不正常现象。例如，换热器、冷却器由于污垢沉积，传热能力降低，原油换热和产品冷却达不到要求温度，炉管内结焦，造成压力降增加，传热能力降低；精馏塔内由于塔板腐蚀，油泥、油焦堵塞或松动，使分馏效果降低；等等。为了进行技术革新，以及防止意外发生，需要把装置停下来进行设备的检修和改造。

一、停工前准备

制定停工方案，组织有关人员熟悉停工流程。停工要做到安全、迅速，为装置安全检修创造良好条件。停炉前一天，要把瓦斯系统处理干净，烧瓦斯的改烧燃料油，所有的瓦斯罐、管线、加热器等都用蒸气吹扫干净。

掌握好燃料油存油量，在熄火后使罐内存油最少。同时，燃料油系统预先打循环，防止熄火过程中凝结管线。

做好循环油罐、扫线放空的污油罐和蒸气的准备工作。

二、案例分析：某石化公司二套常减压装置正常停工操作

（一）降低处理量

降量初期，一般维持炉出口温度不变，使产品质量不致因降级而不合格。随着处理量的降低，装置内各设备负荷随之降低，为了不损伤设备，要求降量的次数多一些，做到均匀降量，降量速度一般以每小时降原油流量的10%~15%为宜。随着逐渐降量，加热炉热负荷也相应降低，此时应调节火嘴和风门，使炉膛温度均匀下降。降量过程还应适当减少各处汽提用水蒸气量，关小侧线出口阀，保证产品能够继续合格送入成品罐。同时，维持好塔底液面，掌握好全装置的物料平衡。在侧线抽出量逐渐降低时，相应减少冷却水量，使出装置油品温度在正常范围以内。

（二）降温和关侧线

当处理量降到正常指标的60%~70%时，此时已很难维持平稳操作，开始降温。降温以40 ℃/h 的速度进行，炉膛温度下降速度不宜超过 100 ℃/h。当常压炉出口温度降到 280~300 ℃时，减压炉出口温度降到 340~350 ℃时，自下而上关闭侧线和中段回流。在关侧线后，侧线冷却器停止供水，放掉存水，并对侧线系统进行顶油和初步吹汽，防止存油凝结管线。当炉出口过热蒸气温度低于 300 ℃时，停止所有汽提用蒸气，并进行放空。

在降低炉出口温度的同时，开始降低减压塔的真空度。降低真空度应缓慢进行，先停一级抽空器，再停二级抽空器。此时应注意，不能因停抽空器使外界空气吸入减压塔而造成事故。

（三）循环和熄火

常压侧线关闭后，即可停止进原油，改为热循环，其循环流程与开工时原油冷循环流程相同。减压渣油不送出装置，经循环线送至原油泵出口管线，进入系统循环。此时应注意，循环油进入换热系统时，温度不能超过 100 ℃。改热循环时，应注意装置内循环油量不

能太多，否则会造成冲塔事故，要注意平衡各塔液面，不使泵抽空。在热循环时，要在高温下对要拆卸的螺丝(泵进、出口法兰，人孔，炉子回弯头等处的螺丝)加油去锈，以便停工后拆卸。当炉温降到180~200 ℃，各塔顶温度低于100 ℃时，停止循环，加热炉全部熄火，炉膛吹汽。炉膛降温应缓慢均匀，直到炉膛温度低于200 ℃时，再打开通风门，以加快炉膛冷却速度。加热炉熄火后，应及时将装置内全部存油送出装置，循环油经渣油线送出，待全部存油送出后停泵。

(四) 蒸气吹扫

停止循环后，所有设备的管线尤其是原油、渣油、燃料油等管线，都应立即用蒸气吹扫干净。残留在成品油管线内的油品扫入成品罐，残存在塔和连接管线的油品全部送到循环油罐。加热炉炉膛全部熄火后，应用蒸气吹出残存可燃气。吹扫流程与开工贯通流程相同，扫线时应分批分组进行，先重油后轻油，先系统后单体。机泵内的存油，可由入口处给汽，缓慢扫出，以泵不转为原则，并应防止水击。换热器扫线时，若为分路换热，要分组集中扫，扫其中一组时，其他组关闭，待各组扫完后再合并总扫一遍，至扫净为止，并将残存油、水放净。清扫时，先把换热器副线扫好，以防留有死角。吹扫换热器本身时，原油线应从前往后扫，各侧线及渣油线从前到后逐台扫净，加热炉和塔可连在一起吹扫。

塔底泵将塔底存油抽出至污油罐，当塔内油抽净后，即可进行吹扫。其方法是将预汽化塔内充汽，正扫常压炉4 h后，对炉子进行倒扫，由炉出口管线吹汽，由进口管线排空，扫至不带油为止，以防辐射管中存油。常压塔抽净后，正扫减压炉8 h后，进行倒扫，扫至不带油。常压、减压侧线停掉后，将汽提塔内存油抽尽，然后分段扫抽出线和挥发线，先扫抽出线，后扫挥发线，最后将塔底部的油和水放掉。各塔(包括汽提塔)分别从塔底给汽，进行蒸塔，一般约8 h即可，如无热水冲洗，则需吹汽蒸塔24 h。

(五) 热水冲洗

当主要管线及设备吹扫、蒸塔完毕后，即可进行热水循环处理。其目的是将管线和塔板上的存油用热水洗净带出，热水循环流程与开工循环流程相同。

一般由泵抽水从回流管线向塔内装水，一边装水，一边循环加热，各加热炉点火，保持炉出口温度为85~95 ℃，从上到下将各塔冲洗8 h左右。热水循环过程，应将初馏塔顶、常压塔顶回流罐人孔打开，并要注意水温不能过高，防止水汽化，造成水击。

热水循环结束后，应集中热水向初馏塔装水，边装边循环，将初馏塔装满后，从塔顶回流罐人孔放水，待水中不含油为止。然后集中向常压塔装水，装满后从回流罐人孔放水，至水中不带油为止。最后集中向减压塔装水，装满后从大气腿放水，直至不带油为止。每当装满一个塔时，启动该塔各侧线抽出泵，抽热水回流至原塔，冲洗管线10~15 min，然后停泵，放空管线和塔内存水。

装置内所有回流罐、油罐及容器都要给汽吹扫，给汽时间不得少于12~16 h。

为了确保安全检修，各塔在热水冲洗结束后，将水放净，再次吹水蒸气8 h以上，逐出可能的存油，然后停汽放空，打开上、下部人孔进行冷却(先打开上部人孔，后打开下部人孔，防止油气漫延装置)。排净设备和管线中的冷凝水，冬季时注意防冻，避免因存水冻坏管线、阀门和机泵。

(六) 加拆盲板，确保安全

通往装置外的原油线，各侧线送往罐区的管线，出装置的瓦斯线、燃料油线等都要在适当部位加上盲板，切断与外单位的联系，切断各设备间的联系，确保装置动火安全。

上述工作完毕后，各设备和管线即可检修。

三、技能训练：常减压蒸馏装置正常停车仿真操作

（1）训练目标：掌握常减压蒸馏装置停车前的准备工作、停车程序。

（2）正常停车流程如下。

① 降量。

② 降低采出量。

③ 降温。

④ 炉 F-1 出口温度低于 310 ℃时，关常压塔，汽提塔吹气，自上而下关侧线。

⑤ 炉 F-1 出口温度低于 350 ℃时，关注汽。

⑥ 停各塔的中间循环。

⑦ 减压塔撤真空。

⑧ 出馏塔、常压塔顶温低于 80 ℃时，停止塔顶冷回流。

⑨ 退油，停泵。

【思考题】

（1）停工前需做哪些准备工作？

（2）停工操作的步骤有哪些？

任务四　常见事故及处理方法

一、常见设备事故及处理方法

常见设备事故有炉管破裂、塔上着火、换热器着火、热油泵着火等。

（一）炉管破裂

1.炉管破裂的现象

炉管破裂不严重时，炉膛、炉出口及烟气出口温度升高，烟囱冒黑烟。炉管严重破裂时，炉管中油品从裂缝中喷向炉膛，在炉膛中剧烈燃烧，烟囱中黑烟滚滚，炉膛、炉出口、烟气出口温度急剧上升。

2.炉管破裂的原因

（1）加热炉炉管运行时间太长，炉管氧化严重或局部过热，烧穿炉管。

（2）进料中断，使炉管严重过热，烧穿炉管。

（3）炉管材质质量差，腐蚀或冲刷泄漏。

（4）焊缝质量差。

（5）加热炉严重超负荷，炉膛温度太高，烧穿炉管。

3.处理方法

（1）炉管轻度破裂造成漏油着火时，应立即报告班长、车间调度及厂调度。根据具体

情况决定是否通知消防队。

（2）炉管严重破裂时，按照加热炉紧急停工处理，即立即切断燃料来源并停止供风，使炉子火嘴局部熄灭，并打开所有灭火蒸气。如果此时炉膛内仍然着火，应从看火窗等部位向炉膛内吹蒸气或打干粉灭火介质，但禁止向炉膛内打水，以防其他未破裂的炉管因急冷变形而损坏。等火灭后，再进行检修处理，其他岗位按照各自的紧急停工方法处理。

（二）塔上着火

1.塔上着火的现象

塔上着火的现象有塔上着火部位冒烟、有火苗。

2.塔上着火的原因

（1）塔的高温部位(人孔、法兰、液面计孔、热偶套孔等）漏油，引起自燃。

（2）塔中的进、出口高温管线泄漏、破裂，阀门盘根损坏，热油漏出，引起自燃。

（3）塔体使用时间太长，由于腐蚀、冲刷等原因致使塔泄漏，热油漏出，引起自燃。

（4）由于操作不当，造成塔内超温、超压或塔内进入空气，引起塔内着火爆炸，安全阀顶开，喷油着火。

3.处理方法

若塔外着火、火势不大，用灭火器或灭火蒸气灭火，而后处理漏点；如果火势较大，应立即通知厂调度和消防队前来灭火。同时，用灭火工具自行扑救。如果漏油处火势扑不灭，应设法切断电源。如果是特大火灾，应立即切断进料，按照紧急停工处理。

（三）换热器着火

1.换热器着火的现象

换热器着火的现象有换热器冒烟、着火。

2.换热器着火的原因

（1）换热器平盖及垫子，进、出口法兰垫子损坏，致使热油漏出。

（2）换热器操作压力超高，连接处漏油。

（3）换热器换热介质流量波动太大，或者由于参加换热某侧线泵抽空，造成换热器温度大幅度波动，引起漏油等。

（4）换热器的其他零件或管线破损漏油所引起的自燃。

3.处理方法

无论什么原因引起的着火，在火势不大时，应用干粉泡沫等灭火器灭火；而后改副线停下，进行检修。如果火势较大，油继续外漏，难以关闭漏油设备，应停止参加换热的该路侧线或回流等，同时请消防队前来帮助灭火；火熄灭后再查清原因，检修漏点，恢复正常。如果是特大火灾，应按照紧急停工处理。注意：必须立即设法切断燃烧油来源。

（四）热油泵着火

1.热油泵着火的原因

（1）泵超压或泵抽空，造成密封泄漏，热油串出，引起自燃。

（2）泵检修质量不好，密封损坏，热油串出，引起自燃。

（3）停泵检修时，热油开关没有关严，拆泵时热油串出，引起自燃。

（4）热油泵压力表不符合规定或压力表离热油管线太近，使表焊接点熔化，热油串出，引起自燃。

（5）泵体腐蚀（冲蚀）穿孔，或者进、出口管线断裂，热油串出，引起自燃。

2.处理方法

当泵泄漏或压力表损坏引起着火，火势较小时，可先用灭火器扑灭火，再用蒸气掩护，切换备用泵或关闭压力表阀，将该泵出口阀关闭。当火势较大且人不能靠近时，应通知消防队，并从配电室停泵和从泵房内停总电源，按照紧急停工处理。注意：必须设法断掉热油来源，同时设法扑救。

二、常见工艺操作事故及处理方法

常见工艺操作事故有塔底泵抽空、原油带水、冲塔（冲油）、原油中断、装置停电、停水、停蒸气及停风等。

（一）塔底泵抽空

1.塔底泵抽空的现象

塔底泵抽空的现象：泵出口流量突然降低回零，电机电流及泵出口压力回零，泵产生异常的震动声，塔底液面升高。

2.塔底泵抽空的原因

（1）封油带水。

（2）塔底油带水（过热蒸气温度太低）。

（3）塔底液面控制仪表失灵，致使液面太低。

（4）泵入口串入蒸气或空气。

（5）泵本身出现故障。

（6）泵入口管线堵塞。

3.处理方法

泵抽空后，应首先找到原因。如果不能尽快恢复正常，应将加热炉降温或熄火，减少进料，防止塔底液面太高，造成淹塔。如果液面已经很高，应将塔的最下部侧线改裂化，防止污染侧线油品。如果是泵入口管线堵死，应按照正常停工处理。

（二）原油带水

1.原油带水的现象

初馏塔塔顶压力升高，塔底液面下降，换热温度、初馏塔内闪蒸温度和塔底温度下降。回流中间罐水量迅速增加，换热器因憋压而泄漏，塔底油脱不尽水，造成塔底泵抽空，甚至使脱水塔冲油，侧线及塔顶汽油被污染。

2.处理方法

带水的唯一原因是原油罐的水没有放尽。因此，首先应考虑加强脱水或切换油罐。此外，在进行上述操作时应按照如下步骤。

（1）降低顶回流取热量，提高塔顶温度，使水分尽快蒸发出去。如果汽油颜色已经变黑，应将汽油改进污油罐，并将侧线关闭。

（2）如果常压塔的操作因此而受到严重影响，可以降低处理量，稳定操作。如果塔底泵抽空，注意要降低炉温或熄火，以确保炉管不结焦。

（三）冲塔（冲油）

1.冲塔的现象

侧线因塔顶温度升高致使侧线油品分馏效果变差，颜色变深，馏分间重叠严重。

2.冲塔的原因

（1）进料中大量含水。

（2）分馏塔严重超负荷。

（3）塔底过热蒸气带水或蒸气量太大。

（4）塔顶压力突然大幅度降低。

（5）回流带水。

（6）回炼次品时，回炼比太大，进料轻组分过多。

（7）侧线抽出量太大，造成干盘。

3.处理方法

首先根据各油品颜色情况，及时将被冲染的侧线改为裂化，然后根据引起冲塔的具体原因采取相应措施。处理量和回炼比的确定、侧线抽出量的大小及塔压的调节等，都应在不影响正常操作的条件下进行。若是蒸气量大或温度太低所致，应降低蒸气量；若是回流带水所致，应按照常压岗位不正常现象“回流带水”处理；若是进料带水所致，可参照“原油带水”的事故处理方法。

（四）原油中断

1.原油中断的原因

（1）原料油出现问题。

（2）原油泵出现故障。

2.处理方法

首先联系原料油，问清原油来源是否正常。如果来源正常，肯定是原油泵出现故障，应立即切换备用泵。如果是由于电源中断，造成停泵，应立即联系调度和电气车间进行检查。如果不能及时送电，应按照停电或正常停工处理。

（五）装置停电

供电系统出现问题，使全套装置停电，导致装置仪表全面失灵，所有电动泵停转。此时，司泵岗位应首先将各运转机泵的出口阀关闭，按“停泵”按钮停泵，并将失灵的仪表改副线控制。班长应询问调度及电气车间停电的原因和停电的时长。

1.短时间停电

如果夏季停电时间在 20 min 以内，冬季停电在 2 min 以内，除二级沥青管线给汽吹扫外，其他管线不给汽吹扫，维护现状即可，但应全部熄灭炉火，重质油泵的冷却水关小，塔底蒸气关闭。待来电后，启动各泵，加热炉点火，各岗位逐步恢复正常。

2.长时间停电

如果停电时间在不同的季节超过了各自的允许范围，除按照短时间停电的措施处理外，全装置的主要管线应按照正常停工处理。主要工艺管线特别是重质油线给汽吹扫，各侧线改入裂化罐，待来电后再恢复生产。来电后，首先启动各塔的进、出料泵及回流泵，再启动侧线泵，同时加热炉点火，处理量逐步提高。当机泵启动时，各岗位应将控制仪表重新调整至正常位置，防止发生淹塔、冲塔及损坏设备等事故。

（六）停水

停水包括停循环水、新鲜水和软化水。

1.停循环水

如果是短时间(10 min 以内) 停循环水，全装置处理量应降到最低限，机泵冷却水用新鲜水补给，减顶一级冷凝器改新鲜水冷却，常初顶汽油可启动空冷风机，出装置温度超过安全温度的侧线应降低其抽出。待恢复供水后，再逐步提高处理量至正常水平。如果是因全厂停电而造成停水，待供电后，方可供水，与本装置同步恢复正常。如果是长时间停水，则按照正常停工处理。

2.停新鲜水

短时间停新鲜水对本装置生产影响不大。根据新鲜水罐内水量情况及停水时间，可适当减少注碱量或降低原油处理量。如果较长时间停新鲜水，须按照正常停工处理。

3.停软化水

短时间停软化水，可用新鲜水补充，不影响生产。但长时间用新鲜水代替软化水，会加剧换热器、蒸发器结垢，故不能长时间替补。

（七）停蒸气

装置蒸气主要用于减压塔抽真空及作为二级沥青泵的动力汽。蒸气来源除自产一部分以外，还要从厂蒸气网补进一部分。当厂蒸气网停止供汽时，应降低处理量，抽真空改为自产汽。如果自产汽不能维持低处理量生产，外补汽短期内可以供给，根据厂部安排，可将二级塔甩掉，将一级沥青直接外输或在装置内打循环。

（八）停风

停风包括停工业风和停仪表用风。

1.停工业风

在装置内，工业风主要用于扫成品柴油等管线，对装置生产无重大影响。如果停工业风，可用蒸气代替来吹扫管线。一般情况下，在冬季不能用蒸气扫线。

2.停仪表用风

如果还有工业风，可改工业风。如果都中断，风开阀可用副线调节，风关阀可用阀前或阀后开关调节。

三、紧急停工

紧急停工是装置在正常生产过程中遇到突发事故，在不可能局部处理、不能进行正常生产的情况下所采取的措施。因此，当事故发生后，必须首先查清原因，做出正确判断，采取必要措施，尽可能避免或减少紧急停工，以保护设备，减少损失。

（一）紧急停工的情况

在下列情况下，可以采取紧急停工措施。

(1) 原油完全中断，一时无法恢复供给。

(2) 供电系统出现故障，一时无法恢复供给。

(3) 炉管破裂或回弯头大量喷油着火。

(4) 装置内发生重大火灾和爆炸事故。

(5) 主要设备损坏或主要工艺管线破裂，无法正常生产。

(6) 装置停水、风、汽等，一时无法供给，根据具体情况，可按照紧急或正常停工处理。

采取紧急停工措施，应经车间或厂部(调度) 同意，方可进行。

(二) 紧急停工的步骤

当发生重大火灾或爆炸事故须紧急停工时，应首先设法切断着火的油(气) 来源，熄灭加热炉，切断进料，并向炉膛、炉管吹汽。减压停止抽真空，并逐步破坏真空，但应继续维持减顶罐水封，停止塔底吹蒸气。其他各岗位按照停工步骤依次进行。

若因其他原因须紧急停工，可参照停炉步骤，在确保安全的情况下停工。

四、事故设置与排除仿真操作

(1) 训练目标：掌握常减压蒸馏装置常见的事故处理方法。

(2) 训练准备：

① 熟悉常减压蒸馏装置的工艺流程；

② 了解常减压蒸馏装置常见的事故。

(3) 训练内容：

① 常压塔塔顶停冷却水；

② 炉 F-2 熄灭；

③ 减压塔真空停；

④ 减压塔釜出料泵损坏；

⑤ 常压塔二线出料泵损坏。

【思考题】

(1) 热油泵着火的原因及处理方法是什么？

(2) 炉管破裂的现象、原因及处理方法是什么？

(3) 塔底泵抽空的现象、原因及处理方法是什么？

(4) 原油带水的现象及处理方法是什么？

(5) 冲塔的现象、原因及处理方法是什么？

(6) 在哪些情况下，可以采取紧急停工措施？

项目四　产品与质量控制

任务一　原油蒸馏的产品及产品的使用要求

一、原油蒸馏的产品

常减压蒸馏装置可从原油中分离出各种沸点范围的产品和二次加工的原料油。

当采用初馏塔时，塔顶可分出窄馏分重整原料油或汽油馏分。

常压塔能生产如下产品：塔顶生产汽油组分、重整原料油、石脑油；常一线出喷气燃料（航空煤油）、灯用煤油、溶剂油、化肥原料油、乙烯裂解原料油或特种柴油；常二线出柴油、乙烯裂解原料油；常三线出重柴油或润滑油基础油；常压塔底出重油。

减压塔能生产如下产品：减一线出重柴油、乙烯裂解原料油；减二线可出乙烯裂解原料油；减压各侧线油视原油性质、使用要求而可作为催化裂化原料油、加氢裂化原料油、润滑油基础油原料油和石蜡原料油；减压渣油可作为延迟焦化、溶剂脱沥青、氧化沥青和减黏裂化的原料油及燃料油的调和组分。

二、产品的使用要求

（一）汽油

1.汽油使用性能

不同使用场合对所用燃料提出相应质量要求。产品质量标准的制定是综合考虑产品使用要求、所加工原油的特点、加工技术水平及经济效益等因素，经一定标准化程序，对每一种产品制定出相应的质量标准（俗称规格），作为生产、使用、运销等各部门必须遵循的具有法规性的统一指标。使用汽油作燃料的有小型汽车、摩托车、载重汽车和螺旋桨飞机等。这种类型的发动机称为汽化器式发动机，又可称为点燃式发动机或汽油机。它们具有单位功率所需金属重量小、发动机比较轻巧、转速高等优点。

车用汽油的使用要求主要取决于汽油机工作过程，因此，必须先讨论汽油机的工作状况。

（1）点燃式发动机工作过程。

点燃式发动机原理构造图见图 1-4-1，其工作过程分为以下四个过程。

① 进气（空气和油气）。进气过程开始时，进气阀打开，活塞从汽缸顶部往下运动。此时由于气缸内活塞上方的空间容积逐渐增大，气缸内压力逐渐降至 70~90 kPa，于是空气通过喉管进入混合室，同时汽油经过导管、喷嘴在喉管处与空气混合进入混合室。在混合室中汽油开始汽化，汽化程度不断增加，混合物进入汽缸后受到气缸壁余热加热而继续汽化。进气终了时，进气阀关闭，混合气温度为 80~130 ℃。

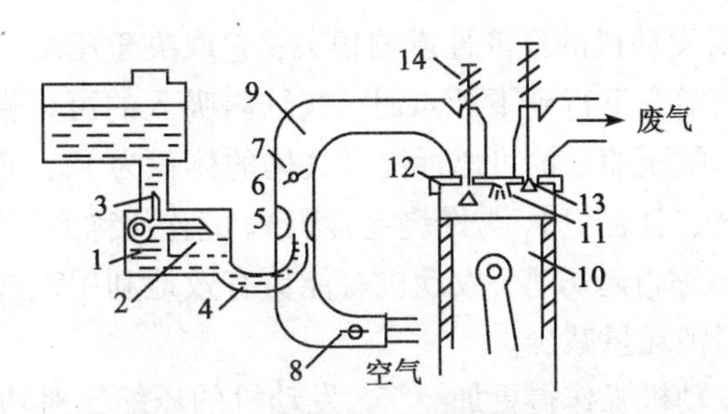

图 1-4-1　点燃式发动机原理构造图

1—浮子室；2—浮子；3—针阀；4—导管；5—喷嘴；6—喉管；7,8—节气阀；
9—混合室；10—活塞；11—火花塞；12—进气阀；13—排气阀；14—弹簧

② 压缩。当进气过程终止时，活塞处于下死点，此时活塞在飞轮惯性力的作用下转而上行，开始压缩过程。汽缸中的可燃性混合气体逐渐被压缩，压力和温度随之升高。通常压缩过程终了时，可燃混合气的压力和温度分别上升到 0.7~1.5 MPa 和 300~450 ℃。

③ 点火燃烧(做功)。当活塞运动到接近上死点时，火花塞闪火，可燃性混合气体被火花塞产生的电火花点燃，并以 20~50 m/s 的速度燃烧。最高燃烧温度达 2000~2500 ℃，压力为 2.5~4.0 MPa。高温高压燃气推动活塞下行，活塞通过连杆使曲轴旋转对外做功，燃料燃烧时放出的热能转变为机械能。当活塞到达下死点时，做功过程结束，此时燃气温度降至 900~1200 ℃，压力降至 0.4~0.8 MPa。

④ 排气。活塞下行至下死点时，排气阀打开，开始排气过程。活塞被曲轴带动上行，将燃烧后的废气排出气缸。

活塞经历上述四个过程之后，汽油机就完成了一个工作循环。当活塞继续转向下运动时，排气阀关闭，进气阀打开，发动机又进入下一个工作循环，如此周而复始，循环不止。一般汽油机都是由四个或六个气缸按照一定顺序组合进行连续工作的。图 1-4-2 为四冲程汽油机示意图。

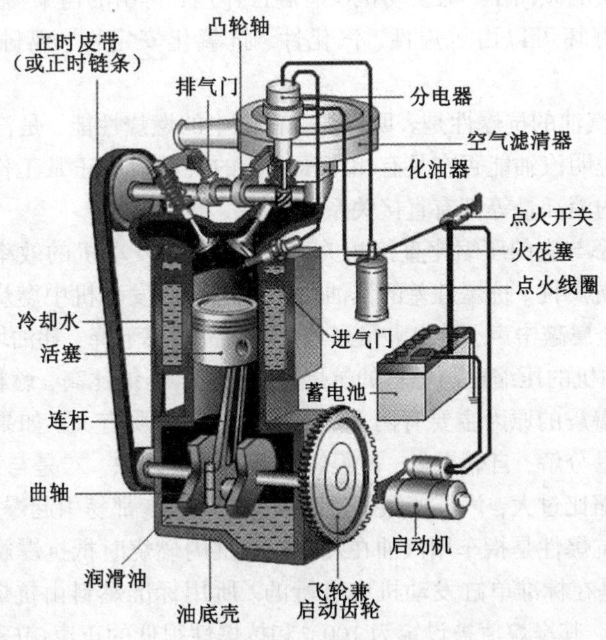

图 1-4-2　四冲程汽油机示意图

压缩终了的压力对发动机的经济性影响很大，它取决于压缩比。压缩终了的压力随压缩比的增加而增高。当活塞下行到下死点时，汽缸内吸入的可燃性混合气体的体积为 V_1，活塞上行到上死点时，被压缩后的可燃性混合气体的体积为 V_2，可燃性混合气体的压缩前后的体积比，也就是气缸总容积 V_1 与燃烧室容积 V_2 的比值称为压缩比。压缩比越大，在燃烧前汽缸中混合气被压缩得越厉害，发动机就能更有效地利用汽油燃烧的热能，使发动机发出的功率增大，燃料消耗量减少。

提高压缩比后，发动机工作得更加经济。发动机的压缩比对功率和燃料消耗的影响见表 1-4-1。

表 1-4-1　发动机的压缩比对功率和燃料消耗的影响

压缩比	对功率的影响	对燃料消耗的影响
6	100%	100%
7	108%	93%
8	113%	88%
9	117%	85%

由表 1-4-1 中数据可以看出，增大压缩比可以提高发动机的工作效率，节省燃料。但是随着压缩比的提高，混合气被压缩的程度增大，使压力增大，温度迅速上升，促进大量过氧化物产生，影响发动机正常工作。因此，发动机的压缩比越高，对燃料质量的要求也越高。

(2) 汽油的使用要求。

汽油是用作点燃式发动机燃料的石油轻质馏分。对汽油的使用要求主要如下：在所有的工况下，具有足够的挥发性以形成可燃混合气；燃烧平稳，不产生爆震燃烧现象；储存安定性好，生成胶质的倾向小；对发动机没有腐蚀作用；排出的污染物少。

汽油质量的好坏可以由抗爆性、汽化性、抗氧化安定性、腐蚀性、清洁性等指标来判断。

① 抗爆性。汽油的抗爆性是表明汽油在汽缸中的燃烧性能，是汽油的最重要的使用指标之一。它用于说明汽油能否在具有相当压缩比的发动机中正常工作，这对提高发动机的功率，降低汽油的消耗量等都有直接关系。

汽油机的效率与它的压缩比直接相关。压缩比大，发动机的效率和经济性就好，但要求汽油有良好的抗爆性。抗爆性差的汽油在压缩比高的发动机中燃烧，则出现汽缸壁温度猛烈升高，发出金属敲击声，排出大量黑烟，发动机功率下降，耗油增加，即发生所谓爆震燃烧。所以，汽油机的压缩比与燃料的抗爆性要匹配，压缩比高，燃料的抗爆性就好。

汽油机产生爆震的原因主要有两个。一是与燃料性质有关。如果燃料很容易氧化，形成的过氧化物不易分解，自燃点低，就很容易产生爆震现象。二是与发动机工作条件有关。如果发动机的压缩比过大，汽缸壁温度过高或操作不当，都易引起爆震现象。

车用汽油的抗爆性是指车用汽油在发动机气缸内燃烧时抵抗爆震的能力，用辛烷值测定。辛烷值测定是在标准单缸发动机中进行的。所用标准燃料由抗爆性很高的异辛烷(2, 2, 4-三甲基戊烷，其辛烷值被设定为 100) 和抗爆性很低的正庚烷(辛烷值被设定为 0) 按照不同体积百分比混合而成。在同样发动机工作条件下，若待测燃料与某一标准燃料的爆震情况相同，则标准燃料中异辛烷的体积百分含量即所测燃料的辛烷值。例如，标准燃料含有 70%(体) 的异辛烷，它与某一汽油进行比较试验时二者抗爆性相同，则此汽油的辛烷值为 70。汽油的辛烷值越高，表示其抗爆性能越好。

测定辛烷值的方法有马达法(MON) 和研究法(RON) 两种。测定用的发动机转速分别为 900 r/min 和 600 r/min。马达法辛烷值表示车用汽油在发动机重负荷条件下高速运转时的抗爆性，研究法辛烷值表示车用汽油在发动机常有加速条件下低速运转时的抗爆性。研究法所测结果比马达法高出 5~10 个辛烷值单位。研究法和马达法所测辛烷值可用式(1-4-1)近似换算：

$$\text{马达法辛烷值}=\text{研究法辛烷值}\times 0.8+10 \quad (1-4-1)$$

研究法辛烷值和马达法辛烷值之差，称为汽油的敏感性。车用汽油的敏感性可反映其抗爆性随发动机工况剧烈程度的增加而降低的情况。它的高低由化学组成决定，以烷烃为主的直馏汽油，敏感性一般为 2~5；以芳香烃为主的重整汽油，敏感性一般为 8~12；烯烃含量较高的催化裂化汽油，敏感性一般为 7~10。

20 世纪 70 年代以来，一些国家采用了一个新指标，称为抗爆指数(ONI)，也叫平均实验辛烷值，其公式为

$$\text{抗爆指数}=\frac{\text{马达法辛烷值}+\text{研究法辛烷值}}{2} \quad (1-4-2)$$

无论是马达法还是研究法测定汽油的辛烷值，都是在实验室中用单缸发动机在严格规定的条件下测定的，它不能完全反映汽车在道路上行驶时车用汽油的实际抗爆性能。所以一些国家采用行车法来测定汽油的实际抗爆能力。它是在一定的温度条件下，用多缸汽油机进行辛烷值测定的方法。用行车法测得的辛烷值称为道路辛烷值(MUDN)。在实际工作中，通常采用经验公式计算：

$$\text{道路辛烷值}=28.5+0.431\times\text{研究法辛烷值}+0.311\times\text{马达法辛烷值}-0.040\times\text{烯烃百分率} \quad (1-4-3)$$

前面已经提过，爆震不但与发动机的构造和操作情况有关，更主要的是与燃料本身的性质有密切关系。汽油的抗爆性不仅与汽油中烃类分子大小有关，而且与所含烃类的化学组成有密切关系。对于同一族烃类，分子量越小或沸点越低，则爆震现象越不易发生，即烃类的抗爆性随分子量的增大而降低。因此，从同一原油所制取的汽油，馏分较轻的比馏分较重的抗爆性好。随着终馏点的升高，馏分变重，辛烷值就逐渐降低。

烃类的抗爆性随分子结构的不同而变化，其变化范围很大。分子大小相近时，正构烷烃辛烷值最低；异构烷烃的辛烷值比正构烷烃高很多；在异构烷烃中碳链分支越多，排列越紧凑，辛烷值越高；芳香烃辛烷值最高，多数都在 100 以上；环烷烃的辛烷值比正构烷烃高，比芳香烃和异构烷烃低。

提高汽油辛烷值的途径有以下三种。

❖ 改变汽油的化学组成，增加异构烷烃和芳香烃的含量。这是提高汽油辛烷值的根本方法。可以采用催化裂化、催化重整、异构化等加工过程来实现。

❖ 加入少量提高辛烷值的添加剂，即抗爆剂。最常用的抗爆剂是四乙基铅。由于此抗爆剂有剧毒，所以此法目前已禁止采用。

❖ 调入其他的高辛烷值组分，如含氧有机化合物中的醚类及醇类等。这类化合物常用的有甲醇、乙醇、叔丁醇、甲基叔丁基醚等，其中甲基叔丁基醚(MTBE) 在近些年来更加引

起人们的重视。MTBE不仅单独使用时具有很高的辛烷值(RON为117，MON为101)，在掺入其他汽油中可使其辛烷值大大提高，而且在不改变汽油基本性能的前提下，可以改善汽油的某些性质。

② 汽化性。汽油在进入发动机汽缸之前，先在汽化器中汽化并同空气形成可燃性气体混合物。现代汽车发动机的转速很高，车用汽油在发动机内蒸发和形成混合气的时间十分短促，如在进气管中停留时间为0.005~0.050 s，在气缸内的蒸发时间也只有0.02~0.03 s。要在这样短的时间内形成均匀的可燃混合气，除了汽油发动机的技术状况、环境温度和压力等使用条件及驾驶操作人员的技术水平外，更主要的是由汽油本身的汽化性所决定。

汽油中轻馏分含量越多，它的汽化性能就越好，同空气混合就越均匀，因而进入汽缸内燃烧越平稳，发动机工作也越正常。若汽油的汽化性能不好，在可燃混合气中悬浮有未汽化的油滴，便破坏了混合气体的均匀性，使发动机工作变得不均衡、不稳定；还会增加汽油消耗量，一些汽油未经燃烧就随废气排出或燃烧不完全使排气冒黑烟，另一些汽油则串入润滑油中，稀释了润滑油。但汽油的汽化性能过高，汽油在进入汽化器之前，就会在输油管中汽化，形成气阻，中断供油，迫使发动机停止工作，在贮存和运输过程中蒸发损失也会增大。

测定汽油汽化性能的指标有馏程和蒸气压。

❖ 馏程。它是判断燃料汽化性的重要指标。一般要求测出10%，50%，90%馏出体积的温度和干点等，它们反映了不同工作条件下汽油的汽化性能。

10%馏出温度可以表示燃料中含有轻馏分的相对数量，它表明汽油在发动机中低温时启动性能的好坏。若10%馏出温度过高，则在冬季严寒地区使用时冷车启动困难；若10%馏出温度过低，则汽油容易在输油管路中迅速汽化，产生气阻现象，中断燃料供应。表1-4-2列出了汽油10%馏出温度与保证发动机易于启动的最低大气温度间的关系。由此可见，10%馏出温度越低，越能保证发动机在低温下的启动。

表1-4-2　汽油10%馏出温度与保证发动机易于启动的最低大气温度的关系

10%馏出温度/℃	54	60	66	71	77	82
大气温度/℃	−21	−17	−13	−9	−6	−2

在相同气温条件下，燃料10%馏出温度越低，发动机所需启动时间越短，耗油量越少，这从表1-4-3可以看出。

表1-4-3　汽油10%馏出温度与发动机启动时间及汽油消耗量的关系

试验温度/℃	启动时间/s		启动时汽油消耗量/mL	
	10%馏出温度79 ℃	10%馏出温度72 ℃	10%馏出温度79 ℃	10%馏出温度72 ℃
0	10.5	9.4	10	8.7
−6	45	29	48	30

汽油中轻组分过多时，容易使发动机产生气阻现象，特别是当发动机在炎热夏季或低气压下工作时更是如此。汽油10%馏出温度与开始产生气阻的温度的关系见表1-4-4。从表中可以看到，10%馏出温度越低，发动机产生气阻的倾向越大。

表 1-4-4 汽油 10%馏出温度与开始产生气阻的温度的关系

10%馏出温度/℃	40	50	60	70	80
开始产生气阻的温度/℃	-13	7	27	47	67

综上所述，汽油 10%馏出温度不宜过高，否则低温下不易启动，但该温度也不宜过低，否则有产生气阻的危险。要提高 10%馏出温度，汽油产量必然减少，成本也相应增加，还会降低车用汽油的抗爆性和启动性，因此，汽油的规格应在国家生产能力保证供应的条件下合理规定。目前，汽油规格标准中只规定了 10%馏出温度的上限，其下限实际上由另一个汽化性指标——蒸气压来控制。

现在，英、美、日等国家的车用汽油规格标准中，不仅没有规定 10%馏出温度的下限，而且 10%馏出温度实际大都在 43~55 ℃。国外防止发动机供给系统产生气阻的办法是将车用汽油按照不同季节和地区分成几个规格，如俄罗斯将汽油分为夏用和冬用两个规格；美国按照挥发度将汽油分为 A，B，C，D，E 五个等级，分别用于特热、热、温、适度和冷气候等季节和地区。我国于 1986 年颁布的车用汽油规格标准中对车用汽油的汽化性也分季节提出了不同的要求。

车用汽油的 50%馏出温度表示燃料的平均汽化性能，它与发动机启动后升温时间的长短及加速时是否及时有密切关系。

为了延长发动机的使用寿命和避免熄火，冷发动机在启动后到车辆起步，需要使发动机的温度上升到 50 ℃左右时才能带负荷运转。如果汽油的平均汽化性良好，则在启动时参加燃烧的汽油数量较多，发出的热量较多，因而能缩短发动机启动后的升温时间并相应地减少耗油量。

车用汽油的 50%馏出温度还直接影响汽油发动机的加速性能和工作稳定性。50%馏出温度低，则发动机加速灵敏，运转平和稳定。这一馏出温度过高，当发动机由低速骤然变为高速时，加大油门，进油量多，燃料就会来不及完全汽化，因而燃烧不完全，甚至难以燃烧，发动机就不能发出需要的功率。汽车爬坡太慢或中途停顿，如果机件正常，可能是汽油不能保证发动机加速性能的缘故。

90%馏出温度和终馏点都是用来控制汽油中重质馏分的。前者提示燃料中重质馏分的含量，后者提示燃料中含有的最重馏分的沸点。它们与燃料是否完全燃烧及发动机的耗油率和磨损率均有密切关系。这个温度过高，说明汽油中重质成分过多，不能完全汽化而燃烧，还会因燃烧不完全在燃烧室内生成积炭，这时除了增加汽油消耗量及由于未汽化的汽油稀释润滑油而缩短润滑油的使用周期外，还降低了发动机的功率和经济性并增加磨损。

如果车用汽油中混入了灯用煤油、柴油或润滑油等重质馏分，即使混入的量很少，也会使车用汽油的干点大幅度升高。因此，车用汽油混入重质馏分后，不能不经处理就直接使用，否则会使发动机受到严重磨损。

❖ 蒸气压。它说明汽油的汽化性能和在进油系统中形成气阻的可能性。汽油的蒸气压过大，说明汽油中轻组分含量过多，若在南方、夏季或高原地带的汽车上使用，由于气温高或气压低，就会形成气阻，堵塞输油管，中断供油，迫使发动机停止工作。实验结果表明，不致引起气阻的汽油蒸气压和大气温度的关系见表 1-4-5。

表 1-4-5 大气温度与不致引起气阻的汽油蒸气压的关系

大气温度/℃	10	16	22	28	33	38	44	49
不致引起气阻的蒸气压/kPa	97.3	94.0	76.0	69.3	56.0	48.7	41.5	36.7

③ 抗氧化安定性。它表明汽油在贮存中抵抗氧化的能力，是汽油的一个重要使用性能。安定性好的汽油贮存几年都不会变质，安定性差的汽油贮存很短的时间就会变质。汽油中的不饱和烃特别是二烯烃是汽油变质的主要组分，它们与空气接触后发生氧化作用，迅速生成胶质。这种含胶质的汽油在使用时将产生一系列的问题，不蒸发的胶状物质将沉淀于油箱、汽油导管和汽油滤清器上，堵死汽油导管和汽化器喷嘴，并且在进气阀门杆上积聚成黏稠的黄黑色的胶状物质，将进气门堵塞，中断供油，迫使发动机停止工作。胶质在高温下变成积炭聚在汽缸盖、活塞顶上，缩小了燃烧室的容积，相对地提高了压缩比，并且积炭使散热不良而升高汽缸温度，因而增加爆震燃烧的倾向。

燃料的抗氧化安定性用实际胶质和诱导期来评定。

❖ 实际胶质。它用 100 mL 燃料在实验条件下所含胶质的毫克数，即 mg/100 mL 表示。测定时将过滤后的试油放入油浴中加热，同时用流速稳定的热空气吹扫油面直至蒸发完毕。杯中不能蒸发的残留物，即为实际胶质。由此可见，实际胶质只是燃料在试验条件下加速蒸发时所产生的胶质，包括燃料中实际含有的胶质和试验过程中产生的胶质。

实际胶质一般用来说明燃料在使用过程中在进气管道及进气阀上能生成沉积物的倾向。实际胶质小的燃料在进气系统中很少产生沉淀，能保证发动机顺利工作。实际胶质越大，发动机能正常行驶的里程就越短。根据实验得到了汽车使用不同胶质含量的汽油时能正常行驶的里程数，见表 1-4-6。

表 1-4-6 汽油中实际胶质含量对汽车正常行驶里程的影响

实际胶质 /($mg \cdot 100\ mL^{-1}$)	无故障行驶里程 /km	实际胶质 /($mg \cdot 100\ mL^{-1}$)	无故障行驶里程 /km
≤10	不限	21~25	8000
11~15	25000	26~50	≤5000
16~20	16000	50~120	≤2000

安定性不好的汽油在常温下贮存时，能生成三种不同类型的胶质：第一种是不溶性胶质，也称为沉渣，它在汽油中形成沉淀，可以经过滤加以分离；第二种是可溶性胶质，这种类型的胶质以溶解状态存在于汽油中，只有将汽油蒸发，使它作为不挥发物质残留下来才能获得，用实际胶质法测定的就是这类物质；第三种是黏附胶质，其特点是能黏附在容器壁上，并且不溶于有机溶剂中。

直馏汽油中的胶质属于可溶性胶质，因而用实际胶质评定直馏汽油的安定性是比较确切的。用热裂化或催化裂化汽油调和的车用汽油，其生成的胶质有 10%~50% 是不溶性胶质和黏附胶质，因而用实际胶质评定裂化汽油的安定性不能确切反映其使用性能。如果采用总胶质作为评定指标，更为合理。

❖ 诱导期。燃料的诱导期是指在规定的温度和压力下，由试油和氧接触的时间算起，到试油开始大量吸入氧为止的这一段时间，以 min 为单位。诱导期用以表示汽油在贮存期间产生氧化和形成胶质的倾向。诱导期愈长，一般表示汽油的抗氧化安定性愈好，愈适于长期贮存。

不同加工方法所得汽油的诱导期不同。直馏和加氢汽油的诱导期较长。

过去认为，诱导期能够表明车用汽油在贮存期间生成胶质的倾向，因而可以用其判断汽油贮存时间的长短。但进一步的研究结果表明，由于汽油的化学组成不同，其氧化反应特性有显著差别。对于一些形成胶质过程是以吸氧的氧化反应占优势的汽油，诱导期可以代表油品贮存安定性的相对数值；但对于形成胶质的过程是以聚合和缩合反应占优势的汽油，吸氧只占次要地位，那么诱导期就不能代表油贮存安定性的相对数值。在这类汽油的氧弹试验中，时间–压力曲线上没有明显的转折点，所以诱导期虽长，但安定性并不好。例如，某含芳香烃较多的催化裂化汽油，虽然其诱导期长达 720 min，但实际在 360 min 时，油品中实际胶质含量已达 93 mg/100 mL，说明其贮存安定性事实上是很差的。

为了弥补诱导期评定车用汽油贮存安定性的不足，一些国家已经采用 16 h 烘箱试验法来评定车用汽油的贮存安定性，根据烘箱试验法测得的总胶质数值，可以满意地预测车用汽油在常温下贮存 5 年的结果。由于此法既考虑了汽油的吸氧数量，又考虑了生成可溶性和不溶性胶质的多少，故能较全面地反映一般汽油的贮存安定性。但是此法需要一些特殊仪器(如气相色谱、分光光度计等)，操作手续也较为复杂。

在生产和贮存汽油时，都要注意改善汽油的安定性。在生产时，要选择适当的组分作汽油。

热裂化、焦化汽油因含有较多的烯烃，具有不安定性，所以必须和安定性较好的直馏汽油、催化裂化汽油、加氢裂化汽油、催化重整汽油调和。采用适当的精制方法，如酸碱精制、加氢精制，以改善汽油的安定性。还可以加入抗氧化添加剂，以改善汽油的安定性，延缓氧化反应的进行，延长诱导期。汽油贮存时，应尽可能将容器装满以缩小容器内空气的空间，安装冷却设备降温，贮存在地下油罐或密封容器里，等等，都可以延缓油品氧化，延长贮存期。

④ 腐蚀性。汽油的腐蚀性说明汽油对金属腐蚀的能力。汽油在贮存、运输和使用过程中都会同金属接触，为了保证发动机正常工作，机件和容器不受腐蚀，延长工作寿命，要求汽油对金属没有腐蚀性，这也是汽油的重要质量指标之一。

汽油是由各种烃类组成的，实际上任何烃类对金属都没有腐蚀作用，但是汽油中除烃类以外的各种杂质(包括硫及硫化物、水溶性酸碱、有机酸性物质等)，都对金属有腐蚀作用。

评定汽油腐蚀性的指标有硫含量、水溶性酸和碱、铜片腐蚀、酸度等。

硫和硫化物不仅恶化汽油的抗爆性、降低汽油的辛烷值，而且能腐蚀金属，所以汽油中的硫化物非常有害，应严格控制硫含量。硫含量是指燃料中元素硫和所有硫化物中硫的总量。

水溶性酸是指能溶于水的酸。这种酸包括低分子有机酸和无机酸。水溶性碱指能溶于水的碱。汽油中的水溶性酸和碱都是指在工厂硫酸精制和碱中和后，因水洗过程操作不良而留在汽油里的，或者由于成品油贮存时间较长或保管不善使烃类被氧化生成的低分子有机酸。如果在精制过程中加以注意，一般不会有水溶性酸和碱。汽油里的水溶性酸和碱除对金属有强烈的腐蚀作用外，还能促进汽油中的各种烃氧化、分解和胶化，所以汽油中不允许有水溶性酸和碱存在。

有机酸主要是环烷酸。环烷酸溶于汽油，对金属有腐蚀作用，能与金属作用生成环烷酸的金属盐。汽油中的有机酸和无机酸含量，都可以用测定汽油的酸度来判断。所谓酸度，就是指中和 100 mL 汽油中的酸性物质所需氢氧化钾(KOH)毫克数。若酸度大到影响使用的程度，可用同牌号酸度小于规格标准的优质汽油来调和，调和的方法和计算公式与调和汽油馏程的方法和计算方式相同。

进行腐蚀试验时，将一定尺寸的专用铜片投入试油中，在 50 ℃水浴中加热 3 h 不变色，就认为试油腐蚀合格。若铜片有斑点或变色，则试油腐蚀不合格。腐蚀试验的目的是判断汽油中有无活性含硫化合物(包括元素硫、硫化氢和硫醇)。

⑤ 清洁性。在车用汽油的规格标准中，用不含机械杂质和水分两项来保证车用汽油的清洁性。

由炼油厂炼制的成品车用汽油本身是不含机械杂质和水分的。但在运输、贮存和使用过程中，车用汽油不可避免地会受到外界污染。例如，输油管、泵和贮油容器不干净；油罐底部垫水；加油工具不清洁；桶口封盖不严密；新的或经过大修理的发动机供给系统中有残存物；汽车油箱呼吸器吸入灰尘；等等。

国内外大量使用经验证明，汽油发动机发生故障的原因中 50%以上是车用汽油的清洁性不好。因此，车用汽油的清洁性是一项很重要的使用性能，绝对不可忽视。

机械杂质的存在使发动机零件磨损增加，导致发动机功率下降，耗油率上升。水分的存在会加速汽油的氧化，降低安定性。此外，水分本身对金属有锈蚀作用，并且在低温下易于结冰堵塞油路。

由于机械杂质和水分的危害性很大，所以国家标准中规定汽油中不允许含有水分和机械杂质。规定中要求燃料不含水分，通常是指游离水和悬浮水，因为炼制中的溶解水是很难去掉的。

2.规格和质量标准

目前，我国车用汽油要求如下。

表 1-4-7　车用汽油要求

项目		国五			国六 A			国六 B		
		89 号	92 号	95 号	89 号	92 号	95 号	89 号	92 号	95 号
抗爆性	研究法辛烷值	≥89	≥92	≥95	≥89	≥92	≥95	≥89	≥92	≥95
	抗爆指数	≥84	≥87	≥90	≥84	≥87	≥90	≥84	≥87	≥90
铅含量/(g·L^{-1})		≤0.005			≤0.005			≤0.005		
馏程	10%馏出温度/℃	≤70			≤70			≤70		
	50%馏出温度/℃	≤120			≤110			≤110		
	90%馏出温度/℃	≤190			≤190			≤190		
	终馏点(干点)/℃	≤205			≤205			≤205		
	残留量(体积分数)	≤2%			≤2%			≤2%		
饱和蒸气压/kPa	从 11 月 1 日至 4 月 30 日	45~85			45~85			45~85		
	从 5 月 1 日至 10 月 31 日	40~65			40~65			40~65		
胶质含量/(mg·100 mL^{-1})	未洗胶质含量	≤30			≤30			≤30		
	溶剂洗胶质含量	≤5			≤5			≤5		

表 1-4-7(续)

项目	国五			国六 A			国六 B		
	89 号	92 号	95 号	89 号	92 号	95 号	89 号	92 号	95 号
诱导期/min	≤480			≤480			≤480		
硫含量/(mg·kg^{-1})	≤10			≤10			≤10		
硫醇(博士试验)	通过			通过			通过		
铜片腐蚀(50 ℃,3 h)/级	≤1			≤1			≤1		
水溶性酸或碱	无			无			无		
机械杂质及水分	无			无			无		
苯含量	≤1.0%			≤0.8%			≤0.8%		
芳烃含量	≤40%(GB/T 11132)			≤35%			≤35%		
烯烃含量	≤24%(GB/T 11132)			≤18%			≤15%		
氧含量	≤2.7%			≤2.7%			≤2.7%		
甲醇含量	≤0.3%			≤0.3%			≤0.3%		
锰含量/(g·L^{-1})	≤0.002			≤0.002			≤0.002		
铁含量/(g·L^{-1})	≤0.01			≤0.01			≤0.01		
密度(20 ℃)/(kg·m^{-3})	720~775			720~775			720~775		

注:车用汽油国五标准 2019 年 1 月 1 日起废止,车用汽油国六 A 标准 2019 年 1 月 1 日起执行;车用汽油国六 A 标准 2023 年 1 月 1 日起废止,车用汽油国六 B 标准 2023 年 1 月 1 日起执行。

(二) 柴油

1.柴油使用性能

(1) 压燃式发动机工作过程。

以四冲程发动机为例，柴油机的工作过程也包括进气、压缩、燃烧膨胀做功、排气四个过程，活塞在发动机汽缸中往复运动两次，曲柄连杆机构带动飞轮在发动机中运行一周。但柴油机和汽油机的工作原理有两点本质上的区别。第一，汽油机中进气和压缩的介质是空气和汽油的混合气；而柴油机中进气和压缩的只是空气，而不是空气和燃料的混合气。因此，柴油发动机压缩比的设计不受燃料性质的影响，可以设计得比汽油机高许多，一般柴油机的压缩比可达 13~24，汽油机的压缩比受燃料质量的限制，一般只有 6.0~8.5。第二，在汽油机中燃料是靠电火花点火而燃烧的；而在柴油机中燃料则是由于喷散在高温高压的热空气中自燃的。因此，汽油机称为点燃式发动机，柴油机则叫作压燃式发动机。

① 进气。进气阀打开，活塞从汽缸顶部往下运动。空气经空气滤清器被吸入汽缸，活塞运行到下死点时，进气阀关闭。

② 压缩。活塞自下死点在飞轮惯性力的作用下转而上行，开始压缩过程。空气受到压缩(压缩比可达 16~20)。压缩是在近于绝热的情况下进行的，因此，空气温度和压力急剧上升，到压缩终了，温度可达 500~700 ℃，压力可达 3.5~4.5 MPa。

③ 燃烧膨胀做工。当活塞快到上死点时，燃料由雾化喷嘴喷入汽缸。由于汽缸内空气

温度已超过燃料的自燃点，因此，喷入的柴油迅速自燃，燃烧温度高达1500~2000 ℃，压力可达4.6~12.2 MPa。燃烧产生的大量高温气体迅速膨胀，推动活塞向下运动做功。燃料燃烧时放出的热能转变为机械能，此时燃气温度、压力逐渐下降。

④ 排气。当活塞经过下死点靠惯性往上运动时，排气阀打开，燃烧产生的废气被排出，然后开始一个新的循环。

柴油发动机和汽油发动机相比，单位功率的金属耗量大，但热功效率高、耗油少，耗油率比汽油机低30%~70%，并且使用来源多而成本低的较重馏分——柴油作为燃料，所以大功率的运输工具和一些固定式动力机械等都普遍采用柴油机。在我国除应用于拖拉机、大型载重汽车、排灌机械等外，在公路、铁路运输和轮船、军舰上也越来越广泛地采用柴油发动机。

(2) 柴油的使用要求。

柴油是压燃式发动机的燃料，按照柴油机的类别，柴油分为轻柴油和重柴油。前者用于1000 r/min以上的高速柴油机，后者用于500~1000 r/min的中速柴油机和小于500 r/min的低速柴油机。由于使用条件不同，对轻、重柴油制定了不同的标准，现以轻柴油为例说明其质量指标。

对轻柴油的主要质量要求如下：具有良好的燃烧性能；具有良好的低温性能；具有合适的黏度。

① 燃烧性能。柴油的燃烧性能用柴油的抗爆性和蒸发性来衡量。

柴油机在工作中也会发生类似汽油机的爆震现象，使发动机功率下降，机件损害，但产生爆震的原因与汽油机的完全不同。汽油机的爆震是由于燃料太容易氧化，自燃点太低；而柴油机的爆震是由于燃料不易氧化，自燃点太高。因此，汽油机要求使用自燃点高的燃料，而柴油机要求使用自燃点低的燃料。

柴油的抗爆性用十六烷值表示。十六烷值高的柴油，表明其抗爆性好。同汽油类似，在测定柴油的十六烷值时，也人为地选择了两种标准物：一种是正十六烷，它的抗爆性好，将其十六烷值恒定为100；另一种是α-甲基萘，它的抗爆性差，将其十六烷值恒定为0。在相同的发动机工作条件下，如果某种柴油的抗爆性与含45%的正十六烷和55%的α-甲基萘的混合物相同，此柴油的十六烷值即为45。

柴油的抗爆性与所含烃类的自燃点有关，所含烃类的自燃点低，则不易发生爆震。在各类烃中，正构烷烃的自燃点最低、十六烷值最高，烯烃、异构烷烃和环烷烃居中，芳烃的自燃点最高、十六烷值最低。所以含烷烃多、芳烃少的柴油的抗爆性能好。各族烃类的十六烷值随分子中碳原子数的增加而增加，这也是柴油通常要比汽油分子大(重)的原因之一。

柴油的十六烷值并不是越高越好，如果柴油的十六烷值很高(如60以上)，由于自燃点太低、滞燃期太短，容易发生燃烧不完全，产生黑烟，使得耗油量增加，柴油机功率下降。不同转速的柴油机对柴油十六烷值要求不同，二者相应的关系见表1-4-8。

表1-4-8 不同转速柴油机对柴油十六烷值的要求

转速/($r \cdot min^{-1}$)	<1000	1000~1500	>1500
要求的十六烷值	35~40	40~45	45~60

影响柴油燃烧性能的另一因素是柴油的蒸发性。柴油的蒸发性影响其燃烧性能和发动机的启动性能，其重要性不亚于十六烷值。馏分轻的柴油启动性能好，易于蒸发和迅速燃烧，但馏分过轻、自燃点高、滞燃期长，会发生爆震现象。馏分过重的柴油，由于蒸发慢，

会造成不完全燃烧，燃料消耗量增加。

柴油的蒸发性用馏程和残炭来评定。不同转速的柴油机对柴油馏程要求不同：高转速的柴油机，对柴油馏程要求比较严格；对低转速的柴油机没有严格规定柴油的馏程，只限制了残炭量。

② 低温性能。柴油的低温性能对于在露天作业特别是在低温下工作的柴油机的供油性能有重要影响。当柴油的温度降到一定程度时，其流动性会变差，可能有冰晶和蜡结晶析出，堵塞过滤器，减少供油，降低发动机功率，严重时会完全中断供油。低温也会导致柴油的输送、储存等发生困难。

国产柴油的低温性能主要以凝固点(简称凝点) 来评定，并以此作为柴油的商品牌号。例如0号、-10号轻柴油分别表示凝点不高于0，-10 ℃。凝点低表示低温性能好。国外采用浊点、倾点或冷滤点来表示柴油的低温流动性。通常使用柴油的浊点比使用温度低3~5 ℃，凝点比环境温度低5~10 ℃。

柴油的低温性取决于化学组成。柴油的馏分越重，凝点越高。含环烷烃或环烷-芳香烃多的柴油，其浊点和凝点都较低，但其十六烷值也低。含烷烃特别是正构烷烃多的柴油，浊点和凝点都较高，十六烷值也高。因此，从燃烧性能和低温性能上看，有人认为柴油的理想组分是带一个或两个短烷基侧链的长链异构烷烃，它们具有较低的凝点和足够的十六烷值。

我国大部分原油含蜡量较多，其直馏柴油的凝点一般都较高。改善柴油低温流动性能的主要途径有三种：脱蜡，柴油脱蜡成本高而且收率低，在特殊情况下才采用；调入二次加工柴油；添加低温流动改进剂，向柴油中加入低温流动改进剂，可防止、延缓石蜡形成网状结构，从而使柴油凝点降低。此种方法较经济且简便，因此采用较多。

③ 黏度。柴油的供油量、雾化状态、燃烧情况和高压油泵的润滑等都与柴油黏度有关。柴油黏度过大，油泵抽油效率下降，减少供油量，同时喷出的油射程远，雾化不良，与空气混合不均匀，燃烧不完全，耗油量增加，机件上积炭增加，发动机功率下降。黏度过小，射程太近，射角宽，全部燃料在喷油嘴附近燃烧，易引起局部过热，且不能利用燃烧室的全部空气，同样燃烧不完全，发动机功率下降；另外，柴油也作为输送泵和高压油泵的润滑剂，润滑效果变差，造成机件磨损。所要求柴油的黏度在合适的范围内，一般轻柴油要求运动黏度为2.5~8.0 mm^2/s。

除了上述几项质量要求外，对柴油也有安定性、腐蚀性等方面的要求，同汽油类似。

柴油中除了轻、重柴油外，还有农用柴油，其主要用于拖拉机和排灌机械，质量要求较低；一些专用柴油，如军用柴油，要求其具有很低的凝点，如-35，-50 ℃以下等。

2.规格和质量标准

目前，我国车用柴油要求如下。

表1-4-9　车用柴油要求

项目	国五					国六				
	0#	-10#	-20#	-35#	-50#	0#	-10#	-20#	-35#	-50#
氧化安定性(以总不溶物计)	≤2.5					≤2.5				
硫含量/($mg \cdot kg^{-1}$)	≤10					≤10				
酸度/[($mg(KOH) \cdot 100\ mL^{-1}$]	≤7					≤7				

表 1-4-9(续)

项目		国五 0#	国五 -10#	国五 -20#	国五 -35#	国五 -50#	国六 0#	国六 -10#	国六 -20#	国六 -35#	国六 -50#
10%蒸余物残炭(质量分数)		≤0.3					≤0.3				
灰分(质量分数)		≤0.01					≤0.01				
铜片腐蚀(50 ℃,3 h)/级		≤1					≤1				
机械杂质		—					—				
润滑性	校正磨痕直径(60 ℃)/μm	≤460					≤460				
多环芳烃含量		≤11					≤7				
总污染物含量/(mg · kg^{-1})		—					≤24				
运动黏度(20 ℃)/(mm^2 · s^{-1})		3.0~8.0	2.5~8.0		1.8~7.0		3.0~8.0	2.5~8.0		1.8~7.0	
凝点/℃		≤0	≤-10	≤-20	≤-35	≤-50	≤0	≤-10	≤-20	≤-35	≤-50
冷滤点/℃		≤4	≤-5	≤-14	≤-29	≤-44	≤4	≤-5	≤-14	≤-29	≤-44
闪点(闭口)/℃		≥60		≥50	≥45		≥60		≥50	≥45	
十六烷值		≥51		≥49	≥47		≥51		≥49	≥47	
十六烷值指数		≥46		≥46	≥43		≥46		≥46	≥43	
馏程	50%回收温度/℃	≤300					≤300				
	90%回收温度/℃	≤355					≤355				
	95%回收温度/℃	≤365					≤365				
密度(20 ℃)(kg · m^{-3})		810~850			790~840		810~845			790~840	
脂肪酸甲酯		≤1.0%					≤1.0%				

注:车用柴油国五标准 2019 年 1 月 1 日起废止,车用柴油国六标准 2019 年 1 月 1 日起执行。

【思考题】

(1) 原油蒸馏能得到哪些产品?

(2) 简述汽油机的工作过程。

(3) 汽油的评定指标有哪些?

(4) 为什么说汽油机的压缩比不能设计太高,而柴油机的压缩比可以设计很高?

(5) 什么是辛烷值?测定方法有几种?提高汽油的辛烷值的途径有哪些?

(6) 为什么说含烷烃多的石油馏分是轻柴油的良好组分,但为什么在柴油中又要含有适量的芳烃?

(7) 为什么对轻柴油的馏程要有一定的要求?轻柴油的十六烷值是否越高越好?为什么?

(8) 汽油、轻柴油的商品牌号分别依据哪种质量指标来划分?

(9) 请从燃料燃烧的角度分析汽油机和柴油机产生爆震的原因。为了提高抗爆性，对燃料的组成各有什么要求？

任务二　蒸馏装置对产品质量指标的控制

一、汽油质量指标的控制

常减压蒸馏装置能控制车用汽油的馏程，包括10%点、50%点和干点(终馏点)。

根据车用汽油的使用要求规定了各馏出点的温度，如规定了10%点馏出温度不高于70 ℃，这是保证发动机冷启动的性能。根据资料和试验证明，在-7 ℃气温下，冷车启动10%点馏出温度必须不高于75 ℃；在-15 ℃气温时，温度必须在60 ℃以下。下面是10%点馏出温度和可启动的大气温度之间的关系，见表1-4-10。

表1-4-10　10%点馏出温度和可启动的大气温度之间的关系

大气温度/℃	-29	-18	-7	-5	0	5	10	15	20
可能启动的最高10%点馏出温度/℃	36	53	71	88	98	107	115	122	126

50%点馏出温度是保证汽油的均匀蒸发和分布，达到良好的加速性和平稳性，以及保证最大功率和爬坡性能的重要指标。50%点馏出温度规定不高于120 ℃。确切地说，35%点馏出温度是保证暖车性和加速性，而60%点馏出温度才是保证常温行车的加速性。一般车用汽油在汽化器里的有效挥发度为30%~50%，暖车时挥发度为30%~40%，正常行驶时挥发度为65%左右。因而，用35%及65%的平均数50%馏出温度来控制车用汽油的行驶汽化性能。

90%点馏出温度是控制车用汽油中重质组分的指标，用以保证良好蒸发和完全燃烧，并防止积炭和生成酸性物质等，也保证不致稀释机油。

实验结果证明，汽油90%点馏出温度和1∶12汽油及空气混合气的露点(凝结点)的关系见表1-4-11。

表1-4-11　汽油90%点馏出温度和1∶12汽油及空气混合气的露点(凝结点)的关系

90%点馏出温度/℃	116	138	160	182	204
1∶12混合气露点/℃	6	21	38	53	70

因此，一般车用汽油90%点馏出温度不得超过190 ℃，以保证完全汽化和燃烧。

干点是保证车用汽油不致因含重质成分而造成不完全燃烧。在燃烧室内结焦和积炭的指标，也是保证不稀释润滑油的指标。它对停车开车次数频繁的汽车更为必要。从以上分析中可以看出，车用汽油的馏程性质很重要。

但是，常减压蒸馏装置所生产的直馏汽油辛烷值较低，一般为50~60，所以需要和其他装置的高辛烷值组分调和后才能作为汽油成品出厂。

二、重整原料油质量指标的控制

重整原料油中的砷会使重整催化剂中毒，造成永久性失活，所以要求砷含量在1×

10^{-9}～2×10^{-9}以下。若常减压蒸馏装置生产的重整原料油砷含量在1×10^{-7}以下，如加工大港油、胜利油时，则可在重整装置经预加氢后达到此要求；若大于2×10^{-7}，如加工大庆油时，则需设置预脱砷罐。石油馏分中的砷含量随沸点的升高而增加。高沸点馏分经加热炉加热后，由于含砷化合物分解而使砷含量增加。

重整原料油的馏程要求是根据重整的生产目的而确定的。当生产高辛烷值汽油时，一般要求采用90～180 ℃馏分（C_7以上馏分）；生产苯、甲苯、二甲苯时，用60～145 ℃馏分（C_6～C_8馏分）；只生产苯时，用60～85 ℃馏分（C_6馏分）；只生产二甲苯时，用110～145 ℃馏分（C_8馏分）。重整原料油的馏分切割有时还受其他产品生产的影响。例如，在同时生产航空煤油时，由于130～145 ℃属于航空煤油的馏程范围，所以有的炼厂C_6～C_8芳烃原料油的切割范围采用60～130 ℃。在一些生产化纤原料油（对二甲苯）的工厂中，由于有甲苯歧化、烷基转移、异构化等装置，可以使C_7～C_9芳烃的大部分转化为对二甲苯，所以其重整原料油馏程范围较宽。

因此，常减压蒸馏装置要根据各厂具体情况来确定重整原料油的切割范围。

三、轻柴油质量指标的控制

常减压蒸馏装置能控制轻柴油的馏程、凝固点、闪点等指标。

柴油馏程是一个重要的质量指标。柴油机的速度越高，对燃料的馏程要求就越严。一般来说，馏分轻的燃料启动性能好，蒸发和燃烧速度快。但是燃料馏分过轻，自燃点高，燃烧延缓期长，且蒸发程度大，在发火时几乎所有喷入气缸里的燃料会同时燃烧起来，结果造成缸内压力猛烈上升，从而引起爆震。若燃料过重，会使喷射雾化不良，蒸发慢，不完全燃烧的部分在高温下受热分解，生成炭渣而弄脏发动机零件，使排气中有黑烟，增加燃料的单位消耗量。所以轻柴油规格要求50%馏出温度不高于300 ℃，95%馏出温度不高于365 ℃。柴油的馏程和凝固点、闪点也有密切关系。

凝固点也是柴油的重要质量指标。在冬季或空气温度降低到一定程度时，柴油中的蜡结晶析出会使柴油失去流动性，给使用和贮运带来困难。对于高含蜡原油，在生产过程中往往需要脱蜡，才能得到凝固点符合规格要求的柴油。通常柴油的馏程越轻，则凝固点越低。

轻柴油的闪点是根据安全防火的要求而规定的一个重要指标。柴油的闪点一般不低于65 ℃。柴油的馏程越轻，则闪点越低。

四、重柴油质量指标的控制

常减压蒸馏装置能控制重柴油的馏程、密度、闪点、黏度等指标。

重柴油的馏程为300～400 ℃，即常三线或常四线、减压一线油能出重柴油。

重柴油的密度不宜过大，太大时含沥青质和胶质太多，不宜完全燃烧；若重柴油的密度太小，含轻馏分过多，会使闪点过低，保证不了使用安全。

重柴油的闪点是由它的轻馏分含量控制的，闪点要求不低于65 ℃，若轻馏分含量较多，则闪点较低，在储存和运输中不安全。尤其是凝固点较高的重柴油在使用时需预热，因而要求有较高的闪点。为确保柴油的使用安全，同时规定预热温度不得超过闪点的2/3。

重柴油的黏度过大时，会使油泵压力下降，输油管内起泡，发生油阻，并影响喷油，雾化不良，以致不能完全燃烧而冒黑烟。这不但浪费了燃料，而且污染了环境。黏度太小时，会引起喷油距离太短和雾化混合不良，从而影响燃烧。

重柴油的密度、闪点、黏度都是通过常减压蒸馏装置操作中馏分的切割来控制的，通常馏分越轻，则密度越小，闪点和黏度越低。

五、重油作催化裂化原料油时质量指标的控制

当常压重油用作重油催化裂化装置的原料油时，常减压蒸馏装置需要控制常压重油的钠离子含量。

重油催化裂化装置要求原料油中的钠含量在 $1\times10^{-6}\sim2\times10^{-6}$ 以下，因为沉积在催化剂上的钠会“中和”催化剂的酸性中心，并和催化剂基体形成低熔点的共熔物。在催化剂再生温度下，基体熔化会造成微孔破坏，使催化剂永久失活。而酸中心的中毒，则会使催化汽油辛烷值下降，因此，要求常减压装置进行深度脱盐。通常，常减压蒸馏装置脱盐深度达到3 mg/L时，就能满足常压重油的钠离子含量小于 1×10^{-6} 的要求。

六、减压蜡油作催化裂化原料油时质量指标的控制

减压蜡油在炼厂中一般作为加氢裂化和催化裂化装置的原料油。加氢裂化装置对减压蜡油要求控制残炭、重金属含量、含水等指标，同时要观察颜色和测密度，一般残炭要求在0.2%以下。如果蜡油残炭不高，而颜色深密度大，说明减压分馏不好，须改进减压分馏的设备或操作。馏分过重、密度大，金属含量随之增加，在生产过程中易造成催化剂中毒而失去活性。若蜡油含水量大于 5×10^{-4}，易造成加氢裂化催化剂失活和降低催化剂的强度，因而增加了催化剂的损耗，操作费用增加，能耗加大。

减压蜡油残炭过大时，催化裂化生焦量会过多，使再生器负荷过大，甚至会造成超温。但残炭过小时，又会使再生器热量不足，造成反应热量不够，须向再生器补充燃料。减压蜡油中的重金属在催化裂化时会沉积在催化剂上，使催化剂失活，导致脱氢反应增多，气体及生焦量增大。因此，各厂对催化裂化原料油的质量都有一定要求。

当催化裂化采用掺炼渣油的工艺时(如重油催化裂化工艺)，若减压蜡油残炭、重金属含量低，则可掺炼较多的渣油；若减压蜡油残炭、重金属含量高，则只能掺入较少的渣油。因此，重油催化裂化工艺对原料油的残炭和重金属含量也是有一定要求的。

【思考题】

(1) 为什么要控制喷气燃料的密度？如何控制？

(2) 常减压蒸馏装置能控制车用汽油的什么性能？如何控制？

(3) 常减压蒸馏装置能控制轻柴油的哪些质量指标？如何控制？

(4) 常减压蒸馏装置能控制重柴油的哪些质量指标？如何控制？

(5) 当常压重油用作重油催化裂化装置的原料油时，为什么要控制常减压蒸馏装置常压重油的钠离子含量？

(6) 使用减压蜡油作催化裂化原料油时有何要求？

模块二

延迟焦化装置操作与控制

项目一　延迟焦化原料油及过程评价

任务一　认识延迟焦化装置

一、地位与作用

焦炭化(简称焦化) 工艺是一种重要的渣油热加工过程，是指以贫氢的重质油(渣油) 为原料油，在高温(约 500 ℃)下进行深度的热裂化和缩合反应，生产富气、粗汽油、柴油、蜡油和焦炭。它包括延迟焦化、釜式焦化、平炉焦化、流化焦化、灵活焦化等工艺过程。

延迟焦化工艺自 20 世纪 30 年代开发成功以来，至今已有 90 多年的工业运转经验，已经成为一项重要的渣油加工工艺。它也是一种石油二次加工工艺，是世界渣油深度加工的主要方法之一，处理能力占渣油处理能力的 1/3。中国是焦化能力发展较快的国家之一，居世界第二位。

从炼油技术角度看，减压渣油的轻质化和预处理、生产适宜的催化裂化原料油并减少催化裂化的生焦量已成为焦化过程的主要目的之一。近年来，焦化过程也为加氢裂化提供原料油。

现如今，延迟焦化已不仅是重要的渣油转化过程和单纯为了增产汽、柴油的工艺方法；石油焦也已经不再是炼油的副产品。优质石油焦除了广泛用于炼钢、炼铝工业外，也逐步向生产新材料方面延伸。焦化工艺已成为生产碳素材料的工艺技术。

延迟焦化工艺技术成熟，装置投资和操作费用较低，并能将各种重质渣油转化成液体产品和特种石油焦，可大大提高炼油厂的柴汽比。随着渣油/石油焦的气体技术和焦化-气化-气电联工艺技术的不断开发和应用，延迟焦化工艺成为渣油深度加工的首要手段。

随着我国轻质油品市场快速增长和炼油企业提高经济效益的需要，从 20 世纪 90 年代至今，重油技术发展最快，其中重油催化裂化和延迟焦化两种工艺路线最为显著。由于原油深度加工的需要，20 世纪 90 年代我国新建了 17 套延迟焦化装置，不少装置还进行了扩能改造。

二、生产装置组成

延迟焦化与热裂化相似，只是在短时间内加热到焦化反应所需温度，控制原料油在炉管中基本上不发生裂化反应，而延缓到专设的焦炭塔中进行裂化反应。延迟焦化装置主要由焦化部分、分馏部分、水力除焦部分等组成(见图 2-1-1) 。

(一) 焦化部分

焦化原料油在塔内发生热裂化和缩合反应，最终转化为轻烃和焦炭。

图 2-1-1　延迟焦化生产装置图

（二）分馏部分

反应油气进入分馏塔，经过分馏得到气体、粗汽油、柴油、蜡油和循环油。

（三）水力除焦部分

水力除焦包括切换、吹汽、水冷、放水、开盖、切焦、闭盖、试压、预热和切换等工序。延迟焦化装置采用水力除焦，水力除焦是用压力为 12~28 MPa 高压水流，使用不同用途的专用切割器对焦炭层进行钻孔、切割和切碎，将焦炭由塔底排入焦炭池中。

其工艺特点是既结焦又不结焦，即在焦炭塔结焦，而不在炉管和其他地方结焦。

三、发展简史

延迟焦化装置是一种重质油热加工工艺，是炼油厂重质油轻质化、提高炼油厂轻质油收率的一种主要手段。1930 年 8 月，世界上第一套延迟焦化装置在美国 Whiting 炼油厂投产。我国的第一套延迟焦化装置于 1958 年在抚顺石油二厂投产。

【思考题】

（1）什么是焦化？焦化分几种类型？

（2）催化裂化的作用是什么？

（3）催化裂化装置由哪几部分组成？

任务二　原料油的来源、性质及评价

一、原料油的来源

用作焦化的原料油主要有减压渣油、减黏裂化渣油、脱沥青油、热裂化焦油、催化裂化澄清油、裂解渣油及煤焦油沥青等。

大多数的延迟焦化装置以各种原油的减压渣油为原料油，如中国常见的大庆原油的减压渣油、伊朗的拉万原油的减压渣油、沙特的轻原油的减压渣油，以及这些渣油的混合油

（混合比例约为 22：60：18）。

二、原料油的性质及评价

各种原料油的性质不同，它们的减压渣油性质也不一样。对于同一种原油，经过不同的常减压装置后，由于加工方案不同、拔出率不同，原油的性质也有很大的差异。我国延迟焦化装置所用的原料油，一般密度小于 1000 kg/m^3，残炭值为 8%～18%，硫含量、盐含量较高。各种减压渣油的主要性质见表 2-1-1。

表 2-1-1　各种原油减压渣油的主要性质

项目		大庆渣油	伊朗渣油	沙轻渣油	混合原料油
密度（20 ℃）/（kg·m^{-3}）		933.2	984.8	1030.5	981.7
黏度（80 ℃）/（mm^2·s^{-1}）		383.2	—	5116	—
100 ℃		159.1	3521	1206	1650
130 ℃		—	684.01	—	245
含硫量		0.2756%	2.5680%	4.4076%	2.3950%
酸度[mg（KOH）·100 mL^{-1}]		0.04	0.06	0.02	0.048
氮含量/（μg·g^{-1}）		3733	5304	3010	4545
残炭值		8.54	14.87	22.41	14.84
C/H		7.03	7.48	8.22	7.50
凝点/℃		35	36	47	38
饱和烃		35.9%	13.48%	19.99%	19.58%
芳烃/℃		35.37	52.21	53.18	48.68
胶质+沥青质		20.04%+0.69%	26.51%+7.80%	20.1%+6.73%	25.69%+6.04%
重金属含量/（μg·g^{-1}）	Na/Ca	11.17	21.0	17.98	18.29
	V	4.10	102.60	48.20	71.14
	Ni	6.83	4.76	1.66	4.66
	Fe	16.28	10.78	2.30	1.045
馏分范围		>540%	>540%	>530%	—
蜡含量/（μg·g^{-1}）		6.70	1.60	1.50	2.70

选择焦化原料油时主要参考原料油的组成和性质，如密度、特性因数、残炭值、含硫量、重金属含量等指标，以预测焦化产品的分布和质量。

【思考题】

（1）焦化的原料油来源有哪些？

（2）评定焦化原料油的指标有哪些？

项目二　生产工艺与过程控制

任务一　焦化反应系统工艺与过程控制

一、反应类型与原理

（一）反应类型

焦化等热加工过程所处理的原料油，都是石油的重质馏分或重、残油等。它们的组成复杂，是各类烃和非烃的高度复杂混合物。在受热时，首先反应的是那些对热不稳定的烃类，随着反应的进一步加深，热稳定性较高的烃类也会进行反应。烃类在加热条件下的反应基本上可分为两个类型，即裂解与缩合(包括叠合)。

1.裂解反应

热裂解反应是指烃类分子发生 C—C 键和 C—H 键断裂，但 C—H 键的断裂要比C—C 键断裂困难，因此，在热裂解条件下主要发生 C—C 键断裂，即大分子裂化为小分子反应。烃类的裂解反应是依照自由基反应机制进行的，并且是一个吸热反应过程。

各类烃中正构烷烃热稳定性最差，且分子量越大越不稳定。例如，在 425 ℃温度下裂化1 h，$C_{10}H_{22}$的转化率为 27.5%，而 $C_{32}H_{66}$的转化率则为 84.5%。大分子异构烷烃在加热条件下也可以发生 C—H 键断裂的反应，结果生成烯烃和氢气。这种 C—H 键断裂的反应在小分子烷烃中容易发生，随着分子量的增大，脱氢的倾向迅速降低。

环烷烃的热稳定性较高，在高温下(575~600 ℃）五元环烷烃可裂解为两个烯烃分子。除此之外，五元环的重要反应是脱氢反应，生成环戊烯。六元环烷烃的反应与五元环烷烃相似，唯脱氢较为困难，需要更高的温度。六元环烷烃的裂解产物有低分子的烷烃、烯烃、氢气及丁二烯。

带长侧链的环烷烃，在加热条件下，首先是断侧链，然后是断环。而且侧链越长，越易断裂。断侧链反应与烷烃的相似。

多环环烷烃受热分解可生成烷烃、烯烃、环烯烃及环二烯烃，也可以逐步脱氢生成芳烃。

芳烃特别是低分子芳烃，如苯及甲苯，对热极为稳定。带侧链的芳烃主要是断侧链反应，即“去烷基化”，但反应温度较高。直侧链较支侧链不易断裂，而叔碳基侧链则较仲碳基侧链更容易脱去。侧链越长越易脱掉，而甲苯是不进行脱烷基反应的。侧链的脱氢反应，也只有在很高的温度下才能发生。

直馏原料油中几乎没有烯烃存在，但其他烃类在热分解过程中都能生成烯烃。烯烃在加热条件下，可以发生裂解反应，其碳链断裂的位置一般发生在双键的 β 位上，其断裂规律与烷烃的相似。

2.缩合反应

石油烃在热的作用下除进行裂解反应外，还进行着缩合反应，所以使产品中存在相当数量的沸点高于原油的大分子缩合物，以至焦炭。缩合反应主要是在芳烃及烯烃中进行。

芳烃缩合生成大分子芳烃及稠环芳烃，烯烃缩合生成大分子烷烃或烯烃，芳烃和烯烃缩生合成大分子芳烃。缩合反应总趋势如下：

烷烃⟶烯烃
↓
芳烃⟶缩合产物⟶胶质、沥青质
↓
碳青质

(二) 反应原理

1.延迟焦化反应步骤

延迟焦化过程的反应机制复杂，无法定量地确定其所有的化学反应。可以认为在延迟焦化过程中，重油热转化反应是分两步进行的。

(1) 原料油加热。

原料油在加热炉中很短时间内被加热至450~510 ℃，少部分原料油发生轻度的缓和热反应。

(2) 焦化反应。

从加热炉出来，已经部分反应和汽化的原料油进入焦炭塔。根据焦炭塔内的工艺条件，塔内物流为气、液相混合物。气、液两相分别在塔内的温度、时间条件下继续发生裂化、缩合反应，即焦炭塔内油气在塔内主要进行持续裂化反应；焦炭塔内的液相重质烃在塔内持续发生裂化、缩合反应，直至生成烃类蒸气和焦炭为止。

2.生焦机制

焦化过程中，重油中的沥青质、胶质和芳烃分别按照以下两种反应机制生成焦炭。

(1) 沥青质和胶质的胶体悬浮物，发生“歧变”，形成交联结构的无定形焦炭。这些化合物还发生一次反应的烷基断裂，这可以从原料油的胶质-沥青质化合物与生成的焦炭在氢含量上有很大差别得到证实(胶质-沥青质的碳氢比为8~10，而焦炭的碳氢比为20~24)。胶质-沥青质生成的焦炭具有无定形性质且杂质含量高，所以这种焦炭不适合制造高质量的电极焦。

(2) 芳烃叠合和缩合，由芳烃叠合反应和缩合反应所生成的焦炭具有结晶的外观，交联很少，与由胶质-沥青质生成的焦炭不同。使用高芳烃、低杂质的原料油(如热裂化焦油、催化裂化澄清油、含胶质-沥青质较少的直馏渣油) 所生成的焦炭，再经过焙烧、石墨化后就可得到优质电极焦。

二、工艺流程

(一) 焦炭塔的作用与结构

1.焦炭塔的作用

焦炭塔是延迟焦化装置的主要设备，它为油气反应提供了所需的空间和时间，是焦化反应和得到产品的地方，是延迟焦化装置的重要标志。

2.焦炭塔的结构

焦炭塔就是一个大的反应器，里面没有任何内部构件，实际上是一个空塔，整个塔体由锅炉钢板拼凑焊接而成。图 2-2-1 是某延迟焦化塔结构图。根据各段生产条件不同，自上而下分别由 24，28，30 三种厚度钢板组成。在上封头开有除焦口、油出口、放空口及泡沫小塔口。下部为 30°斜度的锥体，锥体下端设有为排焦和进料的底盖。底盖用 35CrMn 钢铸造后，经过热处理以满足热应力要求，用 56 个 30CrMoA，M30×220 的螺栓固定在锥体法兰上，进料口短管在底盖的中心垂直向上。塔侧筒体不同高度上装有钴 60 放射性料面计及为循环预热用的瓦斯进口。

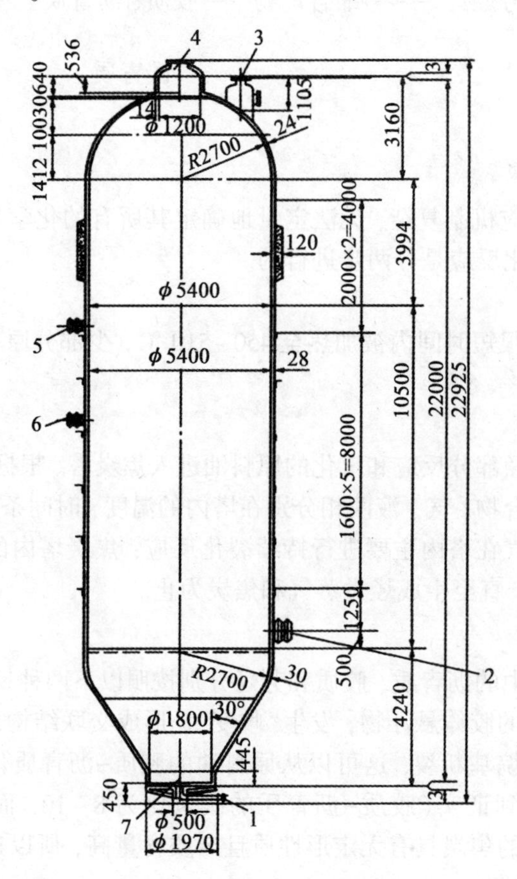

图 2-2-1　某延迟焦化塔结构图

1—进料口短管；2—预热油气入口；3—泡沫小塔口；4—除焦口；5，6—钴 60 料面计口；7—排焦口

正常生产时总是有两个焦炭塔处在生产状态，其他两个塔处在准备除焦或油气预热阶段，每 24 h 有两次除焦，两次切换焦炭塔。

焦炭塔生产周期(即生焦时间)的长短，是根据焦炭塔的容积、原料油性质、处理量、循环比等情况变化而安排的，而工序可根据具体条件安排。在安排生焦和各工序的操作时间时，要考虑全面，在同一时间内不要有两个焦炭塔同时进行油气预热或冷焦、除焦，以免造成后部分馏系统波动大，无法平稳生产。除焦操作最好都放在白天进行。

焦炭塔生产周期操作工序见图 2-2-2。

若空气未净就放瓦斯预热，易爆炸，所以赶空气必须彻底。为防止给汽太快造成空气

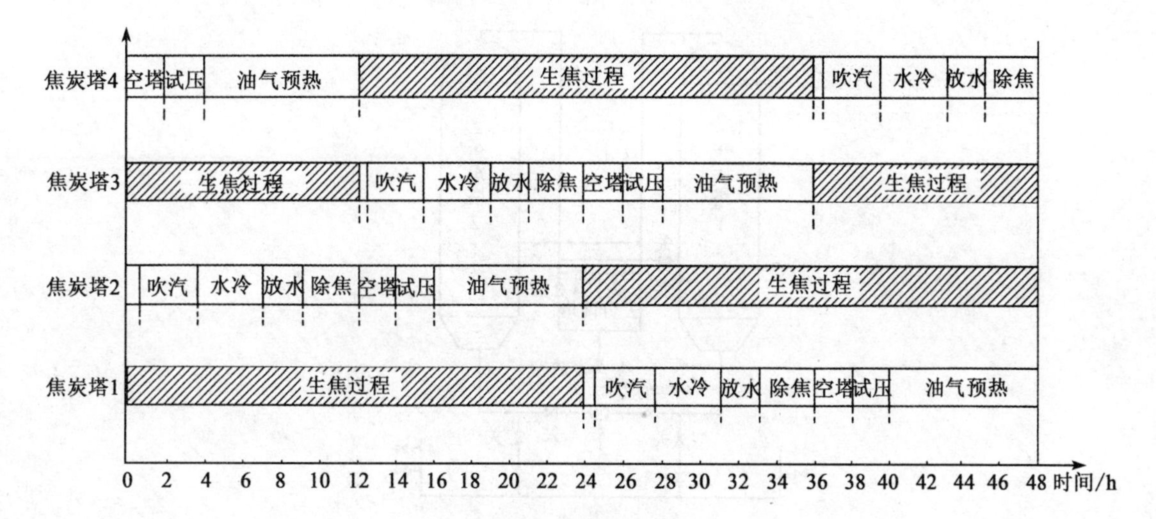

图 2-2-2　焦炭塔生产周期操作工序图

与蒸气混合不易赶净，开始给汽时一定要缓慢进行，适当延长时间，在塔顶排放阀见汽后（或凭自己的经验）关闭放空大（小）阀进行减压。

（1）新塔准备。

① 赶空气试压脱水。水力除焦完毕，经认真检查塔内无焦，打开堵焦阀、进料阀、用汽吹扫试通，避免在除焦放水中有焦块堵住。当底盖、泡沫网人孔、除焦孔（用阀可关死）、进料短管法兰都上紧后，塔顶改放空塔（或去冷焦水隔油池），在塔底通蒸气赶走塔内空气，为以后的油气预热打基础。

试压标准根据设计条件和安全阀定压大小决定，试压标准一般在 0.18~0.22 MPa，不能大于 0.30 MPa，以仪表室的压力记录为主，参照塔顶压力表。试压时，一定要指派专人负责，防止超压、串汽。超压是违反操作规程的，因为超压可把安全阀顶开或损坏垫片。超压的原因除了人为的因素外，还与压力表导管堵、冻凝有关。串汽是生产中分馏塔底液面波动的原因之一。串汽可能是阀门结焦、堵焦或损坏关不严，也可能是误操作开错阀门造成的。

试压到指标后，少量给汽保持恒压，检查除焦过程拆装的人孔、法兰、垫片等有无渗漏的地方，如果有轻微的渗水，可再紧一下螺栓，否则要重新换垫片把紧试压。

试压结束后，应根据具体情况决定是否用蒸气预热，若不用蒸气预热，应马上停汽脱水准备放瓦斯。

脱水是将赶空气试压过程中的大量冷凝水排出塔外，因为塔内积水多会耽误预热新塔和浪费大量油气。

脱水时打开塔底去隔油池（沉淀池）阀，直到塔内还有 0.01~0.05 MPa 压力时关闭放水阀。

② 放瓦斯。这是油气预热的第一步。所谓放瓦斯，是把生产塔（老塔）去分馏塔的 430~435 ℃高温油气自新塔顶引入，达到新塔、老塔压力先平衡油气和预热平衡的目的。

要注意因放瓦斯热量不足造成分馏塔温度下降而影响产品质量问题。在放瓦斯时，要做到慢、稳，尽量避免操作上的波动。放瓦斯操作流程见图 2-2-3，以焦炭塔 1 生产、焦炭塔 2 预热为例对该流程进行说明。

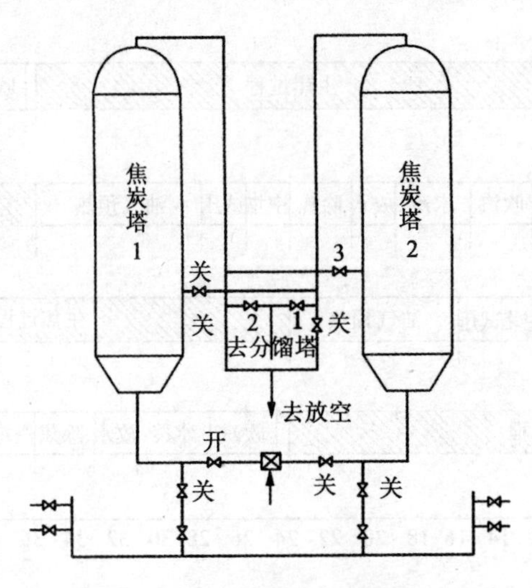

图 2-2-3　放瓦斯操作流程图

焦炭塔 2 的瓦斯循环阀 3 开着，在试压前已用汽封扫过，保证畅通灵活。打开焦炭塔 2 出口阀 1，让油气自焦炭塔 1 顶出后，一部分经阀 2、阀 1 倒入焦炭塔 2 内，因为焦炭塔 2 内压力小于焦炭塔 1 或分馏塔，所以要求慢开、少开、勤开，分多次开完，特别是开阀前5~6 扣更要小心。操作员在打开阀 1 的同时，注意焦炭塔 2 压力是否有上升趋势，焦炭塔 1 压力是否有微小的变化，还要注意听一下声音，判断是否有油气通过。当焦炭塔 1、焦炭塔 2 的压力基本平衡后，可快开阀 1 到开完为止，一般约需 45 min。

③ 油气预热。新塔焦炭塔 2 放进瓦斯后，塔内油气不流动，塔体温度仍不能继续上升，这时要开始油气预热(或称瓦斯循环)。

逐渐打开焦炭塔 2 的瓦斯循环阀 3。打开后，因焦炭塔 1、焦炭塔 2 内压力都大于分馏塔的压力，所以焦炭塔 1 的高温油气进入焦炭塔 2 的量较小，这时就要采取逐渐关小焦炭塔 1 出口阀 2 的措施，让油气少去分馏塔而通过循环阀 3 进入焦炭塔 2 内。

当油气预热新塔进行 1.5 h 左右，新塔底已有大量的凝缩油产生，如不甩出就会影响新塔预热速度，这时准备甩油(或称拿油)。甩油开始不能太快，防止抽空带瓦斯。甩油操作好坏与新塔预热速度快慢有很大关系，应根据新塔预热出口温度上升情况来渐渐关小阀 2，让油气多进焦炭塔 2，保证新塔到切换时，预热完毕且准时交出。

新塔的预热时间在一般情况下不能少于 8 h，特殊情况例外。

塔顶温度在 380 ℃以上(接近分馏塔塔底温度)，各壁温度分布合理，塔底油基本甩净，说明新塔预热良好。

(2) 切换焦炭塔。

切换焦炭塔是通过四通旋塞阀来实现的。切换四通旋塞阀的条件如下：

① 新塔顶温度已经在 380 ℃以上；

② 新塔塔底油甩净，温度已经在 320 ℃以上；

③ 整个装置操作平稳；

④ 放空塔给好水，联系、切换信号好用，消防设施、工具用具齐全。

切换焦炭塔的操作步骤和联系信号，各厂不完全相同，但大体做法相似，本文以大庆石油化工总厂延迟焦化装置的切换步骤为例进行说明，见表 2-2-1。

表 2-2-1　切换焦炭塔的操作步骤

步骤	四通旋塞阀平台(简称S平台)	堵焦阀平台(简称T平台)
1	改流程：开进料阀，关甩油阀	准备好关阀工具、消防汽带
2	通汽检查进料线和进料阀是否畅通无阻	新塔、老塔压力及其他无异常变化
3	发信号：向T平台发信号，表示S平台已准备就绪，同时询问S平台的准备工作情况，待回信号	回信号：向S平台发回信号，说明一切正常，准备工作完成
4	松动四通旋塞阀螺栓(顺时针)活动旋塞，灵活好用，看箭头方向快速切换到新塔进料，参看炉出口压力无继续上升时，紧好螺套	做好关老塔出口准备，等待信号
5	切换正常后，给T平台信号，表示已切换完毕，吹扫前给汽，停甩油泵，扫好甩油线	接到信号后，关闭老塔出口阀，注意老塔、新塔压力变化，如老塔压力超高，应用放空阀控制

(3) 老塔处理。

切换完焦炭后，原来生产的塔叫作老塔。老塔经过 24 h(或 36 h)成焦，刚切换过去塔里温度仍然很高，为 400~420 ℃，必须进行冷却才能安全除焦。其操作步骤如下。

① 汽提。切换四通旋塞阀后，开始用进料线上的吹扫阀给汽。一方面吹汽扫老塔的进料管、阀门，以免存油结焦；另一方面给汽提焦层内带去大量高温油气。其处理流程见图2-2-4。

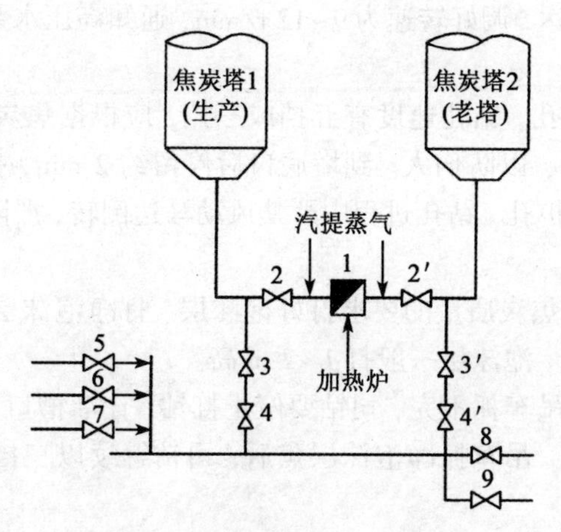

图 2-2-4　老塔处理流程图

1—四通旋塞阀；2，2′—焦炭塔进料闸阀；3，4(3′，4′)—焦炭塔给汽、水阀
5—焦炭塔过蒸气阀；6—焦炭塔给水阀；7—焦炭塔给汽阀；8—焦炭塔甩油阀；9—焦炭塔放水阀

汽提时，油气从老塔顶出来经循环阀去新塔，这样可以将老塔高温油气赶入新塔，减少切换后的热量不足。而且由于老塔油气去新塔造成切后两塔压力稍有上升，这样不容易引起老塔内的重质组分(特别是泡沫层)迅速上涨冲塔和泡沫层的回升，也避免了新塔的热量少而影响分馏塔操作。

汽提时间一般在 30~240 min，时间不宜过长，太长容易使生产塔汽速提高，产生雾沫夹带。

② 大量吹汽改放空。汽提完毕，新、老塔分开，新塔循环阀关死，堵焦阀关好并给上汽封，老塔出口改到放空塔上，自塔底开始大量吹汽。这样做的目的是用大量蒸气冷却焦层，汽提部分油气，改善焦炭质量。其方法是先打开一下放空阀，关小新塔循环阀，老塔稍微憋压时迅速关新塔循环阀，同时迅速打开老塔去放空塔的放空阀，老塔底大量吹汽。大量吹汽时间一般为 3 h。吹汽量及时间根据汽的供应情况而定，可长可短、可多可少，有的工厂的焦化装置不进行大量吹汽就直接给水冷却焦层。

③ 给水及放水。给水是冷却焦层的有效办法，用蒸气冷却到老塔出口温度为 270～280 ℃时，温度就不容易再下降了。首先启动水泵建立正常循环，然后关小给汽阀，慢开给水阀，水和汽一同进塔，靠汽的高速流动把水携带进去。注意：水阀不能开得过大，防止水击；老塔给水压力上涨以后再逐渐关掉汽阀、开大水阀，给水时塔的压力不大于 0.2 MPa。

水在焦层被汽化的同时带走热量。当给水到一定程度后，塔里装满水而溢流出来，焦炭塔顶压力突然上涨 0.05 MPa 左右。这时，应将流程改到沉淀池去。当塔顶温度下降到不高于 70 ℃时，停泵停水。开塔底放水阀放水，开焦炭塔顶呼吸气阀，接通大气，以免焦炭塔内负压水放不出来，给卸底盖带来困难。

④ 除焦。其准备工作如下。

打开塔顶吸气阀门，水放净以后开动塔底盖装卸机，卸塔底盖和进料短管，升起保护筒，通知司钻准备除焦。司钻检查绞车及钻机其他部件无问题，风压足够，高压水线及水龙头、水龙带、钻杆经工业风吹扫畅通无阻后，联系高压水泵和桥式吊车准备除焦。放下钻杆测高，并做好记录。提起钻杆使切焦器离开焦层。

准备工作完成后，启动高压水泵。高压水到焦炭塔顶后，先切换到回水管线。高压水泵运行正常后，启动风动马达，调好转速为 9～12 r/min，通知高压水泵司泵，将回水切换进水龙头、水龙带、钻杆。

启动钻机绞车开始钻孔，钻孔速度有五挡或三挡，应根据焦炭质量而定。切焦器的最下喷嘴不准伸出塔的底口，以防伤人。到塔底口后停留约 2 min，把锥体下口的焦炭打尽，然后带水提升钻杆，随即扩孔。钻孔过程中严禁风动马达倒转，严防顶钻和卡钻，钻机电流不得超过额定值。

根据泡沫层高度和对焦炭质量的要求打好泡沫层、打净泡沫层。桥式吊车应配合把泡沫层焦全部抓到次焦堆去。泡沫层一般打 1～2 m 高。

泡沫层打净后，如果吊车抓不完，司钻要停止打钻，让溜槽口不致涌集，而造成跑水，或者把泡沫层与好焦混合。吊车抓净泡沫层焦后，司钻继续以三挡的速度下钻，转速应调小些(约 9 r/min)。

切距通常为 400～500 mm，切距太大时焦炭块太大，切距太小时粉焦多。通常情况是钻具及钻杆下降一定高度后停止下降，由于钻杆旋转把焦层切割下去，继续下降直到塔内无焦。这个高度叫钻距。除焦时，钻具可以由上向下逐步除焦，也可以由下而上逐步除焦。为避免造成大塌方，常采用由上向下逐步除焦。焦炭很硬时可以由下而上，而且切距还可以小些，最小为 150 mm。除焦过程中要注意高压水的压力和流量的变化、工业风压力的变化，严防落焦卡住切焦器、打弯钻杆、损坏钻具、扭坏风动马达转轴。禁止自由坠钻。

焦层除净后，要用一挡慢速清理塔壁，直到没有成块的焦炭为止。

最后，提起钻杆到塔的上部，联系高压水泵停泵，并将管线的存水蒸气扫净，用风扫去凝结水，再提出钻杆，停下钻机，上面将吸气阀关闭，下面将塔底盖和进料短管上好。试压不漏之后，开走装卸车。

（二）四通旋塞阀的结构及操作

1.四通旋塞阀的结构

四通旋塞阀(又称四通阀)，是由 Cr，Mo 合金阀体和旋塞配合而成。在旋塞的锥面上开有类似弯头形状的通道，旋塞在阀体中既可固定又可旋转，和阀体四个方向的开口对应与外面管线相接，借用旋塞在阀中所处位置不同而使加热炉来的物料有不同的去向。两个出口分别去两个焦炭塔，一个出口可去放空或侧部进料供开工循环使用，还有一个切断位置即死点，为操作方便，在手轮上标有去向的箭头。四通旋塞阀阀体和旋塞截面图分别见图2-2-5和图 2-2-6。

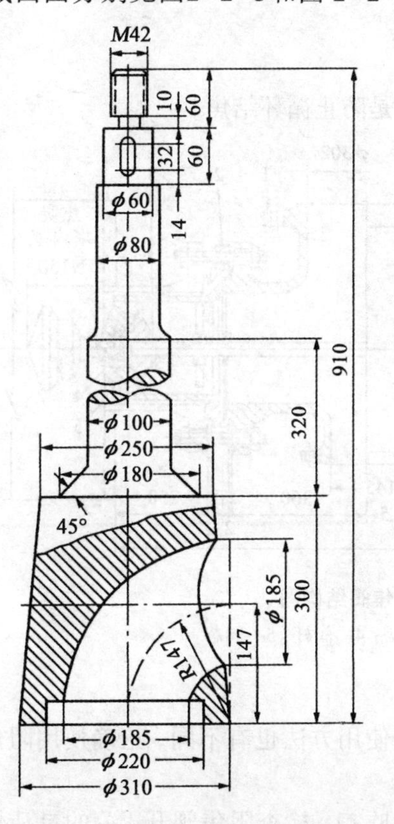

图 2-2-5　四通旋塞阀阀体截面图

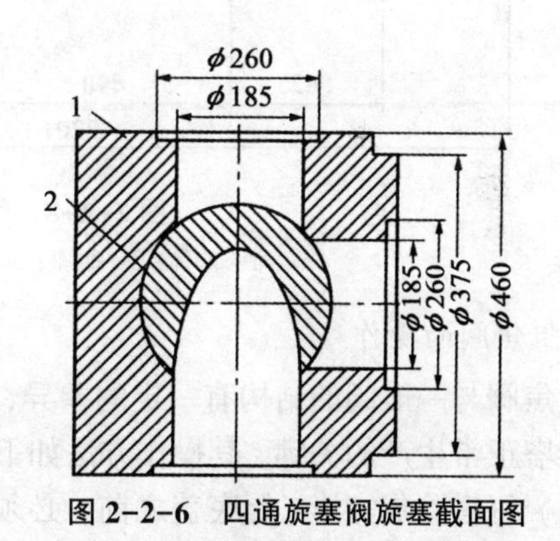

图 2-2-6　四通旋塞阀旋塞截面图

1—四通阀；2—加热炉来油管

在四通旋塞阀底部设有两根汽封，防止渣油在旋塞和阀体间结焦。

2.四通旋塞阀的操作

四通旋塞阀进出口流程图见图 2-2-7。其操作注意事项如下：

（1）掌握四通旋塞阀螺套松紧程度及方向，避免在切换时卡住；

（2）防止四通旋塞阀的汽封中断，使四通旋塞阀阀芯和阀体结焦而切换不动；

（3）进料短管给汽试通时应仔细检查，避免切换时容易憋压或发生爆炸着火；

（4）注意甩油线阀开关，防止切换后发生跑油、串油；

（5）塔底油进行处理，防止切换后造成冲塔；

(6) 切换四通旋塞阀时注意配合，防止用力不均而造成切换中途停止；

(7) 切换后通汽小，堵焦阀忘关，容易造成结焦，给下次准备带来麻烦；

(8) 四通旋塞阀在正常生产时不可切换到死点，只能旋转90°角。

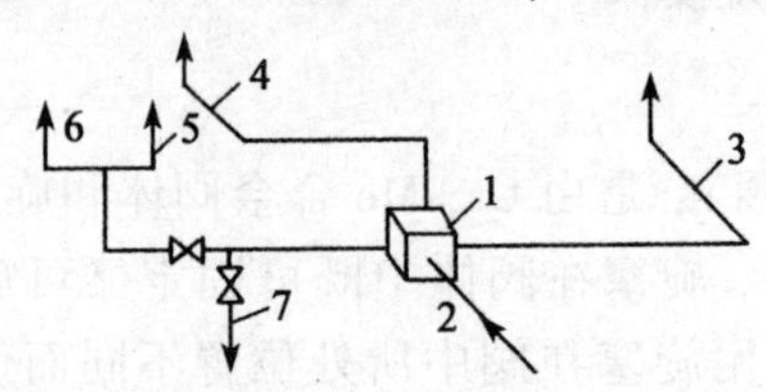

图 2-2-7　四通旋塞阀进出口工艺流程图

1—四通旋塞阀；2—加热炉来油管；3，4—去焦炭塔；5，6—去阻焦阀(开工线)；7—去放空

(三) 阻焦阀的结构及操作

1.气动阻焦阀的结构

气动阻焦阀结构图见图 2-2-8。其作用主要是防止循环结焦。

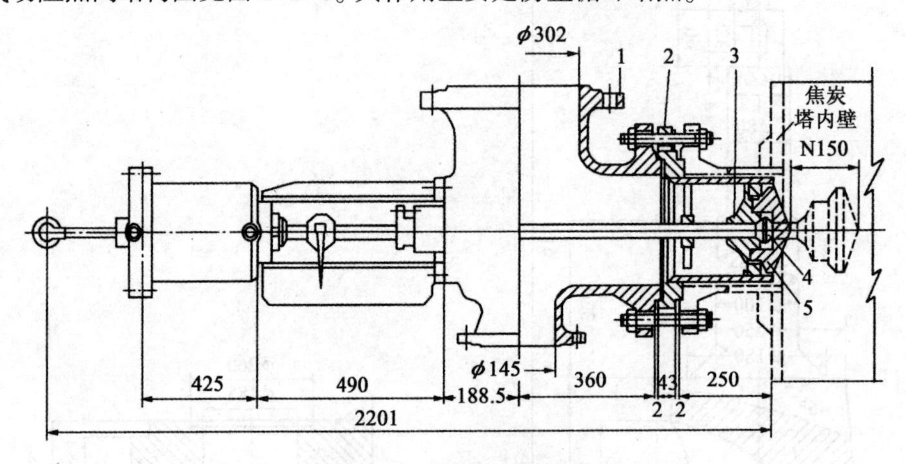

图 2-2-8　气动阻焦阀结构图

1—阀体；2—阀座；3—固定盖；4—阀杆；5—阀芯

2.阻焦阀的操作

阻焦阀与一般阀的结构有一定的差异，所以使用方法也有不同。正确使用阻焦阀是保证焦炭塔正常生产的关键。其操作方法如下：

(1) 每塔除焦完毕、上底盖之前，必须通汽吹扫，检查阻焦阀开、关的灵活性和畅通情况；

(2) 开、关阻焦阀给风时，注意阀杆指针所在位置，阀杆行程只有 150 mm，当指针达到开阀死点时说明阻焦阀已全开，当指针达到关阀死点时说明阀已关闭；

(3) 切换焦炭塔改放空前，新塔阻焦阀关闭，同时给上汽封，防止阀头结焦。

(四) 流程组织

一炉两塔延迟焦化-分馏工艺流程图见图 2-2-9。

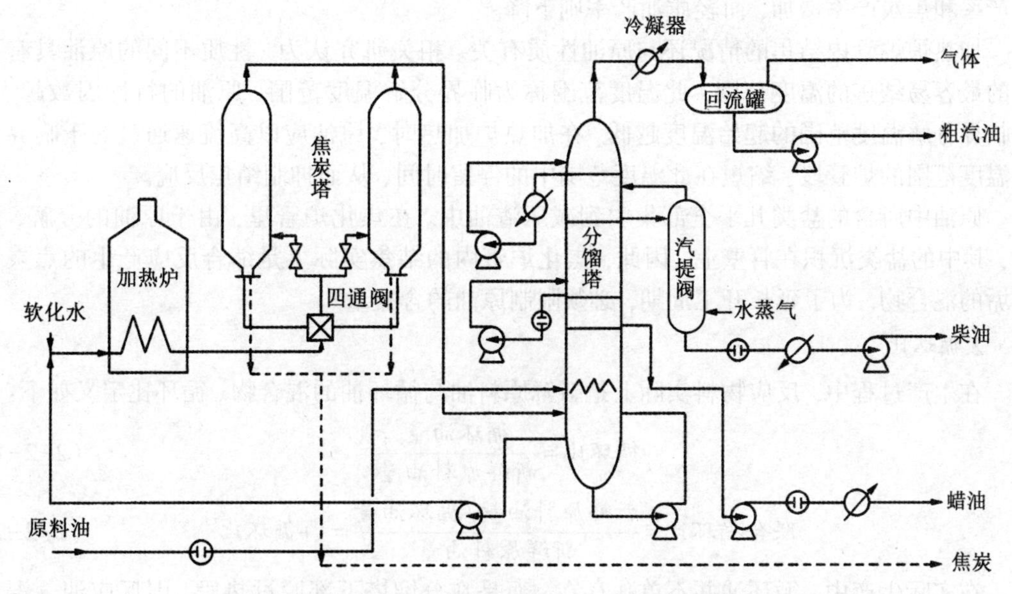

图 2-2-9　一炉两塔延迟焦化-分馏工艺流程图

原料油由原料油泵抽出至换热器，然后进入分馏塔底部的缓冲段，与来自焦炭塔顶部的高温油气(430~440 ℃)换热，一方面把原料油中的轻质油蒸发出来，又将原料油加热到约 390 ℃；另一方面淋洗下高温油气中夹带的焦沫，并将过热油气冷却到饱和油气，便于分馏塔的分馏。原料油和循环油形成混合原料油一起从分馏塔底抽出，用热油泵送进加热炉辐射室炉管，快速升温至约 500 ℃后，分别经过两个四通旋塞阀进入焦炭塔底部。油气混合物在塔内发生热裂化和缩合反应，最终转化为轻烃和焦炭。焦炭聚结在焦炭塔内，反应产生的油气自焦炭塔顶引出，进入分馏塔，与原料油换热后，经过分馏得到富气、粗汽油、柴油、蜡油和循环油。

聚积在焦炭塔内的焦炭首先用小量蒸气汽提，油气去分馏塔。小量汽提一段时间后进行大量汽提，焦炭塔顶改去放空塔，之后经给水冷却、放水后，进行水力除焦。焦炭塔采用有井架水力除焦，高压水经水龙带、风动水龙头和钻杆而进入切焦器，由切焦器上的喷嘴喷出，利用高压水喷射的动能冲击塔内的焦炭使其碎裂成块而清除出塔，流入贮焦场。

焦炭塔为周期操作，当一个塔内的焦炭聚结到一定高度时，进行切换，通过四通旋塞阀将原料油切换进另一个焦炭塔。需要有两组焦炭塔进行轮换操作，一组焦炭塔为生焦过程，另一组焦炭塔为除焦过程。切换周期包括生焦时间和除焦操作所需时间，为 16~24 h。

除焦操作包括切换、吹汽、水冷、放水、开盖、切焦、闭盖、试压、预热和切换等工序。延迟焦化装置采用水力除焦，水力除焦是用压力为 12~28 MPa 的高压水流，使用不同用途的专用切割器对焦炭层进行钻孔、切割和切碎，再将焦炭由塔底排入焦炭池中。

(五) 操作参数的确定与调节

1.原料油性质

焦化过程的产品分布及其性质在很大程度上取决于原料油的性质。

随着原料油密度增大，焦炭产率增大，汽油收率增加缓慢，柴油及蜡油产率下降明显，气体收率影响较小。

对于同种原油而拔出深度不同的减压渣油，随着减压渣油产率的下降，焦化产物中蜡油产率和焦炭产率增加，而轻质油产率则下降。

加热炉炉管内结焦的情况还与原油性质有关。相关研究认为，性质不同的原油具有不同的最容易结焦的温度范围，此温度范围称为临界分解温度范围。原油的特性因数越大，则临界分解温度范围的起始温度越低。在加热炉加热时，原油应以高流速通过处于临界分解温度范围的炉管段，缩短在此温度范围中的停留时间，从而抑制结焦反应。

原油中所含的盐类几乎全部集中到减压渣油中。在焦化炉管里，由于原油的分解、汽化，其中的盐类沉积在管壁上。因此，焦化炉管内的结焦实际上是缩合反应产生的焦炭与盐垢的混合物。为了延长开工周期，必须限制原油的含盐量。

2.循环比

在生产过程中，反应物料实际上是新鲜原料油与循环油的混合物。循环比定义如下：

$$\text{循环比}=\frac{\text{循环油量}}{\text{新鲜原料油量}} \tag{2-2-1}$$

$$\text{联合循环比}=\frac{\text{新鲜原料油量}+\text{循环油量}}{\text{新鲜原料油量}}=1+\text{循环比} \tag{2-2-2}$$

在实际生产中，循环油并不单独存在，而是在分馏塔下部脱过热段，因反应油气温度的降低，重组分油冷凝冷却后进入塔底，这部分油即循环油。它与原料油在塔底混合后一起送入加热炉的辐射管，而新鲜原料油则进入对流管中预热，因此，在生产实际中，循环油流量可由辐射管进料量与对流管进料流量之差来求得。对于较重的、易结焦的原料油，由于单程裂化深度受到限制，就要采用较大的循环比，有时达 1.0 左右；对于一般原料油，循环比为 0.1~0.5。循环比增大，可使焦化汽油、柴油收率增加，焦化蜡油收率减少，焦炭和焦化气体的收率增加。

降低循环比也是延迟焦化工艺发展趋向之一，其目的是通过增产焦化蜡油来扩大催化裂化和加氢裂化的原料油量。然后，通过加大裂化装置处理量来提高成品汽油、柴油的产量。另外，在加热炉能力确定的情况下，低循环比还可以增加装置的处理能力。降低循环比的办法是减少分馏塔下部重瓦斯油回流量，提高蒸发段和塔底温度。

3.操作温度

混合原料油在焦炭塔中进行反应需要高温，同时需要供给反应所需的反应热，这些热量完全由加热炉供给。为此，加热炉出口温度要求达到 500 ℃左右。混合原料油在炉管中被迅速加热并有部分汽化和轻度裂化。为了使处于高温的混合原料油在炉管内不要发生过多的反应造成炉管内结焦，就要保持一定的流速（通常在 2 m/s 以上），并控制停留时间。为此，需向炉管内注水（或水蒸气）以加快炉管内的流速，注水量通常约为处理量的 2%。要求加热炉炉膛的热分布良好、各部分炉管的表面热强度均匀、炉管环向热分布良好，尽可能避免局部过热现象的发生；还要求炉内有较高的传热速率，以便在较短的时间内向油品提供足够的热量。通过以上措施，严格控制原料油在炉管内的反应深度，尽量减少炉管内的结焦，使反应主要在焦炭塔内进行。

焦化温度一般是指焦化加热炉出口温度或焦炭塔温度。它的变化直接影响到炉管内和焦炭塔内的反应深度，从而影响到焦化产物的产率和性质。提高焦炭塔温度将使气体和石脑油收率增加，瓦斯油收率降低。焦炭产率下降，并使焦炭中挥发分下降。但是，焦炭塔温度过高，容易造成泡沫夹带并使焦炭硬度增大，造成除焦困难。温度过高还会使加热炉炉管和转油线的结焦倾向增大，影响操作周期。若焦炭塔温度过低，则焦化反应不完全，将生成软焦或沥青。

我国的延迟焦化装置加热炉出口温度一般控制在495~505 ℃。

4.操作压力

操作压力是指焦炭塔顶压力。焦炭塔顶最低压力是为克服焦化分馏塔及后继系统压降所需的压力。操作温度和循环比固定之后，提高操作压力将使塔内焦炭中滞留的重质烃量增多和气体产物在塔内停留时间延长，增加了二次裂化反应的概率，从而使焦炭产率和气体产率略有增加，C_5以上液体产品产率下降；焦炭的挥发分含量也会略有增加。延迟焦化工艺的发展趋势之一是尽量降低操作压力，以提高液体产品的收率。一般焦炭塔的操作压力在0.10~0.28 MPa，但在生产针状焦时，为了使富芳烃的油品进行深度反应，应采用约0.7 MPa的操作压力。

（六）案例分析：某石化公司延迟焦化装置的过程控制

1.焦炭塔顶温度的控制

（1）控制目标：418 ℃。

（2）相关参数：处理量，原料油性质，焦炭塔的预热时间、汽提量。

（3）控制方式：主要通过急冷油的流量控制塔顶温度。

（4）焦炭塔顶温度的调整方法见表2-2-2。

表2-2-2 焦炭塔顶温度的调整方法

影响因素	调整方法
急冷油实际流量	检查流程及阀门开度，调整流量
炉出口温度变化	调整炉出口温度
处理量	调节循环比，保证辐射量稳定
小吹汽和新塔预热	调整急冷油量和急冷油的投用时间

2.焦炭塔顶压力的控制

（1）控制目标：0.20 MPa。

（2）控制范围：焦炭塔顶压力小于0.23 MPa。

（3）相关参数：蒸发段压力，加工量，原料油性质，焦炭塔的试压，预热，汽提，给水操作。

（4）控制方式：生产中主要受控于分馏塔蒸发段压力，由分馏塔顶压力控制进行调整。焦炭塔顶压力控制主要为了保证焦炭质量，避免弹丸焦，保证装置收率。

（5）调整方法：控制加工量、总液收不高于正常水平，老塔处理过程中控制给汽给水量，见表2-2-3。

表2-2-3 焦炭塔顶压力的调整方法

影响因素	调整方法
分馏塔蒸发段压力变化	适当调整分馏塔顶压力
给水、给汽量大，压力高	适当减少给水、给汽量
处理量大	调节循环比，保证辐射量不要过大
小吹汽和新塔预热	调整急冷油量和急冷油的投用时间

3.炉出口温度的控制

（1）控制目标：498 ℃。

（2）控制范围：加热炉出口温度 495~505 ℃。

（3）相关参数：辐射量、进料量、温度、瓦斯压力及组成、注汽量。

（4）控制方式：串级控制，通过对加热炉出口温度(主回路) 的设定，由加热炉炉膛温度(副回路) 对燃料气控制阀开度进行调整。加热炉出口温度控制主要为了保证焦炭质量，提高装置总液收。

（5）炉出口温度的调整方法见表 2-2-4。

表 2-2-4　炉出口温度的调整方法

影响因素	调整方法
辐射量、注汽量突然变化	联系调度，查明原因，尽量平稳辐射量或注汽量
瓦斯压力波动	联系调度，立即分析出造成瓦斯压力波动的原因并消除，加强平稳操作
进料量变化	调整瓦斯控制阀开度或调整火盆

4.加热炉氧含量的调节方法

（1）控制目标：4%。

（2）相关参数：鼓风机出口流量，引风机出口流量，二次风门开度，炉体漏风量。

（3）控制方式：鼓风机入口蝶阀控制加热炉氧含量。加热炉氧含量是加热炉运转的一个重要指标，它是加热炉热效率的重要体现，同时反映出炉火燃烧情况的好坏。

（4）加热炉氧含量的调整方法见表 2-2-5。

表 2-2-5　加热炉氧含量的调整方法

影响因素	调整方法
入炉空气量的变化	调整鼓风机入口挡板
引风量的变化	调整引风机入口蝶阀
炉膛负压变化	调整对流室出口四个小挡板和四个风道小挡板，平稳炉膛负压

5.炉膛负压的调节方法

（1）控制目标：-40~-20 Pa。

（2）控制范围：加热炉烟气入对流处(即炉膛辐射与对流连接处)负压为-50~-10 Pa。

（3）相关参数：鼓风机出口流量，引风机出口流量，二次风门开度。

（4）控制方式：加热炉 F-3101 有两个炉膛，每个炉膛有两个小烟道挡板。由控制器 PC3235A，PC3235C 分别控制南、北两个炉膛负压。每个控制器通过控制两个小烟道挡板来控制炉膛负压。

（5）炉膛负压的调整方法见表 2-2-6。

表 2-2-6　炉膛负压的调整方法

影响因素	调整方法
入炉空气量的变化	调整鼓风机入口挡板
引风量的变化	DCS手动调节对流室出口四个小挡板和四个风道小挡板，平稳炉膛负压

【思考题】

(1) 焦化的反应类型有哪些?
(2) 焦炭塔的作用是什么?
(3) 简述切换焦炭塔的步骤。
(4) 何谓“老塔”? 如何进行老塔处理?
(5) 简述四通旋塞阀操作的注意事项。
(6) 简述原料油性质对焦化产品的影响。
(7) 何谓“循环比”? 降低循环比的目的是什么?
(8) 简述焦炭塔顶温度的控制方式。
(9) 简述炉出口温度的控制方式。

任务二　分馏系统工艺与过程控制

一、生产依据

依据高温油气中各组分挥发度的不同而切割成不同沸点范围的石油产品。

二、工艺流程

(一) 分馏塔的作用与工艺特点

1.作用

延迟焦化分馏塔的作用是把来自焦炭塔顶的高温油气，按照其组分的挥发度不同，分割成富气、汽油、柴油、蜡油、重蜡油及部分循环油等馏分，并保证各产品的质量合格，达到规定的质量要求。

2.工艺特点

延迟焦化装置分馏塔的工作原理与常减压蒸馏装置中常压塔的工作原理基本相同，但为了防止结焦，也会有不同之处，具体表现如下。

(1) 由焦炭塔顶来的油气温度在450 ℃左右，因为油气中主要是汽油、柴油馏分，所以此油气是处于过热状态的。过热油气进入分馏塔底，进口在新鲜进料口的下方，两个进口之间设置了人字挡板，为过热油气和新鲜进料之间的换热提供了充分接触的空间和时间，使两种进料的混合物达成饱和状态，进而保持一定的线速，达成精馏效果，从而防止冲塔事故的发生。

（2）在分馏塔塔底设置了循环油流程，使重质油在循环流程中不停地流动，减少重质油在分馏塔塔底的停留时间，达到防止结焦的目的。

（3）在分馏塔塔底的循环油流程中，设置了过滤器，通过定期清理过滤器，以脱除由过热油气夹带的焦沫。

分馏塔的产品从上而下依次是气体、汽油馏分、柴油馏分和蜡油馏分。蜡油馏分的馏程与常减压蒸馏装置中减压馏分油的相似，但是其组分中不饱和烃较多，并含有少量的焦炭，不易作润滑油溶剂脱油脱蜡装置的原料油，一般焦化蜡油都作为催化裂化的原料油，以增加汽柴油的产量。

（二）流程组织

延迟焦化分馏部分工艺流程图见图 2-2-10。

（三）操作参数的确定

分馏塔分离效能好坏的主要指标是分馏精确度的高低。分馏精确度的高低除与分馏塔的结构（塔板形式、板间距、塔板数等）有关外，在操作上的主要影响因素有温度、压力、回流量、塔内气体线速、水蒸气吹入量及塔底液面等。

1.温度

油气入塔温度，特别是塔顶、侧线温度都应严加控制。要保持分馏塔的平稳操作，最重要的是维持反应温度恒定。处理量一定时，油气入口温度的高低直接影响进入塔内的热量，相应地，塔顶和侧线温度都要变化，产品质量也随之变化。当油气温度不变时，回流量、回流温度、各馏出物数量的改变也会破坏塔内热平衡状态，引起各处温度的变化，其中最灵敏地反映出热平衡变化的是塔顶温度。

2.压力

油品馏出所需温度与其油气分压有关，油气分压越低，馏出同样的油品所需的温度越低。油气分压是设备内的操作压力与油品分子分数的乘积；当塔内水蒸气量和惰性气体量（反应带入）不变时，油气分压随塔内操作压力的降低而降低。因此，在塔内负荷允许的情况下，降低塔内操作压力，或者适当地增加入塔水蒸气量都可以使油气分压降低。

3.回流量和回流返塔温度

回流提供气、液两相接触的条件，回流量和回流返塔温度直接影响全塔热平衡，从而影响分馏效果。对于焦化分馏塔，回流量大小、回流返塔温度的高低由全塔热平衡决定。随着塔内温度条件的改变，适当调节塔顶回流量和回流温度是维持塔顶温度平衡的手段，借以达到调节产品质量的目的。一般调节时以调节回流返塔温度为主。

4.塔底液面

塔底液面的变化反映物料平衡的变化，物料平衡又取决于温度、流量和压力的平稳。反应深度对塔底液面影响较大。

（四）分馏系统操作控制（以某石化公司延迟焦化装置为例）

1.塔顶温度的控制

（1）控制目标：塔顶温度不高于 130 ℃。

（2）控制范围：塔顶温度波动范围不超过给定温度的±5 ℃。

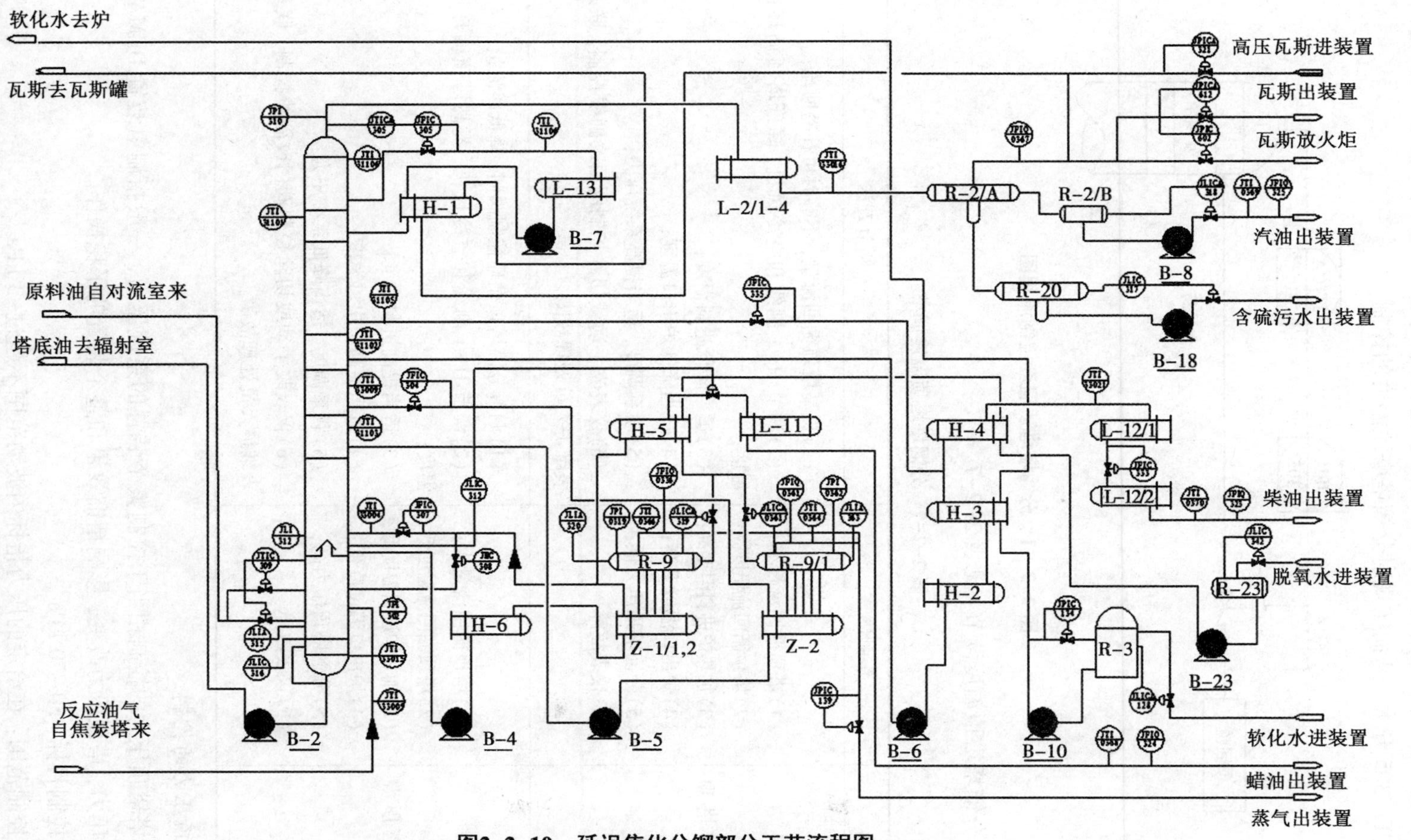

图2-2-10 延迟焦化分馏部分工艺流程图

(3) 控制方式：见图2-2-11。正常操作时，分馏塔塔顶温度JTICA305与顶回流控制阀门JFIC305进行串级控制，当JTICA305低于设定值时，JFIC305关小；当JTICA305高于设定值时，JFIC305开大，从而实现对分馏塔塔顶温度的控制。

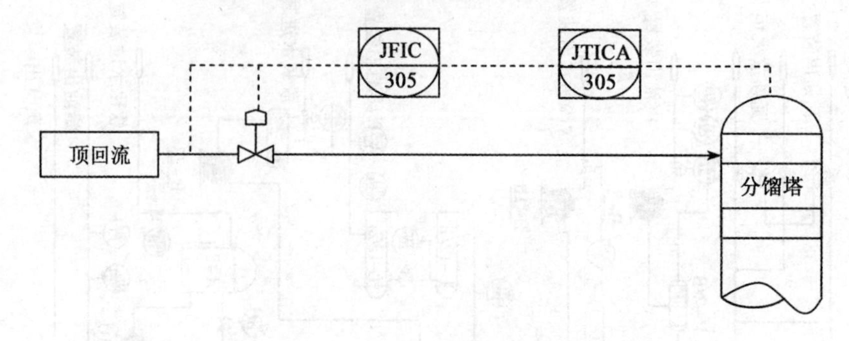

图2-2-11　分馏塔塔顶温度控制流程图

(4) 分馏塔塔顶温度调节：见表2-2-7。

表2-2-7　分馏塔塔顶温度调节

现象	影响因素	调节方法
分馏塔塔顶温度高	(1)塔顶循回流量小； (2)塔顶循回流温度高； (3)加热炉进料温度高； (4)炉出口温度升高； (5)分馏塔顶压力低； (6)仪表故障	(1)提高塔顶循回流量，不够时可补冷回流； (2)调节H-1副线和空冷风机，降低塔顶循环回流温度； (3)适当降低进料温度； (4)适当降低炉出口温度； (5)联系调度，适当提高系统压力； (6)仪表改手动或切除控制阀门改副线控制，联系仪表维护人员处理故障
分馏塔顶温度低	(1)塔顶循回流量大； (2)塔顶循回流温度低； (3)加热炉进料温度低； (4)炉出口温度降低； (5)分馏塔顶压力高； (6)仪表故障	(1)调节分馏塔顶循环控制阀门，降低回流量； (2)调节H-1副线和空冷风机，提高塔顶循环回流温度； (3)适当提高进料温度； (4)适当提高炉出口温度； (5)联系调度，适当降低系统压力； (6)仪表改手动或切除控制阀门改副线控制，联系仪表维护人员处理故障

2.塔顶压力的控制

分馏塔塔顶压力的控制相当于控制整个装置的系统压力，一般指制氢装置DEMAG压缩机入口压力，塔顶压力改变，影响精馏效果和整个装置的平稳操作。

(1) 控制目标：50~70 kPa。

(2) 控制范围：在给定的压力指标内波动范围不超过±3 kPa。

(3) 控制方式：正常操作时，分馏塔塔顶压力由DEMAG压缩机转数和循环量控制。在压缩机能处理的前提下，由制氢装置调整压力；当富气量多，压缩机不能处理时，由控制阀门JPICA612自动控制将过剩富气去气柜，当富气去气柜控制阀门JPICA612全开，还不能将压力控制在给定值时，富气去火炬控制阀门JPIC602将自动打开，将富气改去火炬。所以正常生产过程中，JPICA612给定值略高于装置控制的系统压力3 kPa，并自动控制；JPIC602给定值高于JPICA612给定值3~5 kPa，并自动控制。

（4）分馏塔塔顶压力调节：见表2-2-8。

表2-2-8　分馏塔塔顶压力调节

现象	影响因素	调节方法
塔顶压力高	(1)气相负荷大； (2)塔顶出口系统压力高； (3)塔顶空冷堵； (4)小汽提蒸气量过大； (5)注水量过大； (6)回流中断； (7)仪表故障	(1)降低加工量； (2)联系调度，降低系统压力； (3)联系设备部门处理； (4)适当关小小汽提蒸气阀门； (5)适当降低注水量； (6)查明原因，处理问题，恢复各部回流量； (7)参考其他相关参数，维持正常操作，联系仪表维护人员处理故障
塔顶压力低	(1)焦炭塔预热，造成油气量减少； (2)塔顶出口系统压力低； (3)仪表故障	(1)适当增加零层进料量、减少五层进料量，提高蒸发段温度，提高中段温度； (2)联系调度，提高系统压力； (3)参考其他相关参数，维持正常操作，联系仪表维护人员处理故障

3.九层温度的控制

在正常操作中，应根据柴油质量要求来改变九层温度，九层温度的控制主要是通过调节中段回流量和调节三通阀门冷、热流的方法来实现。

九层温度调节见表2-2-9。

表2-2-9　九层温度调节

现象	影响因素	调节方法
九层温度升高	(1)中段回流量减少； (2)蜡油四层回流量减少； (3)中段、蜡油四层回流温度高； (4)蒸发段温度高； (5)柴油抽出量增加； (6)仪表故障	(1)调节中段回流控制阀门，适当提高中段回流量； (2)调节蜡油四层回流控制阀门，适当提高四层回流量； (3)中段、蜡油三通阀门少走旁路，多走蒸发器，降低回流温度； (4)适当减少零层进料量、增加五层进料量，降低蒸发段温度； (5)适当降低柴油抽出量； (6)参考其他相关参数，维持正常操作，联系仪表维护人员处理故障

表 2-2-9(续)

现象	影响因素	调节方法
九层温度降低	(1)中段回流量大; (2)蜡油四层回流量大; (3)中段、蜡油四层回流温度低; (4)蒸发段温度低; (5)柴油抽出量减少; (6)仪表故障	(1)调节中段回流控制阀门,适当降低中段回流量; (2)调节蜡油四层回流控制阀门,适当降低四层回流量; (3)中段、蜡油三通阀门多走旁路,少走蒸发器,提高回流温度; (4)适当增加零层进料量、减少五层进料量,提高蒸发段温度; (5)适当提高柴油抽出量; (6)参考其他相关参数,维持正常操作,联系仪表维护人员处理故障

4.蒸发段温度的控制

(1) 控制目标:蒸发段温度不高于 385 ℃。

(2) 控制范围:蒸发段温度波动范围不超过±5 ℃。

(3) 控制方式:见图 2-2-12。在正常操作中,蒸发段温度的改变主要是改变循环比,蒸发段温度越低,循环比越大;反之,蒸发段温度越高,循环比越小。所以控制蒸发段温度就要控制循环比。控制循环比主要调节 TV-309-1 和 TV-309-2 进料量的比例和蜡油下回流量。TV-309-1 和 TV-309-2 是反方向控制的两个阀门,所取信号为同一值。

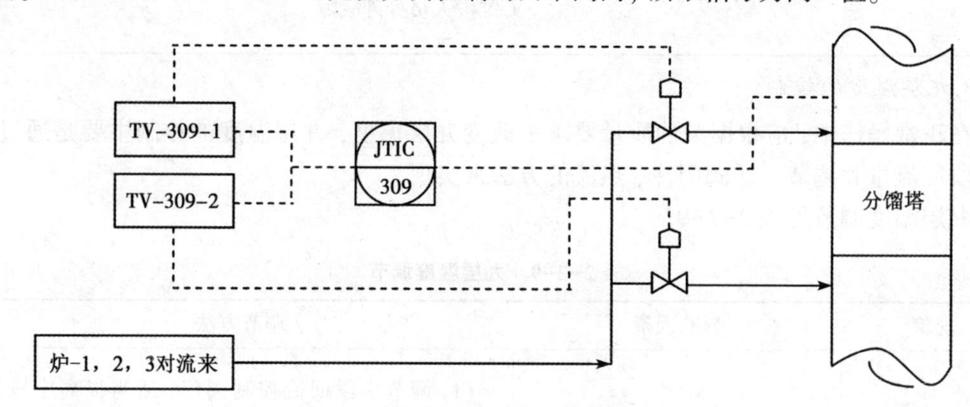

图 2-2-12 分馏塔蒸发段控制流程图

(4) 分馏塔蒸发段温度调节:见表 2-2-10。

表 2-2-10 分馏塔蒸发段温度调节

现象	影响因素	调节方法
蒸发段温度高	(1)蜡油下回流量减少; (2)蜡油下回流温度高;	(1)调节蜡油下回流控制阀门,适当提高蜡油下回流回流量; (2)蜡油三通阀门少走旁路,多走蒸发器,降低回流温度;

表 2-2-10(续)

现象	影响因素	调节方法
蒸发段温度高	(3)分馏塔上进料量减小、下进料量增加； (4)焦炭塔来油气温度升高，油气量增加； (5)加热炉对流出口温度升高； (6)焦炭塔冲塔； (7)仪表故障	(3)调节零、五层进料控制阀门，提高上进料量、降低下进料量； (4)增大急冷油注入量，提高蜡油下回流流量和上进料量； (5)适当降低加热炉对流出口温度； (6)增大急冷油注入量，适当提高蜡油下回流流量和上进料量； (7)仪表由自动改手动控制，参考其他相关参数，维持正常操作，联系仪表维护人员处理故障
蒸发段温度低	(1)蜡油下回流流量大； (2)蜡油下回流温度低； (3)上进料量增加、下进料量减小； (4)焦炭塔预热造成油气量减少； (5)加热炉对流出口温度降低； (6)焦炭塔换塔操作； (7)仪表故障	(1)调节蜡油下回流控制阀门，适当降低蜡油下回流流量； (2)蜡油三通阀门多走旁路，少走蒸发器，适当提高回流温度； (3)调节零、五层进料控制阀门，适当提高下进料量、降低上进料量； (4)适当减少急冷油注入量，降低蜡油下回流流量和上进料量； (5)适当提高加热炉对流出口温度； (6)减少急冷油注入量，降低蜡油下回流流量和上进料量； (7)仪表由自动改手动控制，参考其他相关参数，维持正常操作，联系仪表维护人员处理故障

5.塔底温度的控制

分馏塔塔底温度上限受焦化油在塔底结焦程度的限制，下限受加热炉对流出口温度和循环比下限的限制，如果温度过低，会影响整个塔的热平衡和物料平衡。塔底温度一般控制在 340~370 ℃。分馏塔塔底温度调节见表 2-2-11。

表 2-2-11　分馏塔塔底温度调节

现象	影响因素	调节方法
塔底温度高	(1)上进料量增加，下进料量减少，蒸发段温度下降； (2)加热炉对流出口温度升高； (3)油气温度升高和油气量增加	(1)调节零、五层进料控制阀门，提高下进料量，降低上进料量，提高蒸发段温度； (2)适当打开 H-2 或 H-6 副线，降低加热炉对流出口温度； (3)增大焦炭塔急冷油注入量

表 2-2-11(续)

现象	影响因素	调节方法
塔底温度低	(1)上进料量减少，下进料量增加，蒸发段温度升高； (2)加热炉对流出口温度降低； (3)油气温度降低和油气量减少	(1)调节零、五层进料控制阀门，提高上进料量，降低下进料量，降低蒸发段温度； (2)适当关小 H-2 或 H-6 副线，提高加热炉对流出口温度； (3)减少焦炭塔急冷油注入量

6.蜡油集油箱液面的控制

在正常操作中，蜡油集油箱液面主要是由蜡油出装置流量自动调节，见图 2-2-13。

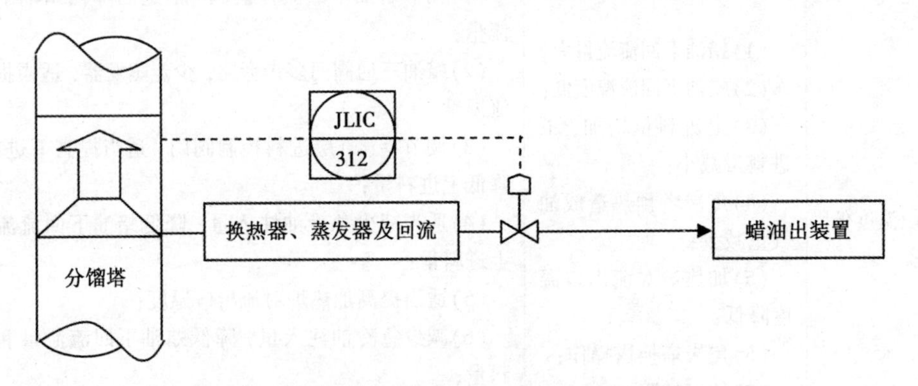

图 2-2-13　分馏塔蜡油集油箱液面调节流程图

分馏塔蜡油集油箱液面调节见表 2-2-12。

表 2-2-12　分馏塔蜡油集油箱液面调节

现象	影响因素	调节方法
集油箱液面高	(1)蜡油上回流量增加； (2)柴油抽出量降低； (3)蒸发段温度升高； (4)处理量增加； (5)中段温度降低； (6)仪表故障； (7)仪表故障	(1)适当关小蜡油上回流控制阀门，降低蜡油上回流流量； (2)适当开大柴油出装置控制阀门，提高柴油抽出量； (3)调节零、五层进料控制阀门，提高上进料量，降低下进料量，降低蒸发段温度； (4)适当增大产品抽出量； (5)适当提高中段回流温度或增大中段回流量； (6)联系调度，确保后路畅通，必要时蜡油出装置改去污油罐； (7)仪表由自动改手动控制，参考其他相关参数，维持正常操作，联系仪表维护人员处理故障

表 2-2-12(续)

现象	影响因素	调节方法
集油箱液面低	(1)蜡油上回流量减少； (2)柴油抽出量增大； (3)蒸发段温度降低； (4)处理量减小； (5)中段温度升高； (6)仪表故障	(1)适当打开蜡油上回流控制阀门，提高蜡油上回流流量； (2)适当关小柴油出装置控制阀门，降低柴油抽出量； (3)调节零、五层进料控制阀门，适当提高下进料量，降低上进料量，提高蒸发段温度； (4)适当减少产品抽出量； (5)适当降低中段回流温度或减少中段回流量； (6)仪表由自动改手动控制，参考其他相关参数，维持正常操作，联系仪表维护人员处理故障

7.塔底液面的控制

分馏塔塔底液面是焦化分馏塔操作的关键。因此，分馏塔塔底液面采用对流流量和分馏塔底液面串级调节控制。分馏塔塔底液面低时，增加流量(这受原料油泵流量和加工量限制)；反之，液面高时，减少流量(这受对流炉管结焦温度的限制)。在正常操作中，塔底液面一般控制在70%~90%。

分馏塔塔底液面调节见表 2-2-13。

表 2-2-13 分馏塔塔底液面调节

现象	影响因素	调节方法
塔底液面高	(1)辐射进料量减小； (2)蒸发段温度降低； (3)集油箱溢流； (4)塔顶压力升高； (5)焦炭塔预热和切换，造成油气量减少； (6)焦炭塔冲塔	(1)稳定辐射进料量； (2)平稳蒸发段温度； (3)提高中段、集油箱温度，加大蜡油、柴油抽出量； (4)平稳塔顶压力； (5)平稳蒸发段温度，减少急冷油量； (6)塔底液面超高时，对流出口改放空或启动 B-9 向污油罐甩油，但对流不可无量
塔底液面低	(1)辐射进料量增加； (2)蒸发段温度升高； (3)塔顶压力降低； (4)原料油泵故障或抽空	(1)稳定辐射进料量； (2)平稳蒸发段温度； (3)平稳塔顶压力； (4)换泵，没有备用泵时可启动蒸气往复泵

任务三 延迟焦化新技术

延迟焦化技术发展主要涉及工艺、设备及控制等几个方面。

一、工艺

(一) 传统工艺改进

上海某工厂采用将传统工艺改进的技术，新流程与传统流程相比主要是改进了焦化炉的流程，原料油直接进对流、辐射加热，主要解决传统流程中焦化炉对流、辐射分开加热，对流容易超温的问题。改进延迟焦化流程图见图 2-2-14 。

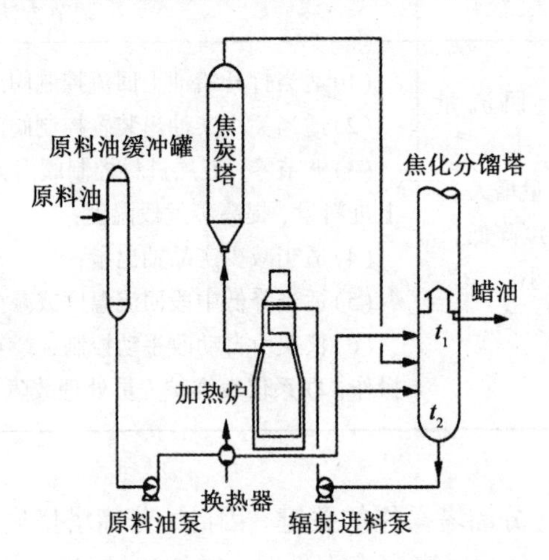

图 2-2-14　改进延迟焦化流程图

（二）新工艺

洛阳某石化公司针对国内焦化不能实现小循环比操作开发了新工艺——可灵活调节循环比延迟焦化流程。该流程中，原料油不进分馏塔，而在分馏塔底部改为循环油抽出。循环比的调节直接采用循环油与原料油在罐里混合的方式。反应油气热量在分馏塔内采用经换热后的冷循环油的换热方式。其流程图见图 2-2-15。

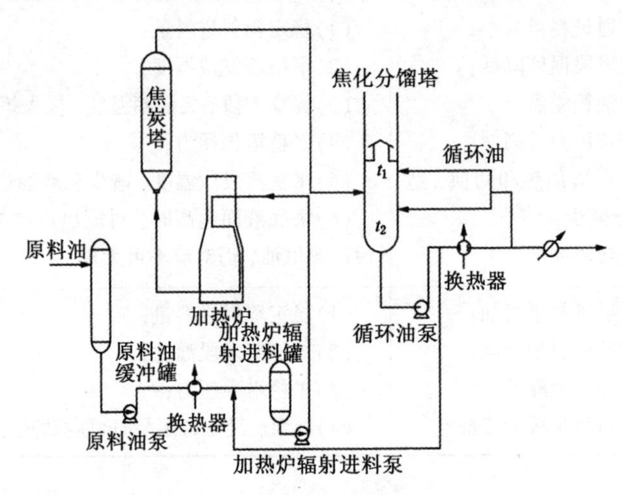

图 2-2-15　可灵活调节循环比延迟焦化流程图

二、设备

（一）加热炉

为了解决加热炉炉管结焦问题，在加热炉设计中采用以下新技术：

（1）使用加热炉设计专用软件，优化加热炉设计；

（2）水平管单排管双面辐射传热方式，优化炉管表面热强度；

（3）多点注水（汽）技术；

（4）开发小能量、扁平火焰、低 NO_x 气体燃烧器；

（5）采用在线烧焦技术。

（二）焦炭塔及除焦设备

焦炭塔及除焦设备有：大型焦炭塔、除焦控制阀、自动除焦器、自动顶盖机等。

三、控制

（一）焦炭塔压力控制

延迟焦化过程中，加热炉、分馏塔的操作是连续的，而焦炭塔的操作是间断的。焦炭塔的每次操作都会改变加热炉、分馏塔的正常操作。在焦炭塔预热、切换过程中，分馏系统压力变化，从而引起操作的波动及泡沫夹带，影响装置的正常生产。大型焦炭塔的压控技术就是针对该问题进行的一项革新，其主要原理是在焦炭塔预热过程中，通过注入一种引发物料（焦化石脑油 LGO），在生产焦炭塔内产生足以补偿预热另一个焦炭塔所带来的流量补充，来稳定生产焦炭塔的压力，克服焦炭塔、分馏系统的压力波动。其控制原理图见图2-2-16。

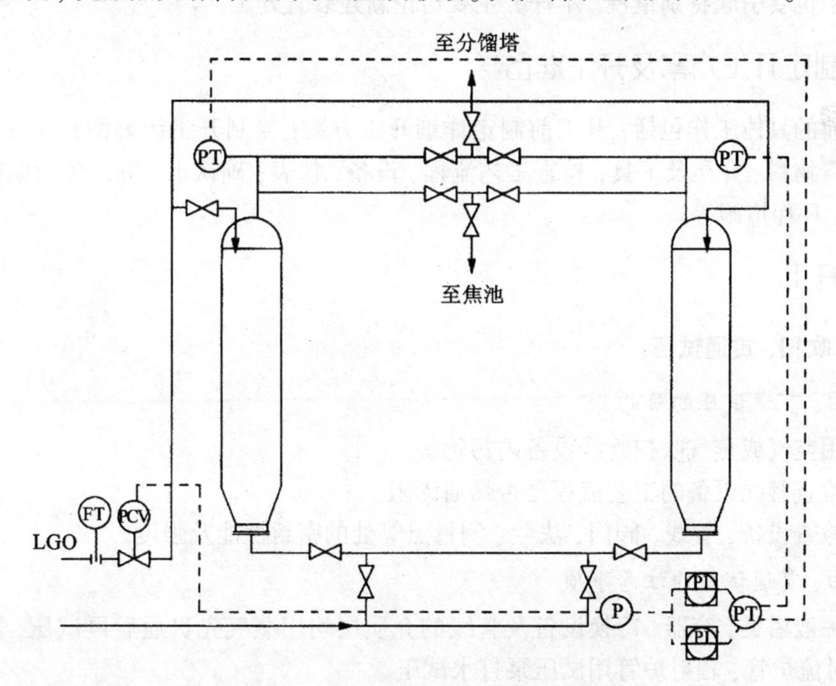

图 2-2-16　焦炭塔的压力控制原理图

（二）水力除焦程序控制系统

水力除焦程序控制系统采用钻具位移模拟数显示及钻机绞车、溜焦槽的电视监控。

【思考题】

（1）焦化分馏的作用是什么？

（2）焦化分馏塔的工艺特点是什么？

（3）如何进行蜡油集油箱液面控制？

（4）如何控制分馏塔的塔顶、塔底温度？

项目三　操作技术

任务一　开工操作(以某石化公司延迟焦化装置正常开工操作为例)

延迟焦化装置的开工分新建装置开工和检修后装置开工。一般来讲，检修后装置开工比新建装置开工步骤简单、时间短，而且操作人员也比较熟练，开工就比较顺利，但在整个开工过程中也要引起特别重视。本任务主要讨论新建装置开工。

一、制定开工方案及开工准备

开工前的具体工作包括：开工前制定详细开工方案；绘制开工统筹图；准备开工及生产过程所需物料、介质及工具；检查工艺流程、设备、仪表；确认水、电、汽、风正常供应；明确安全、环保措施等。

二、开工

(一) 吹扫、贯通试压

1.吹扫、贯通试压的目的

(1) 用空气或蒸气吹扫管线设备内污物等。

(2) 检查管线设备的工艺流程是否畅通无阻。

(3) 检查设备、管线、阀门、法兰、测量点等处的密封性能及强度。

2.吹扫、贯通试压的注意事项

(1) 一般塔类、容器、冷换设备及管线的介质层均用蒸气先贯通后再试压，加热炉注水炉管、对流炉管、辐射炉管用试压泵打水试压。

(2) 贯通试压时应避免脏物进入设备，改好流程后，有副线和控制阀的地方应先扫副线，将孔板拆除，接短管，蒸气不准乱串。

(3) 贯通试压不宜过快，不要一下子全面铺开，要一段段管线、一台台设备地吹扫试压。

(4) 要严格注意试压标准，不要超过指标，一般设备试压为操作压力的1.5倍，管线一般试压到蒸气压力为止，重点要放到高温高压部位。焦炭塔试压为0.3 MPa，分馏塔试压为0.2 MPa，加热炉注水炉管和辐射炉管试压为6.0 MPa，加热炉对流炉管试压为4.5 MPa。高压水管线试压为20.0~25.0 MPa，恒压15~30 min不漏、无形变为合格。

(5) 焦炭塔试压前应在安全阀下加盲板，将分馏塔顶安全阀的手阀关闭，在加热炉辐射出口去四通旋塞阀前加盲板，分别装好合适量程的压力表，用于准确指示所试压力。

3.吹扫、贯通试压的工作程序及流程

(1) 加热炉。

① 给汽贯通流程如下:

注水泵出口给汽→注水炉管

原料油泵出口给汽→对流炉管→辐射炉管→四通旋塞阀→焦炭塔侧→放空塔

② 给汽贯通后进行试压操作,流程如下:

❖ 停汽后放净压力,在加热炉出口即在四通旋塞阀前加盲板,四通旋塞阀的公称设计压力为1.6 MPa,严防超压把阀芯打坏;

❖ 注水炉管、辐射炉管、对流炉管分别装满试压水;

❖ 启动试压泵和注水泵,打压到4.5 MPa,恒压检查对流炉管、弯头、堵头、涨口、法兰、焊口、阀门等处,无泄漏或在允许的范围内甩掉对流炉管;

❖ 注水炉管和辐射炉管进一步升压至6.0 MPa,恒压检查;

❖ 试压完毕放净存水,冬季还要用汽扫净存水防止冻坏炉管;

❖ 新装置投产时,最好再用柴油试压,因为柴油的渗透力强,所以试压的可靠性好,其方法同上。

(2) 焦炭塔。

塔顶挥发线、塔体、开工循环线等均先用蒸气贯通,再试压。贯通完后,在分馏塔的油气入口处加盲板,关闭放空阀门,在操作平台给汽,憋压到0.3 MPa,进行全面检查,无漏为合格。

(3) 分馏塔及各侧线。

分馏塔系统的管线设备通常的贯通方法有两种:一种是从塔底给汽,向各馏出口吹扫,在各馏出口的最低点排空;另一种是从各馏出口的固定吹打头给汽向塔内吹扫。一般采用第二种方法,因为这种贯通方法速度快、时间短。

吹扫贯通后,关闭塔壁阀门和出装置阀门,管线试压到蒸气压力检查无漏时为止。分馏塔在塔底给汽,升压到0.2 MPa,检查人孔、接管各处无泄漏为合格。卸掉压力和冷凝水。

封油线及容器用蒸气扫完,试压合格放净水后,还要用空气吹扫干净,防止封油带水,造成透平泵抽空。

(4) 稳定吸收和瓦斯系统。

先用蒸气贯通,后试压到蒸气压力,类似分馏塔及各侧线。

(二) 单机水试运和联合水试运

单机水试运和联合水试运也叫作冷负荷试运,是一般炼油装置新开工中不可缺少的一步。

单机水试运之前,电机应该空运8 h以上,检查电机运转是否良好,检查电气、电路、开关的绝缘性能和使用性能。

1.单机水试运

单体机动设备(泵和压缩机)同工艺管线一起充水,用泵打循环,进行冷负荷试运,要求单机冷负荷试运在24 h以上,目的是冲洗管线和设备。检查流程走向,考验机泵性能是否符合铭牌及生产要求。

2.联合水试运

在单机水试运合格的基础上，进行全装置的联合水试运，其目的是为开工进油、点火升温做准备。检查整个装置是否协调；检查各仪表是否灵活好用；进一步考验机泵性能，检查它们对全装置的联系。

（三）负荷试运

负荷试运常指装油循环，分以下步骤进行。

1.装油循环点火

首先，以逐个设备进行装油，但是最好按照循环流程装油，这样较为省事。其流程如下。

开工柴油从装置外引进→原料油泵→双炉对流炉管→分馏塔底

原料缓冲罐←甩油泵←焦炭塔侧←四通旋塞阀←辐射炉管

蜡油系统和柴油系统也分别装好油。装油完毕，循环也就开始，加热炉准备点火升温。

2.循环升温脱水

循环升温脱水的流程如下。

（1）各低点脱水见油后，启动机泵进行循环，保持液面平稳，加热炉点火，开始升温。循环量保持辐射分支流量在适当范围内，升温速度控制在30~40 ℃/h为宜，当加热炉出口温度在250~300 ℃时保持恒温，分别在分馏塔顶、焦炭塔顶脱水。在脱水过程中，因油轻而泵易抽空，这时可以引进一定量的蜡油或渣油。新开工装置可以先升温后降温，反复几次，以检查设备是否有缺陷。

（2）继续升温至加热炉出口温度达到350 ℃并进行恒温脱水，焦炭塔顶温度随脱水过程的进行不断升高，超过110~120 ℃时，改焦炭塔顶去分馏塔底。继续脱水，使分馏塔塔底温度达250 ℃以上，而且从焦炭塔、分馏塔底听不到有水击的响声，分馏塔上部各处温度已不断上升，油水分离器下脱水渐渐减少。经采样分析，确实证明分馏塔底油无水时开始预热加热炉的进料泵。

3.启动加热炉进料泵

启动加热炉进料泵的注意事项如下。

（1）启动加热炉进料泵之前引好各冷换设备冷却水；启动注水泵打水，经注水炉管加热后，在辐射入口处排空；准备好分馏塔顶回流用的汽油；准备好原料油罐、产品接收罐；封油收好，并循环正常；加热炉的燃料气（燃料油）能满足需要；各部分操作都很正常，设备没有大的问题。

（2）启动加热炉进料泵必须具备：透平（或电机）部分试车完毕随时都可启动；系统中水已脱净；油泵部分预热温度已经达到，与分馏塔底温差不大于50 ℃；辅助系统（包括真空系统、封油系统、润滑油系统、冷却水系统）全部正常；分馏塔底液面平稳，原料油泵上量良好；全装置无严重渗漏，各岗位配合很好。

（3）启动透平后应当注意：开加热炉进料泵出口阀的同时，停蒸气往复泵，关闭泵出口阀门，不可因加热炉进料泵出口压力高而造成往复泵憋压，或者将热油串到其他地方；分馏塔底液面要加强控制，维持平稳；加热炉的提量或降量都必须统一操作，加强与分馏岗位的联系；封油罐要加强脱水，液面要平稳；根据分馏塔底液面的高低可适当提加热炉进料油量。

4.升温切换原料油

升温切换原料油的流程如下。

（1）加热炉进料泵启动正常以后，以 40 ℃/h 的速度升温到 400~420 ℃，分馏塔根据条件逐步建立各线回流，控制温度不要超过正常生产指标。

（2）启动原料油泵抽新鲜原料油，甩掉抽缓冲罐的循环流程。同时，焦炭塔甩油也改出装置，形成一边进新鲜原料油、一边甩开工用油的开路循环流程。

（3）原料油切换完后，加热炉出口温度已达 420 ℃，注水由放空改进辐射入口。

（4）450 ℃时恒温检查，活动四通旋塞阀，压缩机启动空运，汽油、柴油、蜡油出装置通畅，仪表自动控制好用，机泵切换多次处于良好备用状态，焦炭塔底加快甩油。

5.快速升温到 495 ℃切换四通旋塞阀

快速升温到 495 ℃切换四通旋塞阀时的注意事项如下。

（1）在快速升温过程中，调节压缩机的负荷，控制好系统压力，使其保持在 0.05 MPa；焦炭塔加速塔底甩油，保持塔内无存油状态，甩油泵要有专人看管，严防温度高漏油着火；控制加热炉温度，加热炉进料流量和分馏塔底液面改自动控制，加热炉出口温度不能有较大的上下波动；做好切换四通旋塞阀的准备。

（2）当加热炉出口温度升到 495 ℃并运行正常，加热炉进料泵运行正常，分馏塔系统控制平稳，焦炭塔底甩油畅通，塔内存油极少，压缩机能正常运转，系统压力能够平稳控制，生产产品出装置没有问题等条件都具备后，便可联系好切换四通旋塞阀，从焦炭塔的侧部翻到焦炭塔的底部，转入正常生产。图 2-3-1 为某延迟焦化装置柴油开工的升温曲线图。

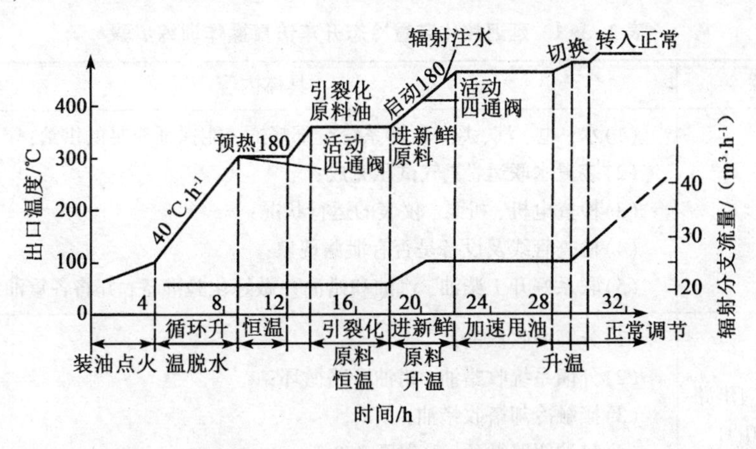

图 2-3-1 柴油开工的升温曲线图

（3）切换四通旋塞阀后，焦炭塔岗位扫好开工线和甩油线。

6.正常调节

（1）流量调节。

加热炉进料以 5~8 m^3/h 的速度升到工艺指标；分馏岗位根据各部温度调节回流量；加热炉注水量按照指标分次提足；根据汽油质量控制分馏塔塔顶温度，根据柴油质量控制柴油抽出量。

(2) 温度调节。

根据循环比大小调节分馏塔蒸发段温度到工艺指标；用冷却水量调节出装置产品的冷后温度；根据焦炭质量，控制炉出口温度。

(3) 压力调节。

压缩机调节负荷控制系统压力在工艺指标范围内；加热炉进料泵出口压力控制在额定压力的80%左右；注水压力根据注水量而定。

7.稳定吸收系统的开工

在焦化部分正常开工以后，各部分调节工作全部完成，这时要准备稳定吸收系统的开工。该方法仍是扫线贯通、试压、装油循环，引热源升温到正常操作调节为止。

三、技能训练：延迟焦化装置冷态开车仿真操作

（一）训练目标

(1) 熟悉延迟焦化装置工艺流程及相关流量、压力、温度等控制方法。

(2) 掌握延迟焦化装置开车前的准备工作及冷态开车的步骤。

（二）训练准备

(1) 仔细阅读延迟焦化装置概述及工艺流程说明，并熟悉仿真软件中各个流程画面符号的含义及操作步骤。

(2) 熟悉仿真软件中控制组画面、手操器组画面的内容及调节方法。

（三）训练步骤

延迟焦化装置冷态开车仿真操作训练步骤见表2-3-1。

表2-3-1　延迟焦化装置冷态开车仿真操作训练步骤

操作步骤	具体内容
开车前准备	(1)水、电、汽、风、瓦斯系统全部畅通，能保证充足的供给； (2)装置水联运，氮气试压完成； (3)检查电机、机泵、仪表的运行状况； (4)检查管线及设备是否有泄漏现象； (5)联系好开工柴油、汽油和蜡油并做好化验准备，并将各重油线给上伴热
收蜡油，闭路循环升温至350 ℃	(1)分馏塔收汽油； (2)分馏系统收蜡油、蜡油开路循环； (3)接触冷却塔收蜡油； (4)蜡油闭路循环，升温至350 ℃； (5)稳定系统收瓦斯、汽油，三塔循环
引渣油，切换四通旋塞阀	(1)加热炉继续升温至380 ℃，切换减渣； (2)升温调整操作，投用中压蒸气； (3)升温至430 ℃，切四通旋塞阀，迅速升温至500 ℃
全面调整操作	(1)分馏系统建立回流； (2)稳定系统投用压缩机收富气，转入生产； (3)调整操作，转入正常生产

表 2-3-1(续)

操作步骤	具体内容
启动化学试剂系统，联锁投用	(1)在加热炉出口温度达到 450 ℃以上后，投用缓蚀剂罐、增液剂罐、消泡剂罐充液，启动 P-3124，P-3125，P-3118； (2)在加热炉出口温度达到 450 ℃以上后，联锁投用

任务二　停工操作

装置停工的原因有很多，其中有计划检修、装置的改造扩建、键设备发生故障非停工不可等。根据装置停工的原因不同，停工方法步骤也不相同，就其方法不同来看，可以分为正常停工、紧急停工、单炉停工三种情况。

一、停工

(一) 正常停工

正常停工前一切操作条件仍按照工艺指标控制。确定停工时间后，焦炭塔的换塔时间应当安排好，在停工时有两个空焦炭塔作为停工用焦炭塔。正常停工步骤如下。

1.加热炉降量

(1) 加热炉以 5~10 m^3/h 的速度降量，由原来正常生产时的流量降到某设定值，降量过程中加热炉出口仍按照工艺指标控制。

(2) 降量过程中，分馏塔岗位仍要控制产品质量，保持好分馏塔底液面及各处温度。

(3) 焦炭塔岗位将空焦炭塔预热到塔顶约 300 ℃，扫好开工线、甩油线，准备好甩油泵。

(4) 在降量过程中稳定吸收可以提前停工，抽净设备存油。

(5) 加热炉进料泵降量时，可根据具体条件逐渐降低出口压力直到 3.0 MPa 左右。

(6) 降量开始以后就可以切换热原料油，改抽冷原料油，以利下步降温。

(7) 压缩机控制好系统压力，适当减少负荷，直到全部卸去负荷，停压缩机。

2.加热炉快速降温及切换四通旋塞阀

(1) 降量结束后，加热炉以 60 ℃/h 的速度降低至加热炉出口温度为 460 ℃。

(2) 当加热炉出口温度到 460 ℃时，切换四通旋塞阀，从老塔底部进料切换到停工塔侧部进料。

(3) 切换后，焦炭塔岗位老塔少量给蒸气汽提、停工塔加速甩油。

(4) 分馏塔产品很少，停止向外送产品，关闭出装置阀门，加大向分馏塔回流量，进行热冲洗塔盘。

3.降温

(1) 继续以 40~50 ℃/h 的速度降温。

(2) 继续降温后，系统压力仍要保持：一方面保证加热炉燃料，另一方面保持加热炉进料泵有一定入口压力。

(3) 降温到 400 ℃时，辐射进料量应当加大，以利降温，不至于熄火太多造成炉膛降温太快。

(4) 降温到 350 ℃时，停止辐射、对流进料，用蒸气扫线。

(5) 注水一般在 400 ℃时停止，改放空，也可以不停注水，用热水冲洗炉管。

4.熄火

(1) 熄火后，加热炉扫线继续；要逐渐开人孔、防爆孔、烟道挡板，以利降温；要测焦厚的炉管；堵头要加机油。

(2) 焦炭塔和分馏塔要尽快甩油，保证设备少存油；分馏塔继续将后部的汽油、柴油打回分馏塔内，冲洗塔盘。

(3) 加热炉进料泵停运后，封油和润滑油继续循环，加强盘车使机体降到室温，然后停封油及润滑油，配合扫线。

5.设备管线处理

(1) 停工后对设备管线进行扫线处理，需要做到以下三点：

① 设备管线存油必须抽空；

② 设备管线内存油必须尽可能扫干净；

③ 设备管线内残压必须放掉，存水必须放净。

(2) 扫线的程序：

渣油→蜡油→柴油→汽油→瓦斯系统

(二) 紧急停工

紧急停工也有两种情况。一种是突然爆炸或长时间停电、停水、停汽，既不能维持生产，也不能降温循环，可采用加热炉紧急熄火，切换四通旋塞阀到新塔或切换到放空塔，停掉加热炉进料泵，全装置立即改放空。另一种是降温循环的办法(如蒸气透平部分出现故障)，这时可降温到 350 ℃左右，甩掉加热炉进料泵，用蒸气往复泵代替。这一方法可以维持系统内有一定压力、温度、流量、液面；可以建立起加热炉、焦炭塔、分馏塔的循环，使产品不出装置。冬季为了防冻防凝可以向装置外切断顶线。

(三) 单炉停工

单炉停工又叫分炉。在两炉四塔型延迟焦化装置中，经常有分炉和并炉这样的过程。单炉停工的原因：多数情况是一台加热炉结焦严重，而另一台加热炉或全装置不需要停工；少数情况是因加热炉或与它成对的焦炭塔出现必须停工才能处理的问题。

1.单炉停工步骤

延迟焦化装置可以根据情况甩掉一炉进行检修，而另一炉进行正常生产，然后并炉，这就是它的灵活性。其步骤如下。

(1) 以 25 m^3/h 的速度降单炉流量到某设定值。

(2) 快速降温到 460 ℃，切换四通旋塞阀到焦炭塔侧部进料，底部油甩出装置。

(3) 降温到 400 ℃时，焦炭塔顶改放空塔，对流辐射分别停止进料。

(4) 给汽扫线，加热炉降温至 350 ℃即可熄火。

2.单炉停工注意事项

(1) 停工的加热炉降量时，分馏塔要控制好产品质量，控制好各部温度和液面。

(2) 压缩机要注意系统压力的维持。

（3）加热炉在停止对流进料和停止辐射进料时，分馏塔要保持塔底液面和温度。

（4）正常生产的加热炉负荷增加，注意炉膛温度不要超高。

（5）加热炉进料泵注意出口压力，不能波动太大。

（6）停止进料后扫线时，要注意将隔开阀门关严，防止向生产系统串汽、串水。

二、技能训练：延迟焦化装置冷态停车仿真操作

（一）训练目标

（1）熟悉延迟焦化装置工艺流程及相关流量、压力、温度等控制方法。

（2）掌握延迟焦化装置正常停车的步骤。

（二）训练准备

（1）仔细阅读延迟焦化装置概述及工艺流程说明，并熟悉仿真软件中各个流程画面符号的含义及操作步骤。

（2）熟悉仿真软件中控制组画面、手操器组画面的内容及调节方法。

（三）训练步骤

延迟焦化装置冷态停车仿真操作训练步骤见表2–3–2。

表2–3–2　延迟焦化装置冷态停车仿真操作训练步骤

操作步骤	具体内容
停工准备	（1）车间基础工作准备； （2）反应系统工艺准备； （3）分馏系统准备工作； （4）稳定系统准备工作
降温，降量，切换四通旋塞阀，停压缩机	（1）加热炉降温、降量； （2）切换四通旋塞阀，老塔冷焦、新塔减渣开路，停压缩机
降温，切辐射泵，加热炉降温熄火	（1）加热炉降温，停辐射泵，反应系统扫线； （2）分馏系统退油，水顶汽油； （3）稳定系统退油，水顶液化气； （4）停化学试剂

任务三　常见事故及处理方法

一、事故处理原则

装置事故处理原则：以确保人民的生命财产安全并能及时恢复生产为宗旨。

一旦发生事故，要及时汇报调度，要根据事故现象、事故发生前有关设备所处的情况、有关参数变化情况及有关操作流程，正确判断事故发生的原因，迅速处理，避免事态扩大。

二、常见事故和处理方法

（一）动力事故

1.装置停电

（1）事故现象：装置照明熄灭，转动设备停止，DCS 备用电源启动并报警。

（2）事故原因：错误的电气作业，高压水泵故障，供电系统故障，晃电。

（3）事故确认：现场转动设备停止或照明熄灭。

（4）处理方法：

① 报告领导，指挥操作员按照事故应急救援预案进行处理；

② 联系调度，了解停电发生的原因和影响；

③ 严密监视各个参数，判断事故发展的程度，及时报告班长并采取相应的对策；

④ 加热炉紧急熄火、降温；

⑤ 使用汽泵退油；

⑥ 扫线，要先扫重油线；

⑦ 瓦斯放火炬，装置泄压。

2.系统停汽

（1）事故现象：装置内蒸气压力降低，装置输出蒸气量显著增加，DCS 报警。

（2）事故原因：系统故障或管线严重泄漏。

（3）事故确认：装置内蒸气与系统蒸气连通阀后，系统蒸气压力继续急剧下降。

（4）处理方法：

① 报告救灾指挥部、车间领导、厂调及消防队；

② 指挥操作员按照事故应急救援预案进行处理；

③ 联系调度，了解停汽发生的原因和影响；

④ 严密监视各个参数，判断事故发展的程度，及时报告班长并采取相应的对策；

⑤ 加热炉紧急熄火、降温；

⑥ 立即关闭系统蒸气进装置阀，利用自产蒸气维持生产；

⑦ 立即关闭或关小非必要用汽阀门；

⑧ 装置不能稳定控制时，按照紧急停工处理；

⑨ 重油管线导入柴油，防凝固。

3.系统停风（仪表风）

（1）事故现象：风动控制阀自动变为全开或全关位置，DCS 报警。

（2）事故原因：系统动力风故障，内部管线冻堵。

（3）事故确认：现场检查风压力低于 0.2 MPa。（瓦斯控制阀全关，加热炉火嘴熄灭，辐射控制阀、对流控制阀全开，去火炬阀门全开。）

（4）处理方法：

① 报告领导，指挥操作员按照事故应急救援预案进行处理；

② 联系调度，了解停风发生的原因和影响；

③ 严密监视各个参数，判断事故发展的程度，及时报告班长并采取相应的对策；

④ 加热炉紧急熄火、降温；

⑤ 立即利用手阀控制装置的系统压力；

⑥ 将风关阀改为上游阀控制，将风开阀改为副线控制；

⑦ 装置不能稳定控制时，按照紧急停工处理。

4.装置停新鲜水、软化水

(1) 事故现象：装置部分泵冷却水中断，汽包液位急剧下降。

(2) 事故原因：管线破裂，系统泵出现问题。

(3) 事故确认：装置进水表回零，现场确认排凝排水不带压，主要热油机泵冷却水中断。

(4) 处理方法：

① 报告领导，指挥操作员按照事故应急救援预案进行处理；

② 联系调度，了解停水发生的原因和影响；

③ 严密监视各个参数，判断事故发展的程度，及时报告班长并采取相应的对策；

④ 加热炉紧急熄火、降温；

⑤ 短时间可用循环水代替新鲜水、软化水；

⑥ 切除蒸发器；

⑦ 装置降量，检查主要机泵冷却水(轴封冷却水、泵头冷却水、泵机座冷却水)；

⑧ 与系统连通的蒸气控制阀改为手动，保持与系统蒸气的大量连通；

⑨ 加强调节；

⑩ 停水时间长、装置不能稳定控制时，按照紧急停工处理。

(二) 设备事故

1.加热炉炉内油管线破裂

(1) 事故现象：炉区管线有明显烟雾或加热炉烟囱有明显变化(黑烟或白烟)。

(2) 事故原因：炉管腐蚀。

(3) 事故确认：炉膛温度大幅度升高，炉膛负压大幅度变化，从炉看火门或防爆门冒烟。

(4) 处理方法：

① 报告领导，指挥操作员按照事故应急救援预案进行处理；

② 通知调度，联系消防队；

③ 先用消防蒸气保护现场；

④ 立即关闭瓦斯总阀门，加热炉熄火；

⑤ 关闭入炉辐射、对流管线阀门，关闭四通旋塞阀门后焦炭塔进料隔断阀门，关闭炉对流管线出口阀门；

⑥ 按照紧急分炉操作进行处理。

2.焦炭塔顶盖或底盖泄漏

(1) 事故现象：焦炭塔顶盖或底盖有明显油气、油或烟雾。

(2) 事故原因：温度升高后，顶阀或法兰变形。

(3) 事故确认：现场确认。

(4) 处理方法：

① 报告领导，指挥操作员按照事故应急救援预案进行处理；

② 通知调度，联系消防队；

③ 先用消防蒸气保护现场；

④ 对应的加热炉降量，降低泄漏部位压力，降低风险；

⑤ 顶阀泄漏可直接在顶阀端部安装盲法兰，底盖泄漏应先热紧；

⑥ 如果在生产工序允许、泄漏部位状况可控的情况下，推迟到放水以后且焦炭塔区域处于安全状态时进行检修；

⑦ 焦炭塔着火注意用大量蒸气或水保护中子料位计，防止发生放射事故；

⑧ 如果不能控制泄漏情况，立即采取紧急分炉措施。

3.中子料位计防范

(1) 防范的宗旨：保障放射工作人员、公众及其后代的健康与安全，并提高放射防护措施的效益。

从上述宗旨出发，必须对中子料位计辐射源的使用给予必要的控制，从而防止发生对健康有害的非随机性效应(接受放射治疗的患者除外)，并将随机性损害效应的发生率降低到被认为可以接受的水平。

(2) 注意事项。

① 应对从事放射工作的人员加强安全和放射防护知识的教育，并定期进行考核，使他们自觉遵守有关放射防护的各种标准和规定，有效地进行防护并防止事故的发生。

② 车间(主要是焦炭塔岗) 人员受到的年剂量当量应低于下列限值：全身为 5 mSv (0.5 rem)；任何单个组织或器官为 50 mSv(5 rem)。

③ 发生放射事故时，要及时撤离人员，防止事故蔓延，并立即报告卫生、公安部门，请有关部门进行专业性处理，对受到污染的人员送往定点医院治疗。

(三) 其他操作事故

1.装置晃电

(1) 事故现象：装置照明短暂熄灭后又恢复，部分转动设备停止，DCS 报警。

(2) 事故原因：错误的电气作业，大机组启动，供电系统故障。

(3) 事故确认：现场部分转动设备停止或照明短时间熄灭。

(4) 处理方法：

① 报告领导，指挥操作员按照事故应急救援预案进行处理；

② 联系调度，了解晃电发生的原因和影响程度；

③ 严密监视各个参数，判断事故发展的程度，及时报告班长并采取相应的对策；

④ 按照离心泵操作法，顺序启动注水泵、辅助润滑油泵、辐射泵、原料油泵、脱氧水泵、塔顶回流泵、蜡油泵、中段油泵、柴油泵、汽油泵；

⑤ 加强调节，恢复物料平衡和热量平衡，使系统压力恢复平稳；

⑥ 按照风机操作法，启动加热炉风机和烟机；

⑦ 按照风机操作法，启动空冷风机；

⑧ 查找晃电原因，消除晃电因素；

⑨ 未明原因情况下，做好汽泵预热。

2.罐区跑油

(1) 事故现象：罐区地面或地沟存在大量油。

(2) 事故原因：脱水阀门未及时关闭，罐冒顶，罐突沸，管线或罐体泄漏。

（3）事故确认：罐液位下降，现场确认罐内油跑出。

（4）处理方法：

① 报告车间领导、公司调度及消防队；

② 指挥操作员按照事故应急救援预案进行处理；

③ 停止跑油附近动火、机动车行驶及各种作业；

④ 立即关闭罐区的排水阀门，回收部分污油，严防污油进入排水渠；

⑤ 查找原因，判断发生原因，并消除产生因素；

⑥ 联系吸污车处理进入排水沟的污油，防止污染环境；

⑦ 准备灭火工具，防止火灾发生。

3.油罐冒顶

（1）事故现象：油品从油罐顶冒出。

（2）事故原因：油罐收油时没能及时监测进油量或错误操作。

（3）事故确认：油从罐顶流出到罐区内。

（4）处理方法：

① 报告车间领导、公司调度及消防队；

② 指挥操作员按照事故应急救援预案进行处理；

③ 停止跑油附近动火、机动车行驶及各种作业；

④ 立即关闭罐区的排水阀门，回收部分污油，严防污油进入排水渠；

⑤ 查找原因，判断发生原因，并消除产生因素；

⑥ 联系吸污车处理进入排水沟的污油，防止污染环境；

⑦ 准备灭火工具，防止火灾发生；

⑧ 迅速将罐内油品倒入其他有贮油空间的罐内，保留液位至安全高度以下；

⑨ 跑油区域不得启、停电气设备，不得敲打铁器，以防发生火灾事故。

三、技能训练：事故设置与排除仿真操作

（一）辐射泵漏油着火

（1）事故现象：机泵泄漏着火。

（2）事故原因：机泵温度变化剧烈、密封材料不好、冷却水中断、年久腐蚀等导致泵漏油着火。

（3）处理方法：

① 如果已经着火，迅速判断火源，并立即停泵，向班长报警；

② 如果无法停泵，通知电工停电；

③ 将与该泵相关的管线关闭，切断油品来源；

④ 打开消防蒸气或用灭火器灭火；

⑤ 根据火情对其他岗位进行相应的生产调整；

⑥ 退守状态：紧急停工处理，按照循环方案处理。

（4）操作步骤：

① 停辐射泵；

② 加热炉降温、降量；

③ 加大注气量；

④ 原料油闭路循环，老塔处理；

⑤ 加热炉处理；

⑥ 焦炭塔给水切焦，分馏系统和吸收稳定系统停工。

（二）原料油中断

（1）事故现象：进装置压力降低，流量为零；D-101 液面急剧下降。

（2）事故原因：原料油中断；控制阀失灵；进装置阀门开度过小。

（3）处理方法：

① 联系调度，尽快恢复原料油供应；

② 加大蜡油回流量；

③ 降低处理量；

④ 原料油中断时间长、不能维持生产时，降温，闭路循环。

（4）操作步骤。

① 加热炉降温、降量：加热炉进料降量速度为 30 t/h；炉出口降温至 380 ℃。

② 原料油循环：加热炉降温；打开甩油去 E-3114 阀；打开甩油出装置阀；打开焦炭塔开工线阀；打开焦炭塔 B 开工线阀；打开焦炭塔 B 甩油阀；打开 D-3107 入口阀；切换四通旋塞阀到开工线；打开焦炭塔老塔短节蒸气吹扫；打开 P-3113 出口阀；打开 P-3113 入口阀；打开 P-3113 蒸气出口阀；打开 P-3113 蒸气入口阀；关闭焦炭塔 A 进料阀；关闭焦炭塔老塔短节蒸气吹扫；打开吹汽放空线阀；关闭焦炭塔顶油汽去分馏塔阀；打开焦炭塔吹汽放空阀；打开焦炭塔 A 给水给汽总阀；焦炭塔给汽。

③ 引蜡油顶装置内渣油循环。

④ 分馏系统和吸收稳定系统停工。

【思考题】

（1）简述装置开工步骤。

（2）简述装置停工步骤。

（3）简述装置紧急停工的两种情况。

（4）简述装置晃电事故的现象及原因。

（5）简述加热炉炉内油管线破裂的处理方法。

项目四　产品与质量控制

任务一　延迟焦化主要产品及特点

一、主要产品

延迟焦化装置主要产品有气体、汽油、柴油、蜡油和焦炭。

焦化产品的分布和质量受原料油的组成和性质、工艺过程、反应条件等多种因素影响。典型的操作条件下，延迟焦化过程产品收率如下：

① 焦化气体：7%~10%(液化气+干气)；

② 焦化汽油：8%~15%；

③ 焦化柴油：26%~36%；

④ 焦化蜡油：20%~30%；

⑤ 焦炭产率：16%~23%。

二、产品特点

(一) 气体产品

1.产品

延迟焦化气体产品的产率占延迟焦化原料油的7%~9%，其中，含有氢气、烷烃、烯烃及硫化氢、氮气、一氧化碳、二氧化碳等杂质。

2.特点

(1) 甲烷含量比较高。

(2) 含有一定量的LPG(液化石油气)，除C_3，C_4外，还有少量C_5。

(3) C_4烷烃中正构烷烃含量比异构高。

(4) 含一定量的硫化氢、一氧化碳和二氧化碳。

焦化气体经脱硫处理后可作为制氢原料油或送燃料管网作燃料使用。

(二) 液体产品

1.产品

焦化液体产品是焦化装置所得各种液体产品的总称，它又可以切割成焦化石脑油(又称焦化汽油)、焦化柴油和焦化蜡油等馏分油。

2.特点

(1) 焦化汽油辛烷值较低，烯烃、硫、氮和氧的含量较高，安定性较差，需经脱硫化氢、硫醇等精制过程才能作为调和汽油的组分。

(2) 焦化柴油的十六烷值高，凝固点低，但烯烃、硫、氮、氧及金属的含量较高，安定性较差。需经脱硫、氮杂质和烯烃饱和的精制过程，才能作为合格的柴油组分。

(3) 焦化蜡油是指 350~500 ℃的焦化馏出油，又叫焦化瓦斯油(CGO)。由于硫、氮化合物、胶质、残炭等含量高，是二次加工的劣质蜡油，目前通常掺炼到催化或加氢裂化作为原料油。

(三) 焦炭

1.含义及作用

焦炭又叫石油焦，可用作固体燃料，也可经煅烧及石墨化后制造炼铝和炼钢的电极。

2.分类

焦炭按照外形和性质可分为以下三类。

(1)海绵状焦。

海绵状焦即无定形焦，是由高胶质-沥青质含量的原料油生成的石油焦。其外观呈海绵状，焦块内有许多小孔，孔隙之间的焦壁很薄，几乎无内部连接。

(2)蜂窝状焦。

蜂窝状焦是由低或中等胶质-沥青质含量的原料油生成的石油焦。焦块内小孔呈椭圆形，焦孔内部相互连通，分布均匀且定向。当沿焦块边部切开时，可以看到蜂窝状结构。

(3)针状焦。

针状焦是由芳香烃含量高的热裂化渣油或催化裂化澄清油作原料油生成的石油焦。其外观有明显的条纹，焦块内的孔隙呈现细长椭圆形，分布均匀且定向时，会破裂成针状焦片。

任务二　产品质量控制

一、汽油干点的控制

一般来说，焦化汽油控制汽油干点和汽油蒸气压。在正常生产时，汽油干点的控制手段主要是稳定系统压力的情况下参照产品质量分析结果，调节塔顶温度。

影响汽油干点的因素：塔顶回流、全塔压降及气相负荷，还有仪表故障。

调节方法：稳定回流质量，保持全塔压降及气相负荷稳定；保持仪表正常工作，发现故障及时处理。

二、柴油干点的控制

柴油需要控制的质量指标为干点。控制的指标因各炼油厂后续处理装置的不同而异，温度在 360~380 ℃。但日常分析中对 10%，50%，90%馏出温度也要进行测定。

影响柴油干点的因素：分馏塔中段回流、加热炉出口温度、分馏塔冲塔、柴油回流量、分馏塔塔顶压力及原料油性质。

调节方法：控制好分馏塔中段回流量；平稳处理量、加热炉注水量及出口温度；及时调整操作，避免分馏塔冲塔；平稳柴油回流量；根据分馏塔塔顶压力变化情况调整柴油抽出温度；根据原料油的性质调整柴油抽出温度。

三、蜡油残炭的控制

在正常生产时，应经常观察蜡油颜色，若蜡油呈黄色或暗绿色，其残炭一般都是不合格的。通常，主要是通过改变蒸发段温度和蜡油抽出温度等方式进行调节，见表 2-4-1。

表 2-4-1 蜡油残炭调节方法

现象	影响因素	调节方法
蜡油残炭高	(1)蒸发段温度升高； (2)蜡油抽出温度升高； (3)中段温度升高； (4)焦炭塔或分馏塔冲塔； (5)原料油组成性质	(1)稳定蒸发段温度； (2)稳定集油箱温度； (3)适当增加中段回流量，控制中段温度稳定； (4)查明原因，调节蒸发温度稳定，稳定各段回流温度、流量，维持全塔热量、物料平衡； (5)对操作进行调整，控制好蒸发段温度

四、焦炭的质量指标

焦炭的质量指标准主要有灰分、硫分、挥发分等。

① 灰分。影响灰分的因素主要是原料油中的盐类含量。盐类有部分沉积在炉管、容器、设备里，而大部分留在焦床里。其次就是工艺过程中外部带入的盐类。在冷焦和除焦过程中，这部分盐类随冷焦水或除焦水带入焦层。

② 硫分。直接影响硫分的因素是原料油的含硫量。原料油含硫量高，生产的焦炭含硫量也高。

③ 挥发分。它是焦炭的工艺控制指标，除了与原料油性质和整个操作条件有关外，还与冷焦、除焦水中含油有关。

除了焦炭本身的性质外，还与除焦操作等有关。

针状焦的质量要求与普通焦有很大区别，除了对灰分、硫分、挥发分有要求外，还对纯度、结晶度、抗热震性能有要求。

① 纯度。针状焦的硫、氮、重金属和灰分的含量均很少，这些杂质对焦炭性能均有影响。

② 结晶度。它是焦炭结构和形成焦炭前的中间相小球体的大小。中间相小球体大的焦炭，其取向性好，导向度强，结构致密。

③ 抗热震性能。它表示碳素制品在突然升温或急剧冷却过程中是否会破裂的性质，可用热膨胀系数来表示。热膨胀系数越低，抗热震性能越好。

焦化产品指标主要有收率及质量控制指标。表 2-4-2 为典型焦化装置部分产品质量指标。

表 2-4-2　典型焦化装置部分产品质量指标

产品	项目	指标
粗汽油馏分	终馏点/℃	≤175
柴油馏分	终馏点/℃	≤365
	闪点(闭口) /℃	≥40
焦化蜡油	残炭	≤0.5
	水分	≤0.5
焦炭	挥发分	≤14%
	灰分	≤0.5%

【思考题】

(1) 焦化产品有哪些？各有何特点？
(2) 影响焦化汽油干点的因素有哪些？
(3) 简述焦化柴油干点的调节方法。
(4) 焦炭的质量评价指标有哪些？
(5) 针状焦的质量要求是什么？与普通焦的质量要求有什么不同？

模块三

催化裂化装置操作与控制

项目一　催化裂化原料油及过程评价

任务一　认识催化裂化装置

一、地位与作用

原油经过一次加工(即常减压蒸馏）后只能得到10%~40%汽油、煤油及柴油等轻质产品，其余的是重质馏分和残渣油，而且某些轻质油品的质量也不高，如直馏汽油的马达法辛烷值一般只有40~60。随着工业的发展，内燃机不断改进，对轻质油品的数量和质量提出了更高的要求。这种供求矛盾促使了炼油工业向原油二次加工方向发展，进一步提高原油的加工深度，得到更多的轻质油产品，增加产品的品种，提高产品的质量。二次加工是指将直馏重质馏分再次进行化学结构上的破坏加工使之生成汽油、柴油、气体等轻质产品的过程。而催化裂化是炼油工业中最重要的一种二次加工过程，在炼油工业中占有重要的地位。

催化裂化过程是原料油在催化剂存在时，在470~530 ℃和0.1~0.3 MPa的条件下，发生以裂解反应为主的一系列化学反应，转化成气体、汽油、柴油、重质油(可循环作原料油或出澄清油）及焦炭的工艺过程。其主要目的是将重质油品转化成高质量的汽油和柴油等产品。

二、生产装置组成

催化裂化装置主要由反应-再生系统、分馏系统、吸收稳定系统、主风及烟气能量回收系统组成，见图3-1-1。

图3-1-1　催化裂化生产装置图

(一）反应-再生系统

反应-再生系统是催化裂化装置的核心，其任务是使原料油通过反应器或提升管，与催化剂接触反应变成反应产物。反应产物送至分馏系统处理。反应过程中生成的焦炭沉积在催化剂上，催化剂不断进入再生器，用空气烧去焦炭，使催化剂得到再生。烧焦放出的热量，经再生催化剂转送至反应器或提升管，供反应时耗用。

（二）分馏系统

催化裂化分馏系统主要由分馏塔、柴油汽提塔、原料油缓冲罐、回炼油罐、塔顶油气冷凝冷却系统、各中段循环回流及产品的热量回收系统组成。其主要任务是将来自反应系统的高温油气脱过热后，根据各组分沸点的不同切割为富气、汽油、柴油、回炼油和油浆等馏分，通过工艺因素控制，保证各馏分质量合格；同时，可利用分馏塔各循环回流中高温位热能作为稳定系统各重沸器的热源。部分装置还合理利用了分馏塔顶油气的低温位热源。

富气经压缩后与粗汽油送到吸收稳定系统；柴油经碱洗或化学精制后作为调和组分或作为柴油加氢精制或加氢改质的原料油送出装置；回炼油和油浆可返回反应系统进行裂化，也可将全部或部分油浆冷却后送出装置。

（三）吸收稳定系统

吸收稳定系统主要包括吸收塔、解吸塔、稳定塔、再吸收塔和凝缩油罐、汽油碱洗沉降罐，以及相应的冷换设备等。

该系统的主要任务是将来自分馏系统的粗汽油和来自气压机的压缩富气分离成干气、合格的稳定汽油和液态烃。一般控制液态烃 C_2 以下组分不大于 2%(体积)、C_5以上组分不大于 1.5%(体积)。

（四）主风及烟气能量回收系统

主风及烟气能量回收系统的设备主要包括主风机、增压机、高温取热器(一、二再烟气混合后)、烟气轮机及余热锅炉等。其主要任务如下：为再生器提供烧焦用的空气及催化剂；输送提升用的增压风、流化风等；回收再生烟气的能量，降低装置能耗。

三、发展简史

1936 年，世界上第一套固定床催化裂化工业化装置问世，揭开了催化裂化工艺发展的序幕。20 世纪 40 年代，相继出现了移动床催化裂化装置和流化床催化裂化装置。流化催化裂化技术的持续发展是工艺改进和催化剂更新互相促进的结果。20 世纪 60 年代中期，随着分子筛催化剂的研制成功，出现了提升管反应器，以适应分子筛的高活性。20 世纪 70 年代，分子筛催化剂进一步向高活性、高耐磨、高抗污染的性能发展，还出现了如一氧化碳助燃剂、重金属钝化剂等助剂，使流化催化裂化技术从只能加工馏分油发展到可以加工重油。重油催化裂化装置的投用，标志着催化裂化技术发展的新高潮。

通过多年的技术攻关和生产实践，我国掌握了原料油高效雾化、重金属钝化、直连式提升管快速分离、催化剂多段汽提、催化剂预提升及催化剂多种形式再生、内外取热、高温取热、富氧再生、新型多功能催化剂制备等一整套重油催化裂化技术，同时积累了丰富的操作经验。1998 年，由石油化工科学研究院和北京设计院开发的大庆减压渣油催化裂化技术（VRFCC）就集成了富氧再生、旋流式快分(VQS)、DVR-1 催化剂等多项新技术。

我国催化裂化技术还在不断发展，利用催化裂化工艺派生的“家族工艺”有多产低碳烯烃或高辛烷值汽油的 DCC，ARGG，MIO 等工艺，以及降低催化裂化汽油烯烃含量的 MIP，MGD，FDFCC 等工艺。这些工艺不仅推动了催化裂化技术的进步，也不断满足了炼油厂新的产品结构和产品质量的需求。有的专利技术已出口国外，如DCC工艺技术受到国外同行的重视。

【思考题】

（1）什么是催化裂化？
（2）简述催化裂化的作用。
（3）催化裂化有哪些产品？
（4）催化裂化装置由哪几部分组成？
（5）简述催化裂化的发展史。

任务二　原料油的来源、性质及评价

一、原料油的来源

催化裂化原料油范围很广，包括350~500 ℃直馏馏分油、常压渣油及减压渣油，也有二次加工馏分，如焦化蜡油、润滑油脱蜡的蜡膏、蜡下油、脱沥青油等。

（一）直馏馏分油

1.分类及性质

直馏馏分油一般为常压重馏分和减压馏分。不同原油的直馏馏分的性质不同，但直馏馏分含烷烃多、芳烃较少（见表3-1-1），因此易裂化，轻质油收率和总转化率也较高。

表3-1-1　国内几种减压馏出油性质

原料油种类		大庆	胜利	任丘	中原	辽河
相对密度（d_2^{20}）		0.8564	0.8876	0.8690	0.8560	0.9083
馏程/℃		350~500	350~500	350~500	350~500	350~500
凝点/℃		42	39	46	43	34
残炭		<0.1%	<0.1%	<0.1%	0.04%	0.038%
硫含量		0.045%	0.47%	0.27%	0.35%	0.15%
氮含量		0.068%	<0.1%	0.09%	0.042%	0.20%
重金属含量/（mg·kg^{-1}）	Fe	0.4	0.02	2.50	0.2	0.06
	N	<0.1	<0.1	0.03	0.01	—
	V	0.01	<0.1	0.08	—	—
	Cu	0.04	—	0.08	—	—
运动黏度/（×10^{-6}m^2·s^{-1}）	50 ℃	—	25.26	17.94	14.18	—
	100 ℃	4.60	5.94	5.30	4.44	6.88
相对分子质量		398	382	369	400	366
特性因数		12.5	12.3	12.4	12.5	11.8

表 3-1-1(续)

原料油种类		大庆	胜利	任丘	中原	辽河
组成	饱和烃	86.6%	71.8%	80.9%	80.2%	71.6%
	芳香烃	13.4%	23.3%	16.5%	16.1%	24.42%
	胶质	0%	4.9%	2.6%	2.7%	4.0%
占原油(重量)		26%~30%	27%	34.9%	23.2%	29.7%

2.特点

根据我国原油的情况，直馏馏分催化原料油有以下几个特点：

(1) 原油中轻组分少，大都在 30% 以下，因此催化裂化原料油充足；

(2) 含硫量低，含重金属量低，大部分催化裂化原料油硫含量在 0.1%~0.5%，镍含量一般为 0.1~1.0 mg/kg，只有孤岛原油馏分油硫含量及重金属含量高；

(3) 主要原油的催化裂化原料油，如大庆、任丘等，含蜡量高，因此，特性因数也高，一般为 12.3~12.6。

我国催化裂化原料油量大、质优，是理想的催化裂化原料油。

(二) 常压渣油和减压渣油

我国原油大部分为重质原油，减压渣油收率占原油的 40%，常压渣油占 65%~75%，渣油量很大。十几年来，我国重油催化裂化技术有了长足进步，开发出重油催化裂化工艺，提高了原油加工深度，有效地利用了宝贵的石油资源。

常规催化裂化原料油中的残炭和重金属含量都比较低，而重油催化裂化则是在常规催化原料油中掺入不同比例的减压渣油或直接使用全馏分常压渣油。原料油的改变，使得胶质、沥青质、重金属含量及残炭值的增加，特别是族组成的改变，对催化裂化过程的影响极大。因此，对重油催化裂化来说，首先要解决高残炭值和高重金属含量对催化裂化过程的影响，才能更好地利用有限的石油资源。表 3-1-2 和表 3-1-3 列出了我国几种常压渣油和减压渣油的性质。

表 3-1-2　国内几种原油的常压渣油性质

项目		大庆	胜利	任丘	中原	辽河
馏分范围/℃		>500	>500	>500	>500	>500
相对密度(d_4^{20})		42.9%	47.1%	38.7%	32.3%	39.3%
收率		71.5%	68.0%	73.6%	55.5%	68.9%
残炭(康氏)		4.3%	9.6%	8.9%	7.50%	8.0%
元素分析	C	86.32%	86.36%	—	85.37%	87.39%
	H	13.27%	11.77%	—	12.02%	11.94%
	N	0.2%	0.6%	0.49%	0.31%	0.44%
	S	0.15%	1.2%	0.4%	0.88%	0.23%

表 3-1-2(续)

项目		大庆	胜利	任丘	中原	辽河
重金属含量/(mg·kg^{-1})	V	<0.1%	1.50%	1.1%	4.5%	—
	Ni	4.30%	36%	23%	6.0%	47%
组成	饱和烃	61.4%	40.0%	46.7%	—	49.4%
	芳香烃	22.1%	34.3%	22.1%	—	30.7%
	胶质	16.45%	24.9%	31.2%	—	19.9%
沥青质(C_7不溶物)		0.05%	0.8%	<0.1%	—	0.1%

表 3-1-3 国内几种原油的减压渣油性质

项目		大庆	胜利	任丘	中原	辽河
馏分范围/℃		>500	>500	>500	>500	>500
收率(占原油)		42.9%	47.1%	38.7%	32.3%	39.3%
相对密度(d_4^{20})		0.9220	0.9698	0.9653	0.9424	0.9717
黏度(100 ℃)/(mm^2·s^{-1})		104.5	861.7	958.5	256.6	549.9
残炭(康氏)		7.2%	13.9%	17.5%	13.3%	14.0%
S		0.91%	1.95%	0.76%	1.18%	0.37%
H/C 原子比		1.73	1.63	1.65	1.63	1.75
平均相对分子质量		1120	1080	1140	1100	992
重金属含量/(mg·kg^{-1})	V	0.1	2.2	1.2	7.0	1.5
	Ni	7.2	46	42	10.3	83

(三)二次加工所得的催化裂化原料油

表 3-1-4 列出了几种常用的二次加工油性质。

表 3-1-4 几种常用的二次加工油性质

名称		大庆			胜利焦化蜡油
		蜡膏	脱沥青油	焦化蜡油	
密度(20 ℃)/(g·cm^{-3})		0.82	0.86~0.89	0.8619	0.9016
馏程/℃	初馏点	350	348	318	230
	干点	550	500	—	507
凝点/℃		—	—	30	35
残炭		<0.1%	0.7%	0.07%	0.490%
硫含量		<0.1%	0.11%	0.09%	0.98%
氮含量		<0.1%	0.15%	—	0.39%

表 3-1-4(续)

名称		大庆			胜利焦化蜡油
		蜡膏	脱沥青油	焦化蜡油	
重金属含量/(mg·kg^{-1})	Fe	—	—	—	3.0
	Ni	<0.1	0.5	—	0.36
	V	—	—	—	—

(1) 酮苯脱蜡的蜡膏和蜡下油是含烷烃较多、易裂化、生焦少的理想的催化裂化原料油。

(2) 焦化蜡油、减黏裂化馏出油是已经裂化过的油料，其芳烃含量较多、裂化性能差、焦炭产率较高，一般不能单独作为催化裂化原料油。

(3) 脱沥青油、抽余油含芳烃较多，易缩合，难以裂化，因而转化率低，生焦量高，只能与直馏馏分油掺合一起作为催化裂化原料油。

二、原料油的性质及评价

通常用以下几个指标来衡量原料油的性质。

(一) 馏分组成

馏分组成可以判别原料油的轻重和沸点范围的宽窄。原料油的化学组成类型相近时，馏分越重，越容易裂化；馏分越轻，越不易裂化。由于资源的合理利用，近年来纯蜡油型催化裂化越来越少。

(二) 烃类组成

烃类组成通常以烷烃、环烷烃、芳烃的含量来表示。

原料油的组成随原料油来源的不同而不同。石蜡基原料油容易裂化，汽油及焦炭产率较低，气体产率较高；环烷基原料油最易裂化，汽油产率高，辛烷值高，气体产率较低；芳香基原料油难裂化，汽油产率低且生焦多。

重质原料油烃类组成分析较困难，在日常生产中很少测定，仅在装置标定时才作该项分析，平时是通过测定密度、特性因数、苯胺点等物理性质来间接进行判断的。

1.密度

密度越大，则原料油越重。若馏分组成相同，密度大，则环烷烃、芳烃含量多；密度小，则烷烃含量较多。

2.特性因数

特性因数与密度和馏分组成有关。原料油的特性因数大，说明含烷烃多；特性因数小，说明含芳烃多。原料油的特性因数可由恩氏蒸馏数据和密度计算得到，也可由密度和苯胺点查图得到。

3.苯胺点

苯胺点是表示油品中芳烃含量的指标，苯胺点越低，油品中芳烃含量越高。

(三) 残炭

原料油的残炭值是衡量原料油性质的主要指标之一。它与原料油的组成、馏分宽窄及胶质、沥青质的含量等因素有关。原料油残炭值高，则生焦多。常规催化裂化原料油中的残炭值较低，一般在6%左右。而重油催化裂化是在原料油中掺入部分减压渣油或直接加工全馏分常压渣油，随原料油变重，胶质、沥青质含量增加，残炭值增加。

（四）金属

原料油中重金属以钒、镍、铁、铜对催化剂活性和选择性的影响最大。在催化裂化反应过程中，钒极容易沉积在催化剂上，再生时钒转移到分子筛位置上，与分子筛反应，生成熔点为632 ℃的低共熔点化合物，破坏催化剂的晶体结构而使其永久性失活；镍沉积在催化剂上并转移到分子筛位置上，但不破坏分子筛，仅部分中和催化剂的酸性中心，对催化剂活性影响不大。由于镍本身就是一种脱氢催化剂，因此，在催化裂化反应的温度、压力条件下即可进行脱氢反应，使氢产率增大，液体减少。

原料油中碱金属钠、钙等也影响催化裂化反应。钠沉积在催化剂上会影响催化剂的热稳定性、活性和选择性。随着重油催化裂化的发展，人们越来越注意钠的危害。钠不仅引起催化剂的酸性中毒，还会与催化剂表面上沉积的钒的氧化物结合生成低熔点的钒酸钠共熔体，在催化剂再生的高温下形成熔融状态，使分子筛晶格受到破坏，活性下降。这种毒害程度随温度的升高而变得严重（见表3-1-5）。因此，对重油催化裂化而言，必须严加控制原料油的钠含量，一般控制在5 mg/kg以下。

表3-1-5　代表性钒、钠共熔体的熔点

化合物	熔点/℃	化合物	熔点/℃
V_2O_3	1970	$Na_{20}\cdot 7V_2O_5$	668
V_2O_4	1970	$2Na_{20}\cdot V_2O_5$	640
V_2O_5	675	$Na_{20}\cdot V_2O_5$	630
$3Na_{20}\cdot V_2O_5$	850	$Na_{20}\cdot V_2O_4\cdot 5V_2O_5$	625
$Na_{20}\cdot 6V_2O_5$	702	$5Na_{20}\cdot V_2O_4\cdot 11V_2O_5$	535

（五）硫、氮含量

原料油中的含氮化合物特别是碱性氮化合物含量多时，会引起催化剂中毒，使其活性下降。研究结果表明，裂化原料油中加入0.1%（质量）的碱性氮化物，其裂化反应速度约下降50%。除此之外，碱性氮化合物是造成产品油料变色、氧化安定性变差的重要原因之一。原料油中的含硫化合物对催化剂活性没有显著的影响，试验中用含硫量为0.35%~1.60%的原料油时没有发现对催化裂化反应速度产生影响。但硫会增加设备腐蚀，使产品硫含量增高，同时污染环境。因此，在催化裂化生产过程中对原料油及产品中硫和氮的含量应引起重视，如果含量过高，需要进行预精制处理。

【思考题】

（1）催化裂化原料油的来源有哪些？

（2）催化裂化原料油的性质是什么？

（3）衡量催化裂化原料油的指标有哪些？

项目二　生产工艺与过程控制

任务一　反应-再生系统工艺与过程控制

一、反应原理

（一）催化裂化的化学反应类型

催化裂化产品的数量和质量取决于原料油中的各类烃在催化剂上所进行的反应。为了更好地控制生产，以达到高产优质的目的，就必须了解催化裂化反应的实质、特点及影响反应进行的因素。

石油馏分是由各种烷烃、环烷烃、芳烃所组成的。在催化剂上，各种单体烃进行着不同的反应，有分解反应、异构化反应、氢转移反应、芳构化反应等，其中以分解反应为主，催化裂化这一名称就是因此而得。各种反应同时进行，并且相互影响。为了更好地了解催化裂化的反应过程，首先应了解单体烃的催化裂化反应。

1.烷烃

烷烃主要发生分解反应(即烃分子中 C—C 键断裂的反应)，生成较小分子的烷烃和烯烃。例如：

$$C_{16}H_{34} \longrightarrow C_8H_{16} + C_8H_{18}$$

生成的烷烃又可以继续分解成更小的分子。因为烷烃分子的 C—C 键能随着分子的两端向中间移动而减小，因此，烷烃分解时都从中间的 C—C 键处开始断裂，而分子越大越容易断裂。碳原子数相同的链状烃中，异构烷烃的分解速度比正构烷烃的分解速度快。

2.烯烃

烯烃的主要反应也是分解反应，但还有一些其他反应。

（1）分解反应：分解为两个较小分子的烯烃。烯烃的分解速度比烷烃的分解速度快得多，且大分子烯烃分解反应速度比小分子的分解速度快，异构烯烃的分解速度比正构烯烃的分解速度快。例如：

$$C_{16}H_{32} \longrightarrow C_8H_{16} + C_8H_{16}$$

（2）异构化反应：该反应包括以下三种。

① 双键移位异构：烯烃的双键向中间位置转移，称为双键移位异构。例如

$$CH_3{-}CH_2{-}CH_2{-}CH_2{-}CH{=}CH_2 \longrightarrow CH_3{-}CH_2{-}CH{=}CH{-}CH_2{-}CH_3$$

② 骨架异构：分子中碳链重新排列。例如：

$$CH_3{-}CH_2{-}CH{=}CH_2 \longrightarrow CH_3{-}\underset{\displaystyle CH_3}{\underset{|}{C}}{=}CH_2$$

③ 几何异构：烯烃分子空间结构的改变(如顺烯变为反烯)，称为几何异构。

(3) 氢转移反应：某烃分子上的氢脱下来立即加到另一烯烃分子上使之饱和的反应称为氢转移反应。例如，两个烯烃分子之间发生氢转移反应，一个获得氢变成烷烃，另一个失去氢转化为多烯烃乃至芳烃或缩合程度更高的分子，直至最后缩合成焦炭。氢转移反应是烯烃的重要反应，是催化裂化汽油饱和度较高的主要原因，但反应速度较慢，需要较高活性的催化剂。

(4) 芳构化反应：所有能生成芳烃的反应都称为芳构化反应，它也是催化裂化的主要反应。例如，烯烃环化再脱氢生成芳烃，反应有利于汽油辛烷值的提高。例如：

$$CH_3—CH_2—CH_2—CH_2—CH=CH—CH_3 \longrightarrow \text{(甲基环己烷)}—CH_3 \longrightarrow \text{(苯环)}—CH_3+3H_2$$

(5) 叠合反应：烯烃与烯烃合成大分子烯烃的反应。

(6) 烷基化反应：烯烃与芳烃或烷烃的加合反应都称为烷基化反应。

3.环烷烃

环烷烃的环可断裂生成烯烃，烯烃再继续进行上述各项反应；环烷烃带有长侧链，而侧链本身会发生断裂生成环烷烃和烯烃；环烷烃也可以通过氢转移反应转化为芳烃；带侧链的五元环烷烃可以异构化成六元环烷烃，并进一步脱氢生成芳烃。例如：

$$\text{(环戊基)}—CH_2—CH_2—CH_3 \longrightarrow CH_3—CH_2—CH_2—CH_2—CH=CH—CH_2—CH_3$$

$$\text{(环戊基)}—CH_3 \longrightarrow \text{(环己烷)} \longrightarrow \text{(苯)}+3H_2$$

4.芳香烃

芳香烃核在催化裂化条件下十分稳定，连在苯核上的烷基侧链容易断裂成较小分子的烯烃，断裂的位置主要发生在侧链同苯核连接的键上，并且侧链越长，反应速度越快。多环芳烃的裂化反应速度很慢，它们的主要反应是缩合成稠环芳烃，进而转化为焦炭，同时放出氢使烯烃饱和。

以上列举的是裂解原料油中主要烃类物质所发生的复杂交错的化学反应，从中可以看到：在催化裂化条件下，烃类进行的反应除了有大分子分解为小分子的反应，还有小分子缩合成大分子的反应(甚至缩合至焦炭)，还进行了异构化、氢转移、芳构化等反应。正是由于这些反应，才得到了气体、液态烃、汽油、柴油乃至焦炭。

(二) 催化裂化反应特点

1.烃类催化裂化是一个气-固非均相反应

原料油进入反应器首先汽化，然后在催化剂表面上进行反应。

(1) 反应步骤如下。

① 原料油分子自主气流中向催化剂扩散。

② 接近催化剂的原料油分子向微孔内表面扩散。

③ 靠近催化剂表面的原料油分子被催化剂吸附。

④ 被吸附的分子在催化剂的作用下进行化学反应。

⑤ 生成的产品分子从催化剂上脱附下来。

⑥ 脱附下来的产品分子从微孔内向外扩散。

⑦ 产品分子从催化剂外表面再扩散到主气流中，然后离开反应器。

(2) 各类烃被吸附的顺序。

对于碳原子数相同的各类烃，它们被吸附的先后顺序为：稠环芳烃、稠环环烷烃、烯烃、单烷基侧链的单环芳烃、环烷烃、烷烃。

同类烃，分子量越大越容易被吸附。

(3) 化学反应速度的顺序。

化学反应速度按照由快至慢的排列顺序如下：烯烃、大分子单烷基侧链的单环芳烃、异构烷烃与烷基环烷烃、小分子单烷基侧链的单环芳烃、正构烷烃、稠环芳烃。

综合上述两个排列顺序可知，石油馏分中的芳烃虽然吸附能力强，但反应能力弱，它首先吸附在催化剂表面上并占据了相当的表面积，阻碍了其他烃类的吸附和反应，使整个石油馏分的反应速度变慢；对于烷烃，虽然反应速度快，但吸附能力弱，从而对原料油反应的总效应不利。从而可得出结论：环烷烃有一定的吸附能力，又具有适宜的反应速度。因此，富含环烷烃的石油馏分应是催化裂化的理想原料油。然而在实际生产中，这类原料油并不多见。

2.石油馏分的催化裂化反应是复杂的平行-顺序反应

平行-顺序反应即原料油在裂化时，同时朝着几个方向进行反应，这种反应叫作平行反应；随着反应深度的增加，中间产物又会继续反应，这种反应叫作顺序反应。所以原料油可直接裂化为汽油或气体，汽油又可进一步裂化生成气体，见图 3-2-1。

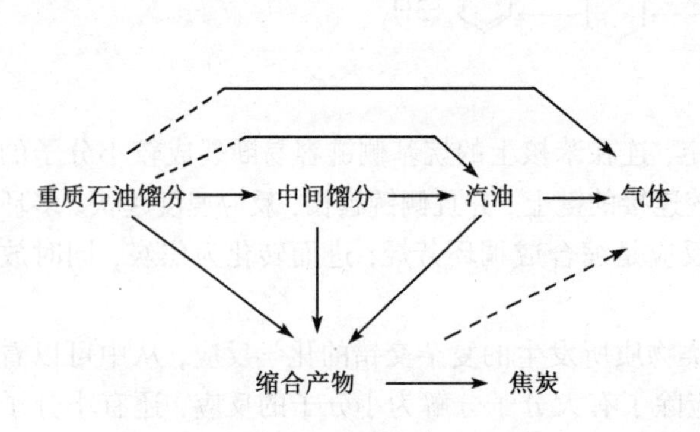

图 3-2-1　石油馏分的催化裂化反应

（虚线表示不重要的反应）

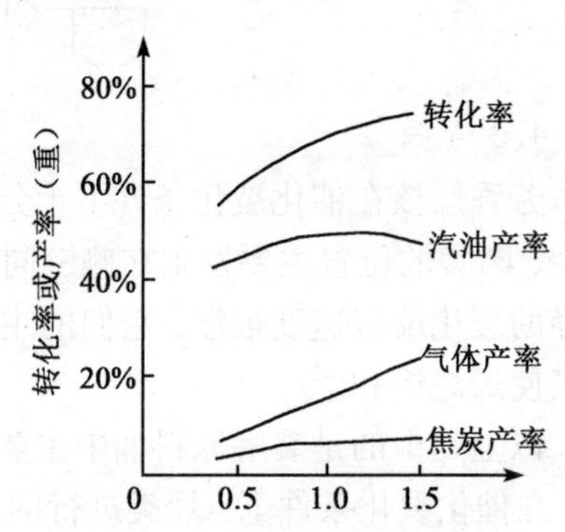

图 3-2-2　某馏分催化裂化结果

平行-顺序反应的一个重要特点是反应深度对产品产率的分布有着重要影响。如图3-2-2所示，随着反应时间的增长、转化深度的增加，最终产物气体和焦炭的产率会一直增加，而汽油、柴油等中间产物的产率会在开始时增加，经过一个最高阶段又下降。这是因为达到一定反应深度后，再加深反应，中间产物将会进一步分解为更轻的馏分，其分解速度高于生成速度。习惯上称初次反应产物再继续进行的反应为二次反应。

催化裂化的二次反应是多种多样的，有些二次反应是有利的，有些则是不利的。例如，烯烃和环烷烃氢转移生成稳定的烷烃和芳烃是所希望的，中间馏分缩合生成焦炭则是不希望的。因此，在催化裂化工业生产中，对二次反应进行有效的控制是必要的。另外，要根据原料油的特点选择合适的转化率，这一转化率应选择在汽油产率最高点附近。如果希望有更多的原料油转化成产品，则应将反应产物中的沸程与原料油沸程相似的馏分和新鲜原料油混合，重新返回反应器进一步反应。这里所说的沸点范围与原料油相当的那一部分馏分，工业上称为回炼油或循环油。

二、催化裂化催化剂

（一）催化裂化催化剂的类型、组成及结构

1.类型

工业上所使用的裂化催化剂虽然品种繁多，但是归纳起来不外乎三大类：天然白土催化剂、无定形合成催化剂和分子筛催化剂。早期使用的无定形硅酸铝催化剂孔径大小不一、活性低、选择性差，早已被淘汰；现在广泛应用的是分子筛催化剂。下面重点讨论分子筛催化剂的组成及结构。

2.组成及结构

分子筛催化剂是20世纪60年代初发展起来的一种新型催化剂，它对催化裂化技术的发展起了划时代的作用。目前，催化裂化所用的分子筛催化剂由分子筛（活性组分）、基质（担体）及黏结剂组成。

（1）分子筛。

① 结构：分子筛也称泡沸石，是一种具有一定晶格结构的硅酸铝盐。早期硅酸铝催化剂的微孔结构是无定形的，即其中的空穴和孔径是很不均匀的。而分子筛则是具有规则的晶格结构，它的孔穴直径大小均匀，好像一定规格的筛子，只能让直径比其孔径小的分子进入，而不能让比其孔径大的分子进入。由于它能同筛子一样将直径大小不等的分子分开，因而得名分子筛。不同晶格结构的分子筛具有大小不同直径的孔穴，相同晶格结构的分子筛，所含金属离子不同时，孔穴的直径也不同。

分子筛按组成及晶格结构的不同可分为A型、X型、Y型及丝光沸石，它们的孔径及化学组成见表3-2-1。

目前催化裂化使用的主要是Y型分子筛。沸石晶体的基本结构为晶胞。图3-2-3是Y型分子筛的单位晶胞结构，每个单元晶胞由八个削角八面体组成（见图3-2-4），削角八面体的每个顶端是Si或Al原子，其间由氧原子相连接。由于削角八面体的连接方式不同，可形成不同品种的分子筛。晶胞常数是沸石结构中重复晶胞之间的距离，也称晶胞尺寸。在典型的新鲜Y型沸石晶体中，一个单元晶胞包含192个骨架原子位置、55个铝原子和137个硅原子。晶胞常数是沸石结构的重要参数。

表3-2-1 分子筛的孔径和化学组成

类型	孔径/($\times10^{-1}$nm)	单元晶胞化学组成	硅铝原子比
4A	4	$Na_{12}[(AlO_2)_{12}(SiO_2)_{12}]\cdot27H_2O$	1：1
5A	5	$Na_{2.6}Ca_{4.7}[(AlO_2)_{12}(SiO_2)_{12}]\cdot31H_2O$	1：1
13X	9	$Na_{86}[(AlO_2)_{86}(SiO_2)_{106}]\cdot264H_2O$	(1.5~2.5)：1
Y	9	$Na_{56}[(AlO_2)_{56}(SiO_2)_{136}]\cdot264H_2O$	(2.5~5.0)：1
丝光沸石	平均6.6	$Na_8(AlO_2)_8(SiO_2)_{40}]\cdot24H_2O$	5：1

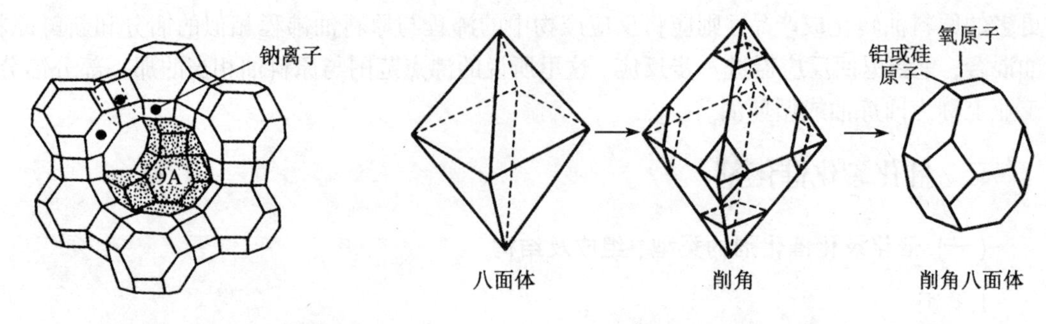

图 3-2-3 Y 型分子筛的单位晶胞结构　　**图 3-2-4 削角八面体**

② 作用：人工合成的分子筛是含钠离子的分子筛，这种分子筛没有催化活性。分子筛中的钠离子可以被氢离子、稀土金属离子（如铈、镧、镨）等取代，经过离子交换的分子筛的活性比硅酸铝的高出上百倍。近几年研究发现，当用某些单体烃的裂化速度来比较时，某些分子筛的催化活性比硅酸铝竟高出万倍。这样过高活性不宜直接用作裂化催化剂。作为裂化催化剂时，一般将分子筛均匀分布在基质上。目前，工业上所采用的分子筛催化剂一般含 20%~40%的分子筛，其余的是主要起稀释作用的基质。

（2）基质。

基质是指催化剂中沸石之外具有催化活性的组分。催化裂化通常采用无定形硅酸铝、白土等具有裂化活性的物质作为分子筛催化剂的基质。基质除了起稀释作用外，还有以下作用：

① 在离子交换时，分子筛中的钠不可能完全被置换掉，而钠的存在会影响分子筛的稳定性，基质可以容纳分子筛中未除去的钠，从而提高了分子筛的稳定性；

② 在再生和反应时，基质作为一个庞大的热载体，起到热量储存和传递的作用；

③ 可增强催化剂的机械强度；

④ 重油催化裂化进料中的部分大分子难以直接进入分子筛的微孔中，如果基质具有适度的催化活性，则可以使这些大分子先在基质的表面上进行适度的裂化，生成的较小的分子再进入分子筛的微孔中进行进一步的反应；

⑤ 基质还能容纳进料中易生焦的物质，如沥青质、重胶质等，对分子筛起到一定的保护作用。这对重油催化裂化尤为重要。

（3）黏结剂。

黏结剂作为一种胶将沸石、基质黏结在一起。黏结剂可能具有催化活性，也可能无催化活性。黏结剂提供催化剂物理性质（如密度、抗磨强度、粒度分布等），提供传热介质和流化介质。对于含有大量沸石的催化剂，黏结剂更加重要。

（二）催化裂化催化剂的评价

一个良好的催化剂，在使用中有较高的活性及选择性，以便获得产率高、质量好的目的产品，而其本身又不易被污染、被磨损、被水热失活，还应有很好的流化性能和再生性能。

1.一般理化性质

（1）密度。

对催化裂化催化剂来说，它是微球状多孔性物质，故其密度有以下几种不同的表示方法。

① 真实密度：又称催化剂的骨架密度，即颗粒的质量与骨架实体所占体积之比，其值一般是 2.0~2.2 g/cm³。

② 颗粒密度：把微孔体积计算在内的单个颗粒的密度，一般是 0.9~1.2 g/cm³。

③ 堆积密度：催化剂堆积时包括微孔体积和颗粒间的孔隙体积的密度，一般是 0.5~0.8 g/cm³。

对于微球状（粒径为 20~100 μm）的分子筛催化剂，堆积密度又可分为松动状态、沉降状态和密实状态三种状态下的堆积密度。

催化剂的堆积密度常用于计算催化剂的体积和重量，催化剂的颗粒密度对催化剂的流化性能有重要的影响。

（2）筛分组成和机械强度。

流化床所用的催化剂是大小不同的混合颗粒。大小颗粒所占的百分数称为筛分组成或粒分布。微球催化剂的筛分组成是用气动筛分分析器测定的，流化催化裂化所用催化剂的粒度范围主要是 20~100 μm。其对筛分组成的要求有：易于流化；气流夹带损失小；反应与传热面积大。颗粒越小越易流化，表面积也越大，但气流夹带损失也会越大。一般称小于 40 μm 的颗粒为"细粉"，大于 80 μm 的颗粒为"粗粒"，粗粒与细粉含量的比称为粗度系数。粗度系数大时流化质量差，通常该值不大于 3。设备中平衡催化剂的细粉含量在15%~20%时流化性能较好，在输送管路中的流动性也较好，能增大输送能力，并能改善再生性能，气流夹带损失也不太大；但小于 20 μm 的颗粒过多时会使损失加大，粗粒多时流化性能变差，对设备的磨损也较大。因此，对平衡催化剂希望其基本颗粒组分为 40~80 μm 的含量保持在 70%以上。

新鲜催化剂的筛分组成是由制造时的喷雾干燥条件决定的，一般变化不大，平均颗粒直径在 60 μm 左右。

平衡催化剂的筛分组成主要决定于补充的新鲜催化剂的量和粒度组成与催化剂的耐磨性能和在设备中的流速等因素。一般工业装置中平衡催化剂的细粉与粗粒含量均较新鲜催化剂的少，这是由于有细粉跑损和有粗粒磨碎的缘故。

催化剂的机械强度用磨损指数表示。磨损指数是将大于 15 μm 的混合颗粒经高速空气流冲击 100 h 后，测量经磨损生成小于 15 μm 颗粒的重量百分数，通常要求该值不大于3~5。催化剂的机械强度过低，则催化剂的耗损大，过高则设备磨损严重，应保持在一定范围内。

（3）结构特性。

孔体积即孔隙度，是多孔性催化剂颗粒内微孔的总体积，以 mL/g 表示。

比表面积是微孔内外表面积的总和，以 m²/g 表示。在使用中由于各种因素的作用，孔径会变大，孔体积减小，比表面积降低。新鲜 REY 分子筛催化剂的比表面积为 400~700 m²/g，而平衡催化剂降到 120 m²/g 左右。

孔径是微孔的直径。硅酸铝（分子筛催化剂的载体）微孔的大小不一，通常是指平均直径，由孔体积与比表面积计算而得，公式如下：

$$\text{孔径(nm)} = 4 \times \frac{\text{孔体积}}{\text{比表面积}} \times 10^5 \qquad (3-2-1)$$

分子筛本身的孔径是一定的，X 型和 Y 型分子筛的孔径即八面沸石笼的窗口，只有

0.8~0.9 nm，比无定形硅酸铝(新鲜的孔径为5~8 nm，平衡孔径为10 nm以上)小得多。孔径对气体分子的扩散有影响，孔径大，分子进出微孔较容易。

分子筛催化剂的结构特性是分子筛与载体性能的综合体现。由于半合成分子筛催化剂在制备技术上有重大改进，所以这种催化剂具有大孔径、低比表面积、小孔体积、大堆积密度、结构稳定等特点。在工业装置上使用时，活性、选择性、稳定性和再生性能都比较好，而且损失少，并有一定的抗重金属污染能力。

(4) 比热容。

催化剂的比热容和硅铝比有关。高铝催化剂的比热容较大，而低铝催化剂的比热容较小为1.1 kJ/(kg·K)，比热容受温度的影响较小。

分子筛催化剂中因分子筛含量较少，所以其物理性质与无定形硅酸铝有相同的规律，不过由于分子筛是晶体结构且含有金属离子更易产生静电。

2.催化剂的使用性能

对裂化催化剂的评价，除要求一定的物理性能外，还需有一些与生产情况直接关联的指标，如活性、选择性、稳定性、再生性、抗污染性能等。

(1) 活性。

裂化催化剂对催化裂化反应的加速能力称为活性。活性的大小决定于催化剂的化学组成、晶胞结构、制备方法、物理性质等。活性是评价催化剂促进化学反应能力的重要指标。工业上有好几种测定和表示方法，它们都是有条件性的。目前，各国测定活性的方法都不统一，但是原则上都是取一种标准原料油，通过装在固定床中的待测定的催化剂，在一定的裂化条件下进行催化裂化反应，得到一定干点的汽油质量产率(包括汽油蒸馏损失的一部分) 作为催化剂的活性。

目前，普遍采用微活性法测定催化剂的活性。测定的条件如下：

① 反应温度：460 ℃；

② 反应时间：70 s；

③ 剂油比：3.2；

④ 质量空速：162 h^{-1}；

⑤ 催化剂用量：5 g；

⑥ 催化剂颗粒直径：20~40 目；

⑦ 标准原料油：大港原油 235~337 ℃馏分；

⑧ 原料油用量：1.56 g。

所得产物(小于204 ℃汽油、气体、焦炭) 质量占总进料量质量的百分数，即该催化剂的微活性。新鲜催化剂有比较高的活性，但是在使用时由于高温、积炭、水蒸气、重金属污染等影响，活性开始下降很快，以后缓慢下降。在生产装置中，为使活性保持在一个稳定的水平上及补充生产中损失的部分催化剂，还需补入一定量的新鲜催化剂，此时的活性称为平衡催化剂活性。

活性是催化剂最主要的使用指标之一。在一定体积的反应器中，催化剂装入量一定，活性越高，则处理原料油的量越大；若处理量相同，则所需的反应器体积可缩小。

(2) 选择性。

在催化反应过程中，催化剂能有效地促进理想反应、抑制非理想反应，最大限度增加目的产品。选择性表示催化剂能增加目的产品(轻质油品) 和改善产品质量的能力。活性高的催化剂，其选择性不一定好，所以不能单以活性高低来评价催化剂的使用性能。

衡量选择性的指标有很多，一般以增产汽油为标准。汽油产率越高，气体和焦炭产率越低，则催化剂的选择性越好。常以汽油产率与转化率之比或汽油产率与焦炭产率之比，以及汽油产率与气体产率之比来表示。我国的催化裂化反应除生产汽油外，还生产柴油及气体烯烃，也可以从这个角度来评价催化剂的选择性。

(3) 稳定性。

催化剂在使用过程中保持其活性的能力称稳定性。在催化裂化过程中，催化剂需反复经历反应和再生两个不同阶段，长期处于高温和水蒸气作用下，这就要求催化剂在苛刻的工作条件下，活性和选择性能长时间地维持在一定水平上。催化剂在高温和水蒸气的作用下，其使物理性质发生变化、活性下降的现象称为老化。也就是说，催化剂耐高温和水蒸气老化的能力就是催化剂的稳定性。

在生产过程中，催化剂的活性和选择性都在不断地变化，这种变化分为两种。一种是活性逐渐下降而选择性无明显的变化，这主要是由于高温和水蒸气的作用，催化剂的微孔直径扩大，比表面积减少而引起活性下降。对于这种情况，提出热稳定性和蒸气稳定性两种指标。另一种是活性下降的同时选择性变差，这主要是由于重金属及含硫、含氮化合物等使催化剂发生中毒。

(4) 再生性。

经过裂化反应后的催化剂，由于表面积炭覆盖了活性中心，裂化活性迅速下降。这种表面积炭可以在高温下用空气烧掉，使活性中心重新暴露而恢复活性，这一过程称为再生。催化剂的再生性在实际生产中有着重要意义，因为在工业催化裂化装置中，决定设备生产能力的关键往往是再生器的负荷。

若再生效果差，再生催化剂含碳量过高，则会大大降低转化率，使汽油、气体、焦炭产率下降，且汽油的溴值上升，感应期下降，柴油的十六烷值上升而实际胶质下降。

再生速度与催化剂物理性质有密切关系，大孔径、小颗粒的催化剂有利于气体的扩散，使空气易于达到内表面，燃烧产物也易逸出，故有较高的再生速度。

对再生催化剂含碳量的要求：早期的分子筛催化剂为0.2%~0.3%(质量)，对目前使用的超稳型沸石催化剂则要求降低到0.05%~0.10%，甚至更低。

(5) 抗污染性能。

原料油中重金属(铁、铜、镍、钒等)、碱土金属(钠、钙、钾等)，以及碱性氮化物对催化剂有污染能力。

重金属在催化剂表面上沉积会大大降低催化剂的活性和选择性，使汽油产率降低、气体和焦炭产率增加，尤其裂化气体中的氢含量增加，C_3和C_4的产率降低。重金属对催化剂的污染程度常用污染指数来表示：

$$污染指数=0.1(Fe + Cu + 14Ni + 4V) \tag{3-2-2}$$

式(3-2-2)中的Fe，Cu，Ni，V分别为催化剂上铁、铜、镍、钒的含量，以10^{-6}表示。新鲜硅酸铝催化剂的污染指数在75以下，平衡催化剂污染指数在150以下，均算作清洁催化剂；污染指数达到750时为污染催化剂，大于900时为严重污染催化剂。但分子筛催化剂的污染指数达1000以上时，对产品的收率和质量尚无明显的影响，说明分子筛催化剂可以适应较宽的原料油范围和性质较差的原料油。

为防止重金属污染，一方面应控制原料油中重金属含量，另一方面可使用金属钝化剂

（如三苯锑或二硫化磷酸锑）抑制污染金属的活性。

3.助剂

催化裂化生产过程中除了使用催化剂外，还使用添加剂来增强催化裂化的性能。这些添加剂的主要优点是可改变催化裂化产品分布及减少再生器污染物的排放量。下面重点介绍一氧化碳助燃剂、硫转移剂和金属钝化剂。

（1）一氧化碳助燃剂。

一氧化碳助燃剂是一氧化碳燃烧助剂的简称。一氧化碳助燃剂既可以是一种助燃催化剂，也可以是一种助燃的催化剂组合。当使用这种助剂时，可以促进一氧化碳氧化成二氧化碳，回收烧焦时产生的大量热量，使再生器的再生温度有所提高，从而降低了再生剂的含碳量，提高了裂化催化剂的活性，还起到降低催化剂循环量、减少催化剂消耗和提高轻质油收率等效果。

助燃剂的活性组分主要是铂族金属，含量为300~800 mg/kg，被分散于载体上。助剂的效力很大程度上取决于它的活性和稳定性。

再生器无论是以一氧化碳完全燃烧操作方案还是以一氧化碳部分燃烧操作方案，都可以使用一氧化碳助燃剂。

（2）硫转移剂。

进入再生器的待生催化剂上的焦炭中含有硫。在再生器中，焦炭中的硫转化成二氧化硫和三氧化硫。二氧化硫和三氧化硫的混合物一般被统称为SO_x，SO_x中的80%~90%为二氧化硫，其他为三氧化硫。再生器中的SO_x最终随烟道气一起排入大气，污染环境。焦炭产量、进料中噻吩硫含量、再生器操作条件及FCC催化剂类型都是影响SO_x排放的主要因素。

通常有三种方法用于降低SO_x：烟道气洗涤、进料脱硫和SO_x添加剂。

硫转移剂通常是最经济的选择，也是许多炼油厂采用的方法。

硫转移剂是一种金属氧化物，直接加入循环催化剂中。在再生器中，添加剂吸收和化学吸附三氧化硫。这种稳定的硫酸盐由循环的催化剂带入提升管中，由氢或水还原或“再生”为硫化氢和金属氧化物。其化学反应式如下：

在再生器中：

$$\text{焦炭中硫(S)} + O_2 \longrightarrow SO_2 + SO_3$$

$$SO_2 + \frac{1}{2}O_2 \longrightarrow SO_3$$

$$M_xO + SO_3 \longrightarrow M_xSO_4$$

在反应器和汽提段中：

$$M_xSO_4 + 4H_2 \longrightarrow M_xS + 4H_2O$$

$$M_xSO_4 + 4H_2 \longrightarrow M_xO + H_2S + 3H_2O$$

$$M_xS + H_2O \longrightarrow M_xO + H_2S$$

提高SO_x添加剂使用效果的方法如下。

① 过量氧的作用。氧可以促进二氧化硫转化为三氧化硫。SO_x添加剂只能使三氧化硫形成金属硫酸盐。

② 再生器温度较低。较低的温度可促使二氧化硫转化为三氧化硫。

③ 添加剂与FCC催化剂为物理共存，在提升管和汽提段中很容易再生。

④ 使用一氧化碳助剂，将二氧化硫氧转化为三氧化硫。

⑤ 空气和待生催化剂的分布均衡。空气和待生催化剂在再生器中的混合严重影响除去 SO_x 的效率。

(3) 金属钝化剂。

在催化裂化过程中，原料油中特别是渣油裂化原料油中的镍、钒等重金属沉积在催化剂上，对催化剂有减活作用，并影响产品选择性。为了抑制重金属的污染，使用金属钝化剂是一种便利和有效的方法。钝化剂的作用是使催化剂上的有害金属减活，从而减少其毒害作用。

钝化剂随原料油被注入提升管反应器中，其中的有效成分和镍、钒作用形成稳定的金属盐，从而改变其形态，抑制重金属对催化剂活性和选择性的影响。工业上使用的钝化剂主要有锑型、铋型和锡型三类。前两类主要是钝镍，而锡型主要是钝钒。目前，使用最广泛的是锑型钝化剂。锑是有毒元素，含硫、磷的锑型钝化剂的毒性更大，使用时应注意安全。

近年来，对无毒的金属钝化剂的研制已取得了许多成果。

(三) 催化剂的汽提与再生

1.催化剂的汽提

(1) 汽提的目的。

从沉降器底部下来的处于密相流化状态的催化剂，如果直接进入再生器，会带来以下两方面的弊端。

① 损失大量油气。因为在催化剂颗粒间充满了油气和一些水蒸气，颗粒孔隙内部也吸附有油气，油气总量相当于催化剂重量的0.7%左右，为进料的2%~4%。其中，夹在颗粒间隙的为70%~80%，吸附在微孔内部的为20%~30%。若将这些颗粒带入再生器烧掉，将会造成大量油气损失。

② 增加再生器的负荷。再生器的任务是除去催化剂上沉降的焦炭。这些油气带入再生器将和焦炭一起被烧掉，无疑会增加再生器的烧焦负荷，多消耗主风，降低装置处理量，影响两器热平衡，使再生温度升高，产生热量过剩。

综上所述，必须在催化剂进入再生器之前将其携带的油气汽提除去。

(2) 汽提方法。

在沉降器下部设汽提段。在汽提段底部通入过热蒸气与催化剂逆流接触，使夹带的油气被置换出来。孔隙中的油气较难脱附，只能除去一部分。一般汽提效率(被汽提掉的油汽量与带入量之比) 可达90%~95%。未被提出的部分在再生过程中烧掉。其中所含碳量称为可汽提碳，约占烧掉焦炭总量的1%，相当于原料油的0.03%~0.05%。

(3) 影响汽提效率的因素。

① 水蒸气用量。一般为催化剂循环量的0.2%~0.4%。蒸气量充足可以使可汽提碳减少，但蒸气量过大也没有必要，因为油气吸附在催化剂孔隙内的部分不可能彻底汽提干净，而颗粒间夹带的部分很容易置换。蒸气量太多会增加能耗，又使分馏塔汽速加大，还会使汽提段催化剂密度下降，减小待生线路的推力，影响催化剂循环。

② 汽提段结构。汽提段的结构形式是考虑如何有利于催化剂与水蒸气的充分接触。通常在汽提段设有挡板，过去使用人字形挡板，现在多采用环形挡板，一般设8~10层，间距为700~800 mm，挡板间的最小自由截面积应为汽提段截面积的43%~50%，挡板对水平线

倾斜角大于30°。在最下面三排挡板下有蒸气管，在与过管子中心的水平线成30°的方向开设喷孔(左右两边)，孔速为45~80 m/s，使蒸气沿汽提段截面均匀上升，避免出现短路影响汽提效果。汽提段直径的大小也是从保持气固接触良好，而且向上向下的流动阻力都不要过大的方面来考虑的。通常，催化剂向下的质量流速为2900~3900 kg/m时，上升的蒸气线速为0.3 m/s左右。

③ 催化剂在汽提段的停留时间。因为催化剂的循环量是由热平衡确定的，在循环量一定的情况下，催化剂在汽提段的停留时间主要决定于汽提段高度，一般为1~3 min。

④ 催化剂性质。催化剂微孔的直径越大，越易于汽提。

(4) 判断汽提效率的方法。

汽提效率的高低无法直接测量，一般多通过焦炭中的氢含量来间接比较。焦炭中的氢含量通常是根据烟气组成计算求得。因为吸附油气的氢碳比要比反应生成的焦炭的氢碳比高得多，所以氢含量高说明汽提效果差。

一般情况下氢含量为6%~10%。汽提效果非常好时，可能焦炭中的氢含量会降到4%左右。

2.催化剂的再生

在反应过程中烃类由于缩合，氢转移的结果会生成高度缩合的产物——焦炭，并沉积在催化剂上使其活性降低、选择性变差。为了使催化剂能继续使用，在工业装置中采用再生的方法烧去所沉积的焦炭，以便使其活性及选择性得以恢复。

(1) 催化裂化再生反应。

经反应积焦的催化剂，称为待生催化剂(简称待剂)。含碳量对硅酸铝催化剂一般为1%左右，对分子筛催化剂为0.85%左右。

再生后的催化剂，称为再生催化剂(简称再剂)。其含碳量对硅酸铝催化剂一般为0.3%~0.5%，对分子筛催化剂要求降低到0.2%以下或更低的0.02%~0.05%。通常称待剂与再剂含碳量之差为碳差，一般不大于0.8%。

再生是催化裂化装置的重要过程，决定一个装置处理能力的关键常常是再生系统的烧焦能力。

催化剂上所沉积的焦炭的主要成分是碳和氢。氢含量的多少随所用催化剂及操作条件的不同而异。在使用低铝催化剂且操作条件缓和的情况下，氢含量为13%~14%；在使用高活性的分子筛催化剂且操作苛刻时，氢含量为5%~6%。焦中除碳、氢外，还有少量的硫和氮，其含量取决于原料油中硫、氮化合物的多少。

催化剂再生反应就是用空气中的氧烧去沉积的焦炭。再生反应的产物是二氧化碳、一氧化碳和水。一般情况下，再生烟气中的二氧化碳与一氧化碳的比值为1.1~1.3。在高温再生或使用一氧化碳助燃剂时，此比值可以提高，甚至可使烟气中的一氧化碳几乎全部转化为二氧化碳。再生烟气中还含有SO_x(二氧化硫、三氧化硫)和NO_x(一氧化氮、二氧化氮)。由于焦炭本身是许多种化合物的混合物，主要是由碳和氢组成，故可以写成以下化学反应式：

$$\begin{cases} C+O_2 \longrightarrow CO_2 \\ C+\frac{1}{2}O_2 \longrightarrow CO \\ H_2+\frac{1}{2}O_2 \longrightarrow H_2O \end{cases}$$

通常氢的燃烧速度比碳的燃烧速度快得多，当碳烧掉10%时，氢已烧掉50%，当碳烧掉50%时，氢已烧掉90%。因此，碳的燃烧速度是确定催化剂再生能力的决定因素。

上面三个化学反应的反应热差别很大，因此，每千克焦炭的燃烧热因焦炭的组成及生成的二氧化碳与一氧化碳的比值的不同而异。

焦炭燃烧热并非都可以利用，其中应扣除焦炭的脱附热。脱附热可按照式(3-2-3)计算：

$$焦炭的脱附热=焦炭的吸附热=焦炭的燃烧热\times 11.5\% \tag{3-2-3}$$

因此，烧焦时可利用的有效热量只有燃烧热的88.5%。

(2) 再生因素分析。

再生过程所追求的目的：烧焦速度快(它意味着一定尺寸的再生器处理能力高)，再生效果好(即再剂含碳量低)。而再生器的烧焦速率与再生温度、氧分压、催化剂含碳量及再生器的结构形式等因素相关。

① 再生温度。它是影响烧焦速率的重要因素之一。烧焦速率与再生温度因数成正比，提高温度，可大大提高烧焦速。在600 ℃左右时，每提高10 ℃，烧焦速率可提高约20%。但是提高再生温度受到催化剂水热温度性、设备结构及材料的限制。

对于常规再生来说，使用铝催化剂时，再生温度一般低于600 ℃；采用热稳性较好的分子筛催化剂时，再生温度提高到650~700 ℃；特别是使用高温完全再生技术的装置时，其再生温度达720 ℃以上，可使再生催化剂含碳量降到0.02%~0.05%。

② 氧分压。烧炭速率与再生床层氧分压成正比。氧分压是操作压力与再生气体中氧分子浓度的乘积。因此，提高再生器压力或再生气体中氧的浓度都有利于提高烧炭速率。

氧浓度是进入再生器的空气和出再生器烟气中氧含量的对数平均值。空气中含氧量是定值，为21%(体)，出口烟气中的过剩氧含量是操作变数，通常控制在1%~2%。使用分子筛催化剂后，再生温度提高。为防止二次燃烧，一般烟气中氧含量控制得很低，为0.5%左右；但当采用完全再生时，烟气中含氧量常在3%以上，过高会增加能量损失。

再生器压力是由两器压力平衡确定的。平时不作为调节手段。Ⅳ型装置压力一般0 kPa(表)左右，分子筛提升管催化裂化装置多采用0.14~0.23 kPa(表)。

③ 催化剂含碳量。催化剂含碳量越高，则烧炭速率越快。但是再生的目的是把炭烧掉，所以此因素不是调节操作的手段。

④ 再生器的结构形式。该结构主要保证流化质量良好，空气分布均匀并与催化剂充分接触，尽量减小返混，避免催化剂走短路。如采取待生催化剂以切线方向进再生器，催化剂与主风逆流接触等措施都可以改善烧炭效果。

⑤ 再生时间。即催化剂在再生器内的停留时间。其公式为

$$停留时间=\frac{藏量}{催化剂循环量} \tag{3-2-4}$$

催化剂在再生器内的停留时间越长，所能烧去的炭越多，再生催化剂的含碳量越低。

但延长再生时间，实际就是提高藏量，也就是需要加大再生器体积。同时，催化剂在高温下停留时间增长，会促使其减低活性。因此，采用增加藏量的办法来提高烧炭速率是不可取的，目前的趋势是设法提高烧焦强度。其公式为

$$烧焦强度=\frac{烧焦量}{藏量} \tag{3-2-5}$$

⑥ 主风量。再生器的空气量应调整到再生器出口烟道气中氧含量约为1.5%。

（3）炭堆积与二次燃烧。

① 炭堆积。耗氧与供氧是密切相关的两对矛盾。反应生成的焦炭必须在再生过程中完全烧掉，才能保持操作平衡，使再生催化剂含碳量恒定。要使生成的焦炭烧掉，就要供给足够的氧，因此，生焦与烧焦的平衡必须在供氧与耗氧平衡的前提下才能实现。

通常供氧量要稍大于耗氧量，使烟气中有一定的过剩氧才能保证焦炭的充分燃烧，但供风过多会浪费主风机功率，而且容易造成“二次燃烧”。如果供风不足，生成的焦炭不能完全烧掉，烟气中氧含量就会下降为零，含碳量升高，使催化剂选择性变差，因而焦炭产率增加，烧焦更不完全，形成恶性循环。催化剂的积炭迅速上升，催化剂活性大大下降，使汽油与气体产率降低，回炼油增多，这种现象被称为“炭堆积”，属于操作事故。

当发生炭堆积时，应设法降低生焦量，如降低进料量、减少油浆回炼、加大汽提蒸气，并及时增加主风量以加快烧焦速度。

② 二次燃烧。通常再生过程是将催化剂上沉积的焦炭在再生器密相床中烧掉。燃烧生成的烟气(包含二氧化碳、一氧化碳、剩余一氧化碳和未反应的氮）离开密相床层进入稀相空间，经旋风分离后从烟囱排出。当再生器热量大量过剩、稀相温度升高时，烟气中的一氧化碳和剩余氧在稀相段和旋风分离器以至集气室等处能引起剧烈的氧化，并放出大量的热，使烟气温度迅速上升。这种不正常的燃烧现象被称为“二次燃烧”。

发生二次燃烧时，烟气温度会突然上升到750~900 ℃以上，如不及时处理，会将衬里烧裂，使旋风分离器和集气室等烧坏。

在操作中，可通过稀相温差分析有无二次燃烧的迹象。根据此温差(一般超过5~7 ℃时说明稀相氧含量超高）的变化，随时由微调放空控制进入再生器的主风量(即调节过剩氧含量)，以达到防止二次燃烧的目的。

一旦发生二次燃烧，就要果断采取措施，用稀相喷水迅速取热降温，加大级间冷却蒸气，保护旋风分离器。但要注意，若处理不当，二次燃烧可能会引起炭堆积。

在采用分子筛催化剂以后，由于焦炭产率降低和高温再生，二氧化碳和一氧化碳的比值下降，致使供热不足。因此，催化裂化装置普遍采用一氧化碳助燃剂，使一氧化碳在再生器密相床中烧掉，实现完全再生。这样不仅可以降低原料油预热温度，同时可以进一步提高再生催化剂温度，从而降低剂油比，改善产品分布，而且可以消除二次燃烧的隐患。所以采用烧焦罐式再生器的装置和使用一氧化碳助燃剂实现完全再生的装置，不会发生二次燃烧事故。

三、工艺流程

(一)生产设备

1.提升管反应器与沉降器

(1)提升管反应器。

提升管反应器是催化裂化反应进行的场所，是催化裂化装置的关键设备之一。常见的提升管反应器的形式有两种，即直管式和折叠式。前者多用于高低并列式提升管催化裂化装置，后者多用于同轴式和由床层反应器改为提升管的装置。图 3-2-5 是直管式提升管反应器及沉降器结构图。

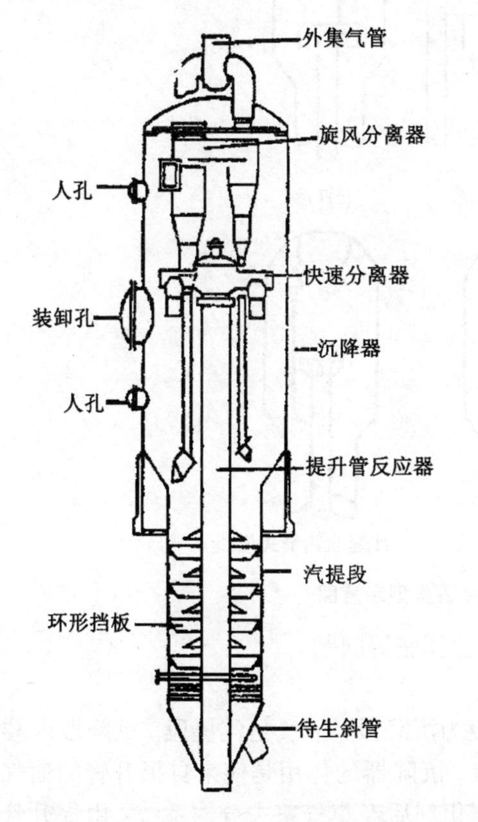

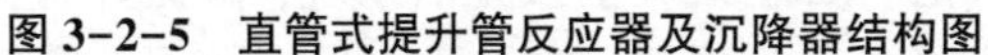
图 3-2-5 直管式提升管反应器及沉降器结构图

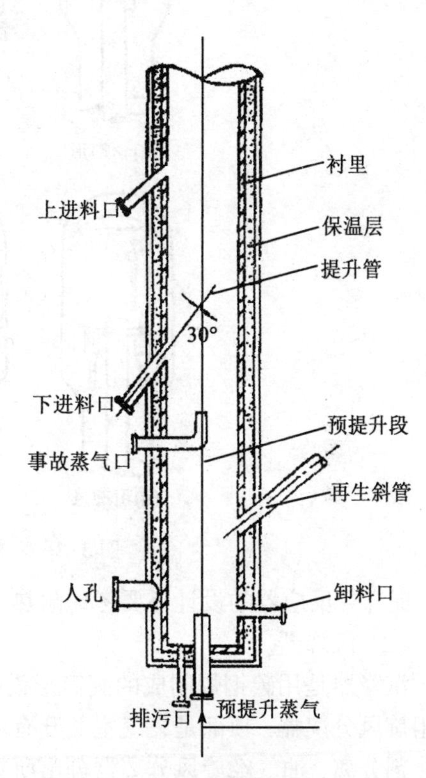

图 3-2-6 提升管提升段结构图

提升管反应器是一根长径比很大的管子，长度一般为 30~36 m。直径根据装置处理量决定，通常以油气在提升管内的平均停留时间(1~4 s)为限，以确定提升管内径。由于提升管内自下而上油气线速不断增大，为了不使提升管上部气速过高，提升管可做成上下异径形式。

提升管提升段结构图如图 3-2-6 所示。在提升管的侧面开有上、下两个(组) 进料口，其作用是根据生产要求使新鲜原料油、回炼油和回炼油浆从不同位置进入提升管，进行选择性裂化。

进料口以下的一段称为预提升段，其作用是由提升管底部收入水蒸气(称为预提升蒸气)，使出再生斜管来的再生催化剂加速，以保证催化剂与原料油相退时均匀接触。这种作用叫预提升。

为使油气在离开提升管后立即终止反应，提升管出口均设有快速分离装置，其作用是使油气与大部分催化剂迅速分开。快速分离器的类型有很多，常用的有伞幅形、倒 L 形、T 形、粗旋风、弹射和垂直齿缝式快速分离器，分别见图 3-2-7 中(a) (b) (c) (d) (e) (f)。

为进行参数测量和取样，沿提升管高度还装有热电偶管、测压管、采样口等。除此之

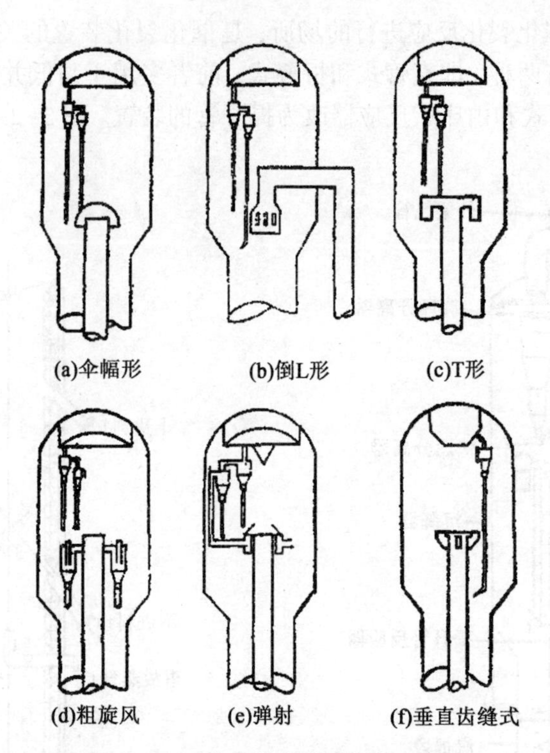

图 3-2-7　快速分离装置类型示意图

外，提升管反应器的设计还要考虑耐热、耐磨及热膨胀等问题。

（2）沉降器。

沉降器是用碳钢焊制成的圆筒形设备，上段为沉降段，下段是汽提段。沉降段内装有数组旋风分离器，顶部是集气室并开有油气出口。沉降器的作用是使来自提升管的油气和催化剂分离，油气经旋风分离器分出所夹带的催化剂后经集气室去分馏系统；由提升管快速分离器出来的催化剂靠重力在沉降器中向下沉降落入汽提段。汽提段内设有数层人字挡板和蒸气吹入口，其作用是将催化剂夹带的油气用过热水蒸气吹出（汽提），并返回沉降段，以便减少油气损失和减小再生器的负荷。

沉降器多采用直筒形，直径大小根据气体（油气、水蒸气）流率及线速度决定，沉降段线速一般不超过 0.5~0.6 m/s。

沉降段高度由旋风分离器料舱压力平衡所需料腿长度和所需沉降高度确定，通常为 9~12 m。

汽提段的尺寸一般由催化剂循环量及催化剂在汽提段的停留时间决定，停留时间一般是 1.5~3.0 min。

2.再生器

再生器是催化裂化装置的重要工艺设备，其作用是为催化剂再生提供场所和条件。它的结构形式和操作状况直接影响烧焦能力和催化剂损耗。再生器是决定整个装置处理能力的关键设备。图 3-2-8 是常规再生器的结构图。

再生器筒体是由 A3 碳钢焊接而成的，由于经常处于高温和受催化剂颗粒冲刷，所以筒体内壁敷设一层隔热、耐磨衬里，以保护设备材质。筒体上部为稀相段，下部为密相段，中间变径处通常叫作过渡段。

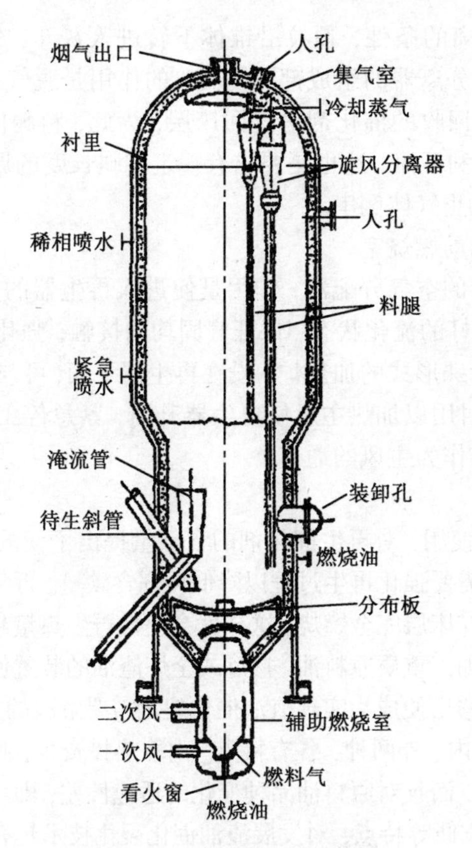

图 3-2-8 常规再生器结构图

（1）密相段。

密相段是待生催化剂进行流化和再生反应的主要场所。在空气(主风）的作用下，待生催化剂在这里形成密相流化床层，密相床层气体线速度一般为 0.6~1.0 m/s，采用较低气速称为低速床，采用较高气速称为高速床。密相段直径大小通常由烧焦所能产生的湿烟气量和气体线速度确定。密相段高度一般由催化剂藏量和密相段催化剂密度确定，一般为 6~7 m。

（2）稀相段。

稀相段实际上是催化剂的沉降段。为使催化剂易于沉降，稀相段气体线速度不能太高，要求不大于 0.6~0.7 m/s，因此稀相段直径通常大于密相段直径。稀相段高度应由沉降要求和旋风分离器料腿长度要求确定，适宜的稀相段高度是 9~11 m。

3.专用设备和特殊阀门

（1）旋风分离器。

旋风分离器是气、固分离并回收催化剂的设备，其操作状况的好坏直接影响催化剂耗量的大小，是催化裂化装置中非常关键的设备。图 3-2-9 是旋风分离器结构图。旋风分离器由内圆柱筒、外圆柱筒、圆锥筒及灰斗组成。灰斗下端与料腿相连，料腿出口装有翼阀。

各种旋风分离器的作用原理都是相同的。携带催化剂颗粒的气流以很高的速度(15~25 m/s）从切线方向进入旋风分离器，并沿内外圆柱筒间的环形通道做旋转运动，使固体颗粒产

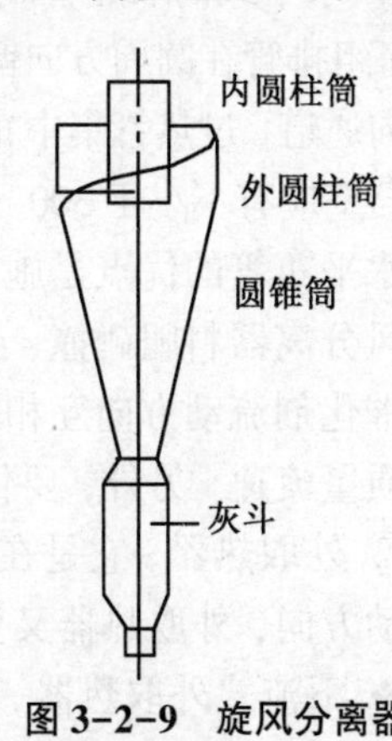

图 3-2-9 旋风分离器结构图

生离心力，造成气、固分离的条件，颗粒沿锥体下转进入灰斗，气体从内圆柱筒排出。灰斗、料腿和翼阀都是旋风分离器的组成部分。灰斗的作用是脱气，即防止气体被催化剂带入料腿；料腿的作用是将回收的催化剂输送回床层，为此，料腿内催化剂应具有一定的料面高度，以保证催化剂顺利下流，这也是要求有一定料腿长度的原因；翼阀的作用是密封，即允许催化剂流出从而阻止气体倒串。

（2）主风分布管和辅助燃烧室。

主风分布管是再生器的空气分配器，作用是使进入再生器的空气均匀分布，防止气流趋向中心部位，以形成良好的流化状态，保证气固均匀接触，强化再生反应。

辅助燃烧室是一个特殊形式的加热炉，设在再生器下面(可与再生器连为一体，也可分开设置)，其作用是开工时用以加热主风使再生器升温，紧急停工时维持一定的降温速度，正常生产时辅助燃烧室只作为主风的通道。

（3）取热器。

随着分子筛催化剂的使用，对再生催化剂的含碳量提出了新的要求，为了充分发挥分子筛催化剂高活性的特点，需要强化再生过程以降低再剂含碳量。近年来，各炼油厂多采用一氧化碳助燃剂，使一氧化碳在床层完全燃烧，这样就会使得再生热量超过两器热平衡的需要，发生热量过剩现象，特别是加工重质原料油、掺炼或全炼渣油的装置使得这个问题更加突出，因此，再生器中过剩热量的移出便成为实现渣油催化裂化需要解决的关键问题之一。

再生器的取热方式有内、外两种，各有特点。内取热投资少，操作简便，但维修困难，热管破裂只能切断不能抢修，而且对原料油品种变化的适应性差，即可调范围小。外取热具有热量可调、操作灵活、维修方便等特点，对发展渣油催化裂化技术具有很大的实际意义。

① 内取热器。内取热管的布置有垂直均匀布置和水平沿器壁环形布置两种形式。

❖ 垂直式内取热管。这种取热管采用厚壁合金钢管，分蒸发管和过热管两类，管长根据料面高度而定，一般为 7 m 左右。管束底与空气分布管的距离应不小于 1 m，以防高速气流冲刷，蒸发管和过热管均匀混合在密相床中，这样可使床层水平方向取热量较均匀。

垂直布管的优点是取热均匀，管束作为流化床内部构件可以起限制和破碎气泡的作用，改善流化质量，管子可以垂直伸缩，热补偿简便；但施工安装不方便，排管支承吊梁跨度大，承受高温易变形。如果取热负荷允许，取热管也可以垂直沿壁布置，这样布置支撑也较为方便。

❖ 水平式内取热管。这种取热管在水平方向，每层排管分内、外两组，各由二环串联组成，每组排管在圆周方向留有 60°圆缺，预防盘管膨胀，各层圆缺依次错开布置，防止局部形成纵向通道。过热管集中布置在上部，蒸发管布置在下部，便于和进出口集合管连接。盘管与再生器壁应有不小于 300 mm 的间隙，防止沿器壁形成死区影响周边流化质量。

水平布管的优点是施工方便，盘管靠近器壁支吊容易；但旧装置改造时，水平管与一级旋风分离器料腿碰撞，必须移动料腿位置，则不如垂直管方便。它的缺点是取热管与烟气及催化剂流动方向互相垂直，受催化剂颗粒冲刷严重。为防止汽水分层，管内应保持较高的质量流速。另外，要仔细处理管子的热膨胀，若安排不当，则会影响流化质量。

② 外取热器。它是在再生器外部设置催化剂流化床，取热管浸没在床层中。按催化剂的移动方向，外取热器又分为下流式和上流式两种。

❖ 下流式外取热器。国内首先使用下流式外取热器的是牡丹江炼油厂，且效果良好。下流式外取热系统流程图见图3-2-10。

它是将再生器密相床上部或二密（烧焦罐式再生器）700 ℃左右的高温再生催化剂引出一部分进入取热器，使其在取热器列管间隙中自上而下流动，列管内走水。在取热器内进行热量交换，在取热器底部通入适量空气，维持催化剂很好地流化。通过换热后的催化剂的温降一般为 100~150 ℃，然后通过斜管返回再生器下部或烧焦罐的预混合管。催化剂的循环量根据两器热平衡的需要由斜管上的滑阀控制，气体自取热器顶部出来返回再生器密相段或烧焦罐。由于下流式外取热器的催化剂颗粒与气体的流动方向相反，所以其表观速度均较小，对管束的磨损很小，而且床层的温度均匀。床内各处温度几乎相同，在正常情况下管外壁温度约为 243 ℃，最高也只有 278 ℃左右，因此，这种取热器可以采用碳素钢管（取热器支撑件需用合金钢）。

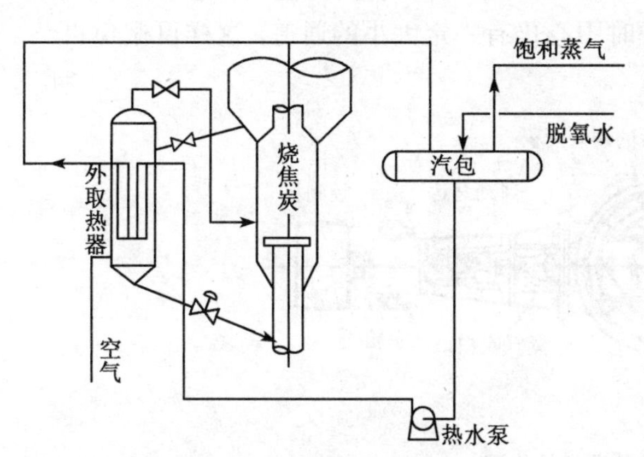

图 3-2-10　下流式外取热系统流程图

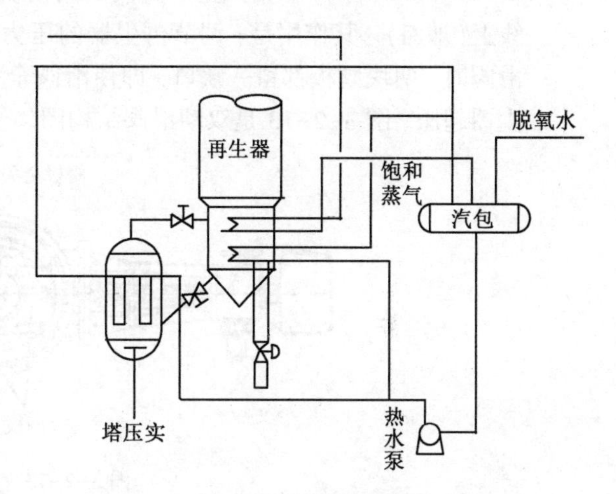

图 3-2-11　上流式外取热系统流程图

这种取热器的布置与高效烧焦罐式再生器及常规再生器均能配套，通入少量空气就能维持外取热器床层良好的流化状态，动力消耗小，特别是对旧装置改造更为适宜。

❖ 上流式外取热器。这种取热器于 1985 年分别在九江及洛阳炼油厂催化裂化装置上使用，其流程图见图 3-2-11。

它是将部分 700 ℃左右的高温再生催化剂自再生器密相床底部引出，再由外取热器下部送入。取热器底部用增压风使其沿列管间隙自下而上流动，应注意催化剂入口管线避免水平布置，并要通入适量松动空气以适应高堆比催化剂输送的要求。气体在管间的流速为 1.0~1.6 m/s，列管无严重磨损，催化剂与气体一起自外取热器顶部流出返回再生器密相床。催化剂循环量由滑阀调节。

水在管内循环受热后部分汽化进入汽包，水汽分离得到饱和蒸气。取热用水需经软化除去盐分或用回收的冷凝水。

（4）三阀。

三阀包括单动滑阀、双动滑阀和塞阀。

① 单动滑阀。该滑阀用于床层反应器催化裂化和高低并列式提升管催化裂化装置。在提升管催化裂化装置上，单动滑阀安装在两根输送催化剂的斜管上。其作用是：正常操作时用来调节催化剂在两器间的循环量，出现重大事故时用以切断再生器与反应沉降器之间的联系，以防止造成更大的事故。运转中，滑阀的正常开度为 40%~60%。单动滑阀结构图见图 3-2-12。

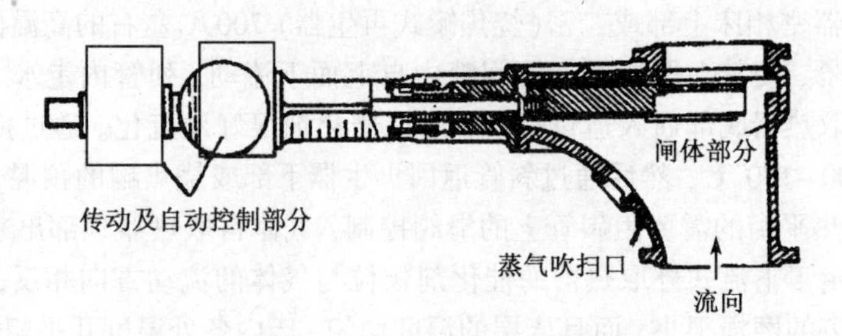

图 3-2-12　单动滑阀结构图

② 双动滑阀。该滑阀是一种两块阀板双向动作的超灵敏调节阀，安装在再生器出口管线上(烟囱)。其作用是：调节再生器的压力，使之与反应沉降器保持一定的压差。设计该滑阀时，两块阀板都留一缺口，即使滑阀全关时中心仍有一定大小的通道，这样可避免再生器超压。图 3-2-13 是双动滑阀结构图。

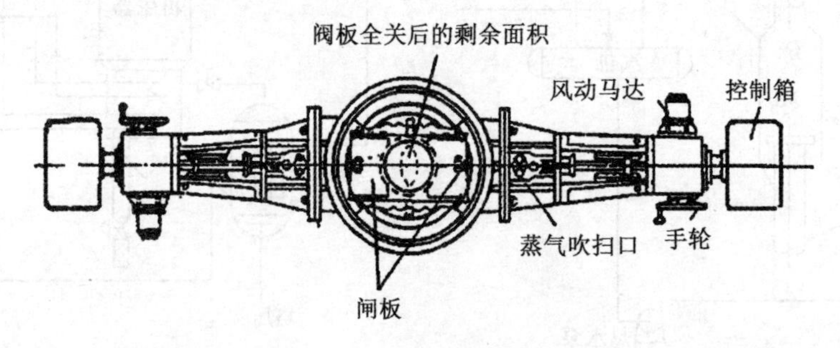

图 3-2-13　双动滑阀结构图

③ 塞阀。同轴式催化裂化装置利用塞阀调节催化剂的循环量。塞阀与滑阀相比，具有以下优点：磨损均匀且较少；高温下承受强烈磨损的部件少；安装位置较低，操作维修方便。

在同轴式催化裂化装置中，塞阀有待生管塞阀和再生管塞阀两种，它们的阀体结构和自动控制部分完全相同，但阀体部分连接部位及尺寸略有不同。其主要由阀体部分、传动部分、定位及阀位变送部分和补偿弹簧箱组成。

(二) 流程组织

以高低并列式提升管催化裂化装置为例说明反应-再生系统的工艺流程，见图3-2-14。

鲜原料油(以馏分油为例) 换热后与回炼油分别经两加热炉预热至 300~380 ℃，由喷嘴喷入提升管反应器底部(油浆不进加热炉直接进提升管) 与高温再生催化剂相遇，立即汽化反应，油气与雾化蒸气及预提升蒸气一起以 7~8 m/s 的入口线速携带催化剂沿提升管向上流动，在 470~510 ℃的反应温度下停留 2~4 s，再以 13~20 m/s 的高线速通过提升管出口，经快速分离器进入沉降器，携带少量催化剂的油气与蒸气的混合气经两级旋风分离器，进入集气室，通过沉降器顶部出口进入分馏系统。

经快速分离器分出的催化剂，自沉降器下部进入汽提段，经旋风分离器回收的催化剂通过料腿也流入汽提段。进入汽提段的待生催化剂用水蒸气吹脱吸附的油气，经待生斜管、待生单动滑阀以切线方式进入再生器，在 650~690 ℃的温度下进行再生。再生器维持 0.15~0.25 MPa(表) 的顶部压力，床层线速为 1.0~1.2 m/s。含碳量降到 0.2%以下的再生催化剂经溢流管、再生斜管和再生单动滑阀进入提升管反应器，构成催化剂的循环。

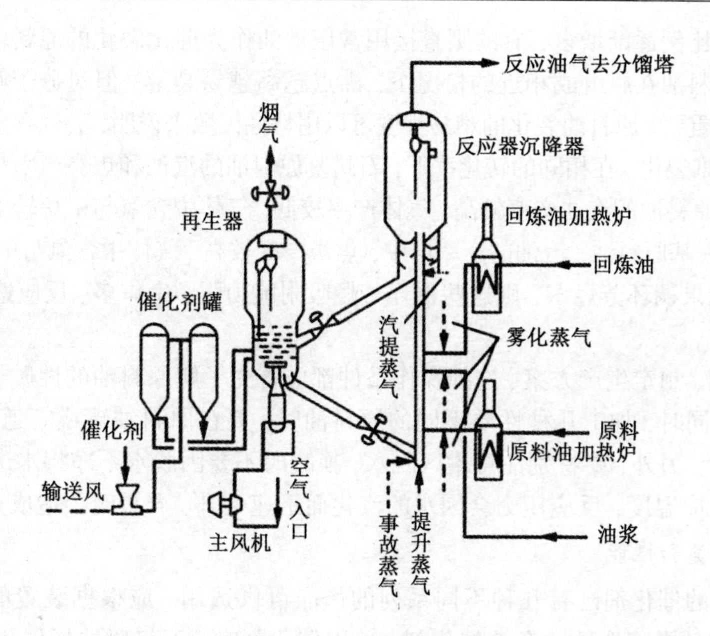

图 3-2-14 高低并列式提升管催化裂化装置的反应–再生系统流程图

烧焦产生的再生烟气，经再生器稀相段进入旋风分离器。经两级旋风分离除去携带的大部分催化剂，烟气通过集气室(或集气管)和双动滑阀排入烟囱(或去能量回收系统)。回收的催化剂经料腿返回床层。

再生烧焦所需空气由主风机供给，通过辅助燃烧室及分布板(或管)进入再生器。

在生产过程中，催化剂会有损失，为了维持系统内的催化剂藏量，需要定期地或经常地向系统补充新鲜催化剂。即使是催化剂损失很低的装置，由于催化剂老化减活或受重金属污染，也需要放出一些废催化剂，应补充一些新鲜催化剂，以维持系统内平衡催化剂的活性。为此，装置内应设有两个催化剂贮罐，一个是供加料用的新鲜催化剂贮罐，另一个是供卸料用的热平衡催化剂贮罐。

反应–再生系统的主要控制手段如下。

(1) 由气压机入口压力调节汽轮机转速控制富气流量，以维持沉降器顶部压力恒定。

(2) 以两器压差作为调节信号，由双动滑阀控制再生器顶部压力。

(3) 由提升管反应器出口温度控制再生滑阀开度来调节催化剂循环量，由待生滑阀开度根据系统压力平衡要求控制汽提段料面高度。

(4) 依据再生器稀、密相温差调节主风放空量(称为微调放空)，以控制烟气中的氧含量，预防发生二次燃烧。

(三) 操作参数的确定与调节

催化裂化反应是一个复杂的平行–顺序反应，其影响因素很多，在生产装置中各个操作条件密切联系。操作参数的选择应根据原料油和催化剂的性质而定，各操作参数的综合影响应以得到尽可能多的高质量汽油、柴油，气体产品中尽可能多的烯烃和在满足热平衡的条件下尽可能少产焦炭为目的。

1.原料油组成和性质

催化裂化装置加工的原料油一般是重质馏分油，但是当前一些装置所用原料油日趋变重，掺炼渣油的比例逐渐增多，有的则直接用常压重油作为催化裂化的原料油。

催化裂化原料油在族组成相近的情况下，沸点越高越易裂解。但对分子筛催化剂来说，馏分的影响并不重要。原料油裂化的难易程度可以用特性因数来说明，芳烃含量高，特性因数小，表示原料油难裂化。在相同的转化率下，石蜡基原料油的汽油和焦炭产率都较低，气体产率较高；环烷基原料油的汽油产率较高，气体产率较低，气体中含氢与甲烷较多，主要成分是 C_1，C_2；对于芳香基原料油，汽油的产率居中，焦炭产率较高，气体中含氢与甲烷更多些。

原料油中如果稠环芳烃多，则这些稠环芳烃吸附能力强，生焦多，反应速度慢，会影响其他烃类的反应。

选择催化剂、制定生产方案、选择操作条件都应首先了解原料油的性质。生产中，原料油要相对稳定。同时，加工几种性质不同的原料油时，要在原料油罐或管道中将其调和均匀后再送入装置。另外，要特别注意罐区脱水，换罐时不要因脱水不净将水送入反应器，否则会急剧降低反应温度，反应压力会因水的汽化而迅速上升，严重时会造成重大事故。

2.催化剂种类和性能

目前，国内的催化剂已有几种不同系列的产品可供选用。应根据装置的原料油性质、产品方案及装置的类型选择适合的催化剂。选用催化剂时，不仅要选择催化剂的活性、比表面积，更要注意它的选择性、抗污染能力和稳定性。

在生产过程中，若因原料油性质和产品方案有较大幅度变化而需要更换催化剂时，则需要采取逐步置换的方法，即一边卸出催化剂，一边补入新催化剂。置换的速度不能过快，不然会因新鲜剂补入太多、平衡剂活性太高而使操作失去平衡。

催化剂平衡活性越高、转化率越高，产品中烯烃含量越少，而烷烃含量增加。

重金属的污染会使催化剂的活性下降，选择性明显变差，气体和焦炭产率升高，气体中氢气含量明显增加，而汽油收率明显降低。

3.工艺流程选择

对于各种形式的流化催化裂化装置，它们的分馏系统和吸收稳定系统都是一样的，只是反应-再生系统有所不同。流化催化裂化的反应-再生系统可分为两大类型：使用无定形硅酸铝催化剂的床层裂化反应和使用分子筛催化剂的提升管反应。采用分子筛催化剂提升管裂化轻质油收率增加，焦炭产率降低，柴油的十六烷值也有所改善。

4.操作条件

(1) 反应温度。

反应温度是生产中的主要调节参数，也是对产品产率和质量影响最灵敏的参数。一方面，反应温度高则反应速度增大。催化裂化的反应活化能比热裂化的活化能低，而反应速率常数的温度系数热裂化也比催化裂化的高，因此，当反应温度升高时，热裂化反应的速度提高得比较快，当温度高于 500 ℃时，热裂化趋于重要，产品中出现热裂化产品的特征（气体中 C_1，C_2 多，产品的不饱和度上升）。但是，即使这样高的温度，催化裂化的反应仍占主导地位。另一方面，反应温度可以通过对各类反应速率大小来影响产品的分布和质量。催化裂化是平行-顺序反应，提高反应温度，从汽油到气体的速度加快最多，从原料油到汽油的反应速度加快较少，从原料油到焦炭的速度加快更少。因此，在转化率不变时，气体产率增加，汽油产率降低，而焦炭产率变化很少，也导致汽油辛烷值上升和柴油的十六烷值降低。由此可见，温度升高，汽油的辛烷值上升，但汽油产率下降，气体产率上升，产品的产量和质量对温度的要求产生矛盾，必须适当选取温度。在我国，要求多产柴油时，可采用较低的反应温度(460~470 ℃)，在低转化率下进行大回炼操作；多产汽油时，可采用较高的反应温度(500~510 ℃)，在高转化率下进行小回炼操作或单程操作；多产气体时，反应温度则更高。

装置中，反应温度以沉降器出口温度为标准，同时要参考提升管中下部温度的变化。直接影响反应温度的主要因素是再生温度或再生催化剂进入反应器的温度、催化剂循环量和原料油预热温度。在提升管装置中主要是用再生单动滑阀开度来调节催化剂的循环量，从而调节反应温度，其实质是通过改变剂油比调节焦炭产率，从而达到调节装置热平衡的目的。

(2) 反应压力。

反应压力是指反应器内的油气分压，油气分压的提高意味着反应物浓度提高，所以反应速度加快，同时生焦的反应速度也相应提高。虽然压力对反应速度影响较大，但是在操作中压力一般是固定不变的，因而压力不作为调节操作的变量，工业装置中一般采用不太高的压力(0.1~0.3 MPa)。应当指出，催化裂化装置的操作压力主要不是由反应系统决定的，而是由反应器与再生器之间的压力平衡决定的。一般来说，对于给定大小的设备，提高压力是增加装置处理能力的主要手段。

(3) 剂油比。

剂油比是单位时间内进入反应器的催化剂量(即催化剂循环量)与总进料量之比。剂油比反映了单位催化剂上有多少原料油参与反应并在其上积炭。因此，提高剂油比，则催化剂上积炭少，催化剂活性下降小，转化率增加。但催化剂循环量过高将降低再生效果。在实际操作中，剂油比是一个因变参数，一切引起反应温度变化的因素都会相应地引起剂油比的改变。改变剂油比最灵敏的方法是调节再生催化剂的温度和调节原料油预热温度。

(4) 空速和反应时间。

在催化裂化过程中，催化剂不断地在反应器和再生器之间循环，但是在任何时间，两器内都各自保持一定的催化剂量，两器内经常保持的催化剂量称为藏量。在流化床反应器内，通常是指分布板上的催化剂量。

每小时进入反应器的原料油量与反应器藏量之比称为空速。空速有重量空速和体积空速之分，体积空速是进料流量按照20 ℃/h计算的。空速的大小反映了反应时间的长短，其倒数为反应时间。

反应时间在生产中是不可以任意调节的。它是由提升管的容积和进料总量决定的。但生产中反应时间是变化的，进料量的变化、其他条件引起的转化率的变化都会引起反应时间的变化。反应时间短，转化率低；反应时间长，转化率高。过长的反应时间会使转化率过高，汽柴油收率反而下降，液态烃中烯烃饱和。

(5) 再生催化剂含碳量。

再生催化剂含碳量是指经再生后的催化剂上残留的焦炭含量。对分子筛催化剂来说，裂化反应生成的焦炭主要沉积在分子筛催化剂的活性中心上，再生催化剂含碳量过高，相当于减少了催化剂中分子筛的含量，催化剂的活性和选择性都会下降，所以转化率大大下降，汽油产率下降，溴价上升，诱导期下降。

(6) 回炼比。

工业上为了使产品分布(原料油催化裂化所得各种产品产率的总和为100%，各产率之间的分配关系即为产品分布)合理以获得更高的轻质油收率，通常采用回炼操作。即限制原料油转化率不要太高，使一次反应后生成的与原料油沸程相近的中间馏分，再返回中间反应器重新进行裂化，这种操作方式也称为循环裂化。这部分油称为循环油或回炼油。有的将最重的渣油(或称油浆)也进行回炼，这时称为全回炼操作。

循环裂化中反应器的总进料量包括新鲜原料油量和回炼油量两部分，回炼油(包括回炼油浆)量与新鲜原料油量之比称为回炼比。

回炼比虽不是一个独立的变量，但却是一个重要的操作条件。在操作条件和原料油性质大体相同的情况下，若增加回炼比，则单程转化率上升，汽油、气体和焦炭产率上升，但处理能力下降；在转化率大体相同的情况下，若增加回炼比，则单程转化率下降，轻柴油产率有所增加，反应深度变浅；反之，回炼比太低，虽处理能力较高，但轻质油总产率仍不高。因此，增加回炼比、降低单程转化率是增产柴油的一项措施。但是，增加回炼比后，反应所需的热量大大增加，原料油预热炉的负荷、反应器和分馏塔的负荷会随之增加，能耗也会增加。由此可见，回炼比的选取要根据生产实际综合选定。

5.设备结构

提升管反应器的结构对催化裂化反应有影响。它影响到油气与催化剂的接触时间和流化情况，会造成二次反应增加和催化剂颗粒与油气的返混，会使轻质油收率下降，焦炭量增加。

(四)过程控制(以某石化公司二套催化裂化装置为例)

1.反应温度的控制

反应温度(TIC101)与再生滑阀差压(PDIC115)组成低值选择控制。在正常情况下，由反应温度控制再生滑阀开度。但当再生滑阀差压低于设定值时，由再生滑阀差压调节器的输出信号控制再生滑阀开度，此时再生滑阀关闭；当差压达到并高于设定值时，恢复反应温度调节器输出信号以控制再生滑阀开度。其影响因素及调节方法见表3-2-2。

表3-2-2 反应温度的影响因素及调节方法

影响因素	调节方法
(1)进料预热温度的影响。 (2)催化剂循环量的变化。循环量增加，反应温度上升；反之下降。在循环推动力不变的情况下，再生滑阀开度增加，催化剂循环量增加；反之下降。 (3)提升管总进料量的变化。进料量下降，反应温度上升；反之下降。 (4)再生温度的变化。再生温度上升，反应温度上升。 (5)进料带水，反应温度发生大幅度的波动。 (6)再生斜管推动力的变化。 (7)启用急冷油喷嘴，反应温度下降。 (8)仪表失灵，再生单动滑阀故障	(1)调节再生滑阀的开度，增加或减少催化剂的循环量，控制反应温度。滑阀开度增大，反应温度提高。 (2)调节掺渣量及取热器取热量，通过再生温度变化，控制好两器的热平衡，保持再生床温平稳。 (3)控制好进料量和合适的掺炼比。 (4)调节再生滑阀的开度，增加或减少催化剂的循环量，控制反应温度。滑阀开度增大，反应温度提高。 (5)原料油带水，及时联系调度和罐区，切水换罐，按照原料油带水的处理方法处理。 (6)调节再生斜管推动力，主要通过调节再生器料位和松动点，提高推动力。后一种方法要在车间指导下进行。 (7)控制好急冷油量。 (8)再生单动滑阀故障，改手动控制，马上联系钳工和仪表处理。仪表故障及时联系处理，此时应参考提升管中下部温度及反应压力判断反应温度的变化

2.提升管总进料量的控制

一般情况下提升管进料量由操作员控制，当局部发生故障时，需做应急处理，保证提升管总进料量大于 90 t/h，否则需要打开进料事故蒸气副线。其影响因素及调节方法见表3-2-3。

3.反应深度的控制

反应深度的调节，最明显将体现为生焦量及再生温度的变化，同时伴有分馏塔底及回炼油罐液面的变化。其影响因素及调节方法见表 3-2-4。

表 3-2-3 提升管总进料量的影响因素及调节方法

影响因素	调节方法
（1）原料油(减蜡、减渣、焦蜡）泵及回炼油泵故障。 （2）反应深度变化，回炼油量变化（MTC 方案）。 （3）原料油带水。 （4）油浆泵故障。 （5）原料油、回炼油调节阀控制失灵或仪表故障。 （6）原料油进装置量减少	（1）泵发生故障，及时处理，或者切换泵。 （2）根据原料油性质，控制反应深度，保证容 107 的液位，控制回炼油量的相对稳定。 （3）原料油带水，联系调度罐区和有关单位进行处理。 （4）渣油泵循环线开大，渣油进料量减少，蜡油增加。 （5）仪表故障，改手动或副线控制，联系处理；油浆回炼量不可大幅度调节，应保持稳定，回炼量大小视情况确定或由车间决定。 （6）原料油泵出口阀开大，用控制阀调节介质流量；事故旁通副线关小，进料量增加；喷嘴预热线关小，进料量增加

表 3-2-4 反应深度的影响因素及调节方法

影响因素	调节方法
（1）反应温度变化。 （2）原料油预热温度变化。 （3）剂油比变化。 （4）再生温度及再生催化剂定碳量高低的影响。 （5）催化剂活性变化。 （6）催化剂上重金属的污染程度。污染严重，深度下降。 （7）提升管各路进料的比例。 （8）反应压力	（1）提高反应温度，反应深度加大。 （2）在催化剂循环量不变的情况下，提高原料油预热温度，反应温度提高，深度增大。 （3）在反应温度不变的情况下，提高剂油比，反应深度提高。 （4）再生催化剂定碳量高于 0.1%时，反应深度会发生明显下降，此时需降低再生催化剂的定碳量。 （5）提高催化剂活性，反应深度增加。 （6）催化剂重金属污染，反应深度低，控制好金属钝化剂的加注量。 （7）提高中、上部喷嘴流量，提升管底部温度提高，反应深度加大；反之下降。 （8）粗汽油回炼量增加，反应深度下降；反之上升

4.催化剂循环量的控制

催化剂循环量是一个受多参数综合影响的重要参数，以下调节方法多指固定其他参数，单独调整某一项参数时的变化情况。实际操作中要区分影响循环量变化的关键因素。其影响因素及调节方法见表3-2-5。

表 3-2-5　催化剂循环量的影响因素及调节方法

影响因素	调节方法
（1）再生和待生滑阀的开度。 （2）两器压力变化。 （3）进料量、雾化蒸气量、预提升蒸气(干气或粗汽油）量的变化。 （4）各松动流化点压力、流量的变化及再生斜管流化推动力的变化。 （5）总进料量的变化。 （6）反应温度的变化。 （7）再生温度的影响。 （8）原料油预热温度的变化	（1）调节再生和待生滑阀的开度，开大再生滑阀，循环量上升，同时待生滑阀也将相应开大。 （2）保持两器压力在控制指标内。两器差压的变化对循环量有不同的影响，根据不同工况可能有不同结果。进料量增加，若反应温度不变，循环量将上升；反之下降。 （3）保持进料量、雾化蒸气量、预提升蒸气量的相对稳定。 （4）调节各松动流化点的风量和蒸气量，可以增加流化推动力，在再生滑阀开度不变的情况下，流化推动力上升，循环量上升。但此项调节一定要在车间指导下进行。检查斜管松动蒸气和锥体松动蒸气，稳定汽提蒸气量。 （5）滑阀故障，改手动控制，联系仪表、钳工处理。 （6）提高反应温度，循环量上升；反之下降。 （7）在反应温度不变的情况下，再生温度下降，循环量上升；反之下降。 （8）在反应温度不变的情况下，原料油预热温度下降，循环量上升；反之下降

【思考题】

（1）为什说石油馏分的催化裂化反应是平行-顺序反应？

（2）分子筛催化剂的担体是什么？它的作用是什么？

（3）什么叫剂油比？它的大小对催化裂化反应有什么影响？

（4）影响催化裂化反应-再生系统的因素有哪些？

（5）什么叫回炼油？为什么要使用回炼操作？分子筛催化剂为什么不用大回炼比？

任务二　分馏系统工艺与过程控制

一、生产依据

混合物能用分馏的方法进行分离的根本原因在于混合物中各组分的沸点不同。例如催化裂化反应油气是由各种沸点不同的烃类所组成的复杂的气相混合物，其中各馏分沸点范围见表 3-2-6。

表 3-2-6　各馏分沸点范围

馏分	粗汽油	轻柴油	重柴油	回炼油	油浆
沸点范围/℃	40~200	200~330	330~380	380~450	>450

由于沸点不同，在冷凝时重组分先冷凝，在受热时轻组分先汽化，这就是分馏的根本依据。

二、工艺流程

（一）流程组织

分馏系统的工艺流程图见图 3-2-15。

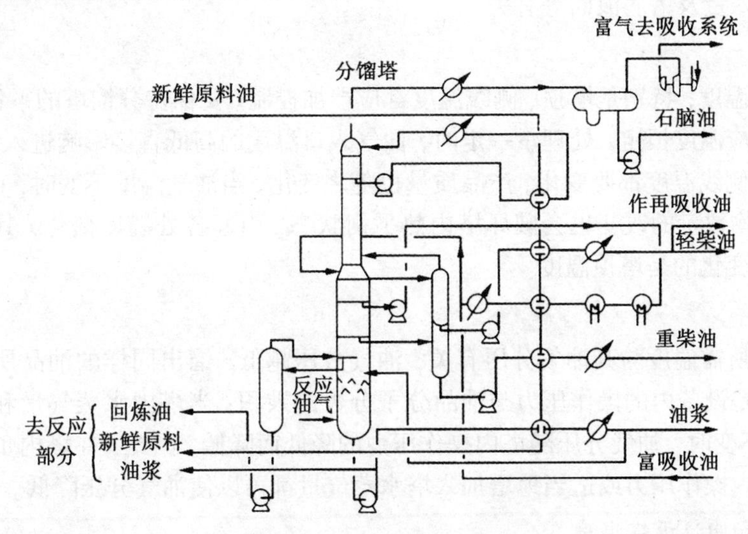

图 3-2-15　分馏系统工艺流程图

由沉降器顶部出来的反应产物油气进入分馏塔下部，经装有挡板的脱过热段后，油气自下而上通过分馏塔。经分馏后得到富气、粗汽油、轻柴油、重柴油(也可以不出重柴油)、回炼油及油浆。如在塔底设油浆澄清段，可脱除催化剂出澄清油，浓缩的稠油浆再用回炼油稀释送回反应器进行回炼，并回收催化剂；如不回炼，也可送出装置。轻柴油和重柴油分别经汽提塔汽提后再经换热、冷却，然后出装置。轻柴油有一部分经冷却后送至再吸收塔，作为吸收剂，然后返回分馏塔。

分馏系统的主要过程在分馏塔内进行，与一般精馏塔相比，催化裂化分馏塔具有如下技术特点。

(1) 分馏塔进料是过热气体，并带有催化剂细粉，所以进料口在塔的底部，塔下段用油浆循环以冲洗挡板和防止催化剂在塔底沉积，并经过油浆与原料油换热取走过剩热量。油浆固体含量可用油浆回炼量或外排量来控制，塔底温度则用循环油浆流量和返塔温度进行控制。

(2) 塔顶气态产品量大，为减少塔顶冷凝器负荷，塔顶也采用循环回流取热代替冷回流，以减少冷凝冷却器的总面积。

(3) 由于全塔过剩热量大，为保证全塔气、液负荷相差不过于悬殊并回收高温位热量，除塔底设置油浆循环外，还设置中段循环回流取热。

（二）操作参数的确定与调节

一个生产装置，做到高处理量、高收率、高质量和低消耗，除选择合理的工艺流程和先进的设备外，主要靠平稳操作。

平稳操作是指在生产中充分发挥设备潜力，生产高收率、高质量产品和降低消耗指标的前提下，做到各设备和全装置的物料平衡和热平衡。其表现在操作的各工艺条件(包括流量、温度、压力和液面等)的相对平稳。为此，必须首先讨论影响分馏操作的主要工艺因素，从而找出影响操作的关键因素。

分馏塔分离效能的主要标志是分离精确度。影响分馏精确度的因素，除与分馏塔的结构(塔板形式、板间距、塔板数等) 有关外，在操作上还与温度、压力、回流量、塔内蒸气线速、水蒸气吹入量及塔底液面等有关。

1.温度

油气入塔温度，特别是塔顶、侧线温度都应严加控制。要保持分馏塔的平稳操作，最重要的是维持反应温度恒定。处理量一定时，油气入口温度的高低直接影响进入塔内的热量，相应地塔顶和侧线温度都要变化，产品质量也随之变化。当油气温度不变时，回流量、回流温度、各馏出物数量的改变也会破坏塔内热平衡状态，引起各处温度变化，其中最灵敏地反映出热平衡变化的是塔顶温度。

2.压力

油品馏出所需温度与其油气分压有关，油气分压越低，馏出同样的油品所需的温度越低。油气分压是设备内的操作压力与油品分子分数的乘积；当塔内水蒸气量和惰性气体量(反应带入) 不变时，油气分压随塔内操作压力的降低而降低。因此，在塔内负荷允许的情况下，降低塔内操作压力或适当地增加入塔水蒸气量都可以使油气分压降低。

3.回流量和回流返塔温度

回流提供气、液两相接触的条件，回流量和回流返塔温度直接影响全塔热平衡，从而影响分馏效果。对于催化分馏塔，回流量大小、回流返塔温度的高低由全塔热平衡决定。随着塔内温度条件的改变，适当调节塔顶回流量和回流温度是维持塔顶温度平衡的手段，借以达到调节产品质量的目的。一般以调节回流返塔温度为主。

4.塔底液面

塔底液面的变化反映物料平衡的变化，物料平衡又取决于温度、流量和压力的平稳。反应深度对塔底液面影响较大。

（三）分馏系统操作控制

1.分馏塔底液面的控制

在正常情况下，分馏塔底液面由油浆外甩控制阀手动控制。其影响因素及调节方法见表 3-2-7。

表 3-2-7　分馏塔底液面的影响因素及调节方法

影响因素	调节方法
(1) 油浆回炼量的变化。	(1) 控制好油浆回炼量。
(2) 反应处理量的变化。	(2) 控制好油浆循环量及返塔温度。
(3) 原料油变重和催化剂性质的变差。	(3) 随原料油性质和催化剂性质变化调节操作。
(4) 油浆返塔温度的变化。	(4) 用三通阀调节温度。
(5) 回炼油罐满。	(5) 增大回炼油回炼量，减小二中返塔量。
(6) 反应深度的变化。	(6) 控制反应深度。
(7) 分馏塔压力的变化。	(7) 控制好沉降器压力及反应回炼量、反应温度。
(8) 机泵抽空。	(8) 调节泵的运转条件或切换备用泵。
(9) 三通阀或仪表控制失灵，使液面降低	(9) 控制阀及仪表失灵时，找仪表处理

2.分馏塔塔底温度控制

正常调节分馏塔塔底温度的主要手段是用调节油浆循环量及返塔温度来控制，辅助手段是用外甩油浆量来调节塔底液面，在特殊情况下，也可用油浆下返塔阀来作为调节手段，但必须保证上返塔有足够的油量以免冲塔。事故状态下，当塔底温度急剧上升时，可用冷蜡补塔底阀来调节塔底温度。

分馏塔塔底温度正常控制为液相温度不高于 360 ℃，气相温度不高于 380 ℃(塔底温度影响因素同前)。

3.油浆固体含量的控制

油浆固体含量与油浆外甩量，油浆回炼量，油浆上、下返塔量，加工量，催化剂性质有关。油浆中固体含量高时，会磨损设备，特别是对油浆泵的磨损较为严重，而且会造成塔底结焦及沉淀，堵塞换热设备和管线。因此，正常生产时，控制值为不大于6 g/L，开工时控制不大于 10 g/L。在正常情况下，由油浆外甩量 FV-212 手动控制。

4.分馏塔塔顶温度的控制

分馏塔塔顶温度是控制粗汽油干点最重要的参数，其温度高、干点高。在不同的塔顶压力、不同的原料油性质情况下，汽油干点都会发生变化。因此，要根据不同压力、不同原料油的条件来控制不同的温度，以确保产品合格。在正常情况下，由顶循环控制阀 FIC-202 手动控制。其影响因素及调节方法见表 3-2-8。

表 3-2-8　分馏塔塔顶温度的影响因素及调节方法

影响因素	调节方法
(1) 原料油性质变化。	(1) 随原料油性质，及时调整温度。
(2) 反应深度变化。	(2) 随反应深度，调整塔顶温度。
(3) 处理量变化。	(3) 随处理量，调整塔顶温度。
(4) 顶循环量及冷回流变化。	(4) 调整顶循环回流及冷回流返塔流量，以及返塔温度。
(5) 冷回流带水。	(5) 控制好回流罐界面，防带水。
(6) 塔顶压力变化。	(6) 联系反应岗，稳定操作压力。
(7) 泵故障	(7) 切换备用泵或加大冷回流量

【思考题】

(1) 催化裂化分馏系统的生产依据是什么?
(2) 催化裂化分馏系统的工艺特点是什么?
(3) 催化裂化分馏系统操作的主要影响因素有哪些?
(4) 如何控制分馏塔的塔顶、塔底温度?

任务三　吸收稳定系统工艺与过程控制

一、吸收稳定系统的任务

吸收稳定系统的任务是将来自分馏部分的催化富气中的 C_2 以下组分(干气) 与 C_3, C_4 组分(液化气) 分离, 以便分别利用; 同时将混入汽油中的少量气体烃分出, 以降低汽油的蒸气压, 保证符合商品规格。

二、工艺流程

(一) 生产设备

1.吸收塔

(1) 吸收塔的作用。

吸收塔以粗汽油、稳定汽油作吸收剂, 将气压机出口的压缩富气中的 C_3, C_4组分尽可能吸收进来。

(2) 吸收塔的构造。

催化裂化装置中用汽油吸收富气的过程是在板式吸收塔内进行的。在旧装置上, 吸收塔塔板多采用槽形和泡帽塔板; 在新厂设计与老厂改造中, 大都使用浮阀塔板。吸收塔的塔板层数、塔径因各装置处理能力、操作压力、回收率等的不同而不同。

吸收塔结构与普通板式塔结构基本一样。

2.解吸塔

(1) 解吸塔的作用。

解吸塔尽可能将脱乙烷汽油中的 C_2 组分解吸出去。

(2) 解吸塔的构造。

催化裂化解吸塔大多使用双溢流浮阀塔, 塔底设解吸重沸器。解吸塔也叫脱乙烷塔, 就其过程特点看, 实质上相当于精馏塔的提馏段。

解吸塔底采用卧式热虹吸重沸器, 大都使用分馏系统一中循环回流作热源, 重沸器中加热形成的气体返回解吸塔塔底作为气相回流。

(二) 流程组织

吸收稳定系统典型工艺流程图见图 3-2-16。

由分馏系统油气分离器出来的富气经气体压缩机升压后, 冷却并分出凝缩油, 压缩富气进入吸收塔底部, 粗汽油和稳定汽油作为吸收剂由塔顶进入, 吸收了 C_3, C_4(及部分 C_2)

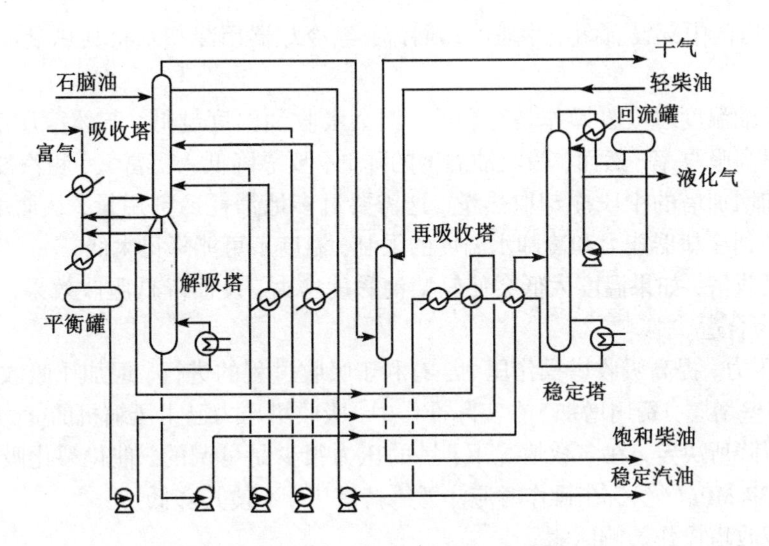

图 3-2-16　吸收稳定系统典型工艺流程图

的富吸收油由塔底抽出送至解吸塔顶部。吸收塔设有一个中段回流以维持塔内较低的温度。吸收塔顶出来的贫气中尚夹带少量汽油，经再吸收塔用轻柴油回收其中的汽油组分后成为干气送燃料气管网。吸收了汽油的轻柴油由再吸收塔底抽出返回分馏塔。解吸塔的作用是通过加热将富吸收油中 C_2 组分解吸出来，由塔顶引出进入中间平衡罐，塔底为脱乙烷汽油被送至稳定塔。稳定塔的目的是将汽油中 C_4 以下的轻烃脱除，在塔顶得到液化石油气（简称液化气），塔底得到合格的汽油——稳定汽油。

（三）操作指标的确定与调节

1.影响吸收稳定系统操作因素

（1）吸收操作影响因素。

影响吸收的因素有很多，如油气比、操作温度、操作压力、吸收塔结构、吸收剂和溶质气体的性质等。对具体装置来讲，吸收塔的结构、吸收剂和气体性质等因素都已确定，吸收效果主要靠适宜的操作条件来保证。

① 油气比。它是指吸收油用量（粗汽油与稳定汽油）与进塔的压缩富气量之比。当催化裂化装置的处理量与操作条件一定时，吸收塔的进气量也基本保持不变，油气比大小取决于吸收剂用量的多少。增加吸收油用量，可增加吸收推动力，从而提高吸收速率，即加大油气比利于吸收完全。但油气比过大，会降低富吸收油中溶质浓度，不利于解吸；会使解吸塔和稳定塔的液体负荷增加，塔底重沸器热负荷加大使循环输送吸收油的动力消耗也要增加；同时，补充吸收油用量越大，被吸收塔顶贫气带出的汽油量也越多，再吸收塔吸收柴油用量也要增加，又加大了再吸收塔与分馏塔负荷，从而导致操作费用增加。另外，油气比也不可过小，它受到最小油气比限制。当油气比减小时，吸收油用量减小，吸收推动力下降，富吸收油浓度增加。当吸收油用量减小到使富吸油操作浓度等于平衡浓度时，吸收推动力为零，此时是吸收油用量的极限状况，称为最小吸收油用量，其对应的油气比即最小油气比。实际操作中，采用的油气比应为最小油气比的 1.1~2.0 倍。一般吸收油与压缩富气的重量比大约为 2。

② 操作温度。吸收油吸收富气的过程有放热效应，吸收油自塔顶流到塔底时温度有所

升高，所以在塔的中部设有两个中段冷却回流，经冷却器用冷却水将其热量带走以降低吸收油温度。

降低吸收油温度对吸收操作是有利的，因为吸收油温度越低，气体溶质溶解度越大，这样有利于提高吸收率。然而，吸收油温度的降低，要靠降低入塔富气、粗汽油、稳定汽油的冷却温度和增加塔的中段冷却取热量，这需要过多地消耗冷剂用量，从而增加了费用；而且它们都受到冷却器能力和冷却水温度的限制，温度不可能降得太低。

对于再吸收塔，如果温度太低会使轻柴油黏度增大，反而降低吸收效果，一般控制在40 ℃左右较为合适。

③ 操作压力。提高吸收塔操作压力，有利于吸收过程的进行。但加压吸收需要使用大压缩机，使塔壁增厚，费用增加。在实际操作中，吸收塔压力已由压缩机的能力及吸收塔前各个设备的压降所决定。在多数情况下，塔的压力很少是可调的。催化裂化吸收塔压力一般在0.78~1.37 MPa(绝)，在操作时应注意维持塔压，不使其降低。

（2）再吸收塔操作影响因素。

再吸收塔吸收温度为50~60 ℃，压力一般在0.78~1.08 MPa(绝)。用轻柴油作吸收剂，吸收贫气中所带出的少量汽油。由于轻柴油很容易溶解汽油，所以通常给定了适量轻柴油后，不需要经常调节就能满足干气质量要求。

再吸收塔操作主要是控制好塔底液面，防止液位失控、干气带柴油而造成燃料气管线堵塞憋压，影响干气利用；要防止液面压空、瓦斯压入分馏而影响压力波动。

（3）影响解吸的操作因素。

解吸塔的操作要求主要是控制脱乙烷汽油中的乙烷含量。要使稳定塔停排不凝气，解吸塔的操作是关键环节之一，需要将脱乙烷汽油中乙烷解吸到0.5%以下。

与吸收过程相反，高温低压对解吸有利。但在实际操作中，解吸塔压力取决于吸收塔或其气、液平衡罐的压力，不可能降低。对于吸收解吸单塔流程，解吸段压力由吸收段压力决定；对于吸收解吸双塔流程，解吸气要进入气、液平衡罐，因而解吸塔压力要比吸收塔压力高50 kPa左右，否则，解吸气排不出去。所以，要使脱乙烷汽油中乙烷解吸率达到规定要求，只有靠提高解吸温度的方法。通常，通过控制解吸重沸器出口温度来控制脱乙烷汽油中的乙烷含量。温度控制要适当，太高会使大量的C_3，C_4组分被解吸出来，影响液化气收率；太低则不能满足乙烷解吸率要求；必须采取适宜的操作温度，既要把脱乙烷汽油中的C_2脱净，又要保证干气中的C_3，C_4含量不大于3%(体)，其实际解吸温度因操作压力而不同。

（4）影响稳定塔的操作因素。

稳定塔的任务是把脱乙烷汽油中的C_3，C_4进一步分离出来，塔顶出液化气，塔底出稳定汽油。控制产品质量要保证稳定汽油蒸气压合格；要使稳定汽油中C_3，C_4含量不大于1%，尽量回收液化气；同时，要使液化气中C_5含量尽量少，最好分离到液化气中不含C_5。这样，可使稳定汽油收率不减少；使下游气体分馏装置不需要设脱C_5塔；还能使民用液化气不留残液，利于节能。

影响稳定塔的操作因素主要有回流比、塔顶压力、进料位置和塔底温度。

① 回流比。即回流量与产品量之比。稳定塔回流为液化气，产品量为液化气加不凝气。按照适宜的回流比来控制回流量，是稳定塔的操作特点。稳定塔首先要保证塔底汽油蒸气压合格，剩余的轻组分全部从塔顶蒸出。塔底液化气是多元组分，塔顶组成的小变化，从温

度上反映不够灵敏。因此，稳定塔不可能通过控制塔顶温度来调节回流量，而是按照一定回流比来调节，以保证其精馏效果。一般稳定塔控制回流比为1.7~2.0。采取深度稳定操作的装置，回流比适当提高至2.4~2.7，以提高C_3，C_4馏分的回收率。回流比过小，精馏效果差，液化气会大量带重组分(C_5，C_6等)；回流比过大，若要使汽油蒸气压合格，则应相应地增大塔底重沸器热负荷和塔顶冷凝冷却器负荷，降低冷凝效果，甚至使不凝气排放量加大，液化气产量减少。

② 塔顶压力。稳定塔压力应以控制液化气(C_3，C_4)完全冷凝为准，即使操作压力高于液化气在冷后温度下的饱和蒸气压。否则，在液化气的泡点温度下，不易保持全凝，不能解决排放不凝气的问题。

稳定塔操作受解吸塔乙烷脱除率的影响很大。乙烷脱除率低，则脱乙烷汽油中乙烷含量高，当其含量高到使稳定塔顶液化气不能在操作压力下全部冷凝时，就要有不凝气排至瓦斯管网。此时，因回流罐是一次平衡气化操作，必然有较多的液化气(C_3，C_4)也被带至瓦斯管网，所以根据组成控制好解吸塔底重沸器出口温度对保证液化气回收率是十分重要的。

稳定塔排放不凝气问题，还与塔顶冷凝器冷凝效果有关。若液化气冷后温度高，不凝气量也就大。冷后温度主要受气温、冷却水温、冷却面积等因素影响。适当提高稳定塔操作压力，则液化气的泡点温度也随之提高。这样，在液化气冷后温度下，易于冷凝，利于减少不凝气。提高塔压后，稳定塔重沸器的热负荷要相应增加，以保证稳定汽油蒸气压合格。而增大塔底加热量，往往会受到热源不足的限制。一般稳定塔压力为0.98~1.37 MPa(绝)。

稳定塔压力控制，有的采用塔顶冷凝器热旁路压力调节的方法，这一方法常用于冷凝器安装位置低于回流油罐的“浸没式冷凝器”场合；有的则采用直接控制塔顶流出阀的方法，用于如塔顶使用空冷器且其安装位置高于回流罐的场合。

③ 进料位置。稳定塔进料设有三个进料口，进料在入稳定塔前，先要与稳定汽油换热、升温，使部分进料汽化。进料的预热温度直接影响稳定塔的精馏操作，进料预热温度高时，汽化量大，气相中重组分增多。此时，如果开上进料口，则容易使重组分进入塔顶轻组分中，降低精馏效果。因此，应根据进料温度的不同，使用不同进料口。总体原则是：根据进料气化程度选择进料位置；进料温度高时，使用下进料口；进料温度低时，使用上进料口；夏季开下口，冬季开上口。

④ 塔底温度。此温度以保证稳定汽油蒸气压合格为准。汽油蒸气压高，则应提高塔底温度；反之，则应降低塔底温度。应控制好塔底重沸器加热温度。如果塔底重沸器热源不足，进料预热温度也不可能再提高，则只得适当降低操作压力或减小回流比，以少许降低稳定塔精馏效果，从而保证塔底产品质量合格。

(四) 吸收稳定系统操作控制

1.吸收塔压力的控制

吸收塔压力的影响因素及调节方法见表3-2-9。

表 3-2-9　吸收塔压力的影响因素及调节方法

影响因素	调节方法
(1) 富气量大。 (2) 再吸收塔液控失灵。 (3) 冷却器冷却效果差。 (4) 吸收剂量大，温度低。 (5) 塔两中段回流量大。 (6) 瓦斯管网压力小。 (7) 仪表故障	(1) 调节吸收剂量。 (2) 改手动，联系仪表处理。 (3) 提高冷却器冷却效果。 (4) 控制吸收剂量和温度。 (5) 控制两中段返塔量。 (6) 处理压力变化。 (7) 联系仪表，处理故障

2.稳定塔压力的控制

稳定塔压力的影响因素及调节方法见表 3-2-10。

表 3-2-10　稳定塔压力的影响因素及调节方法

影响因素	调节方法
(1) 稳定塔进料量大，进料组成轻。 (2) 进料温度高。 (3) 塔顶回流量大。 (4) 稳定塔顶回流带水。 (5) 液态烃出装置受阻。 (6) 泵故障	(1) 调整稳定塔的操作，必要时可调节吸收塔温度。 (2) 降低进料温度。 (3) 根据回流比要求，调整塔顶回流量。 (4) 控制回流罐界面，避免带水。 (5) 联系系统处理。 (6) 启动备用泵，联系钳工处理

3.吸收塔液面的控制

吸收塔液面的影响因素及调节方法见表 3-2-11。

表 3-2-11　吸收塔液面的影响因素及调节方法

影响因素	调节方法
(1) 吸收塔压力高。 (2) 吸收剂及补充吸收剂量大、温度低。 (3) 两中段回流量大、温度低。 (4) 压缩富气量小、温度高。 (5) 塔底液控系统失灵	(1) 调整塔压使其平稳。 (2) 调整两剂量及温度，使其平稳。 (3) 及时调整两中段回流和温度。 (4) 随富气变化调整操作。 (5) 走副线，联系仪表

4.稳定塔塔顶温的控制

稳定塔塔顶温的影响因素及调节方法见表 3-2-12。

表 3-2-12　稳定塔塔顶温的影响因素及调节方法

影响因素	调节方法
(1) 塔底温度改变。 (2) 回流量改变。 (3) 进料温度改变	(1) 按照工艺指标平稳控制塔底温度。 (2) 依据温度变化调节回流量大小。 (3) 使进料温度平稳

5.稳定塔塔底液面控制

稳定塔塔底液面的影响因素及调节方法见表 3-2-13。

表 3-2-13　稳定塔塔底液面的影响因素及调节方法

影响因素	调节方法
(1) 稳定进料量改变。 (2) 稳定汽油出装置量改变。 (3) 吸收塔顶补充吸收剂量的变化。 (4) 汽油出装置时送不出去	(1) 正常时由再吸收塔塔底液控阀来控制稳定塔的液面。 (2) 调节补充吸收剂的量及稳定塔的压力。 (3) 根据产品质量调节塔底温度和顶回流量。 (4) 及时联系调度，罐区检查或换罐

【思考题】

(1) 催化裂化吸收稳定系统的任务是什么?

(2) 催化裂化吸收稳定系统由哪些设备组成?

(3) 催化裂化吸收稳定系统操作的主要影响因素有哪些?

任务四　烟气能量回收系统工艺与过程控制

一、烟气能量回收系统的任务

烟气能量回收系统的主要任务有：为再生器提供烧焦用的空气，以及催化剂输送提升用的增压风、流化风等；回收再生烟气的能量，降低装置能耗。

二、工艺流程

(一) 生产设备

1.主风机

主风机是把旋转的机械能转换为空气压力能和动能，并将空气输送出去的机械。

在催化裂化装置中，主风机主要有以下几方面作用：催化剂再生烧焦供氧，两器流化供风，烘干再生器和沉降器衬里，为增压机提供风源。

目前，我国各炼油厂的催化裂化装置所用的主风机分为离心式和轴流式两种，其压力为 0.2~0.4 MPa，都是叶片旋转式机械。

(1) 离心式主风机。

① 工作原理。离心式主风机的工作原理同离心泵的相同，靠高速旋转的叶轮产生的离心力使气体获得动能，再经过蜗壳和扩压器把动能转化为压力能，从而对气体进行压缩，达到输送气体的目的。其性能参数主要有流量、能量头、转速和功率，随操作要求的变化，这四个参数是可以改变的。但是每台主风机都按照一定的气体介质设计成最适当的参数，在这些参数下运转时机器的效率最高，叫作额定参数，即额定流量、额定能量头(即压缩比：出口绝压/入口绝压)、额定转速、额定功效等。例如，D800-33 型风机的额定流量为

800 m³/min，额定入口压力为96 kPa，额定出口压力为333 kPa，额定功率为3500 kW。国产离心式主风机型号见表3-2-14。D800-33型风机结构图见图3-2-17。

表3-2-14 国产离心式主风机型号

型号	进口参数				出口压力/kPa	原动机	
	流量/($m^3 \cdot min^{-1}$)	重度/($kg \cdot m^{-3}$)	压力/kPa	温度/℃		种类	功率/kW
D260-31	260	1.16	101.0	20	250	电机	800
D800-31	800	1.138	99	20	280	电机	2500
D800-33	800	—	—	20	340	电机	3400
D1200-21	1200	1.16	101	28.4	220	电机	3200
MCL1003	1550	99	—	—	340	电机	2500

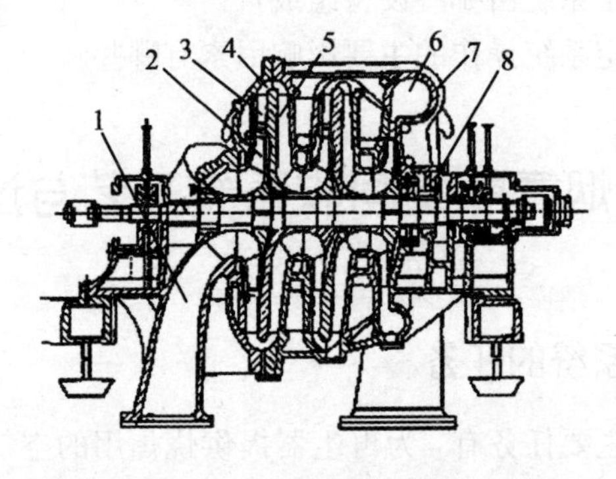

图3-2-17 D800-33型风机结构图

1—入口；2—叶轮；3—扩压器；4—弯道；5—回流器；6—蜗壳；7—机壳体；8—转子

② 性能。

❖ 转速。通常主风机由电动机、蒸气透平或烟气轮机带动。用电动机带动，转速是固定不变的。电动机转速为2985 r/min，所以要经过增速箱、齿轮箱来提高转速，使之与主风机要求的高速相匹配。增速齿轮齿数的比（主动齿轮数/从动齿轮数）叫作增速比（i），D800-33的增速比为$i=2.109$。

❖ 流量和能量头。离心式主风机与离心泵类似，流量和能量头有一定的对应关系，它们是按照一定规律同时变化的。也就是说，如果转速不变，改变风机的风量，能量头也同时变化。

❖ 轴封。主风机轴封都采用迷宫式轴封。相互间隔的内半径半圆环（迷宫齿）镶嵌在机壳上，轴上有相应的凸台，迷宫齿和凸台之间形成曲折的通道，间隙很小（一般为0.2~0.3 mm），空气通过许多曲折的迷宫式通道向外泄漏时，因改变了气体的流动方向，阻力很大，将泄漏量限制在一定范围内，起到密封的作用。轴封主要有光滑式、迷宫式、阶梯式三种，见图3-2-18。

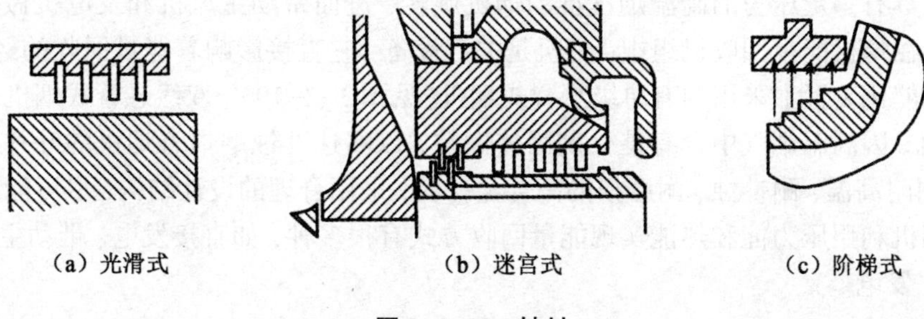

图 3-2-18 轴封

(2) 轴流式主风机。

随着世界石油化工企业技术的不断进步和经济水平的提高，伴随能源紧缺和原油价格的不断上涨，催化裂化装置的大型化已经成为增加经济效益的必然趋势。在催化裂化装置中，大流量的轴流式主风机已经取代了原有的离心式主风机，成为主要角色。

① 构造与工作原理。轴流式主风机由许多排动、静相间的叶片组成，特点是流量大、效率高。因此，大型装置用一台或两台轴流式主风机，而不用并联多台较小的离心式主风机，这样更经济合理。此外，大型轴流式主风机体积小、结构紧凑，因而有较大的操作弹性。

轴流式主风机气体的运动是沿着轴向进行的。由于转子旋转，气体产生很高的速度，而当气体依次流过串联排列着的动叶片和静叶栅时，速度就逐渐减慢，而气体压力逐渐提高，使气体得到压缩，达到输送气体的目的。

② 轴流式风机的喘振。喘振现象及反喘振控制系统。离心式和轴流式风机有一个共同的特点，即操作流量小于额定流量的50%~70%时会发生喘振现象。喘振时，风机的流量、压力快速大幅度上下波动，机体有强烈的振动和噪声，轴的窜动加大，容易损坏风机，并严重影响装置的正常操作。有时会发生催化剂倒流造成堵塞和损坏风机的事故，所以风机出口必须装单向阀，同时设置防喘振设施。

防止风机喘振的方法，主要是防止流量过小或出口压力过高。若操作所需流量减小到低于喘振点，主风机采取出口放空，保持流量大于喘振流量，都是在出口设一放空阀及控制系统。正常操作时，防喘振阀关闭。当轴流风机的入口流量降低或出口压力上升，防喘振调节器的测量值低于给定值时，其调节器输出值转为最小，将防喘振阀打开一些，使轴流风机的入口流量增加或出口压力降低，实现防喘振控制。总之，风机流量不小于喘振点，就不会发生喘振现象。

③ 轴流式主风机的操作特点。主风机同其他转动机械一样，都是由轴承支持的。为保证安全正常运转，必须使用符合所需要求规格牌号的质量合格的润滑油。在机组运转过程中，油温、油压、油量都要严格按照规定控制，机组的各零部件要确保联结可靠，不能松动，防止机组振动而损坏。停机的步骤和要求都必须按照操作规程进行。

2.烟气轮机

(1) 结构与工作原理。

① 结构。烟气轮机的结构(以双级烟气轮机为例) 由导流锥、一级静叶、一级动叶、二级静叶、二级动叶、轴、机壳、蜂窝密封、出口过渡段、梳齿密封等组成。

② 工作原理。烟气轮机，简称烟机，其实质上是将压力能和热能转化为电能或机械能

的机械，以具有一定压力的高温烟气推动烟机旋转，进而带动主风机和发电机做功，实现能量回收。在烟机能量回收机组中，烟机是关键设备，它直接影响着能量回收的经济效益。目前，我国催化装置上采用的有单级悬臂式烟机(见图 3-2-19)、双级悬臂式烟机和多级双支承式烟机。因高温烟气中含有催化剂固体微粒，以高速冲蚀磨损着烟机的叶片，所以要求烟机选用耐高温、耐冲蚀、耐磨损的高合金材料，采用合理的设计结构，尽可能地延长使用寿命。烟机利用压力能和热能实现能量回收方式有很多种，如直接发电、带动主风机、带动主风机并发电。

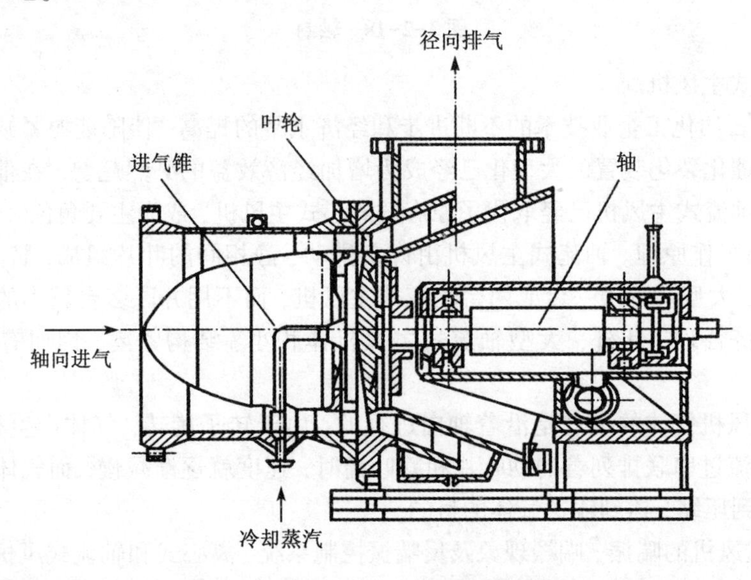

图 3-2-19　单级悬臂式烟机结构图

③ 烟机的特点。当含有固体微粒的烟气流过叶片时，对叶片的冲蚀程度与烟气中固体微粒的粒度、浓度、通流部分的空气动力性质及叶片表面的耐磨性能有关。烟气中携带的催化剂微粒以高速与烟机内件相撞击，发生机械作用。叶片是受冲蚀、磨损最严重的部件，烟机的速度越高对叶片的冲蚀速度就越快，烟机的寿命则越短。而烟机的使用寿命直接影响能量回收的经济效益。影响烟机叶片寿命的主要因素如下：

❖ 含催化剂粉尘的烟气速度；
❖ 催化剂粉尘的含量及粒度；
❖ 叶片材料耐冲蚀性能；
❖ 烟气温度。

④ 烟机的寿命。不同类型烟机寿命的比较见表 3-2-15。从表 3-2-15 可以看出，延长烟机的寿命可从以下两方面进行。

表 3-2-15　单、双、多级烟机的比较

类型	单级悬臂	双级悬臂	多级双支承
结构	简单	较复杂	复杂
烟气入口速度	最高	高	低
效率	较低	较高	高

表 3-2-15(续)

类型	单级悬臂	双级悬臂	多级双支承
允许催化剂含量	140	200	250
寿命	短	较长	长

一是设计上采用耐磨材料和防冲蚀措施。为了减少烟气中微粒的冲蚀作用，流道必须设计成能防止微粒局部集中的形式。烟机轮机设计成多级，烟气流速大约低至单级烟机的1/2，催化剂微粒的动能约减少到1/4，即减少了催化剂微粒在叶片内弧上的冲击力；催化剂微粒的冲蚀效应与动能成正比，即与气流速度的平方成正比。因此，气流速度的降低可使叶片的使用寿命增加。另外，多级烟机的设计，带来了相对较低的气动级负荷，在静叶和动叶的流道中具有较小的转折角，相应地减少了在叶栅转折过程中作用到催化剂微粒上的离心力，因此，减缓了在动叶内弧从进气到出气边的冲蚀效应。

沿叶高的冲蚀效应不是均匀分布的，在具有性质不同的二次流图形的各个面积处更为明显。为了防止在叶根部分局部催化剂微粒的集中，在每一叶排前设置耐冲蚀的转折台阶，当气流中催化剂微粒随气流靠近边壁时，转折台阶使之转折至流道的中部，于是减少了流道边壁处的催化剂集中。这就消除了通过冲蚀叶片根部截面发生折断动叶片的危险。转折台阶表面堆焊硬质合金或爆炸喷涂碳化铬，提高其耐冲蚀能力。

增大各排叶片的轴间距离，能使沿叶高催化剂微粒均匀分布。烟机静叶和动叶的轴间距离增加到燃气轮机相应距离的 1.5 倍。叶片出气边的冲蚀效应甚为明显，对动叶尤为突出。为了增加叶片的使用寿命，将叶片出气厚度大约增加到燃气轮机叶片的 2 倍。

延长烟机的寿命，除在烟机本身采用耐冲蚀措施外，还需要采用高效率的一、二、三、四级旋风分离器，使进入烟机中的烟气含尘量减少。

二是操作上控制烟气中催化剂粉尘的含量。虽然烟机采用了耐冲蚀措施，系统中也采用了高效率的旋风分离器，但是单纯靠烟机和旋风分离器还不够，还必须严格控制平稳操作，减少因操作波动而引起的催化剂大量跑损。因此，要保持装置在合理的条件下平稳操作，降低催化剂跑损(单耗)是延长烟机和三机旋风分离器寿命、提高能量回收系统经济效益的重要因素。

3.三级旋风分离器

催化裂化装置高温再生烟气的能量回收系统是一项重要节能措施，近些年发展很快。三级旋风分离器是该系统的重要设备之一，它的性能直接关系到烟机的运行寿命与效率。

目前，国内催化裂化装置采用的三级旋风分离器有多管式、旋流式、布埃尔式；国外还开发出水平多管式，其分离效率更高。

多管式三级旋风分离器是由分离器壳体内装有数十根旋风管并联组成的旋风分离器(见图3-2-20)，其主要元件是旋风管，旋风管主要由导向器、升气管、排气管、泄料盘和旋风筒五部分组成。

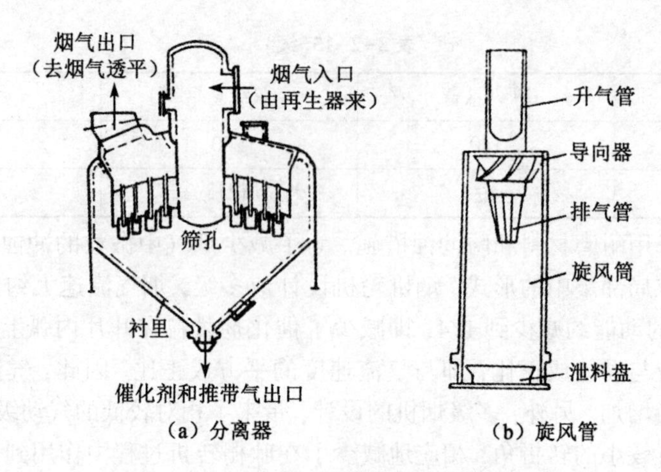

图 3-2-20　多管式三级旋风分离器结构图

4.高温取热器

（1）结构。

高温取热器用于回收高温烟气中热量产生的饱和蒸气。它由汽包、下降管、导气管、联箱、炉管、炉膛六部分组成，采用单锅筒并联两个炉膛的结构(见图 3-2-21)。两个炉膛沿烟气流动方向串联，每个炉膛分为多组管束。炉管为夹套式，中心为下降管，夹套层为蒸发管，每根管子构成一个单独的循环回路，饱和水由汽包经下降管进入入口联箱，然后由联箱分配给个炉管的中心给水管。在给水管底部改变流动方向后进入蒸发管，在此处受热形成汽水混合物后经蒸气导管进入出口联箱，最后经过导气管进入汽包进行汽水分离。

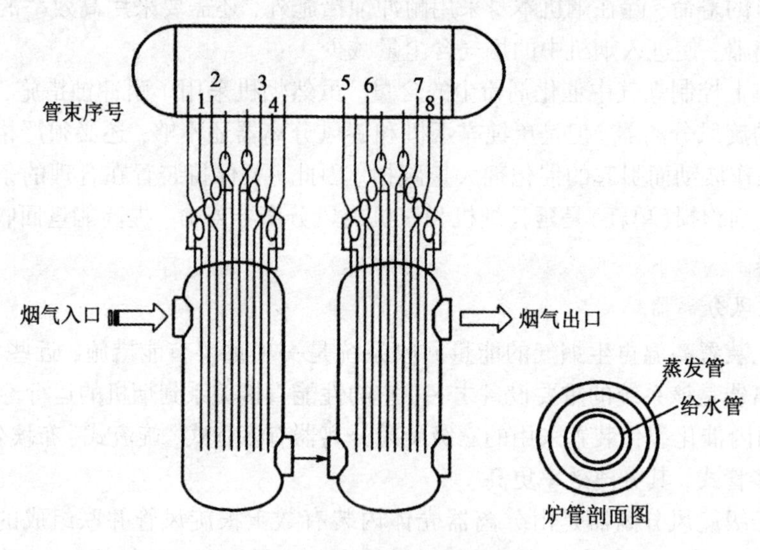

图 3-2-21　高温取热器简图

（2）作用。

① 回收高温烟气显热，产生中压蒸气，降低装置能耗。

② 通过调节高温取热器的取热量，将烟气入口温度控制在要求范围内。

③ 烟气经过高温取热器，降低了对后烟道材质的要求，简化了设备结构，节约了设备投资。

5.余热锅炉

余热锅炉用于回收烟气中的热量，降低烟气温度。余热锅炉简图见图 3-2-22，经过烟机后的烟气进入余热锅炉的蒸发段，对饱和蒸气进行加热，产生过热蒸气。加热饱和蒸气后的烟气依次经过蒸发段、省煤器，后由烟囱排出。余热锅炉的蒸发段是余热锅炉产生饱和蒸气的场所。余热锅炉的省煤器是利用烟气的余热加热锅炉给水温度的场所。

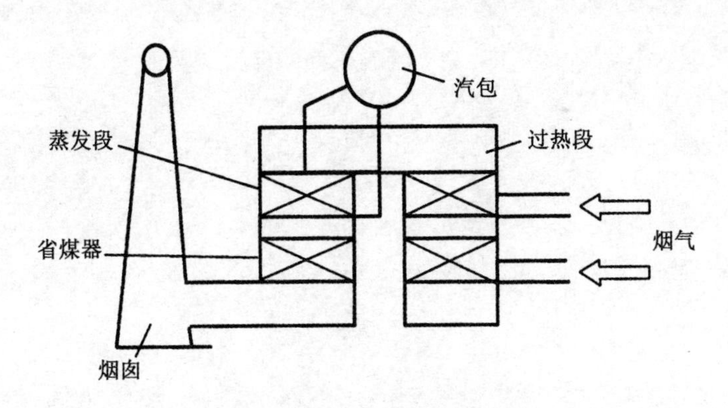

图 3-2-22　余热锅炉简图

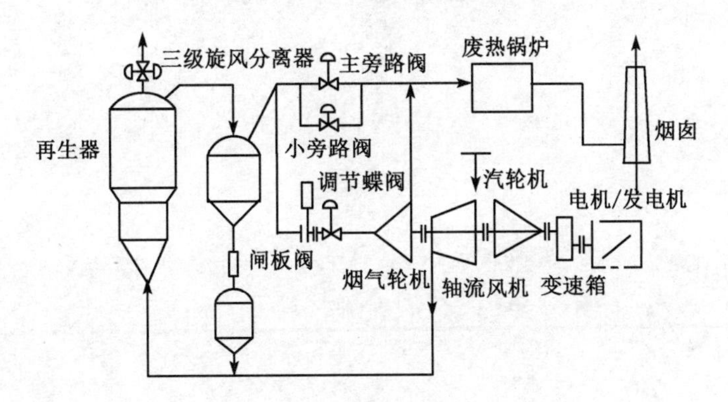

图 3-2-23　催化裂化装置能量回收系统流程图

（二）流程组织

图 3-2-23 为催化裂化装置烟气轮机动力回收系统的典型工艺流程。从再生器出来的高温烟气进入三级旋风分离器，除去烟气中绝大部分催化剂微粒后，通过调节蝶阀进入烟气轮机（又叫烟气透平），使再生烟气的动能转化为机械能，驱动主风机（轴流风机）转动，提供再生所需空气。开工时，无高温烟气，主风机由电动机（或汽轮机，又称蒸气透平）带动。正常操作时，如烟气轮机功率带动主风机尚有剩余时，电动机可以作为发电机，向配电系统输出电功率。烟气经过烟气轮机后，温度、压力都有所降低（温度降低 100～150 ℃），但含有大量的显热能（如不是完全再生，还有化学能），故排出的烟气可进入废热锅炉（或一氧化碳锅炉）回收能量，产生的水蒸气可供汽轮机或装置内外其他部分使用。为了操作灵活、安全，流程中另设有一条辅线，使从三级旋风分离器出来的烟气可根据需要直接从锅炉进入烟囱。

【思考题】

(1) 催化裂化烟气能量回收系统的任务是什么?

(2) 催化裂化烟气能量回收系统由哪些设备组成?

(3) 催化裂化吸收稳定系统操作的主要影响因素有哪些?

项目三　操作技术

任务一　催化裂化装置冷态开车仿真操作

一、训练目标

(1) 熟悉反应-再生系统工艺流程及相关流量、压力、温度等控制方法。

(2) 掌握反应-再生系统开车前的准备工作、冷态开车的步骤。

二、训练准备

(1) 仔细阅读反应-再生系装置概述及工艺流程说明，并熟悉仿真软件中各个流程画面符号的含义及操作步骤。

(2) 熟悉仿真软件中控制组画面、手操器组画面的内容及调节方法。

三、训练步骤

(1) 开车准备。

(2) 吹扫试压。

(3) 拆盲板建立汽封。

(4) 开两炉三器升温。

(5) 赶空气切换汽封。

(6) 装入催化剂及三器流化。

(7) 反应进油。

(8) 开气压机。

(9) 调整操作。

【思考题】

(1) 开车前需要做哪些准备工作？

(2) 正常开车的步骤有哪些？

(3) 仿真操作时如何控制好三器流化？

任务二　催化裂化装置正常停车仿真操作

一、训练目标

(1) 熟悉反应-再生系统工艺流程及相关流量、压力、温度等控制方法。

(2) 掌握反应-再生系统正常停车的步骤。

二、训练准备

(1) 仔细阅读反应-再生系装置概述及工艺流程说明，并熟悉仿真软件中各个流程画面符号的含义及操作步骤。

(2) 熟悉仿真软件中控制组画面、手操器组画面的内容及调节方法。

三、训练步骤

(1) 降温降量。

(2) 切断进料。

(3) 卸催化剂。

(4) 装盲板。

【思考题】

(1) 停车前需要做哪些准备工作？

(2) 正常停车的步骤有哪些？

项目四　产品与质量控制

任务一　认识催化裂化主要产品及特点

一、产品

催化裂化原料油在 460~530 ℃、0.1~0.3 MPa 及催化剂的作用下，经反应生成气体、汽油、柴油、重质油(可循环作原料油或出澄清油) 及焦炭。当所用原料油、催化剂及反应条件不同时，所得产品的产率和性质也不同。总的来说，催化裂化产品与热裂化相比具有很多相同特点。

二、产品特点

(一) 气体产品

在一般工业条件下，气体产率为10%~20%，其所含组分有氢气、硫化氢、C_1~C_4烃类。氢气含量主要决定于催化剂被重金属污染的程度；硫化氢则与原料油的硫含量有关；C_1 为甲烷，C_2 为乙烷、乙烯，C_2 以上物质称为干气。

催化裂化气体中大量存在的组分是 C_3，C_4(称为液态烃或液化气)。其中，C_3为丙烷、丙烯；C_4包括 6 种组分，即正、异丁烷，正丁烯，异丁烯，顺、反-2-丁烯。

气体产品的特点如下。

(1) 气体产品中，C_3，C_4占绝大部分，约 90%(重)，C_2 以下较少。液化气中 C_3含量比 C_4含量少，液态烃中 C_4含量为 C_3含量的 1.5~2.5 倍。

(2) 烯烃含量比烷烃含量多，C_3中烯烃含量为 70%左右，C_4中烯烃含量为 55%左右。

(3) C_4中异丁烷含量多、正丁烷含量少，正丁烯含量多、异丁烯含量少。

上述特点使催化裂化气体成为很好的石油化工原料油，催化裂化的干气可以作燃料，也可以作合成氨的原料油。由于其含有部分乙烯，所以经次氯酸化又可以制取环氧乙烷，进而生产乙二醇、乙二胺等化工产品。

液态烃，特别是其中烯烃可以生产各种有机溶剂，可以生产合成橡胶、合成纤维、合成树脂等三大合成产品，以及各种高辛烷值汽油组分，如叠合油、烷基化油及甲基叔丁基醚等。

(二) 液体产品

催化裂化汽油产率为 40%~60%(质)。由于其中有较多烯烃、异构烷烃和芳烃，所以辛烷值较高，一般为 80 左右。因其所含烯烃中 α-烯烃较少，且基本不含二烯烃，所以安定性也比较好；含低分子烃较多，它的 10%点和 50%点温度较低，使用性能好。

柴油产率为 20%~40%(质)，因其中含有较多的芳烃(40%~50%)，所以其十六烷值较直馏柴油的低得多，只有 35 左右，常常需要与直馏柴油等调和后才能作为柴油发动机燃料使用。

渣油中含有少量催化剂细粉，一般不作为产品，可返回提升管反应器进行回炼，若经澄清除去催化剂，也可以生产部分(3%~5%）澄清油，因其中含有大量芳烃，所以是生产重芳烃和炭黑的好原料油。

（三）焦炭

催化裂化的焦炭沉积在催化剂上，不能作为产品。常规催化裂化的焦炭产率为5%~7%，当以渣油为原料油时可高达10%以上，视原料油的质量不同而异。

由上述产品分布和产品质量可见，催化裂化有它独特的优点，是一般热破坏加工所不能比拟的。

【思考题】

（1）催化裂化生产的产品有哪些？

（2）催化裂化生产的产品的特点有哪些？

任务二　产品质量控制

裂化装置总液体收率超过80%(质量)，受产品罐区存储能力及下游产品精制和调和能力的限制，一旦主要产品质量长时间超标，将给产品调和出厂和下游加工装置正常生产带来极大的困难。因此，必须重视产品质量的控制，确保产品的顺利出厂。

一、汽油质量的控制

精制汽油的主要控制项目包括干点、蒸气压、腐蚀和博士试验。

（一）汽油干点的控制

汽油干点一般控制在205 ℃以下。有的装置为了增产柴油或降低汽油的硫含量或提高汽油的辛烷值，汽油干点可适当降低。

正常生产时，一般通过调节分馏塔塔顶温度控制汽油干点。反应进料性质、催化剂性质、反应深度和处理量的变化，以及分馏塔冷回流、顶回流和中段回流流量及返塔温度等变化，都会影响汽油干点。

当汽油干点偏高时，一般通过降低分馏塔顶回流返塔温度或提高顶回流、冷回流流量降低分馏塔到顶温度。在保证轻柴油凝固点合格的前提下，也可适当增大分馏塔一中回流量。

在回炼轻污油时，若轻污油干点较高，则不宜进粗汽油罐或分馏塔顶回流回炼，可考虑进分馏塔富吸收油返塔(或提升管反应器）回炼。若反应主要操作条件波动较大，应加强岗位联系，搞好平稳操作。

（二）汽油蒸气压的控制

汽油蒸气压与稳定塔进料量和进料性质、稳定塔顶压力和塔顶温度，以及稳定塔底温度等有关。在其他相同条件下，汽油的蒸气压一般通过稳定塔底重沸器温控三通阀自动控制稳定塔底气相返塔温度。

当汽油蒸气压偏高时，在保证液态烃C_5含量合格的前提下，可适当降低稳定塔底气相返塔温度或稳定塔顶温度。如必要，也可适当降低稳定塔顶压力。

（三）汽油腐蚀的控制

汽油铜片腐蚀一级视为合格。汽油中含有硫化氢、硫醇等活性硫化物，会使汽油铜片腐蚀不合格。精制汽油的硫含量与反应进料的硫含量、是否使用汽油降硫助剂及汽油的碱洗效果等有关。反应进料硫含量高，稳定汽油硫含量高。使用汽油降硫助剂时，汽油硫含量一般降低15%~25%。稳定汽油硫含量较高时，要使汽油腐蚀合格，需要较高的碱浓度、较大的碱循环量（碱油比）和适宜的碱洗温度（冬季可适当提高汽油冷后温度）。此外，要控制好粗汽油罐和凝缩油罐的水界位，防止汽油带水。当汽油碱洗碱液变质或浓度偏低时，应及时更换新碱。

（四）汽油博士试验的控制

汽油博士试验是一种定性检验硫醇的方法，有时汽油硫醇含量小于10 μg/g，而博士试验不通过。因此，汽油博士试验的合格与精制汽油中的硫醇总量有关，还与硫醇的类型有关。

与蜡油催化裂化相比，重油催化裂化汽油中硫醇含量特别是难以脱除的大分子异构硫醇含量较高，从而增大了汽油脱臭的难度。

目前，国内汽油脱硫醇多采用抽提氧化法或固定床反应器脱臭工艺（通过碱液循环，将碱液中的聚酞氰钴或磺化酞氰钴催化剂吸附在活性炭上）。为确保汽油博士试验合格，除了开好汽油碱洗系统外，要控制适宜的脱臭温度，严禁精制汽油带碱。采用抽提氧化法的装置要根据碱液的质量及时换碱，补充催化剂；采用固定床反应器的装置，要合理控制反应器的运行周期，备用反应器应能够随时投用。

对于硫醇含量较高的汽油，应采用新的生产工艺，如使用活化剂、采用Ⅰ型或Ⅱ型无碱脱臭工艺。这样可提高硫醇脱除率，改善产品质量，又能减少碱渣的产生，有利于清洁生产。

二、轻柴油质量的控制

轻柴油主要控制其凝固点和闪点。

（一）轻柴油凝固点的控制

轻柴油按照牌号分为0号柴油和-10号柴油。轻柴油凝固点根据全厂柴油的生产情况进行控制。

正常生产时，催化轻柴油凝固点的控制一般通过调节分馏塔一中回流流返塔温度或一中回流量自动控制轻柴油抽出温度。反应进料性质、反应深度和处理量的变化，以及分馏塔塔顶温度、中段回流流量和返塔温度、富吸收油流量和返塔温度、-10号柴油与0号柴油的抽出比例的变化等，都会影响轻柴油的凝固点。

当轻柴油凝固点偏高时，一般通过降低分馏塔一中回流返塔温度或提高一中回流流量降低轻柴油抽出温度。若反应主要操作条件波动较大，应加强岗位联系，搞好平稳操作。

（二）轻柴油闪点的控制

因分馏塔分离精度不高，催化轻柴油在抽出时会带有一定量的轻组分。

一般通过调节轻柴油汽提塔汽提蒸气流量控制0号柴油和-10号柴油的闪点在55 ℃以上。若催化轻柴油经轻柴油加氢精制或加氢改质，其闪点控制可适当放宽。但催化轻柴油若直接作为轻柴油调和组分，其输送和贮存应满足安全要求。

三、液态烃质量的控制

液态烃作为民用液化气的主要控制指标包括硫化氢含量、C_2 和 C_5 含量。液态烃若作化工原料油，还要进行脱硫醇处理。

（一）液态烃硫化氢含量的控制

净化液态烃中硫化氢含量主要与反应进料中硫含量和脱硫单元的脱硫效果有关。对于重油催化裂化装置，可采用分馏塔顶油气（和压缩富气）注水（除盐水或制硫净化水）脱除油气中部分硫化物，再通过液态烃溶剂（MEDA 等）脱硫和碱洗，使净化液态烃中硫化氢含量低于 20 mg/m^3。

若反应进料中硫含量较高、脱前液态烃流量波动大、脱硫塔操作温度高或操作压力波动大、贫液浓度低或硫化氢含量高、贫液流量偏小甚至中断、液态烃碱洗碱液变质、碱浓度低或碱循环量偏小，都可能使液态烃中硫化氢含量超标。

降低液态烃中硫化氢含量，除了控稳脱前液态烃流量和脱硫塔操作压力外，可适当降低液态烃冷后温度、酌情提高液态烃脱硫塔贫液流量，联系制硫装置适当提高贫液浓度、降低贫液中硫化氢含量，并开好液态烃碱洗系统。

（二）液态烃 C_2 含量的控制

液态烃中 C_2 含量应控制在 3%（体积）以下。液态烃中 C_2 含量与吸收塔的吸收选择性和解吸塔的脱吸效果有关。降低液态烃中 C_2 含量，一般采用适当提高解吸塔底温度、酌情提高吸收塔的操作温度或降低解吸塔的操作压力。

（三）液态烃 C_5 含量的控制

液态烃中 C_5 含量应控制在 1.5%（体积）以下。液态烃中 C_5 含量与脱乙烷汽油的性质及稳定塔的精馏效果有关。若稳定塔顶和塔底温度过高、顶回流流量偏小、稳定塔顶压力降低或波动大，将使液态烃中 C_5 含量升高。

降低液态烃中 C_5 含量，在保证汽油蒸气压合格的前提下，一般可通过调节稳定塔液态烃冷后温度、适当提高稳定塔顶回流量、酌情降低稳定塔顶温度和塔底温度等方式。此外，要控稳稳定塔顶压力，如脱乙烷汽油中液态烃组分增多，可适当下调稳定塔进料位置。

四、干气质量的控制

净化干气中要求 C_3 以上含量在 3%（体积）以下、硫化氢含量不大于 50 mg/m^3。

净化干气中硫化氢含量主要与反应进料中硫含量和脱硫单元的脱硫效果有关。对于重油催化裂化装置，可在干气溶剂（MEDA 等）脱硫前采用分馏塔顶油气（和压缩富气）注水（除盐水或制硫净化水）将油气中部分硫化物脱掉，以降低脱硫单元的负荷。

降低干气中硫化氢含量，除了控稳脱前干气流量和脱硫塔操作压力外，可适当降低再吸收塔顶温度、酌情提高干气脱硫塔贫液流量，适当提高乙醇胺贫液浓度、降低贫液中硫化氢含量。

降低干气中 C_3 以上含量，可适当提高吸收塔的操作压力、降低吸收塔顶温。

【思考题】

（1）如何控制催化裂化汽油质量？

（2）如何控制催化裂化轻柴油质量？

模块四

催化加氢装置操作与控制

项目一　催化加氢反应过程

任务一　认识催化加氢装置

石油炼制工业的发展目标是提高轻质油收率和提高产品质量。一般的石油加工过程产品收率和质量往往是矛盾的，而催化加氢过程却能几乎同时满足这两个要求。

催化加氢是在氢气存在下对石油馏分进行催化加工过程的通称，催化加氢技术包括加氢处理和加氢裂化两类。

加氢处理是指在加氢反应过程中，只有10%以上的原料油分子变小的加氢技术，包括对原料油处理和产品精制。例如，催化重整、催化裂化、渣油加氢等原料油的加氢处理；石脑油、汽油、喷气燃料、柴油、润滑油、石蜡和凡士林加氢精制等。

加氢处理的目的在于脱除油品中的硫、氮、氧及金属等杂质，同时使烯烃、二烯烃、芳烃和稠环芳烃选择加氢饱和，从而改善原料油的品质和产品的使用性能。加氢处理具有原料油范围宽、产品灵活性大、液体产品收率高、产品质量高、对环境友好、劳动强度小等优点，因此，广泛用于原料油预处理和产品精制。

加氢裂化是指在加氢反应过程中，原料油分子中有10%以上变小的加氢技术，包括高压加氢裂化和中压加氢裂化技术。依照其所加工的原料油不同，可分为馏分油加氢裂化、渣油加氢裂化。

加氢裂化的目的在于将大分子裂化为小分子以提高轻质油收率，同时除去一些杂质。其特点是轻质油收率高，产品饱和度高，杂质含量少。

一、地位及作用

石油加工过程实际上就是碳和氢的重新分配过程，早期的炼油技术主要通过脱碳过程提高产品氢含量，如催化裂化、焦化过程。如今，随着产品收率和质量要求的提高，需要加氢技术提高产品氢含量，同时脱去对大气污染的硫、氮和芳烃等杂质。

在现代炼油工业中，催化加氢技术的工业应用较晚，但其工业应用的速度和规模都很快超过热加工、催化裂化、铂重整等炼油工艺。无论是从时间上还是空间上，催化加氢工艺已经成为炼油工业的重要组成部分。

加氢技术快速发展的主要原因如下。

（1）随着世界范围内原油变重、品质变差，原油中硫、氮、氧、钒、镍、铁等杂质含量呈上升趋势，炼油厂加工含硫原油和重质原油的比例逐年增大。从目前来看，采用加氢技术是改善原料油性质、提高产品品质，加工这类原油最有效的方法之一。

（2）随着世界经济的快速发展，轻质油品的需求持续增长。

（3）环境保护的要求。生产者在生产过程中要尽量做到物质资源的回收利用，减少排放，并对其产品在使用过程中能对环境造成危害的物质含量进行严格限制。目前，催化加氢是能够做到这两点的石油炼制工艺过程之一，生产各种清洁燃料及高品质润滑油都离不开催化加氢技术。

二、加氢技术发展的趋势

现在的油品对其化合物组成的要求越来越高，这样分子去留的选择性便显得尤为重要。催化加氢实际上就是为实现这一目标而设计出来的，即选择性加氢。实现选择性加氢的关键是催化剂，因此，催化加氢发展的根本是催化剂的发展。加氢催化剂要既能生产符合环保要求的清洁或超清洁燃料、改善油品的使用性能，还要降低生产成本。除此之外，加氢设备、工艺流程、控制过程等都有完善和改进的必要。

（一）加氢处理技术

开发直馏馏分油和重原料油深度加氢处理催化剂的新金属组分配方，量身定制催化剂载体；重原料油加氢脱金属催化剂；废催化剂金属回收技术；多床层加氢反应器，以提高加氢脱硫、脱氮、脱金属等不同需求活性和选择性，使催化剂的表面积和孔分布更好地适应不同原料油的需要，延长催化剂的运转周期和使用寿命，降低生产催化剂所用金属组分的成本，优化工艺进程。

（二）芳烃深度加氢技术

开发新金属组分配方特别是非贵金属、新催化剂载体和新工艺，目的是提高较低操作压力下芳烃的饱和活性，降低催化剂成本，提高柴油的收率和十六烷值，控制动力学和热力学。

（三）加氢裂化技术

开发新的双功能金属-酸性组分的配方，以提高中馏分油的收率，提高柴油的十六烷值，提高抗结焦失活的能力，降低操作压力和减少氢气消耗。

三、加氢裂化装置组成

加氢裂化装置(见图 4-1-1) 主要由反应系统和分馏系统等组成。

图 4-1-1　加氢裂化生产装置图

（一）反应系统

反应系统即通过加氢精制和加氢裂化反应将原料油部分转化为轻质油。

（二）分馏系统

分馏系统是把反应产物分馏为气体、石脑油、喷气燃料、柴油和尾油的过程。

【思考题】

（1）加氢裂化及加氢处理的目的分别是什么？
（2）简述催化加氢在石油加工中的地位及作用。

任务二　催化加氢反应

催化加氢反应主要涉及两个类型的反应过程：一是除去氧、硫、氮及金属等少量杂质的加氢处理反应过程；二是涉及烃类加氢反应过程。这两类反应在加氢处理和加氢裂化过程中都存在，只是侧重点不同。

一、加氢处理反应

（一）加氢脱硫反应（HDS）

石油馏分中的硫化物主要有硫醇、硫醚、二硫化合物及杂环硫化物，在加氢条件下发生氢解反应，生成烃和硫化氢，主要反应如下：

$$RSH+H_2 \longrightarrow RH+H_2S$$

$$R—S—R+2H_2 \longrightarrow 2RH+H_2S$$

$$(RS)_2+3H_2 \longrightarrow 2RH+2H_2S$$

$$\text{(二苯并噻吩)}+2H_2 \longrightarrow \text{(联苯)}+H_2S$$

$$\text{(R-噻吩)}+4H_2 \longrightarrow R—C_4H_9+H_2S \longrightarrow \text{(联苯)}+H_2S$$

对于大多数含硫化合物，在相当大的温度和压力范围内，其脱硫反应的平衡常数都比较大，并且各类硫化物的氢解反应都是放热反应。

石油馏分中硫化物的C—S键的键能比C—C和C—N键的键能小。因此，在加氢过程中，硫化物的C—S键先断裂生成相应的烃类和硫化氢。表4-1-1列出了各种键的键能。

表 4-1-1　各种键的键能

键	C—H	C—C	C=C	C—N	C=N	C—S	N—H	S—H
键能/($kJ \cdot mol^{-1}$)	413	348	614	305	615	272	391	367

各种硫化物在加氢条件下反应活性因分子大小和结构不同而存在差异，其活性按照从大到小的顺序为：硫醇、二硫化物、硫醚、四氢噻吩、噻吩。

噻吩类的杂环硫化物活性最低，并且随着其分子中的环烷环和芳香环数目的增加，加氢反应活性下降。

（二）加氢脱氮反应（HDN）

石油馏分中的氮化物主要是杂环氮化物和少量的脂肪胺或芳香胺。在加氢条件下反应生成烃和氮气，主要反应如下：

$$R—CH_2—NH_2+H_2 \longrightarrow R—CH_3+NH_3$$

$$吡啶+5H_2 \longrightarrow C_5H_{12}+NH_3$$

$$喹啉+7H_2 \longrightarrow 丙基环己烷(C_3H_7)+NH_3$$

$$吡咯+4H_2 \longrightarrow C_4H_{10}+NH_3$$

加氢脱氮反应包括两种不同类型的反应，即 C ═ N 的加氢和 C—N 键断裂反应，因此，加氢脱氮反应较加氢脱硫反应困难。加氢脱氮反应中存在受热力学平衡影响的情况。

馏分越重，加氢脱氮越困难。这主要是因为馏分越重，氮含量越高。另外，重馏分氮化物结构也越复杂，空间位阻效应增强，且氮化物中芳香杂环氮化物最多。

（三）加氢脱氧反应（HDO）

石油馏分中的含氧化合物主要是环烷酸及少量的酚、脂肪酸、醛、醚及酮。含氧化合物在加氢条件下通过氢解生成烃和水。其主要反应如下：

$$苯酚(OH)+H_2 \longrightarrow 苯+H_2O$$

$$环己烷甲酸(COOH)+3H_2 \longrightarrow 甲基环己烷(CH_3)+2H_2O$$

含氧化合物反应活性按照从大到小的顺序为：呋喃环类、酚类、酮类、醛类、烷基醚类。

含氧化合物在加氢反应条件下分解很快。对于杂环氧化物，当有较多的取代基时，反应活性较低。

（四）加氢脱金属（HDM）

石油馏分中的金属主要有镍、钒、铁、钙等，主要存在于重质馏分，尤其是渣油中。这些金属对石油炼制过程，尤其对各种催化剂参与的反应影响较大，故必须除去。渣油中的金属可分为卟啉化合物（如镍和钒的络合物）和非卟啉化合物（如环烷酸铁、环烷酸钙、环烷酸镍）。以非卟啉化合物存在的金属反应活性高，很容易在氢气和硫化氢存在条件下，转化为金属硫化物沉积在催化剂表面上。而以卟啉型存在的金属化合物首先可逆地生成中间产物，然后中间产物进一步氢解，生成的硫化态镍以固体形式沉积在催化剂上。加氢脱金属化学反应式如下：

$$R—M—R' \xrightarrow{H_2,\ H_2S} MS+RH+R'H$$

由此可知，加氢处理脱除氧、氮、硫及金属杂质进行不同类型的反应，这些反应一般在同一催化剂床层进行，此时要考虑各反应之间的相互影响。例如，含氮化合物的吸附会使催化剂表面中毒，氮化物的存在会导致活化氢从催化剂表面活性中心脱除，而使 HDO 反应速度下降；也可以在不同的反应器中采用不同的催化剂分别进行反应，以减小反应之间的相互影响和优化反应过程。

二、烃类加氢反应

烃类加氢反应主要涉及两类反应。一是有氢气直接参与的化学反应，如加氢裂化和不饱和键的加氢饱和反应，此过程表现为耗氢。二是在临氢条件下的化学反应，如异构化反应。此过程表现为，虽然有氢气存在，但过程不消耗氢气，实际过程中的临氢降凝是其应用之一。

（一）烷烃加氢反应

烷烃在加氢条件下进行的反应主要有加氢裂化和异构化反应。其中，加氢裂化反应包括 C—C 的断裂反应和生成的不饱和分子碎片的加氢饱和反应。异构化反应则包括原料油中烷烃分子的异构化和加氢裂化反应生成的烷烃的异构化反应。而加氢和异构化属于两类不同反应，需要两种不同的催化剂活性中心提供加速各自反应进行的功能，即要求催化剂具备双活性，并且两种活性要有效配合。烷烃进行反应如下：

$$R_1—R_2+H_2 \longrightarrow R_1H+R_2H$$

$$nC_nH_{2n+2} \longrightarrow iC_nH_{2n+2}$$

烷烃在催化加氢条件下进行的反应遵循正碳离子反应机理，生成的正碳离子在 β 位上发生断键，因此，气体产品中富含 C_3和 C_4。由于既有裂化又有异构化，加氢过程可起到降凝作用。

（二）环烷烃加氢反应

环烷烃在加氢裂化催化剂上的反应主要是脱烷基、异构和开环反应。环烷正碳离子与烷烃正碳离子最大的不同在于前者裂化困难，只有在苛刻的条件下，环烷正碳离子才发生 β 位断裂。带长侧链的单环环烷烃主要发生断链反应。六元环烷相对比较稳定，一般先通过异构化反应转化为五元环烷烃后，再断环成为相应的烷烃。双六元环烷烃在加氢裂化条件下往往是其中的一个六元环先异构化为五元环后再断环，然后才是第二个六元环的异构化和断环。这两个环中，第一个环的断环是比较容易的，而第二个环则较难断开。此反应描述如下：

$$\longrightarrow \ CH_3 \ \longrightarrow \ —C_4H_9 \longrightarrow \ CH_3 \ —C_4H_9 \longrightarrow iC_{10}H_{12}$$

环烷烃异构化反应包括环的异构化和侧链烷基异构化。环烷烃加氢反应产物中异构烷烃与正构烷烃之比和五元环烷烃与六元环烷烃之比都比较大。

（三）芳香烃加氢反应

苯在加氢条件下反应，首先生成六元环烷，然后发生前述相同反应。

烷基苯加氢裂化反应主要有脱烷基、烷基转移、异构化、环化等反应，使得产品具有多样性。$C_1 \sim C_4$侧链烷基苯的加氢裂化，主要以脱烷基反应为主，异构和烷基转移为次，分别生成苯、侧链等异构程度不同的烷基苯、二烷基苯。烷基苯侧链的裂化既可以是脱烷基生成苯和烷烃，也可以是侧链中的 C—C 键断裂生成烷烃和较小的烷基苯。对正烷基苯，后者比前者容易发生，对脱烷基反应，则 α—C 上的支链越多，反应越容易进行。以正丁苯为例，脱烷基速率按照从快到慢的顺序排列如下：叔丁苯、仲丁苯、异丁苯、正丁苯。

短烷基侧链比较稳定，甲基、乙基难以从苯环上脱除。C_4或 C_4以上侧链从环上脱除很快。对于侧链较长的烷基苯，除脱烷基、断侧链等反应外，还可能发生侧链环化反应生成双环化合物。苯环上烷基侧链的存在会使芳烃加氢变得困难，烷基侧链的数目对加氢的影响比侧链长度的影响大。

对于芳烃的加氢饱和及裂化反应，无论是降低产品的芳烃含量(生产清洁燃料)，还是降低催化裂化和加氢裂化原料油的生焦量，都有重要意义。在加氢裂化条件下，多环芳烃的反应非常复杂，它只有在芳香环加氢饱和反应之后才能开环，并进一步发生随后的裂化反应。稠环芳烃每个环的加氢和脱氢都处于平衡状态，其加氢过程是逐环进行的，并且加氢难度逐环增加。

(四) 烯烃加氢反应

烯烃在加氢条件下主要发生加氢饱和及异构化反应。烯烃饱和是将烯烃通过加氢转化为相应的烷烃；烯烃异构化包括双键位置的变动和烯烃链的空间形态发生变动。这两类反应都有利于提高产品的质量。其化学反应式如下：

$$R—CH=CH_2+H_2\longrightarrow R—CH_2—CH_3$$

$$R—CH=CH—CH=CH_2+2H_2\longrightarrow R—CH_2—CH_2—CH_2—CH_3$$

$$nC_nH_{2n}\longrightarrow iC_nH_{2n}$$

$$iC_nH_{2n}+H_2\longrightarrow iC_nH_{2n+2}$$

焦化汽油、焦化柴油和催化裂化柴油在加氢精制的操作条件下，其中的烯烃加氢反应是完全的。因此，在油品加氢精制过程中，烯烃加氢反应不是关键的反应。

值得注意的是，烯烃加氢饱和反应是放热效应，且热效应较大。因此，对不饱和烃含量高的油品加氢时，要注意控制反应温度，避免反应床层超温。

(五) 烃类加氢反应的热力学和动力学特征

1.热力学特征

烃类裂解和烯烃加氢饱和等反应化学平衡常数值较大，不受热力学平衡常数的限制。芳烃加氢反应，随着反应温度升高和芳烃环数增加，芳烃加氢平衡常数值下降。在加氢裂化过程中，形成的正碳离子异构化的平衡转化率随碳数的增加而增加，因此，产物中异构烷烃与正构烷烃的比值较高。

加氢裂化反应中，加氢反应是强放热反应，而裂解反应是吸热反应。但裂解反应的吸热效应远低于加氢反应的放热效应，总的结果表现为放热效应。单体烃的加氢反应的反应热与分子结构有关，芳烃加氢的反应热低于烯烃和二烯烃的反应热，而含硫化合物的氢解反应热与芳烃加氢反应热大致相等。整个过程的反应热与断开的一个键(并进行碎片加氢和异构化) 的反应热和断键的数目成正比。表 4-1-2 列出了加氢裂化过程中一些反应的平均反应热。

表 4-1-2　加氢裂化过程中平均反应热

反应类型	烯烃加氢饱和	芳烃加氢饱和	环烷烃加氢开环	烷烃加氢裂化①	加氢脱硫	加氢脱氮
反应热/(mJ·mol^{-1})	-1.047×10^8	-3.256×10^7	-9.307×10^6	-1.477×10^6	-6.978×10^7	-9.304×10^7

注：① 单位为 J/mol，分子增加。

2.动力学特征

烃类加氢裂化是一个复杂的反应体系，在进行加氢裂化的同时，进行加氢脱硫、脱氮、脱氧及脱金属等反应，它们之间相互影响，使得动力学问题变得相当复杂。下面以催化裂化轻循环油在 10.3 MPa 下的加氢裂化反应为例(见图 4-1-2)，简单地说明一下各种烃类反应之间的相对反应速率。

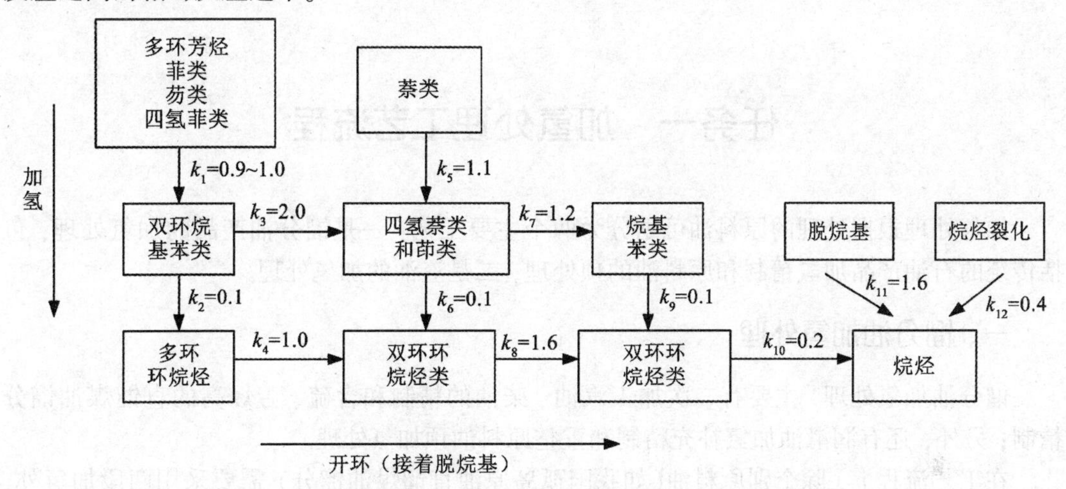

图 4-1-2　催化裂化轻循环油等温加氢裂化相对反应速率常数

多环芳烃很快加氢生成多环环烷芳烃，其中的环烷环较易开环，继而发生异构化、断侧链(或脱烷基) 等反应。分子中含有两个芳环以上的多环芳烃，其加氢饱和及开环断侧链的反应都较容易进行(相对反应速率常数为 1~2)；含单芳环的多环化合物，苯环加氢较慢(相对反应速率常数只有 0.1)，但其饱和环的开环和断侧链的反应仍然较快(相对反应速率常数大于 1)；但单环环烷较难开环(相对反应速率常数为 0.2)。因此，多环芳烃加氢裂化，其最终产物可能主要是苯类和较小分子烷烃的混合物。

【思考题】

(1) 加氢处理过程中涉及的主要反应有哪些?

(2) 加氢裂化过程中主要有哪些烃类反应?

(3) 烃类加氢反应是放热反应还是吸热反应?

项目二　催化加氢生产工艺

任务一　加氢处理工艺流程

加氢处理根据处理的原料油可划分为两个主要工艺：一是馏分油产品的加氢处理，包括传统的石油产品加氢精制和原料油的预处理；二是渣油的加氢处理。

一、馏分油加氢处理

馏分油加氢处理，主要有二次加工汽油、柴油的精制和含硫、芳烃高的直馏煤油馏分精制；另外，还有润滑油加氢补充精制和重整原料油预加氢处理。

在工艺流程上，除个别原料油（如我国孤岛原油直馏煤油馏分）需要采用两段加氢外，一般馏分油加氢处理工艺流程图见图 4-2-1。

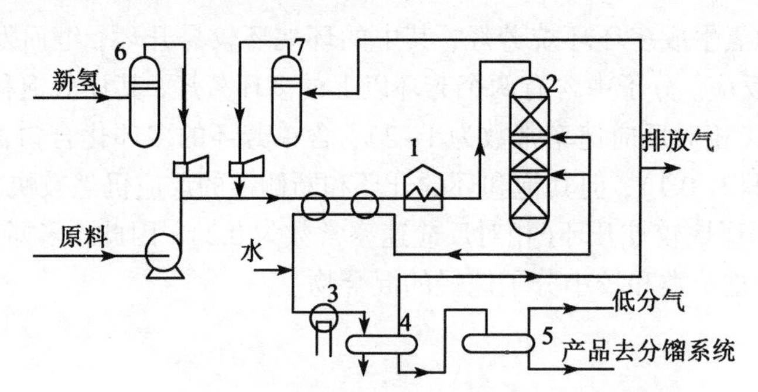

图 4-2-1　馏分油加氢处理典型工艺流程图

1—加热炉；2—反应器；3—冷却器；4—高压分离器；
5—低压分离器；6—新氢贮罐；7—循环氢贮罐

原料油和新氢、循环氢混合后，与反应产物换热，再经加热炉加热到一定温度进入反应器，完成硫、氮等非烃化合物的氢解和烯烃加氢反应。反应产物从反应器底部导出经换热冷却进入高压分离器分出不凝气和氢气循环使用，油则进入低压分离器进一步分离轻烃组分，产品则去分馏系统分馏成合格产品。由于加氢精制过程为放热反应，循环氢本身即可带走反应热。对于芳烃含量较高的原料油，需深度芳烃饱和加氢时，由于反应热大，单靠循环氢不足以带走反应热，因此，需在反应器床层间加入冷氢，以控制床层温度。

在处理硫、氮含量较低的馏分油时，一般在高压分离器前注水，即可将循环氢中的硫化氢和氨除去。处理高含硫原料油，循环氢中硫化氢含量达到 1%以上时，常用硫化氢回收系统，一般用乙醇胺吸收除去硫化氢，富液再生循环使用，该工艺流程图见图4-2-2。解吸出来的硫化氢则送去制硫装置。下面分别以汽油、煤油和柴油为例，简述馏分油加氢过程与结果分析。

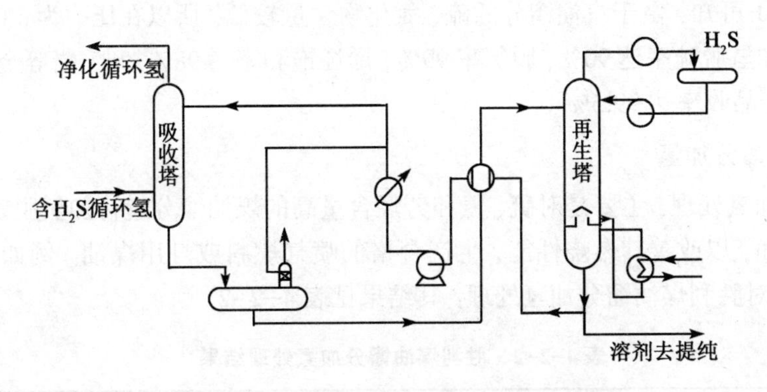

图 4-2-2　循环氢脱硫化氢工艺流程图

(一) 汽油馏分加氢

焦化汽油与热裂化汽油中硫、氮及烯烃含量较高，安定性差，辛烷值低，需要通过加氢处理，才能作为汽油调和组分、重整原料油或乙烯裂解原料油。例如，大庆焦化汽油采用催化剂Co-Ni-Mo/Al_2O_3加氢处理结果见表 4-2-1。

表 4-2-1　大庆焦化汽油采用催化剂 Co-Ni-Mo/Al_2O_3 加氢处理结果

<table>
<tr><td colspan="2">催化剂</td><td colspan="4">Co-Ni-Mo/Al_2O_3</td></tr>
<tr><td rowspan="4">反应条件</td><td>总压力/MPa</td><td colspan="2">3.0</td><td colspan="2">3.9</td></tr>
<tr><td>反应温度/℃</td><td colspan="2">320</td><td colspan="2">320</td></tr>
<tr><td>液时空速/h^{-1}</td><td colspan="2">1.5</td><td colspan="2">2.0</td></tr>
<tr><td>氢油比</td><td colspan="2">500</td><td colspan="2">500</td></tr>
<tr><td colspan="2">精制油收率</td><td colspan="2">99.5%</td><td colspan="2">99.5%</td></tr>
<tr><td colspan="2">氢耗</td><td colspan="2">0.4%</td><td colspan="2">0.45%</td></tr>
<tr><td colspan="2">原料油与产品性质</td><td>原料油</td><td colspan="2">产品(1)</td><td>产品(2)</td></tr>
<tr><td colspan="2">密度(20 ℃)/(g · cm^{-3})</td><td>0.7379</td><td colspan="2">0.7328</td><td>0.7316</td></tr>
<tr><td colspan="2">馏分范围/℃</td><td>45~221</td><td colspan="2">62~218</td><td>57~210</td></tr>
<tr><td colspan="2">总氮/(μg · g^{-1})</td><td>170</td><td colspan="2">1</td><td>1</td></tr>
<tr><td colspan="2">碱氮/(μg · g^{-1})</td><td>137</td><td colspan="2">0.4</td><td>0.1</td></tr>
<tr><td colspan="2">硫/(μg · g^{-1})</td><td>467</td><td colspan="2">52</td><td>33</td></tr>
<tr><td colspan="2">溴值/(g · $10^{-2}g^{-1}$)</td><td>72</td><td colspan="2">0.1</td><td>0.2</td></tr>
<tr><td colspan="2">烷烃</td><td>50%</td><td colspan="2">94.6%</td><td>94.8%</td></tr>
<tr><td colspan="2">烯烃</td><td>50%</td><td colspan="2">0.9%</td><td>1.0%</td></tr>
<tr><td colspan="2">芳烃</td><td>50%</td><td colspan="2">4.5%</td><td>4.2%</td></tr>
<tr><td colspan="2">砷/(×10^3 μg · g^{-1})</td><td>320</td><td colspan="2">0.49</td><td>1</td></tr>
<tr><td colspan="2">铅/(×10^3 μg · g^{-1})</td><td>64</td><td colspan="2">1</td><td>1</td></tr>
<tr><td colspan="2">颜色(赛波特)</td><td><-16</td><td colspan="2">>+30</td><td>>+30</td></tr>
</table>

由表 4-2-1 可知，由于汽油馏分的硫、氮化物含量较低，所以在压力为 3.0 MPa、空速为 1.5 h^{-1}时，加氢脱硫率达 90%、脱氮率 99%、烯烃饱和率达 98%，砷、铅等金属几乎可以完全脱除，且产品收率达 99.5%。

（二）煤油馏分加氢

直馏煤油加氢处理，主要是对硫、氮和芳烃含量高的煤油馏分进行加氢脱硫、脱氮，以及部分芳烃饱和，以改善其燃烧性能，生产合格的喷气燃料或灯用煤油。例如，以 Ni-W/Al_2O_3为催化剂对胜利煤油馏分加氢处理，其结果见表 4-2-2。

表 4-2-2　胜利煤油馏分加氢处理结果

催化剂		Ni-W/Al_2O_3	
主要反应条件	总压力/MPa	4.0	
	床层平均温度/℃	325	
	液时空速/h^{-1}	1.65	
	氢油比	516	
	循环氢纯度	81%～86%	
精制油收率		>99%	
氢耗		–0.5%	
原料油与产品性质		原料油	产品
密度(20 ℃)/(g·cm^{-3})		0.8082	0.8037
馏分范围/℃		174～242	177～246
硫/(μg·g^{-1})		1000	0.3
硫醇硫/(μg·g^{-1})		12.1	<1
氮/(μg·g^{-1})		15.4	<0.5
碱氮/(μg·g^{-1})		8.6	—
酸度/[(mg(KOH)·100 mL^{-1}]		4.21	0
溴值/(g·$10^{-2}g^{-1}$)		—	0.21
芳烃		16.60%	12.05%
燃烧性能		不合格	合格
无烟火焰高度/mm		22	26
色度/号		>5	<1

由表 4-2-2 可知，在使用表中催化剂和反应条件下，通过加氢处理，胜利煤油馏分中的硫、氮几乎完全脱除，芳烃含量由 16.60%降至 12.05%，色度从大于 5 号降到小于 1 号，无烟火焰高度由 22 mm 提高到 26 mm，精制油收率也在 99%以上。

（三）柴油馏分加氢

柴油加氢精制主要是焦化柴油与催化裂化柴油的加氢精制。例如，通过对胜利等原油催化裂化柴油含氮化合物组成的研究发现，喹啉、咔唑、吲哚类环状氮化物含量占总氮含量的65%以上，是油品储存不安定与变色的主要组分。因此，加氢脱氮是柴油加氢处理改质的首要目的。以胜利原油的催化裂化柴油为原料油，进行加氢处理，其结果见表4-2-3。

表4-2-3　胜利催化裂化柴油加氢处理结果

<table>
<tr><td colspan="2">催化剂</td><td colspan="4">Ni-W/Al_2O_3</td></tr>
<tr><td rowspan="5">主要反应条件</td><td>总压力/MPa</td><td colspan="2">4.2</td><td colspan="2">4.0</td></tr>
<tr><td>床层平均反应温度/℃</td><td colspan="2">286.5</td><td colspan="2">330</td></tr>
<tr><td>液时空速/h^{-1}</td><td colspan="2">2.0</td><td colspan="2">1.5</td></tr>
<tr><td>氢油比</td><td colspan="2">690</td><td colspan="2">690</td></tr>
<tr><td>氢纯度</td><td colspan="2">70%</td><td colspan="2">71%</td></tr>
<tr><td colspan="2">精制油收率</td><td colspan="2">99.4%</td><td colspan="2">99.4</td></tr>
<tr><td colspan="2">氢耗(对原料油)</td><td colspan="2">0.68</td><td colspan="2">—</td></tr>
<tr><td colspan="2">原料油与产品性质</td><td>原料油</td><td colspan="2">产品(1)</td><td>产品(2)</td></tr>
<tr><td colspan="2">密度(20 ℃)/(g·cm^{-3})</td><td>0.8931</td><td colspan="2">0.8854</td><td>0.8789</td></tr>
<tr><td colspan="2">馏分范围/℃</td><td>190~335</td><td colspan="2">208~334</td><td>195~332</td></tr>
<tr><td colspan="2">硫/(μg·g^{-1})</td><td>4700</td><td colspan="2">1207</td><td>266</td></tr>
<tr><td colspan="2">氮/(μg·g^{-1})</td><td>660</td><td colspan="2">517</td><td>157</td></tr>
<tr><td colspan="2">碱氮/(μg·g^{-1})</td><td>75.5</td><td colspan="2">65.8</td><td>5.0</td></tr>
<tr><td colspan="2">实际胶质/(mg·$10^{-2}mL^{-1}$)</td><td>97.6</td><td colspan="2">22.8</td><td>34.6</td></tr>
<tr><td colspan="2">酸度/[mg(KOH)·100 mL^{-1}]</td><td>14.62</td><td colspan="2">0.78</td><td>—</td></tr>
<tr><td colspan="2">溴值/(g·$10^{-2}g^{-1}$)</td><td>0.20</td><td colspan="2">2.54</td><td>0.70</td></tr>
<tr><td colspan="2">色度(ASTM-1500)/号</td><td>2.5</td><td colspan="2"><0.5</td><td><1.0</td></tr>
<tr><td colspan="2">氧化沉渣/(mg·$10^{-2}mL^{-1}$)</td><td>1.07</td><td colspan="2">0.13</td><td>0.31</td></tr>
</table>

由表4-2-3可知，胜利催化裂化柴油在使用Ni-W/Al_2O_3催化剂、反应压力为4.2 MPa、床层温度为286.5 ℃、空速为2.0 h^{-1}时，通过加氢处理，脱氮率为21.7%，脱硫率为78%。根据100 ℃、16 h快速氧化安定性测定，沉渣和透光率有明显改进。在4.0 MPa压力、床层温度为330 ℃、空速降到1.5 h^{-1}的条件下，脱硫率可以提到94.3%，脱氮率达76%，烯烃饱和率可达93%。虽然氧化沉渣也有明显改善，但是实际胶质、色度、氧化安定性均不如浅度精制。由于提高加氢深度，虽然可以增加脱硫、脱氮率，但是有部分萘系芳烃加氢生成四氢萘，反而使油品不安定。

二、渣油加氢处理

随着原油的重质化和劣质化，以及硫、氮、金属等杂质含量在渣油中又较为集中，渣油加氢处理主要脱除渣油中硫、氮和金属杂质，降低残炭值、脱除沥青质等，为下游RFCC或焦化提供优质原料油；也可以进行渣油加氢裂化生产轻质燃料油。例如，孤岛减压渣油经加氢处理后，脱除沥青质达70%、金属达85%以上，可直接作为催化裂化原料油。实际生产过程往往是将二者结合，既进行改质，又进行裂化。渣油加氢装置主要包括固定床、移动床、沸腾床及悬浮床等不同类型的反应器。

渣油加氢过程中，发生的主要反应有加氢脱硫、脱氮、脱氧、脱金属等反应，以及残炭前身物转化和加氢裂化反应。这些反应进行的程度和相对的比例不同，渣油的转化程度也不同。根据渣油加氢转化深度的差别，习惯上曾将其分为渣油加氢处理(RHT）和渣油加氢裂化(RHC)。典型渣油加氢处理工艺流程图见图 4-2-3。

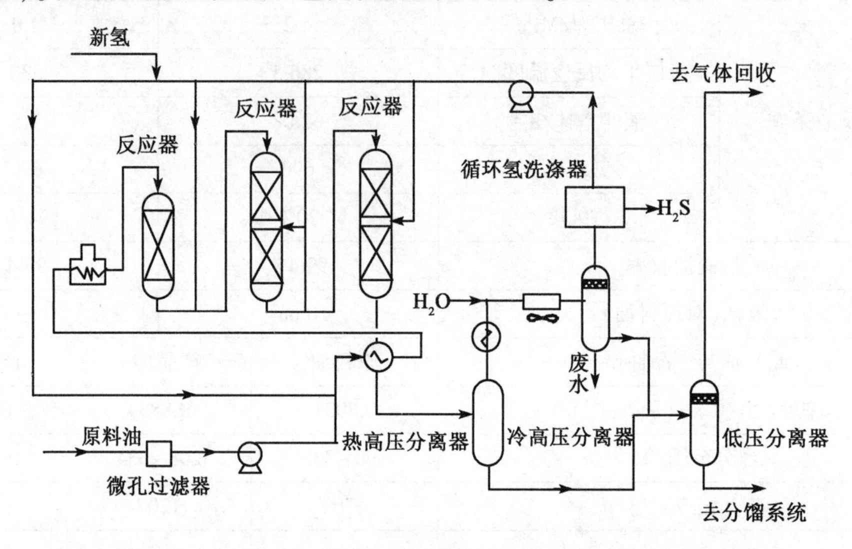

图 4-2-3　渣油加氢处理工艺流程图

经过滤的原料油在换热器内与由反应器来的热产物进行换热，然后与循环氢混合进入加热炉，加热到反应温度。由炉出来的原料油进入串联的反应器。反应器内装有固定床催化剂。大多数情况是采用液流下行式通过催化剂床层。催化剂床层可以是一个或数个，床层间设有分配器，通过这些分配器将部分循环氢或液态原料油送入床层，以降低因放热反应引起的温升。控制冷却剂流量，使各床层催化剂在等温条件下运转。催化剂床层的数目取决于产生的热量、反应速度和温升限制。

在串联反应器中，可根据需要装入不同类型的催化剂，如脱金属催化剂、脱氮催化剂和裂化催化剂，以实现不同的加氢目的。

渣油加氢处理工艺流程与一般馏分油加氢处理工艺流程有以下几点不同：

(1）原料油首先经过微孔过滤器，以除去夹带的固体微粒，防止反应器床层压降过快；

(2）加氢生成油经过热高压分离器与冷高压分离器，提高气液分离效果，防止重油带出；

(3）由于一般渣油含硫量较高，故循环氢需要脱除硫化氢，防止或减轻高压反应系统腐蚀。

某炼厂固定床渣油加氢反应系统设计主要工艺条件见表 4-2-4，其原料油和主要产品性质见表 4-2-5。

表 4-2-4　固定床渣油加氢反应系统设计主要工艺条件

项目	运转初期(SOR)	运转末期(EOR)
反应温度/℃	385	404
反应平均氢分压/MPa	14.7	14.7
反应器入口气油体积比	650	650
体积空速/h^{-1}	0.2	0.2

表 4-2-5　固定床渣油加氢反应系统设计原料油和主要产品性质

项目	原料油	石脑油		柴油		加氢渣油	
		SOR	EOR	SOR	EOR	SOR	EOR
密度(20 ℃)/($g \cdot cm^{-3}$)	0.9875	0.7582	0.7541	0.8675	0.8656	0.9275	0.9349
S	3.10%	0.0015%	0.0018%	0.015%	0.0245%	0.52%	0.61%
N/($\mu g \cdot g^{-1}$)	2800	15	17	305	320	1500	2000
残炭	12.88%	—	—	—	—	6.48%	8.00%
凝点/℃	18	—	—	-15	-15	—	—
Ni/($\mu g \cdot g^{-1}$)	26.8	—	—	—	—	9.0	11.6
V/($\mu g \cdot g^{-1}$)	83.8	—	—	—	—	8.7	11.4
Fe/($\mu g \cdot g^{-1}$)	<10	—	—	—	—	1.1	1.2
Na/($\mu g \cdot g^{-1}$)	<3	—	—	—	—	2.1	2.4
Ca/($\mu g \cdot g^{-1}$)	<5	—	—	—	—	0.3	0.5

【思考题】

（1）简述馏分油加氢处理的目的及方法。

（2）简述渣油加氢处理的目的及方法。

任务二　加氢裂化工艺

加氢裂化装置，根据反应压力的高低可分高压加氢裂化和中压加氢裂化；根据原料油、目的产品及操作方式的不同，可分为一段加氢裂化和二段加氢裂化。

一、一段加氢裂化

根据加氢裂化产物中的尾油是否循环回炼，可以采用两种操作方式，即一段一次通过操作、一段串联循环操作，也可以采用部分循环操作。

（一）一段一次通过流程

一段一次通过流程的加氢裂化装置主要是以直馏减压馏分油为原料油生产喷气燃料、低凝柴为主，裂化尾油作高黏度指数、低凝点润滑油料。一段一次通过流程若采用一个反应器，前半段装加氢精制催化剂，主要对原料油进行加氢处理，后半段装加氢裂化催化剂，主要进行加氢裂化反应；也可以设两个反应器，前一个反应器进行加氢处理，后一个反应器进行加氢裂化。

高压一段一次通过生产燃料和润滑油料加氢裂化流程图见图 4-2-4。该流程将两个反应器串联，氢气、原料油与生成油分别换热，氢气通过加热炉、炉后混油的换热、加热流程。以大庆 300~545 ℃减压馏分油为原料油，该流程有两种方案，即-35 号柴油和 3 号喷气燃料方案。

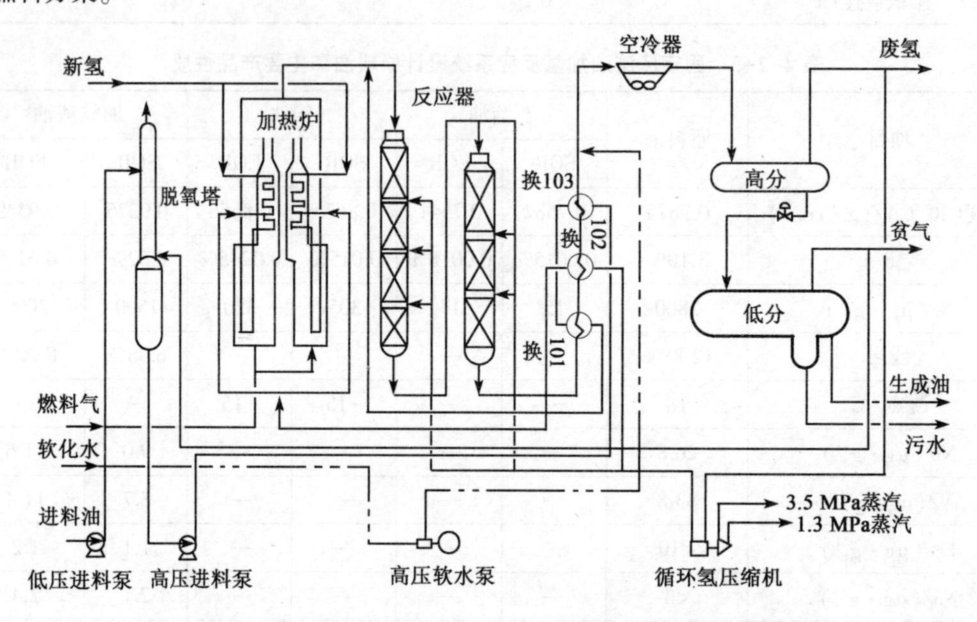

图 4-2-4　高压一段一次通过生产燃料和润滑油料加氢裂化流程图

该流程主要操作条件：处理反应器入口压力为 17.6 MPa；反应温度为 390~405 ℃；氢油比为 1800∶1；体积空速为 1.0~2.8 h^{-1}；循环氢纯度(体积分数) 为 91%。产品及收率见表 4-2-6。

表 4-2-6　产品及收率

产品方案	喷气燃料	柴油
石脑油	27.22%	27.33%
染料溶剂油	—	3.25%
-35 号柴油	3 号喷气燃料 22.13%	20.14%
0 号柴油	N7①组分油 11.62%	13.41%
冷榨脱蜡料	12.32%	17.06%
尾油	23.81%	16.19%
液化石油气	1.80%	1.71%
燃料气	2.70%	2.66%
损失	1.21%	1.06%

注：①N7 为高速机油调和组分。

该流程中产生的主要产品性质：

① -35 号柴油，硫含量为 0.0002%，凝点为-37 ℃；

② 3 号喷气燃料，硫含量为 0.0002%，结晶点为-53 ℃；

③ 加氢裂化尾油，凝点为 19 ℃，通过临氢处理可获得润滑油基础油。

（二）一段串联循环流程

一段串联循环流程是将尾油全部返回裂解段裂解成产品。根据目的产品不同，可分为中馏分油型（喷气燃料-柴油）和轻油型（重石脑油）。

例如，以胜利原油的减压馏分油与胜利渣油的焦化馏分油混合物为原料油生产中间馏分油的加氢裂化反应部分流程图见图 4-2-5。该流程采用处理-裂化-处理模式。

该流程主要操作条件如下。

① 进料量体积：原料油为 100 t/h，循环油为 60 t/h；

② 体积空速：处理段为 0.941 h^{-1}，裂化段为 1.14 h^{-1}，后处理段为 15.0 h^{-1}；

③ 补充新氢纯度：95.0%；

④ 氢油比：处理段入口为 842.3，裂化段入口为 985；

⑤ 裂化反应器入口压力：17.5 MPa；

⑥ 反应温度：R101 处理反应器和 R102 裂化反应器运转初期的入口、出口及平均温度分别为 355.3，392.8，380.9 ℃和 385.9，390.1，386.6 ℃。

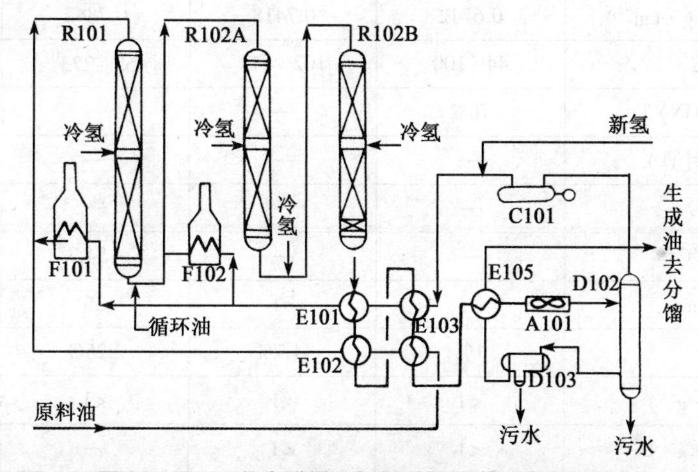

图 4-2-5 一段串联循环加氢裂化反应系统流程图

R101—处理反应器；R102A/B—裂化反应器；F101/F102—循环氢加热炉；C101—循环氢压缩机；E101/E103—反应物循环氢换热器；E102—反应物原料油换热器；E105—反应物分馏进料换热器；A101—高压空冷器；D102—高压分离器；D103—低压分离器

一段串联循环流程的原料油性质见表 4-2-7，其中减压馏分油与焦化馏分油按照 9∶1 混合。一段串联循环流程的主要产品性质及收率见表 4-2-8。

表 4-2-7 一段串联循环流程的原料油性质

项目	减压馏分油	焦化馏分油
密度（15 ℃）/（$g \cdot cm^{-3}$）	0.9018	0.9086
总硫	0.57%	0.86%

表 4-2-7(续)

项目		减压馏分油	焦化馏分油
总氮		0.150%	0.6189%
残炭(康氏)		0.18%	0.56%
馏程(5%~100%)/℃		345~531	306~502
重金属含量/($\mu g \cdot g^{-1}$)	Fe	0.37	0.46
	Ni	0.25	0.55
	Cu	<0.1	<0.1
	V	<0.1	<0.1
	Na	0.18	0.16
	Pb	<0.1	<0.1
	As	<0.5	<0.5

表 4-2-8　一段串联循环流程的主要产品性质及收率

产品	轻石脑油	重石脑油	3 号喷气燃料	轻柴油
密度(15 ℃)/($g \cdot cm^{-3}$)	0.6742	0.7418	0.7842	0.8064
馏程/℃	44~100	102~143	159~273①	249~327
辛烷值(RON)	76.2	—	—	—
十六烷值(计算)	—	—	—	73
倾点/℃	—	—	—	-6
结晶点/℃	—	—	-54.7	—
烟点/mm	—	—	36	—
芳烃	1%	41.7%	2.25%	—
总硫/($\mu g \cdot g^{-1}$)	<1	<1	<1	<1
总氮/($\mu g \cdot g^{-1}$)	<1	<1	—	<1
产率②，占进料/m%	16.4	13.1	43.1	21.6

注：①10%至干点；
②运转初期。

二、二段加氢裂化

在二段加氢裂化的工艺流程中设置两个(组) 反应器，但在单个(组)反应器之间，反应产物要经过气、液分离或分馏装置将气体及轻质产品进行分离，重质的反应产物和未转化反应物再进入第二个(组)反应器，这是二段过程的重要特征。它适合处理高硫、高氮减压蜡油、催化裂化循环油、焦化蜡油，或者这些油的混合油，也适合处理单段加氢裂化难处理或不能处理的原料油。

二段加氢裂化工艺简化流程图见图 4-2-6。该流程设置两个反应器，一反为加氢处理反应器，二反为加氢裂化反应器。新鲜进料及循环氢分别与一反出口的生成油换热，加热炉加热，混合后进入一反，在此进行加氢处理反应。一反出料经过换热及冷却后进入分离器，分离器下部的物流与二反流出物分离器的底部物流混合，一起进入共用的分馏系统，分别将酸性气及液化石油气、石脑油、喷气燃料等产品进行分离后送出装置，由分馏塔底导出的尾油再与循环氢混合加热后进入二反。此时，进入二反、物流中的硫化氢及氨气均已脱除干净，油中硫、氮化合物含量也很低，消除了这些杂质对裂化催化剂的影响，因而二反的温度可大幅度降低。此外，在这两段工艺流程中，二反的氢气循环回路与一反的相互分离，可以保证二反循环氢中较少的硫化氢及氨气含量。

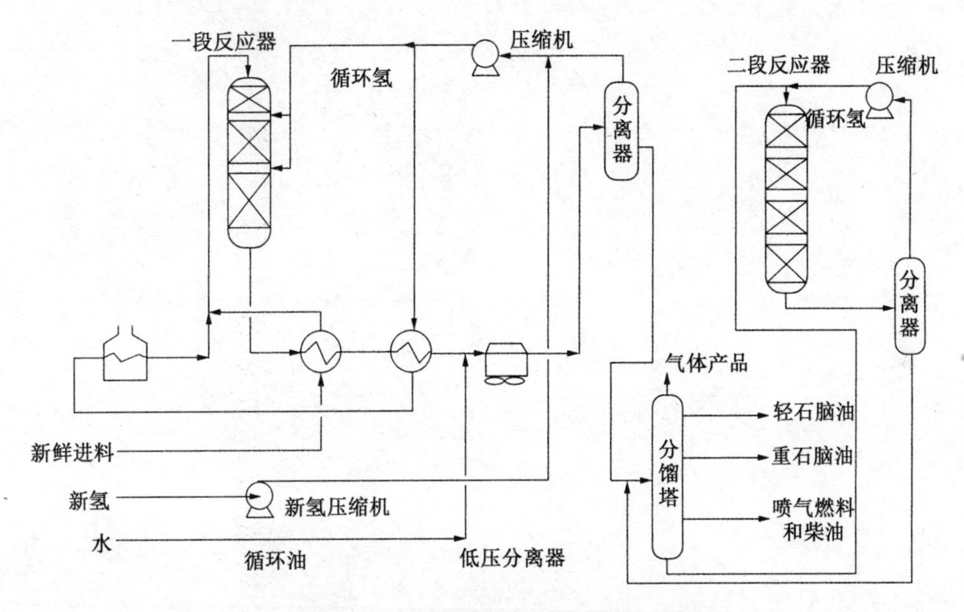

图 4-2-6　二段加氢裂化工艺简化流程图

与一段工艺相比，二段工艺具有以下优点：气体产率低、干气少、目的产品收率高、液体总收率高；产品质量好，特别是产品中芳烃含量非常低；氢耗较低；产品方案灵活性大；原料油适应性强，可加工更重质、更劣质原料油；等等。但二段工艺流程复杂，装置投资和操作费用高。

反应系统的换热流程既有原料油、氢气混合与生成油换热的方式，也有原料油、氢气分别与生成油换热的方式。后者的优点是：充分利用其低温位热，以利于最大限度降低生成油出换热器的温度；降低原料油和氢气在加热过程中的压力降，有利于降低系统压力降。

氢气与原料油有两种混合方式，即炉前混油与炉后混油。前者是原料油与氢气混合后一同进加热炉。而后者是原料油只经换热，加热炉单独加热氢气，随后再与原料油混合。炉后混油的好处是，加热炉只加热氢气，炉管中不存在气、液两相，流体易于均匀分配，炉管压力降小，而且炉管不易结焦。

以上探讨均为高压加氢裂化工艺。除此之外，还有以轻质直馏减压馏分油生产喷气燃料、低凝柴油为主的中压加氢裂化；用直馏减压馏分油控制单程转化率的中压缓和加氢裂化，生产一定数量的燃料油品，尾油作为生产乙烯裂解原料油。

【思考题】

（1）一段加氢和二段加氢的主要区别是什么？

（2）一段加氢和二段加氢各有哪些优、缺点？

项目三　催化加氢过程操作技术

任务一　催化加氢过程的影响因素

实际生产过程中影响催化加氢结果的因素主要有原料油的组成和性质、催化剂性能、工艺条件等。

一、原料油的组成和性质

无论是加氢处理，还是加氢裂化，其主要目的都是除去杂质和改质，加氢处理主要除去氧、氮、硫及金属，另外还将不饱和烃改质为饱和烃。而加氢裂化则是在除去氧、氮、硫及金属的基础上，侧重于将大分子改质为小分子及稠环化合物改质为少环或链状化合物。

原料油的组成和性质决定要除去杂质组分和改质组分的含量及结构。原料油来源不同，其组分含量有差异。馏分油来源、切割位置和范围不同，其组分含量也不同。原料油越重、馏分油切割终馏点越高，则馏分中杂质元素含量和重质芳烃含量越高，且其构成的化合物结构也越复杂，即越不容易加氢除去杂质和改质。对于二次加工馏分油，由于加工方法不同，其组成也不同，如焦化柴油的烯烃含量较催化裂化柴油高。评价加氢原料油组成和性质的指标有馏分、特性因数、杂质元素的含量、实际胶质、溴值、酸度、色值等。对于不同原料油只有采取选择相应的催化剂、工艺流程和操作条件等措施，才能达到预期的加氢目的。

二、催化剂性能

催化加氢催化剂的性能取决于其组成和结构，根据加氢反应侧重点不同，加氢催化剂还可分为加氢饱和(烯烃、炔烃和芳烃中不饱和键加氢)、加氢脱硫、加氢脱氮、加氢脱金属及加氢裂化催化剂。

加氢催化剂主要由三部分组成，主催化剂提供反应的活性和选择性；助催化剂主要改善主催化剂的活性、稳定性和选择性；载体主要提供合适的比表面积和机械强度，有时也提供某些反应活性，如加氢裂化中的裂化及异构化所需的酸性活性。

(一) 加氢处理催化剂

加氢处理催化剂中常用的加氢活性组分有铂、钯、镍等金属和钨、钼、镍、钴的混合硫化物，它们对各类反应的活性顺序如下。

① 加氢饱和：Pt，Pb> Ni>W-Ni> Mo-Ni> Mo-Co> W-Co；

② 加氢脱硫 ：Mo-Co> Mo-Ni> W-Ni> W-Co；

③ 加氢脱氮：W-Ni> Mo-Ni> Mo-Co> W-Co。

为了保证金属组分以硫化物的形式存在，在反应过程中需要一个最低的硫化氢和氢气分压的比值，低于这个比值，催化剂活性会降低和逐渐丧失。

加氢活性主要取决于金属的种类、含量、化合物状态及在载体表面的分散度等。

活性氧化铝是加氢处理催化剂常用的载体，这主要因为活性氧化铝是一种多孔性物料，具有很高的表面积和理想的孔结构(孔体积和孔径分布)，可以提高金属组分和助剂的分散度。制成一定形状颗粒的氧化铝还具有优良的机械强度和物理化学稳定性，适宜于工业过程的应用。

载体性能主要取决于载体的比表面积、孔体积、孔径分布、表面特性、机械强度及杂质含量等。

（二）加氢裂化催化剂

加氢裂化催化剂属于双功能催化剂，即催化剂由具有加(脱）氢功能的金属组分和具有裂化功能的酸性载体两部分组成。根据不同的原料油和产品要求，可以对这两种组分的功能进行适当的选择和匹配。

在加氢裂化催化剂中，加氢组分的作用是使原料油中的芳烃，尤其是多环芳烃加氢饱和；使烯烃(主要是反应生成的烯烃)迅速加氢饱和，防止不饱和分子吸附在催化剂表面，生成焦状缩合物而降低催化活性。因此，加氢裂化催化剂可以维持长期运转，不像催化裂化催化剂那样需要经常烧焦再生。

按照加氢活性强弱顺序，常用的加氢组分排序为：Pt，Pd>W-Ni>Mo-Ni>Mo-Co>W-Co

Pt 和 Pd 虽然具有最高的加氢活性，但由于对硫的敏感性很强，仅能在两段加氢裂化过程中，无硫、无氨气氛的第二段反应器中使用。在这种条件下，酸功能也得到最大限度的发挥，因此，产品都以汽油为主。

在以中间馏分油为主要产品的一段法加氢裂化催化剂中，普遍采用 Mo-Ni 或 Mo-Co 组合。若以润滑油为主要产品，则都采用 W-Ni 组合，有利于脱除润滑油中最不希望存在的多环芳烃组分。

加氢裂化催化剂中，裂化组分的作用是促进 C—C 链的断裂和异构化反应。常用的裂化组分是无定形硅酸铝和沸石，通称为固体酸载体。其结构和作用机制与催化裂化催化剂相同。不论是进料中存在的氮化合物，还是反应生成的氨，对加氢裂化催化剂都具有毒性。因为氮化合物，尤其是碱性氮化合物和氨会强烈地吸附在催化剂表面，使酸性中心被中和，导致催化剂活性损失。因此，加工氮含量高的原料油时，对无定形硅铝载体的加氢裂化催化剂需要将原料油预加氢脱氮，并分离出氨气后再进行加氢裂化反应。但对于含沸石的加氢裂化催化剂，则允许预先加氢脱氮过的原料油带着未分离的氨直接与之接触。这是因为沸石虽然对氨也敏感，但由于它具有较多的酸性中心，即使有氨存在，仍能保持较高的活性。

考察加氢裂化催化剂性能时要综合考虑催化剂的加氢活性、裂化活性，对目的产品的选择性，对硫化物、氮化物及水蒸气的敏感性，运转稳定性和再生性能等因素。

（三）催化剂的预硫化

加氢催化剂的钨、钼、镍、钴等金属组分，使用前都以氧化物的状态分散在载体表面，而起加氢活性的却是硫化态，在加氢运转过程中，虽然由于原料油中含有硫化物，可通过反应而转变成硫化态，但是在反应条件下，原料油含硫量过低，硫化不完全而导致一部分金属还原，使催化剂活性达不到正常水平。所以，目前这类加氢催化剂多采用预硫化方法，即将金属氧化物在进油反应前转化为硫化态。

加氢催化剂的预硫化，有气相预硫化与液相预硫化两种方法：气相预硫化(又称干法预硫化)，即在循环氢气存在下，注入硫化剂进行硫化；液相预硫化(又称湿法预硫化)，即在循环氢气存在下，以低氮煤油或轻柴油为硫化油，携带硫化剂注入反应系统进行硫化。

影响预硫化效果的主要因素为预硫化温度和硫化氢浓度。

注硫温度主要取决于硫化剂的分解温度。例如，采用二硫化碳为硫化剂，二硫化碳与氢开始反应生成硫化氢的温度为175 ℃。因此，注入二硫化碳的温度应在175 ℃以下，使二硫化碳首先在催化剂表面吸附，然后在升温过程中分解。

在反应器催化剂床层被硫化氢穿透前，应严格控制床层温度，使其不超过230 ℃，否则一部分氧化态金属组分会被氢气还原成低价金属氧化物或金属元素，致使硫化不完全。再则还原反应与硫化反应将使催化剂颗粒产生内应力，导致催化剂的机械强度降低。同时，还原金属对油具有强烈的吸附作用，在正常生产期间会加速裂解反应，造成催化剂大量积炭、活性迅速下降。因此，必须严格控制整个预硫化过程中各个阶段的温度和升温速度。硫化最终温度一般为360~370 ℃。

循环氢中，硫化氢浓度增高，硫化反应速度加快，当硫化氢浓度增加到一定程度后，硫化反应速度就不再增加。但是在实际硫化过程中，受反应系统材质抗硫化氢腐蚀性能的限制，不可能采用过高的硫化氢浓度。一般预硫化期间，循环氢中硫化氢浓度限制在1.0%(体积分数)以下。

预硫化过程一般分为催化剂干燥、硫化剂吸附和硫化三个主要步骤。

(四) 催化剂再生

加氢催化剂在使用过程中由于结焦和中毒，使催化剂的活性及选择性下降，不能达到预期的加氢目的，必须停工再生或更换新催化剂。

国内加氢装置一般采用催化剂器内再生方式，有蒸气-空气烧焦法和氮气-空气烧焦法两种。对于以γ-Al_2O_3为载体的Mo，W系加氢催化剂，其烧焦介质可以为蒸气或氮气。但对于以沸石为载体的催化剂，如再生时水蒸气分压过高，可能破坏沸石晶体结构，从而失去部分活性，因此，必须用氮气-空气烧焦法再生。

再生过程包括以下两个阶段。

1.再生前的预处理

在反应器烧焦之前，需先进行催化剂脱油与加热炉清焦。催化剂脱油主要采取轻油置换和热氢吹脱的方法。对于采用加热炉加热原料油的装置，再生前加热炉管必须清焦，以免影响再生操作和增加空气耗量。炉管清焦一般用水蒸气-空气烧焦法，烧焦时应将加热炉出、入口从反应部分切出，蒸气压力为0.2~0.5 MPa，炉管温度为550~620 ℃。可以通过固定蒸气流量变动空气注入量，或者固定空气注入量变动蒸气流量的办法来调节炉管温度。

2.烧焦再生

烧焦再生操作分两个阶段进行。

(1)氮气循环升温阶段。

用氮气以2~3 MPa/h的速度将系统升压至要求值,循环压缩机全量循环。

氮气循环稳定后,启动中和系统,开启注碱泵,开始注入5%NaOH溶液,高分液面建立并达到要求后启动循环碱液泵,建立装置内部碱液循环,循环碱泵全量循环。

加热炉点火,以20 ℃/h的速度将反应器入口温度提高至300~330 ℃的再生烧焦的起始温度,并保持恒温。此时反应器各床层温度达到 260 ℃以上。

调节循环碱液量,使混合器出口温度低于要求值(如 110 ℃),调节冷却水量,使烟气温度低于要求值(如 50℃),启动并调好在线 O_2 和 CO_2 含量分析仪表。

(2)引风烧焦。

引风烧焦分 3~4 段进行,每段烧焦通过严格控制反应器入口温度与入口最大氧浓度。

三、工艺条件

影响加氢过程的主要工艺条件有反应温度、压力、空速及氢油比。

(一) 反应温度

温度对反应过程的影响主要体现在温度对反应平衡常数和反应速率常数的影响。

对于加氢处理反应而言，由于主要反应为放热反应，所以提高温度，反应平衡常数减小，这对受平衡制约的反应过程尤为不利，如脱氮反应和芳烃加氢饱和反应。加氢处理的其他反应平衡常数都比较大，因此，反应主要受反应速度制约，提高温度有利于加快反应速度。

温度对加氢裂化过程的影响，主要体现为对裂化转化率的影响。在其他反应参数不变的情况下，提高温度可加快反应速率，也就意味着转化率的提高。这样随着转化率的增加导致低分子产品的增加，从而引起反应产品分布发生很大变化，这也导致了产品质量的变化。

在实际应用中,应根据原料油组成和性质及产品要求来选择适宜的反应温度。

(二) 反应压力

在加氢过程中,反应压力起着十分关键的作用，加氢过程反应压力的影响是通过氢分压来体现的，系统中氢分压决定于反应总压、氢油比、循环氢纯度、原料油的汽化率及转化深度等。为了方便和简化，一般都以反应器入口的循环氢纯度乘以总压来表示氢分压。

随着氢分压的提高，脱硫率、脱氮率、芳烃加氢饱和转化率也随之增加；对于减压柴油原料油而言，在其他参数相对不变的条件下，氢分压对裂化转化深度产生正的影响；重质馏分油的加氢裂化，当转化率相同时，其产品的分布基本与压力无关；反应氢分压是影响产品质量的重要参数，特别是产品中的芳烃含量与反应氢分压有很大的关系；反应氢分压对催化剂失活速度也有很大影响，过低的压力将导致催化剂快速失活而不能长期运转。

总的来说，提高氢分压有利于加氢过程反应的进行，加快反应速度。但压力提高增加装置的设备投资费用和运行费用，同时对催化剂的机械强度要求也相应提高。目前，工业上装置的操作压力一般在 7.0~20.0 MPa。

(三) 反应空速

空速是指单位时间内通过单位催化剂的原料油量，有两种表达形式：一种为体积空速(LHSV)；另一种为重量空速(WHSV)。工业上多使用体积空速。

空速的大小反映了反应器的处理能力和反应时间。空速越大，装置的处理能力越大，但原料油与催化剂的接触时间则越短，相应的反应时间也就越短。因此，空速的大小最终影响原料油的转化率和反应的深度。

一般，重整料预加氢的空速为 2.0~10.0 h^{-1}；煤油馏分加氢的空速为 2.0~4.0 h^{-1}；柴油馏分加氢精制的空速为 1.2~3.0 h^{-1}；蜡油馏分加氢处理的空速为 0.5~1.5 h^{-1}；蜡油加氢裂化的空速为 0.4~1.0 h^{-1}；渣油加氢的空速为 0.1~0.4 h^{-1}。

(四) 反应氢油比

氢油比是单位时间内进入反应器的氢气流量与原料油量的比值，工业装置上通用的是体积氢油比，它是以每小时单位体积的进料所需要通过的循环氢气的标准体积量来表示。

氢油比的变化实质是影响反应过程的氢分压。增加氢油比，有利于加氢反应进行、提高催化剂寿命，但过高的氢油比将增加装置的操作费用及设备投资。

【思考题】

(1) 原料油的组成和性质对加氢过程有什么影响?

(2) 加氢催化剂预硫化的原因是什么?

(3) 简述加氢处理催化剂的组成和使用性能。

(4) 简述加氢裂化催化剂的组成和使用性能。

任务二　加氢裂化装置仿真操作

一、训练目标

(1) 熟悉加氢裂化装置工艺流程及相关流量、压力、温度等控制方法。

(2) 掌握加氢裂化装置开车前的准备工作、冷态开车及正常停车的步骤和常见事故的处理方法。

二、训练准备

(1) 仔细阅读加氢裂化装置概述及工艺流程说明，并熟悉仿真软件中各个流程画面符号的含义及操作步骤。

(2) 熟悉仿真软件中控制组画面、手操器组画面的内容及调节方法。

三、训练步骤

加氢裂化装置仿真操作的训练步骤见表4-3-1。

表4-3-1　加氢裂化装置仿真操作的训练步骤

冷态开车至预硫化结束	(1)油联运:冷油联运;热油联运。 (2)催化剂预硫化。 (3)脱硫系统开工
催化剂钝化及原料油切换	(1)催化剂钝化。 (2)接收反应生成油。 (3)反应切换原料油
正常停车操作步骤(反应系统停工)	(1)反应系统降温、降量，分馏产品改不合格线。 (2)引停工柴油。 (3)切断反应进料，改长循环操作。 (4)反应系统氢气赶油、系统脱氢、氮气置换

表 4-3-1(续)

事故设置及排除	(1)高压蒸气发生器“干锅”。 (2)新鲜进料中断。 (3)脱硫系统原料油气中断。 (4)新氢压缩机停车。 (5)分馏塔底泵故障

【思考题】

(1) 精制反应器的操作方法是什么？
(2) 加氢改质反应器的操作方法是什么？
(3) C-1 顶温度操作方法是什么？
(4) 紧急事故处理原则是什么？
(5) 紧急事故处理关键操作是什么？
(6) 紧急停工原则是什么？
(7) 紧急停工步骤是什么？

模块五

催化重整装置操作与控制

项目一　催化重整原料油

任务一　认识催化重整装置

一、地位及作用

催化重整是在加热、加压和催化剂(如铂、铂-铼等)存在的条件下，使烃类分子重新排列的过程。其主要反应为环烷烃芳构化、烷烃异构化、烷烃脱氢环化等。可生产高辛烷值汽油、芳烃苯、甲苯、二甲苯等，副产液化石油气和氢气。

催化重整是以石脑油为原料油，在催化剂的作用下，烃类分子重新排列成新分子结构的工艺过程。其主要目的：生产高辛烷值汽油组分；为化纤、橡胶、塑料和精细化工提供原料油(如苯、甲苯、二甲苯，简称 BTX 等芳烃)。除此之外，催化重整过程还生产化工过程所需的溶剂、油品加氢所需的高纯度廉价氢气(75%~95%)和民用燃料液化气等副产品。

由于环保和节能要求，世界范围内对汽油总的要求趋势是高辛烷值和清洁。在发达国家的车用汽油组分中，催化重整汽油占 25%~30%。我国已在 2000 年实现了汽油无铅化，汽油辛烷值在 90 以上，汽油中有害物质的控制指标为烯烃含量不高于 35%、芳烃含量不高于 40%、苯含量不高于2.5%、硫含量不高于 0.08%。而目前我国汽油以催化裂化汽油组分为主，烯烃和硫含量较高。降低烯烃和硫含量并保持较高的辛烷值是我国炼油厂生产清洁汽油所面临的主要问题。在解决这个问题时，催化重整将发挥重要作用。

石油是不可再生资源，其最佳应用是达到效益最大化和再循环利用。石油化工是目前最重要的发展方向，BTX 是一级基本化工原料油，全世界所需的 BTX 有一半以上来自催化重整。

催化重整是石油加工和石油化工的重要工艺之一，受到了广泛重视。

二、生产装置组成

催化重整过程可生产高辛烷值汽油，也可生产芳烃。生产目的不同，装置构成也不同。催化重整生产装置见图 5-1-1。

图 5-1-1　催化重整生产装置图

（一）生产高辛烷值汽油方案

以生产高辛烷值汽油为目的的重整过程主要由原料油预处理、重整反应和反应产物分离三部分构成，见图 5-1-2。

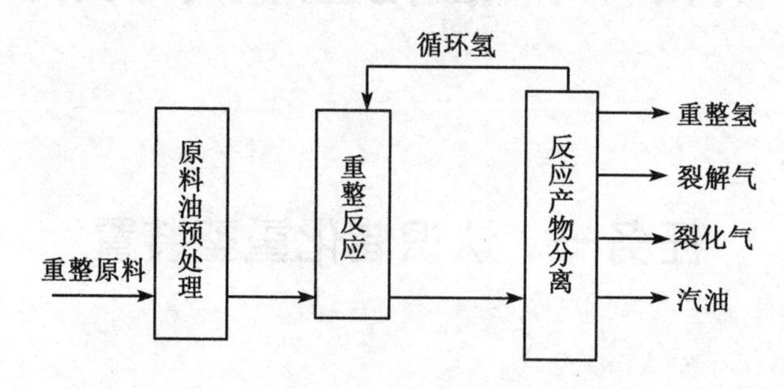

图 5-1-2　生产高辛烷值汽油催化重整生产流程图

（二）生产芳烃方案

以生产芳烃为目的的重整过程主要由原料油预处理、重整反应、产物分离、芳烃抽提和芳烃精馏五部分构成，见图 5-1-3。

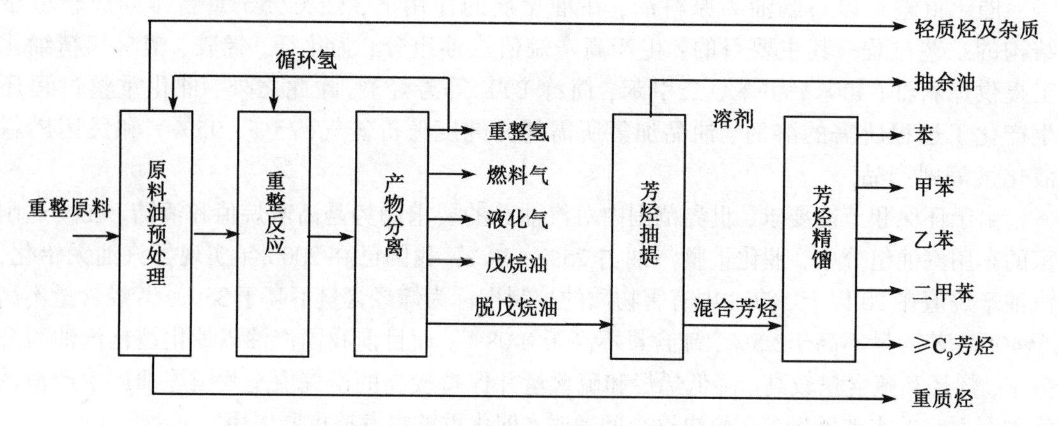

图 5-1-3　生产芳烃催化重整生产流程图

三、发展简史

1940 年，工业上第一次出现了催化重整，使用的是氧化钼-氧化铝（MoO_3-Al_2O_3）催化剂，以重汽油为原料油，在 480~530 ℃、1~2 MPa（氢压）的条件下，通过环烷烃脱氢和烷烃环化脱氢生成芳香烃，通过加氢裂化反应生成小分子烷烃等，所得汽油的辛烷值可高达 80 左右，这一过程也称为临氢重整。但是这个过程有较大的缺点，即催化剂的活性不高，汽油收率和辛烷值都不理想，所以在第二次世界大战以后临氢重整停止发展。

1949 年以后，出现了贵金属铂催化剂，催化重整重新得到发展，并成为石油工业中一个重要过程。铂催化剂比铬、钼催化剂的活性高得多，在比较缓和的条件下就可以得到辛烷值较高的汽油，同时催化剂上的积炭速度较慢，在氢压下操作一般可连续生产半年至一年。铂重整一般以 80~200 ℃馏分为原料油，在 450~520 ℃、1.5~3.0 MPa（氢压）及铂/氧化铝催化剂作用下进行，汽油收率为 90%左右，辛烷值达 90 以上。铂重整生成油中含芳烃 30%~70%，是芳烃的重要来源。

我国铂重整是在西方国家技术封锁的情况下，从研制催化剂开始，一直到装置设计、建成投产，经历了比较艰难的历程。

20 世纪 50 年代，我国开始研制催化剂并进行生产芳烃的工艺实验。同期，根据仅有的几张流程示意图进行工艺设计，包括重整、芳烃抽提和分馏。

20 世纪 60 年代初，建成半工业实验装置，从此展开了研究、设计和生产三位一体的铂重整实验工作。

1963 年，铂重整试验装置生产出硝化级苯、甲苯和二甲苯。与此同时，大庆炼油厂铂重整装置于 1965 年 12 月试运投产。这是我国自主建成的第一套重整装置。

1966 年 6 月，从意大利进口的铂重整装置建成投产。

1968 年，开始出现铂-铼催化剂，催化重整的工艺又有了新的突破。与铂催化剂比较，铂-铼催化剂和随后陆续出现的各种双金属（铂-铱、铂-锡）或多金属催化剂的突出优点是具有较高的稳定性。例如，铂-铼催化剂在积炭达 20%时仍有较高的活性，而铂催化剂在积炭达 6%时就需要再生。双金属或多金属催化剂有利于烷烃环化的反应，增加芳烃的产率，汽油辛烷值可高达 105，芳烃转化率可超过 100%，能够在较高温度、较低压力（0.7～1.5 MPa）的条件下进行操作。

1974 年，我国开发出了“3741”铂-铼催化剂，并在兰州炼油厂催化重整装置率先使用。

1976 年，开始使用铂-铱铝铈催化剂。

20 世纪 80 年代，我国开始引进连续重整技术，各项工作有了进一步的发展，从而翻开了催化重整工艺历史的新篇章。

目前，应用较多的是双金属或多金属催化剂，在工艺上也相应做了许多改革。例如，催化剂的循环再生和连续再生，为减小系统压力降而采用径向反应器、大型立式换热器，等等。但是与发达国家相比，我国重整加工能力及其占原油加工比例还不够高，在汽油组分构成中，重整汽油的比例还较低。

【思考题】

（1）简述催化重整在石油加工中的地位及作用。

（2）催化重整的生产过程由哪几部分构成？

（3）简述催化重整工艺的发展史。

任务二　重整原料油的选择

一、重整原料油的来源与性质

催化重整主要是加工常减压装置得到的低辛烷值汽油，还加工低辛烷值的热加工汽油；有些炼油厂甚至将催化裂化汽油送到催化重整装置进行处理，以期提高炼油厂汽油的辛烷值。以生产芳烃为目的的催化重整装置，其原料油除上述来源外，还有加氢裂化汽油。

直馏汽油包括常减压装置的蒸顶汽油和常顶汽油两部分。各种不同原油蒸馏得到的汽油组成和性质有很大差别。热裂化、焦化和减黏裂化等热加工方法得到的汽油的某些杂质（如硫或氮）和烯烃含量高，作重整原料油时都必须进行处理。催化裂化过程中虽有催化剂，但不能(或很少) 发生加氢饱和反应，因而得到的催化裂化汽油质量不好。催化裂化汽油进行重整时也要进行预处理。

加氢裂化过程是在很高的氢压(14.7~19.6 MPa)和较高的压力(5.9~14.7 MPa)下，借助于催化剂的作用，使常三、减二蜡油或焦化蜡油转化成轻质石油产品，其中加氢裂化汽油产率的5%~20%作为重整原料油，加氢裂化汽油的最大特点是杂质含量低。因此，加氢裂化汽油通常不经加氢预精制，只做某些补充精制(如吸附脱硫) 就可作重整原料油。

显然，加工方法不同，得到的重整原料油的组成和芳烃潜含量也不同。

二、原料油的选择

对重整原料油的选择主要有三方面要求，即馏分组成、族组成及杂质含量。

(一) 馏分组成

重整原料油馏分组成的要求根据生产目的来确定。以生产高辛烷值汽油为目的时，一般以直馏汽油为原料油，馏分范围选择 90~180 ℃，这主要基于以下两点考虑。

(1) C_6 的烷烃本身已有较高的辛烷值，而 C_6 环烷转化为苯后其辛烷值反而下降，而且有部分被裂解成 C_3，C_4 或更低的低分子烃，降低液体汽油产品收率，使装置的经济效益降低。因此，重整原料油一般应切取大于 C_6 馏分，即初馏点在 90 ℃左右。

(2) 因为烷烃和环烷烃转化为芳烃后沸点会升高，如果原料油的终馏点过高，则重整汽油的干点会超过规格要求，通常原料油经重整后终馏点升高 6~14 ℃。因此，原料油的终馏点一般取 180 ℃。而且原料油切取太重，反应时焦炭和气体产率增加，使液体收率降低，生产周期缩短。

另外，若从全炼油厂综合考虑，为保证航空煤油的生产，重整原料油的终馏点不宜高于 145 ℃。

当以生产芳烃为目的时，应根据表 5-1-1 选择适宜的馏分组成。

表 5-1-1　生产各种芳烃时的适宜馏程

目的产物	适宜馏程/ ℃
苯	60~85
甲苯	85~110
二甲苯	110~145
苯-甲苯-二甲苯	60~145

不同的目的产物需要不同馏分的原料油，这主要取决于重整的化学反应。在重整过程中，最主要的芳构化反应主要是在相同碳原子数的烃类上，进行 C_6，C_7，C_8 的环烷烃和烷烃，在重整条件下相应地脱氢或异构脱氢和环化脱氢生成苯、甲苯、二甲苯。小于 C_6 原子的环烷烃及烷烃，则不能进行芳构化反应。C_6 烃类沸点在 60~80 ℃，C_7 烃类沸点在 90~110 ℃，C_8 烃类沸点大部分在 120~144 ℃。

(二) 族组成

在重整过程中，芳构化反应速度有差异，其中环烷烃的芳构化反应速度快，对目的产物芳烃收率贡献也大。烷烃的芳构化速度较慢，在重整条件下难以转化为芳烃。因此，环烷烃含量高的原料油不仅在重整时可以得到较高的芳烃产率和氢气产率，而且可以采用较大的空速，催化剂积炭少，运转周期较长。一般以芳烃潜含量表示重整原料油的族组成。芳烃潜含量越高，重整原料油的族组成越理想。

芳烃潜含量是指将重整原料油中的环烷烃全部转化为芳烃的芳烃量与原料油中原有芳烃量之和占原料油总量的百分数。其计算方法如下：

$$芳烃潜含量=苯潜含量+甲苯潜含量+C_8芳烃潜含量 \tag{5-1-1}$$

$$苯潜含量=C_6环烷\times78/84+苯 \tag{5-1-2}$$

$$甲苯潜含量=C_7环烷\times92/98+甲苯 \tag{5-1-3}$$

$$C_8芳烃潜含量=C_8环烷\times106/112+C_8芳烃 \tag{5-1-4}$$

式(5-1-1)~式(5-1-4)中，78，84，92，98，106，112 分别为苯、C_6环烷、甲苯、C_7环烷、C_8芳烃和 C_8环烷的分子量。

重整生成油中的实际芳烃含量与原料油的芳烃潜含量之比称为芳烃转化率或重整转化率，其公式如下：

$$重整芳烃转化率=芳烃产率/芳烃潜含量 \tag{5-1-5}$$

实际上，对式(5-1-5)的定义不是很准确。因为在芳烃产率中包含了原料油中原有的芳烃和由环烷烃及烷烃转化生成的芳烃，而原有的芳烃并没有经过芳构化反应。此外，在铂重整中，原料油中的烷烃极少转化为芳烃，而且环烷烃也不会全部转化成芳烃，故重整转化率一般都小于 100%。但铂-铼重整及其他双金属或多金属重整，由于促进了烷烃的环化脱氢反应，重整转化率经常大于 100%。

重整原料油中含有的烯烃会增加催化剂上的积炭，从而缩短生产周期，这是不希望出现的。直馏重整原料油一般含有的烯烃量极少，虽然我国目前的重整原料油主要是直馏轻汽油馏分(生产中也称为石脑油)，但其来源有限，而国内原油一般重整原料油收率仅有 4%~5%，不够重整装置处理。为了扩大重整原料油的来源，可在直馏汽油中混入焦化汽油、催化裂化汽油、加氢裂化汽油或芳烃抽提的抽余油等。裂化汽油和焦化汽油则含有较多的烯烃和二烯烃，可对其进行加氢处理。焦化汽油和加氢汽油的芳烃潜含量较高，但仍然低于直馏汽油。抽余油则因已经过一次重整反应并抽出芳烃，故其芳烃潜含量较低，因此，用抽余油只能在重整原料油暂时不足时作为应急措施。

(三) 杂质含量

重整原料油中含有少量的砷、铅、铜、铁、硫、氮等杂质会使催化剂中毒失活。水和氯的含量控制不当也会造成催化剂活性下降或失活。因此，必须严格控制重整原料油中杂质含量。

1.硫化物

石脑油中硫化物类型较多，主要有硫化氢、硫醇、硫醚、噻吩、苯并噻吩和二硫化物等。不同来源石脑油中硫含量取决于原油的硫含量及石脑油的加工方法。不同石脑油总硫含量差别较大。图 5-1-4 为直馏、加氢裂化、焦化及催化裂化石脑油中硫含量及分布。

由图 5-1-4 可知，对硫含量而言，焦化石脑油中硫含量最高，加氢裂化石脑油中硫含量最低，其余介于二者之间；石脑油中硫含量还随终馏点升高而增加。另外，石脑油中硫化物分布也因来源不同差别较大。研究结果表明，直馏石脑油中硫化物主要为硫醇、硫醚和噻吩类化合物。例如，哈萨克斯坦原油的直馏石脑油中硫化物大部分为硫醇类化合物，伊朗轻质原油的直馏石脑油中硫醚则多一些，催化裂化石脑油中硫化物主要是噻吩类和苯并

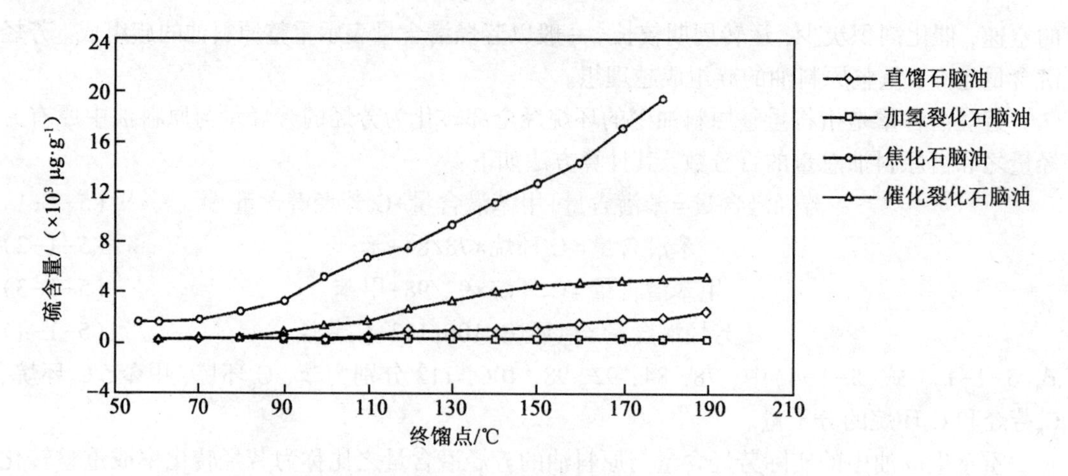

图 5-1-4　直馏、加氢裂化、焦化及催化裂化石脑油中硫含量及分布

噻吩类化合物。

重整原料油中硫化物的危害主要是使催化剂中毒，导致其活性和选择性下降。

2.氮化合物

石脑油中氮化合物主要有碱性氮化合物和非碱性氮化合物两类。碱性氮化合物主要有脂肪族胺类、吡啶类、喹啉类和苯胺类；非碱性氮化合物主要有吡咯类、吲哚类、咔唑类、腈类和酰胺类。石脑油中氮化合物主要是碱性氮化合物。直馏石脑油中氮化合物含量较硫含量低一个数量级，且与硫含量变化趋势一致。

和硫化合物一样，氮化合物也能使催化剂中毒，尤其是碱性氮化合物及重整反应生成的碱性氮化合氨气会破坏双功能催化剂中的酸性功能，导致双功能配合失调。另外，氮化合物生成的氨气与氯化氢反应生成固体氯化氨，会造成下游设备堵塞。

3.氯化合物

原油中一般不含氯化合物，但在油田化学处理过程中会加入氯化合物，使得原油中含有一些氯化合物。石脑油中氯化合物主要有三氯甲烷、1，1-二氯乙烷、1，2-二氯乙烷、三氯乙烯、三氯乙烷、四氯乙烯、四氯乙烷等。

氯化合物对重整过程的影响主要涉及反应过程中催化剂的水-氯平衡。

4.金属化合物

石脑油中金属有机化合物主要有含砷、铜、铅等金属化合物。这些金属化合物能使重整催化剂中毒，且不能再生，从而造成永久性失活。

5.杂质含量要求

鉴于重整原料油中杂质对重整过程的影响，尤其会使催化剂中毒，为了保证催化剂在长周期运转中具有较高的活性和选择性，必须严格限制重整原料油中杂质含量。我国催化重整对原料油中主要杂质含量的一般要求见表 5-1-2。

表 5-1-2 我国催化重整对原料油中主要杂质含量的一般要求

催化剂	S/($\mu g \cdot g^{-1}$)	N/($\mu g \cdot g^{-1}$)	Cl/($\mu g \cdot g^{-1}$)	H_2O/($\mu g \cdot g^{-1}$)	As/($ng \cdot g^{-1}$)	Cu/($ng \cdot g^{-1}$)	Pb/($ng \cdot g^{-1}$)
固定床单铂催化剂	<10	<2	<1	<30	<1	<15	<20
固定床双(多)金属催化剂	<0.5	<0.5	<0.5	<5	<1	<10	<10
移动床双(多)金属催化剂	0.25~0.5	<0.5	<0.5	<5	<1	<10	<10

由表 5-1-2 可以看出，双(多) 金属催化剂对原料油中杂质要求更为严格，为满足这些要求，必须对原料油进行除去杂质的预处理。

综上所述，为满足重整原料油对重整过程的要求，可进行两方面工作：一方面有目的地对重整原料油进行选择，但这些选择往往是被动的；另一方面是对不合格原料油进行预处理，使之达到重整过程的要求。

【思考题】

(1) 简述催化重整原料油的组成和性质。
(2) 催化重整原料油的评价方法有哪些？
(3) 什么是芳烃潜含量？

项目二　催化重整生产工艺与过程控制

任务一　原料油的预处理工艺与过程控制

重整原料油的预处理主要包括两部分，用预分馏保证进料的馏分组成，用预加氢精制去除大部分对重整催化剂有害的物质。如果原料油中含砷过高，需经预脱砷。

一、工艺流程与过程控制

（一）预脱砷系统

1.概述

我国催化重整装置中，预脱砷有以下三种方法：

（1）硫酸铜/Si-Al 小球吸附脱砷法；

（2）过氧化氢异丙苯(CHP）氧化脱砷法；

（3）临氢脱砷法。

这些脱砷方法都是为了脱掉原料油中常量砷，剩余的微量砷，再经加氢预精制深度净化，获得符合重整要求的原料油。

要求预脱砷能够将原料油中 200~1000 μg/kg 的常量砷(有时更高些），脱至小于 100~200 μg/kg。一方面预加氢生成油含砷量能达到小于 1 μg/kg 的要求，另一方面可以延长预加氢催化剂的使用寿命。

Si-Al 小球脱砷过程，是在常温、常压的缓和条件下，借助 Si-Al 小球(经 10%硫酸浸泡）的吸附作用，将原料油石脑油中的砷吸附在脱砷剂上，减少预加氢催化剂因积砷量高而失活的危险。这种方法的优点是操作简单，投资较少；缺点是容砷量较低，废脱砷剂需要掩埋，难以适应环保要求。

氧化脱砷用过氧化氢异丙苯(CHP）。原料油与 CHP 在 80 ℃条件下，反应 30 min，可脱除 95%左右的砷化物。这种方法的最大问题是氧化废渣处理比较麻烦，故此法在工业上使用不多。

临氢预脱砷在氢压下进行，砷与脱砷剂(如加氢精制用的镍钼催化剂或其他专门生产的脱砷剂）接触，转化成不同价态的金属砷化物，如砷化镍、二砷化镍和二砷化五镍等被留在脱砷剂床层中，原料油中的砷被脱除。

2.Si-Al 小球吸附脱砷的工艺流程

图 5-2-1 是某厂 Si-Al 小球吸附脱砷工艺流程图。

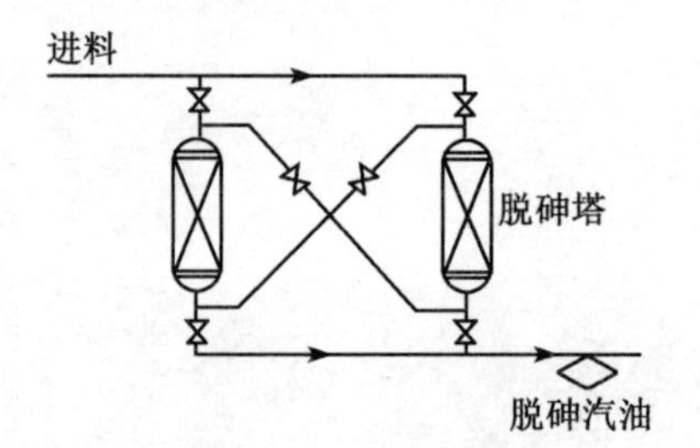

图 5-2-1　Si-Al 小球吸附脱砷工艺流程图

(二)预分馏系统

1.预分馏系统的工艺流程

石脑油在进入重整以前往往要先进行预分馏以切取适当的馏分。低小于 60 ℃或 80 ℃轻馏分对生产芳烃或提高汽油辛烷值无意义，因此，一般都要在重整之前拔去(拔头)；而重整原料油中重组分会加快反应过程中催化剂的积炭速度，并造成重整汽油的干点不合格。因此，也需要在重整反应之前去掉(去尾)。一般在重整装置内进行拔头是必要的，而去尾的任务则最好在上游装置的蒸馏塔内进行，否则全部重整原料油都要多蒸发一次，能耗将会大大增加。

拔头的预分馏塔有三种处理流程。

(1)先分馏后加氢，这是常规的方法。其好处是预加氢的规模比较小，只是脱除硫化氢、氨气和水。

(2)预分馏与汽提两塔合一，拔头油从汽提塔分出。其好处是省掉一个塔，减少一些设备。但缺点是在预加氢进料中包含拔头油，预加氢规模要加大，而且拔头油由于在汽提塔回流罐内与硫化氢浓度很高的气体处于气液平衡状态。因此，硫含量高，不易处理。

(3)先加氢后分馏，即进料先经预加氢和汽提塔脱除硫化氢、氨气和水后，再进预分馏塔。其好处是拔头油与重整进料一起经过加氢处理，含硫量低。但缺点是预加氢规模较大，预分馏塔不但没有省掉，而且重整进料需要提高操作压力，需设置重整进料泵。

先分馏后加氢的预分馏过程也有以下几种不同的流程。

① 单塔预分馏流程(见图 5-2-2)。

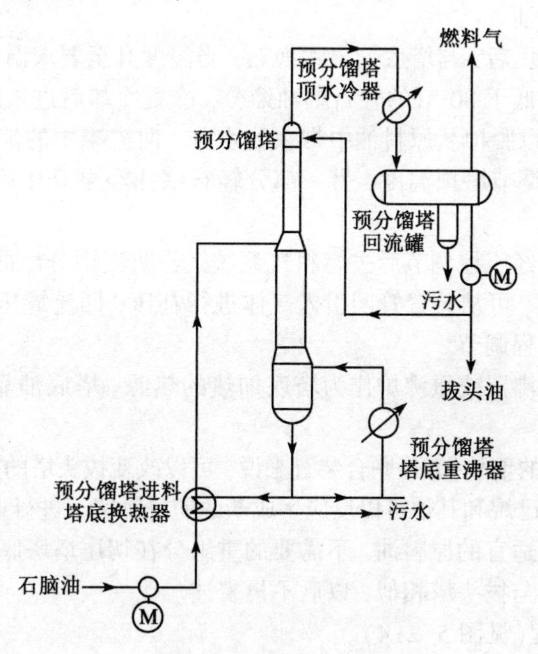

图 5-2-2　单塔预分馏流程图

② 双塔预分馏流程(见图 5-2-3)。

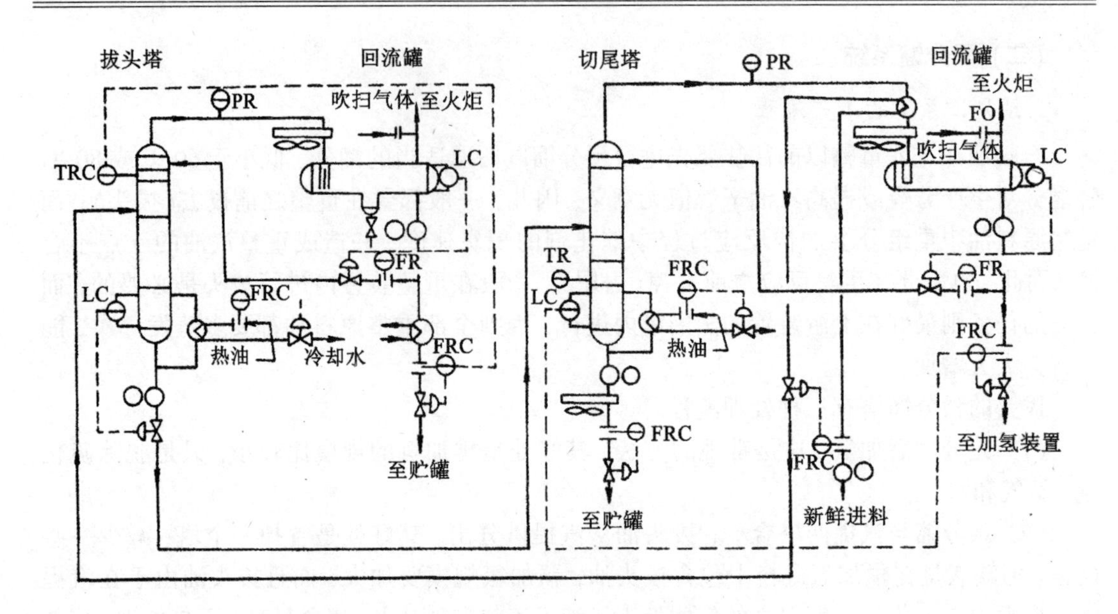

图 5-2-3 双塔预分馏流程图

双塔预分馏用于生产芳烃，它既可拔掉不需要的轻组分(如低于60 ℃的馏分)，又可切除不需要的重组分(如高于145 ℃的馏分)。

双塔预分馏包括两个系统，即拔头塔系统和切尾塔系统。

以某生产高辛烷值汽油的重整装置为例，拔头塔切除低于80 ℃的轻石脑油，切尾塔切除高于180 ℃的重石脑油。

原料油经进料泵加压后，与塔底馏出物换热，当温度升至要求温度后进入拔头塔。

拔头塔顶馏出物为低于80 ℃的轻石脑油馏分，冷凝冷却后进入回流罐进行气液分离。回流罐设有脱水包，可以脱掉从原料油中带来的水分。回流罐中的液相(轻石脑油)，一部分经回流泵打入塔顶，调节塔顶温度，另一部分轻石脑油经泵升压后送入贮罐。通常称它为重整拔头油产品。

回流罐分出的气体经压控调节后去燃料气系统。若回流罐分出的气体较少，不足以维持该罐压力(0.35 MPa)，可从装置管网引入气体进行补压，回流罐压力通常采用补气调节阀和排气调节阀进行分程调节。

拔头塔塔底设有重沸器或重沸炉作为塔底加热的热源。塔底油靠拔头塔的压力，压入切尾塔。

对于生产芳烃产品的重整-芳烃联合装置来说，可以改变拔头塔的操作条件，只切出低于65 ℃的拔头油，以使环己烷和其他可以反应生成苯的前身物留下进行重整，生产苯产品。

在切尾塔塔顶得到适宜的原料油，不需要的重组分在切尾塔塔底切除。

切尾塔的操作流程与拔头塔相似，以后不再赘述。

③ 单塔开侧线流程(见图 5-2-4)。

单塔预分馏通常适用于只切除不合格的轻组分，不能切掉干点过高的重组分。

单塔开侧线很难生产出符合芳烃生产要求馏分的原料油(如60~145 ℃)，而且操作上不如双塔预分馏容易控制，因此，工业中应用不多。

2.预分馏系统的调控方案

(1) 常规控制方案。

通常，预分馏塔的压力由回流罐的压力控制。由于塔顶的不凝气量少，故采用补入气体的分程控制，即控制补气阀和排放阀，压力低时补气，压力高时排放。

一般，只拔头预分馏塔第三层塔板温度可与塔底重沸炉燃料油或燃料气压力串级调节，塔底抽出油是预加氢的原料油，塔底液面与入塔的原料油流量串级调节，塔顶回流罐液位与抽出流量串级调节。

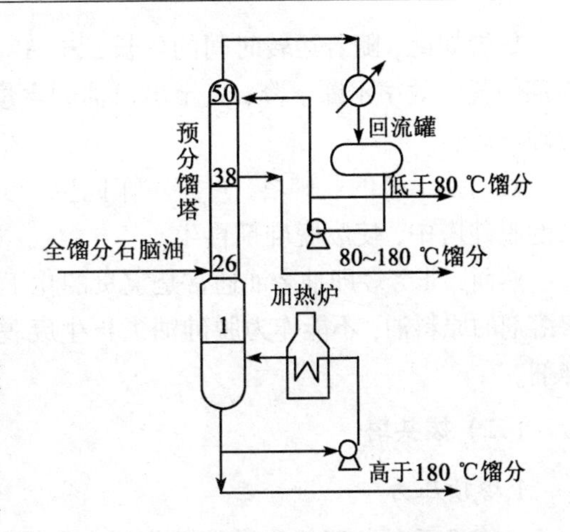

图 5-2-4 单塔开侧线预分馏流程图

(2) 预分馏塔的压力控制。

为了维持预分馏塔的压力，过去一般的做法是在回流罐顶的排气管上装设压力控制器，用排入燃料管网的气体量来控制塔的操作压力(见图 5-2-5)，但这样做会造成一些轻组分的损失，原料油中的一部分 C_3，C_4甚至少量 C_5也会随排出气体进入燃料气管网。同时，用这种方法，塔压受塔顶冷凝温度影响而不易控制。一种比较好的做法是用压力较高的气体向回流罐垫压，回流罐用分程控制器控制压力(见图 5-2-6)，压力低时通过一个控制阀进气，压力高时通过另一个控制阀排气，可以维持较高塔压，不受塔顶产品组成和冷凝温度的影响。这样从塔出来的拔头产品可以全部冷凝成拔头油而不会造成损失，操作也可以比较平衡。某厂用稳定塔顶气体给预分馏塔回流罐垫压，虽然回流罐温度在 33 ℃以下，但压力仍能维持在 0.25 MPa，预分馏塔不排气，减少油品损失，提高了液体收率，这也是一个成功的经验。

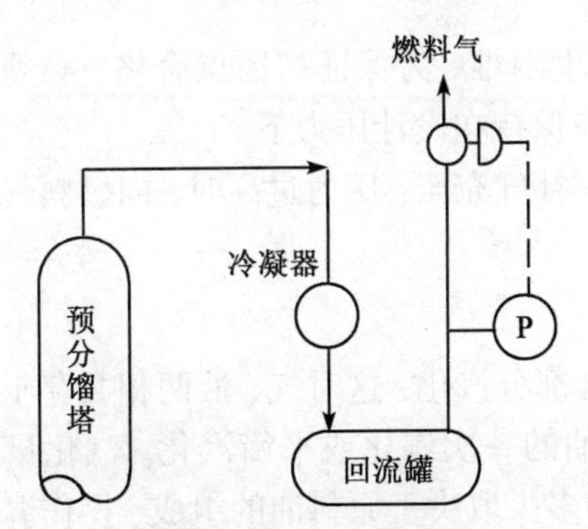

图 5-2-5 用排入燃料气管网的气体量来控制塔的操作压力

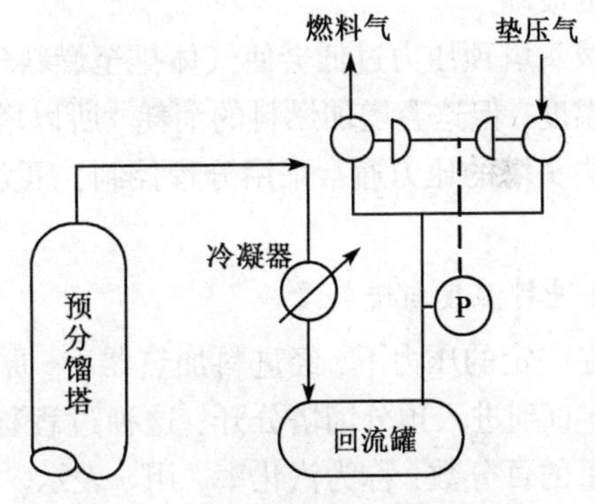

图 5-2-6 回流罐用分程控制器来控制塔的操作压力

二、参数调节

(一) 脱砷塔

脱砷塔的唯一操作变量是进料速度，通常脱砷效率随空速(单位时间通过单位体积脱砷剂进料体积) 提高而下降，因此，砷化物在脱砷塔内与 Si-Al 小球脱砷剂的接触时间缩短，使离开脱砷塔的脱砷油含砷量增高。

在脱砷塔中装入的 Si-Al 小球脱砷剂的量确定之后，进料空速应尽量在规定的范围内操作，以保证脱砷油稳定合格和 Si-Al 小球脱砷剂的使用寿命。

尽管如此，随着运转时间的延长，Si-Al 小球吸附脱砷剂上积存的砷含量不断增加，脱砷剂的脱砷效率不断下降，直至出口油砷含量不合格，不能继续使用。此时，可切换另一台脱砷塔运转。

被切换下来的脱砷塔，可将本车间生产的不含砷的非芳烃作为脱砷油，通入被切换下来的脱砷塔中，使废脱砷剂再生。

然而，非芳烃即抽余油通常是宝贵的化工原料油，它是性质优良的乙烯原料油，也是生产溶剂的原料油，不能作为脱砷油去再生废脱砷剂，只好将其报废，更换新的 Si-Al 小球脱砷剂。

（二）拔头塔

1.塔顶压力

大多数重整装置拔头塔的操作压力是指回流罐的压力。

一般来说，压力低、分馏效果好。在正常操作中，原料油的沸点随压力的增大而升高，因此，压力的波动会影响分馏的效果。

引起预分馏塔压力波动的原因如下：

（1）原料油带水、回流带水或回流波动；

（2）气温变化引起冷后温度改变；

（3）回流罐瓦斯背压变化、后路堵塞或瓦斯压力变化；

（4）进料中轻组分含量变化。

通常轻组分多、回流量大、回流罐温度高会引起塔顶压力升高，并会使塔底油初馏点下降，液面也会波动，随之也会影响切尾塔的操作波动。因此，必须保持塔顶压力稳定，避免大的波动。

拔头塔顶压力过低会使气体排至燃料气管网发生困难。为保证初馏点合格，必须提高塔底温度，但这会增加燃料的消耗。所以塔顶压力应保持在设计压力下。

拔头塔的压力通常采用分程控制，压力过低时，补气充压；压力过高时，向燃料气管网排气。

2.进料温度与进料量

在一定的压力下，经进料加热器后，原料油就会部分汽化，这时气、液两相共存于进料管中，直到进入预分馏塔分开，这种过程称为原料油的一次汽化或平衡汽化。汽化量占原料油量的百分数，称为汽化率，用 e 表示。汽化率的多少取决于原料油的组成、操作温度和压力。在一定的原料油组成时，如果温度和压力不变，那么 e 值也不会改变，即共存的气、液两相的相对量保持不变。

在加热器升温的过程中，气相中的轻组分的浓度大于液相中的该组分的浓度。如果继续升温，则汽化率增加。当温度和压力保持不变时，气、液两相共存，气、液两相的相对量及各组分在两相中的浓度保持不变，称这种情况为达到了相平衡。处于相平衡状态的气体和液体分别称为饱和气体和饱和液体。

在一定的操作压力下，加热器升至某一温度，原料油刚好出现第一个气泡，此时的温度称为泡点，或称为平衡汽化 0%点温度，温度再升高就是过汽化温度。液体的温度如果低于泡点温度，则称为过冷液体。例如，拔头塔塔顶回流，一般为 40 ℃以下，故称为过冷液体。而在拔头塔塔板上的气相和液相是饱和气体和饱和液体。

通常拔头塔的进料温度为泡点温度。如果进料温度过低，以过冷液体进料，将使进料口以下几块塔板液体负荷过大，在降液管中的流速增加，降低分馏效果；相反，如果进料温度过高，以过汽化状态进料，将使进料口以上几块塔板的气相负荷加大，造成雾沫夹带，也会影响塔板效率。

进料量的改变需要改变拔头塔操作参数，以保持蒸馏效率，要增加再沸器每立方米进料的热负荷，提高回流或进料比。进料中有效组分的减少将导致产品抽出率的降低。

通常，进料量比设计能力低50%下操作，分馏塔将会因塔水力学上的限制而难以工作。

3.塔底温度与液面

塔底重沸器(炉)是全塔热量的主要来源，也是控制塔底温度的基本措施，影响塔底温度的主要因素是进料量波动或组成改变和塔底液面变化。

塔底温度是调节塔底油初馏点的主要手段，在其他条件不变的情况下，提高塔底温度，塔底油初馏点升高；反之，则塔底油初馏点降低。

塔底温度用炉出口温度进行调节。在燃燃料气时，通过炉出口与炉膛串级调节燃料气量；在烧燃料油时，通过炉出口串级调节燃料油量。

输入拔头塔底的热量是操作拔头塔的唯一独立变量。它是靠热油在流量控制下循环输入的。拔头塔再沸器的热量将影响回流率，也就是影响该塔的蒸馏效率。回流率由回流罐液位控制器加以调节，而塔顶物组成可通过塔板温度的控制加以调节。

塔底液面应保持相对平稳，不能大幅度波动。塔底液面用塔进料量来调节，进料量也要相对稳定。

4.塔顶温度

重整原料油轻质石油烃汽化时需要的热量较小，所以要保持塔顶较低的温度(如80~90 ℃)，且需要较大的回流比(即回流量与塔顶产品量之比)。

它是控制塔顶“拔头油”干点的主要手段。塔顶温度高，拔头油干点高；反之则低。可用塔顶回流量进行控制，回流大，塔顶温度就低。

通常塔底温度对塔顶温度有一定的影响。当塔底温度升高时，部分重组分从塔顶蒸出，塔顶温度应适当调节才能保持全塔的气液平衡。

此外，操作压力对塔顶温度有一定的影响，压力升高，操作温度相应增高，才能保持产品初馏点和干点。因此，在正常操作中，应力求压力稳定，缓慢调节各部温度。调节温度时要微调，调后要观察一段时间，看清其变化趋势后再进行调节，切忌急升急降、大幅度变化。

5.回流

回流量必须控制在一定范围内，才能保证塔顶温度的平稳。通常回流比能够影响塔板分馏效果，回流比大，分馏效果好；回流比小，分馏效果差。没有回流，就没有分馏作用。因此，必须保持一定的回流比，避免塔顶带出重组分，影响拔头油干点。过大的回流比，使塔底热负荷加大，塔气相负荷增加，引来夹带现象，反而降低了分馏效果，也是不必要的。

切记回流量大小应与进料相适应，注意回流量相对平稳，不要轻易变动，更不要大幅度地升降，尽量避免塔内气液平衡被打乱。回流罐液面必须保持平稳，使泵不抽空，回流罐液面用送出量来调节。液面应保持40%~60%为适宜。

6.重沸油循环量

塔底油经加热部分汽化后再返回塔底，向塔提供热源，以保证塔底产品合格。较高的炉出口温度和较少的循环量，或者较低的炉出口温度和较大的循环量，都可以达到调节塔底温度的目的。通常用较大的循环量和较低的出口温度进行操作。

（三）切尾塔

重整装置的切尾塔是保证预加氢进料干点和收率的重要设备，其特点是从塔顶出产品。因此，操作点应以塔顶为主，操作参数包括压力、温度、回流比和液面。

1.压力

运行期间该塔压力随火炬总管和放空管线上氮气吹扫线的压力而浮动。由于在冷凝器之前，塔顶所有蒸气在拔头塔进料换热器处和拔头塔进料进行热交换，为拔头塔提供必要的预热，因此，拔头塔进料量的波动，可能对切尾塔压力造成一些影响。

2.温度

（1）塔顶温度。

调节塔顶产品干点的基本手段是塔顶温度，它直接影响预加氢进料的干点。塔顶温度高，产品干点就高。塔顶温度用塔顶回流量来调节，也受到塔底温度的影响。塔底温度高时，塔顶产物中重组分增多，塔顶温度也会相应提高。因此，调节塔顶温度时，也应注意塔底温度的增减。

（2）塔底温度。

塔底温度是调节塔顶产品收率的重要手段，提高塔底温度，可以提高收率。因此，在保持塔顶预加氢原料油干点不超指标的前提下，应尽量提高塔底温度，多产预加氢原料油。塔底温度与原料油组成有关，如果原料油重组分少，塔底温度就低。它由调节重沸炉出口温度来控制。切尾塔塔底液位可通过调节塔顶物净流量来控制。

3.回流比

切尾塔塔底再沸器热量的波动将影响回流速率变化，影响塔的效率。回流量由塔顶回流罐液位控制器进行调节。

回流量与塔顶灵敏塔盘的温度串级控制直接调节塔顶温度。但是调节温度时，必须保证一定回流比。加大回流比，可以提高塔分馏效果，使塔顶产品干点与塔底产物初馏点脱空。回流比过大，会增加塔负荷，有可能造成夹带现象。回流比的大小要根据塔顶产品量的大小进行调节，保持回流量或产品量在适宜范围内。回流比在控制范围内波动，对产品质量无大影响，因此，在正常运转中，不要频繁地改变回流量，要保持相对平稳，更不要急剧地大幅度地升降，造成塔内负荷急剧变化，影响塔的操作和产品质量。

4.液面

（1）回流罐液面。

回流罐液面正常应控制在40%~60%，严禁液面超高使油从顶部溢出放空，多余量可通过串级调节进预加氢进料缓冲罐，为保证预加氢进料缓冲罐液面平稳，应使进、出料保持一致，也可以通过调节进料、塔底温度、塔顶温度等参数来实现，其中主要是调节进料量。

（2）预加氢进料缓冲罐液面。

预加氢进料缓冲罐液面正常应维持在60%~80%，防止低液位时预加氢进料泵抽空。

预加氢进料缓冲罐压力通过分程控制，要求压力保持在适宜范围内，以保证预加氢进料泵有足够的扬程。

如果预分馏原料油的干点低于 180 ℃，预加氢进料可直接抽拔头塔底油，此时切尾塔可停运。

三、原料油预处理的技术进展

随着我国重整技术的不断发展，原料油预处理技术也有所改进。

（一）石脑油加氢精制催化剂

由于高含硫原油加工量的增加，石脑油含硫量逐渐增高，结合现有重整装置扩能改造的需要，我国开发了 RS-1($W-Ni-Co/Al_2O_3$) 和 FDS-4A($W-Ni-Co/Al_2O_3$) 两种高空速石脑油加氢精制催化剂，并在工业装置上推广应用。两种催化剂具有反应温度和压力较低、活性高、空速大、稳定好等特点。

（二）高效脱砷剂

针对我国一些石脑油含砷量高的特点，开发了高效脱砷剂。该剂具有活性高、稳定性好、容砷量大等特点。目前，该剂已在工业装置上推广应用，并取得了良好效果，不仅有效地保证了重整进料的质量，预加氢催化剂亦得到了保护，使其大大地增长了运转周期和催化剂的使用寿命。

（三）改进冷壁反应器的结构和采用热壁反应器

我国过去设计的预加氢反应器，均采用带内保温衬里的冷壁反应器。这种反应器用碳钢制作壳体，造价便宜，但存在内衬筒焊口易破裂，原料油通过反应器短路的缺点。我国对冷壁反应器内衬筒结构做了改进，采用角钢加强焊口的方法，基本克服了这一缺点，为冷壁反应器的继续使用创造了条件。与此同时，由于热壁反应器具有结构简单、操作可靠，并有较大空间利用率的特点，我国在新建重整装置上也已采用合金钢复合钢板制作的热壁反应器，并掌握了热壁反应器的制造技术。

（四）采用蒸馏型汽提塔

催化重整装置更换双(多) 金属催化剂后，催化剂对原料油中硫和水的含量要求更为严格，原来用氢气吹除硫化氢的汽提塔不能适应生产要求，因而改用新的蒸馏型汽提塔代替。两种汽提方法的流程图见图 5-2-7。蒸馏型汽提塔操作条件及结果见表 5-2-1。

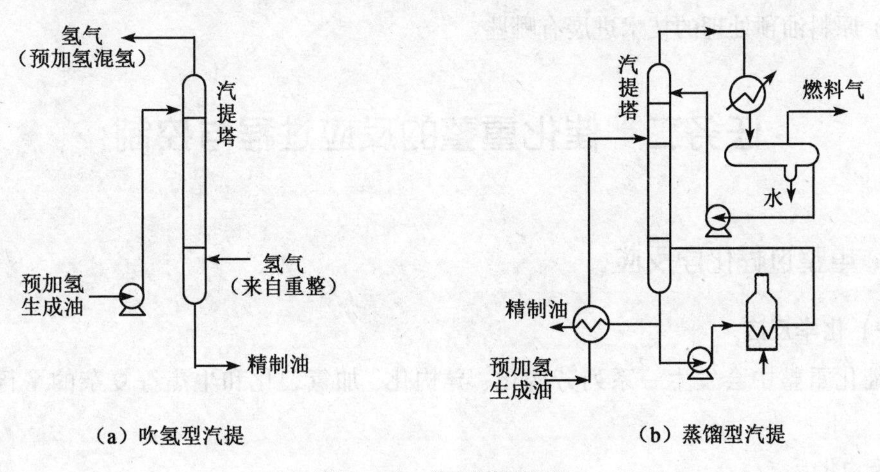

图 5-2-7　汽提塔流程图

表 5-2-1　蒸馏型汽提塔操作条件及结果

项目		数据	
操作条件	塔顶压力/MPa	0.71	
	进料温度/℃	130	
	塔顶温度/℃	68	
	塔底温度/℃	187	
重沸炉出口温度/℃		205	
回流比(对进料)		0.275	
结果		进料油	塔底油
密度/($g \cdot cm^{-3}$)		0.7198	0.7233
硫含量/($\mu g \cdot g^{-1}$)		41	0.21
含水量/($\mu g \cdot g^{-1}$)		41	1.8
馏程/℃	初馏点	55	83
	10%	88	90
	30%	—	96
	50%	104	104
	70%	—	113
	90%	130	127
	干点	154	154

由表 5-2-1 可知，在预加氢油气分离器底油中硫含量为 41 μg/g，水含量为 41 μg/g；经蒸馏型汽提塔处理后，硫含量为 0.21 μg/g，水含量为 1.8 μg/g。

【思考题】

(1) 为什么要对催化重整原料油进行预处理？预处理的方法有哪些？

(2) 原料油预处理的技术进展有哪些？

任务二　催化重整的反应过程与控制

一、重整过程化学反应

(一) 化学反应

在催化重整中会发生一系列芳构化、异构化、加氢裂化和生焦等复杂的平行和顺序反应。

1.芳构化反应

凡是生成芳烃的反应都可以称为芳构化反应。

(1) 六元环烷脱氢反应。

六元环烷脱氢反应是由六元环烷脱 6 个氢原子，变成相应的芳烃的反应。例如：

$$\text{环己烷} \rightleftharpoons \text{苯} + 3H_2$$

$$\text{甲基环己烷}(-CH_3) \rightleftharpoons \text{甲苯}(-CH_3) + 3H_2$$

$$\text{1,3-二甲基环己烷}(CH_3, -CH_3) \rightleftharpoons \text{间二甲苯}(CH_3, -CH_3) + 3H_2$$

该反应提高了重整油的辛烷值和芳烃含量，是借助催化剂金属功能作用发生的，是各种重整反应中速度最快的化学反应，即使在很高的空速下，也能几乎定量完成。该反应是吸热量很大的反应，转化 1 mol 六元环烷大约吸收 209 kJ 热量，是造成床层温降的主要反应之一。该过程副产大量氢气，因此，它也是重整副产氢的主要来源。

(2) 五元环烷异构脱氢反应。

五元环烷异构脱氢反应是一个复杂的反应。以甲基环戊烷为例，首先在金属功能作用下脱氢，再在酸性功能作用下异构成六元环，最后还要在金属功能作用下脱氢生成芳烃。例如：

$$\text{甲基环戊烷}(-CH_3) \rightleftharpoons \text{环己烷} \rightleftharpoons \text{苯} + 3H_2$$

该反应对提高重整汽油辛烷值也有较大贡献(辛烷值增加 13.6)，并且增加了产品的芳香度，为增产芳烃做出贡献。

该反应特点是需要在两种活性中心交换数次才能完成，反应条件要求比较苛刻，酸性中心是整个反应的控制步骤，需要两种功能良好匹配，才能取得最佳效果；双功能失调，对这种反应不利。该过程是强吸热反应，1 mol 甲基环戊烷转化成苯需要 205 kJ 的热量。

(3) 烷烃环化脱氢反应。

只有 C_6 以上的烷烃环化才能生成五元以上环烷烃，经异构化或直接生成六元环，最后生成芳烃。

$$nC_6H_{14} \xrightleftharpoons{-H_2} \text{环己烷} \rightleftharpoons \text{苯} + 3H_2$$

$$nC_7H_{16} \xrightleftharpoons{-H_2} \text{甲基环己烷}(-CH_3) \rightleftharpoons \text{甲苯}(-CH_3) + 3H_2$$

$$iC_8H_{18} \rightleftharpoons CH_3-\text{C}_6\text{H}_4-CH_3 + 4H_2 \ (\text{间二甲苯})$$

$$iC_8H_{18} \rightleftharpoons \text{邻二甲苯}(-CH_3, -CH_3) + 4H_2$$

$$iC_8H_{18} \rightleftharpoons CH_3-\text{C}_6\text{H}_4-CH_3 + 4H_2 \ (\text{对二甲苯})$$

芳构化反应的特点：强吸热，其中相同碳原子烷烃环化脱氢吸热量最大，五元环烷烃异构脱氢吸热量最小，因此，实际生产过程中必须不断补充反应过程中所需的热量；体积增大，因为都是脱氢反应，这样重整过程可生产高纯度的富产氢气；可逆，实际过程中可控制操作条件，提高芳烃产率。

对于芳构化反应，生产目的无论是芳烃还是高辛烷值汽油，这些反应都是有利的，尤其是正构烷烃的环化脱氢反应会使辛烷值大幅度提高。这三类反应的反应速率是不同的：六元环烷的脱氢反应进行得很快，在工业条件下能达到化学平衡，是生产芳烃的最重要的反应；五元环烷的异构脱氢反应比六元环烷的脱氢反应慢很多，但大部分也能转化为芳烃；烷烃环化脱氢反应的速率较慢，在一般铂重整过程中，烷烃转化为芳烃的转化率很小。铂-铼等双金属和多金属催化剂重整的芳烃转化率有很大的提高，主要原因是降低了反应压力和提高了反应速率。

2.异构化反应

$$nC_7H_{16} \rightleftharpoons iC_7H_{16}$$

$$\text{环戊烷}-CH_3 \rightleftharpoons \text{环己烷}$$

$$CH_3-\text{苯}-CH_3\ (\text{对二甲苯}) \rightleftharpoons \text{苯}(-CH_3)(-CH_3)\ (\text{邻二甲苯})$$

在催化重整条件下，各种烃类都能发生异构化反应且是轻度的放热反应。异构化反应有利于五元环烷异构脱氢生成芳烃，提高芳烃产率。对于烷烃的异构化反应，虽然不能直接生成芳烃，但却能提高汽油辛烷值，并且由于异构烷烃较正构烷烃容易进行脱氢环化反应，因此，异构化反应对生产汽油和芳烃都有重要意义。

3.加氢裂化反应

加氢裂化反应虽然能改进汽油辛烷值、将大分子烷烃裂解为低分子烃、提高了液体产品辛烷值和芳香度，但是它使重整过程产氢量减少、氢纯度下降、液体产品收率降低；同时，由于该反应速度快，对烷烃脱氢环化极为不利，最后造成芳烃产率减少，并使催化选择性变差。

$$nC_7H_{16}+H_2 \longrightarrow nC_3H_8+i\text{-}C_4H_{10}$$

$$\text{环戊烷}-CH_3+H_2 \longrightarrow CH_3-CH_2-CH_2-\underset{\underset{CH_3}{|}}{CH}-CH_3$$

$$\text{苯}-\underset{\underset{CH_3}{|}}{CH}-CH_3+H_2 \longrightarrow \text{苯}+C_3H_8$$

加氢裂化反应实际上是裂化、加氢、异构化综合进行的反应，也是中等程度的放热反应，产品中小于 C_3 的小分子很少。反应结果生成较小的烃分子，而且在催化重整条件下的加氢裂化还包含有异构化反应，这些都有利于提高汽油辛烷值，但由于生成小于 C_5 气体烃，汽油产率下降，并且芳烃收率也下降，因此，加氢裂化反应要适当控制。

4.生焦反应

在重整条件下，烃类还可以发生叠合和缩合等分子增大的反应，最终缩合成焦炭，覆盖在催化剂表面，使其失活。因此，这类反应必须加以控制，工业上采用循环氢保护，一方面使容易缩合的烯烃饱和，另一方面抑制芳烃深度脱氢。

（二）重整各反应器发生的化学反应

不同类型反应的反应速度差异很大，进行的反应难易程度也不同，因此，前部反应器进行的是比较容易发生的、反应速度较快的反应，后部反应器进行的是速度慢、不易发生的反应。

1.前部反应器

前部反应器(即一反)主要进行环烷脱氢反应。借助催化剂金属功能，该反应是各类反应中进行最快的一个，六元环烷脱氢可在很高的速度下完成，反应选择性好，吸热量大，因而前部反应器温降最大。同时，该反应的产率极高，几乎是按照热力学计算量完成。

在前部反应器中，除进行环烷脱氢，还发生烷烃异构化。该反应速度也较快，选择性好，反应热较低，是提高汽油辛烷值的理想反应之一。但是这种反应的深度受热力学平衡的限制，不可能将原料油中的正构烷烃全部转化为辛烷值较高的异构烷烃。

2.中部反应器

中部反应器包括二反和三反，除继续完成前部反应器的环烷脱氢和烷烃异构化反应外，还将开始进行一些其他反应，如加氢裂化反应、烷烃脱氢环化反应和五员烷异构脱氢反应。

烷烃脱氢环化和五元环烷异构脱氢反应，比六元环烷脱氢难得多。六元环烷可在金属活性中心上直接脱氢生成苯类产品；但五元环烷不能，它需首先在金属活性中心上脱氢，然后需在酸性中心异构，而后者是整个反应的控制步骤。因此，保持水-氯平衡，最大限度地把五元环烷烃转化成芳烃，对重整装置效益有很大好处。

3.后部反应器

后部反应器中发生的反应是反应最难进行的、速度最慢的烷烃脱氢环化反应和五元环烷异构脱氢反应。由于条件苛刻，不希望发生的加氢裂化和结焦反应进行得也相当剧烈。

石脑油原料油烃的各种反应，如六元环烷(环己烷)脱氢、五元环烷(甲基环戊烷)扩环芳构化和正构烷烃裂化反应的产品产率，随着催化剂床层高度的变化而改变。

环己烷的反应在第一反应器里发生，甲基环戊烷的反应在第一和第二两个反应器里进行，而裂解产物在三个反应器里都有发生，而第三反应器更加明显，各反应器的温降依次减小。第二反应器裂化进行得比较少，第二反应器已看出明显的裂化反应。在不同运转时期，催化剂在反应器中不同高度的温度分布也不尽相同。随着催化剂工作时间的延长、活性的不断改变，由于反应处于热反应区，初期吸热的芳构化反应速度很快，后来活性下降的催化剂芳构化反应受到减弱，催化剂的活性衰退，可以由不同工作时期床层温度分布曲线来估计，并据此来估算第一反应器催化剂床层的用量和高度。在初期阶段，下部催化剂是“无效”的，床层几乎没有温降，因此，为了有效利用催化剂，应采用多段反应器。

二、催化重整工艺过程

工业重整装置采用的反应系统流程可分为两大类：固定床反应器半再生式工艺流程和移动床反应器连续再生式工艺流程。

(一) 固定床半再生式重整工艺过程

固定床半再生式重整的特点是当催化剂运转一定时期后，由于活性下降而不能继续使用时，需就地停工再生(或换用异地再生好的或新鲜的催化剂)，再生后重新开工运转，因此称为半再生式重整过程。

1.典型的铂-铼重整工艺流程

铂-铼双金属催化剂半再生式重整反应工艺原理流程图见图 5-2-8 所示。

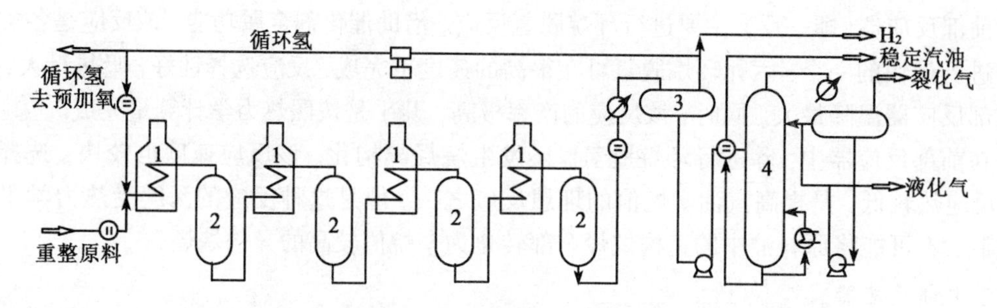

图 5-2-8 铂-铼双金属催化剂半再生式重整工艺原理流程图

1—加热炉；2—反应器；3—高压分离器；4—脱戊烷塔

预处理的原料油与循环氢混合，再经换热、加热后进入重整反应器。典型的铂-铼重整反应主要由三至四个绝热反应器串联，每个反应器前都有一个加热炉，提供反应所需热量。反应器的入口温度一般为 480~520 ℃，其他操作条件：空速 1.5~2.0 h^{-1}；氢油比(体)约 1200∶1；压力：1.5~2 MPa；生产周期：0.5~1 年。表 5-2-2 列出了铂-铼重整操作条件及产品收率。

表 5-2-2 铂-铼重整操作条件及产品收率

项目	数据	项目	数据
第一反应器入口温度/降/℃	500/50.3	稳定汽油收率/m	85.5
第二反应器入口温度/降/℃	500/44.2	芳烃产率	4.9%
第三反应器入口温度/降/℃	500/19.9	苯	6.8
第四反应器入口温度/降/℃	500/7.1	甲苯	21.9
加权平均床层温度/℃	490	二甲苯	19.8
反应压力/MPa	1.78	重芳烃	6.4
油气分离器压力/MPa	1.49	芳烃转化率	120.1%
催化剂型号	$Pt-Re/Al_2O_3$	纯氢产率	2.43%
空速/h^{-1}	2.04	循环氢纯度	85%
氢油摩尔比	7.3		

自最后一个反应器出来的重整产物的温度很高(490 ℃左右)，为了回收热量而进入一大型立式换热器与重整进料换热，再经冷却后进入油气分离器，分出含氢 85%~95%(体)的气体(富氢气体)。经循环氢压缩机升压后，大部分送回反应系统作循环氢使用，少部分去预加氢部分。如果是以生产芳烃为目的的工艺过程，分离出的重整生成油进入脱戊烷塔，塔顶蒸出不大于 C_5的组分，塔底是含有芳烃的脱戊烷油，作为芳烃抽提部分的进料油。如果重整装置只生产高辛烷值汽油，则重整生成油只进入稳定塔，塔顶分出裂化气和液态烃，塔底产品为满足蒸气压要求的稳定汽油。稳定塔和脱戊烷塔实际上完全相同，只是生产目的不同时，名称不同。

2.麦格纳重整工艺流程

麦格纳重整属于固定床反应器半再生式过程，其反应系统工艺流程见图 5-2-9。

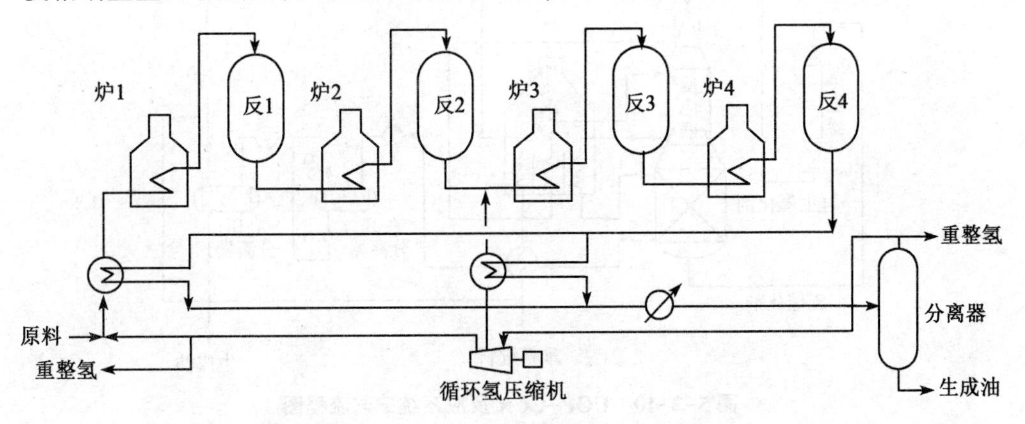

图 5-2-9 麦格纳重整系统工艺流程图

麦格纳重整工艺的主要理念是根据每个反应器进行反应的特点，对主要操作条件进行优化。例如，将循环氢分为两路，一路从第一反应器进入，另一路从第三反应器进入。在第一、二反应器采用高空速、较低反应温度及较低氢油比，这样有利于环烷烃的脱氢反应，同时抑制加氢裂化反应。后面的一个或两个反应器则采用低空速、高反应温度及高氢油比，这样有利于烷烃脱氢环化反应。这种工艺的主要特点是可以得到较高的液体收率，装置能耗也有所降低。国内的固定床半再生式重整装置多采用此种工艺流程，也称为分段混氢流程。

固定床半再生式重整过程的工艺优点：工艺反应系统简单，运转、操作与维护比较方便，建筑费用较低，应用最广泛。其缺点：由于催化剂活性变化，要求不断变更运转条件(主要是反应温度)，到了运转末期，反应温度相当高，导致重整油收率下降，氢纯度降低，气体产率增加，而且停工再生影响全厂生产，装置开工率较低。随着双(多) 金属催化剂的活性、选择性和稳定性得到改进，其能在苛刻条件下长期运转，发挥了它的优势。

(二) 移动床连续再生式重整工艺流程

移动床连续再生式重整(简称连续重整) 有两种基本形式：一种是重叠反应器式 CCR 装置，如美国环球油品公司(UOP) 开发的 UOP-CCR 重整过程；另一种是平行并列反应器式 CCR 装置，如法国石油科学研究院(IFP) 开发的 IFP-CCR 重整过程。下面分别介绍它们的工艺流程。

1.UOP-CCR 重整反应系统工艺流程

UOP-CCR 连续重整第一、二、三、四反应器自上而下叠置排列，催化剂在再生器中进行再生，反应器和再生器靠输送催化剂管线连接。第三(四) 反应器底部用过的催化剂被输送到再生部分，进入再生器的催化剂自上而下借重力移动，在再生器中进行烧焦、氯化更新、干燥，使催化剂再生。再生后的催化剂用氢气还原，还原后的催化剂进入第一至第三或第四反应器后即完成了催化剂的循环移动。下面重点讨论移动床反应器内原料油和催化剂接触、反应过程及其工艺流程(见图 5-2-10)。

重整原料油经泵与循环氢混合后进入重整原料油换热器——立式换热器，与反应产物换热至 430~450 ℃后，进入重整原料油预热炉加热到 500~545 ℃，由上部进入反应器与催

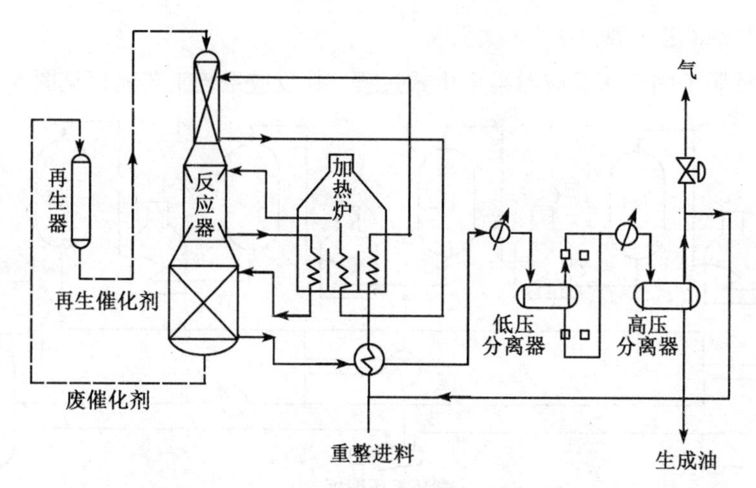

图 5-2-10　UOP-CCR 反应系统工艺流程图

化剂接触、反应。反应压力约为 1 MPa。反应产物和未反应原料油由于转化吸热而降温至 430 ℃左右离开反应器，再进入中间加热炉加热至 500~540 ℃。进入下一个反应器与上部反应器移动下来的催化剂接触，并进行新的重整反应。由最后一个反应器出来的反应产物经换热器、空冷和水冷进入气-液分离器（即产品分离器）。

分离器顶部出来的富氢经压缩机增压，所含的液态烃组分在吸收塔被吸收，吸收油和重整生成油一起进入稳定塔。

2.IFP-CCR 反应系统工艺流程

与 UOP-CCR 重叠反应器流程不同，IFP-CCR 重整反应器是彼此并列的，与半再生式重整反应器的排列方式相似，但它的催化剂处于移动状态，与专门的催化剂再生系统相连（见图5-2-11）。

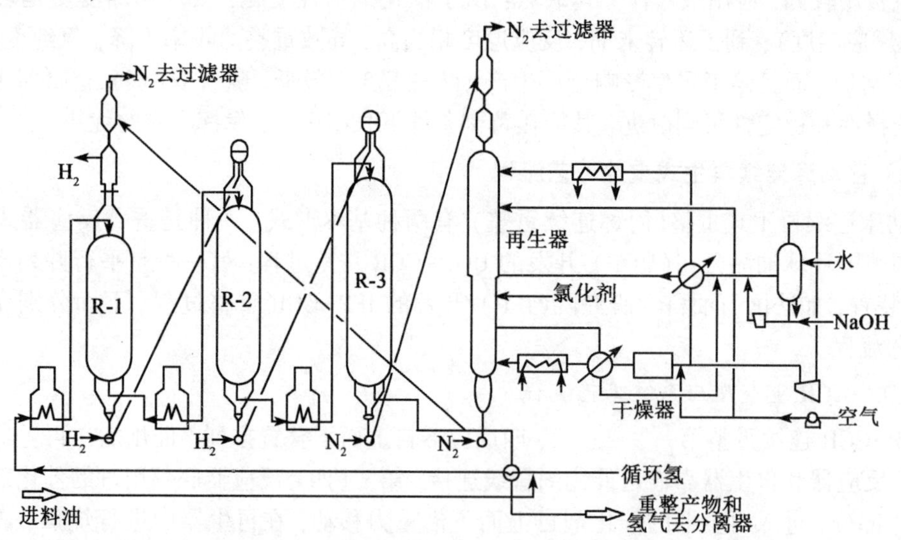

图 5-2-11　IFP-CCR 反应系统工艺流程图

重整原料油与循环氢混合后进入重整换热器管程与重整反应生成物换热，经重整第一加热炉加热至反应温度后进入重整第一反应器与催化剂接触进行反应，由于反应吸热，物流温度降低，经重整第二加热炉加热至反应温度后，进入重整第二反应器继续进行反应，再经重整第三加热炉加热后，进入重整第三反应器完成重整各种化学反应，各反应器入口温度用各加热炉燃料气流量控制。

物料在三个(或四个) 绝热反应器中依次发生反应。中间加热炉是使后面反应器入口获得规定的温度。

未反应流出物依次在进料换热器、空冷器和调温冷却器内冷却。然后气、液相在分离罐内分离。

气相一部分作为循环气，另一部分是副产氢。循环气用循环压缩机送至反应段。干气进入增压压缩机两级之间的中间罐，液体返回到冷却器入口。

压缩气同来自低压分离罐并经泵增压的液体混合，此混合物料在经水冷却器冷却后，再依次与气体和液体换热，最终经急冷器进入再接触罐。此流程为回收芳烃及产生高纯度富氢气的最佳流程。气液接触罐的气相产物是重整富产氢，另外一小部分作为预加氢装置的补充氢。

三、催化重整反应系统的典型控制

20 世纪 80 年代以来，主要炼油装置陆续建立了集散控制系统(DCS)，从而提高了生产操作水平。同时，我国独立自主开发或消化吸收引进软件，开发催化裂化、催化重整、加氢裂化、加氢精制、延迟焦化等反应过程的转化率和产品收率预测软件。这些硬件和软件为我国炼油装置实施先进控制打下了良好的基础。

近年来，我国有些催化重整装置，还采用了某些公司开发的先进控制和优化控制，对提高重整过程乃至联合装置液体产品收率、降低装置的能耗、提高产品质量和装置运行的安全性，起到了良好作用。

(一) 重整反应系统常规控制

1.重整反应部分

反应器入口温度控制见图 5-2-12。

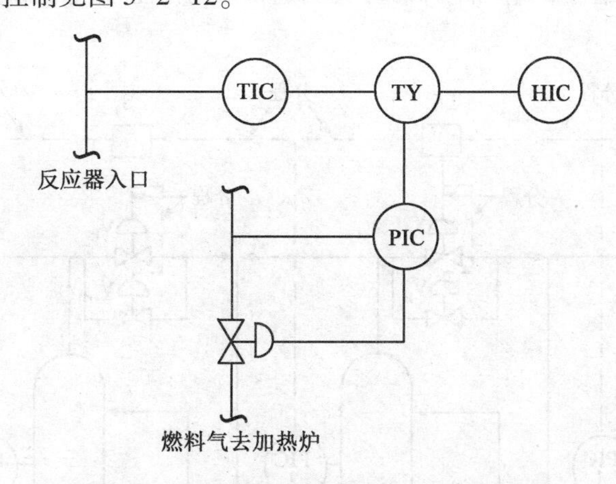

图 5-2-12　加热炉出口温度和燃料压力串级调节

反应器入口温度是催化重整重要的控制参数，控制温度要求精度高，一般应不超过 ±0.5 ℃。燃料气是其热源，通常除控制燃料气压力以确保反应器入口温度恒定外，还设置了燃料气压力的安全值 HIC 与 TIC 输出进行高选择控制。在正常情况下，HIC 低于 TIC 输出，该控制是 TIC 与 PIC 串级控制回路。在异常情况下，PIC 输出低于 HIC，串级控制主路 TIC 由安全值 HIC 代替，保证了加热炉在正常、安全范围内工作。

2.再接触部分

氢气经增压机与重整分离器抽出油再接触，经冷冻处理后，在高压吸收罐内分离，高压吸收罐的压力控制去预加氢系统的氢气量，高压吸收罐出口总流量设有低限报警和联锁切断预加氢加热炉的燃料(见图 5-2-13)。

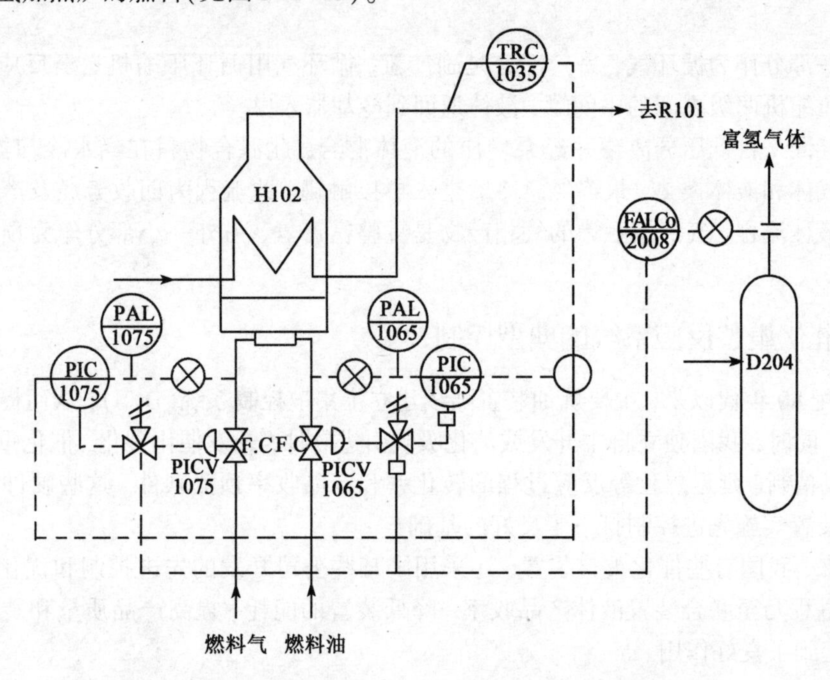

图 5-2-13　高压吸收罐出口流量与预加氢加热炉联锁控制

液化气吸收罐设有液面与其抽出流量的串级调节，以平稳稳定塔的进料。

1 号、2 号再接触罐与重整产品分离罐，压力通常采用分程-超池控制(见图 5-2-14)。

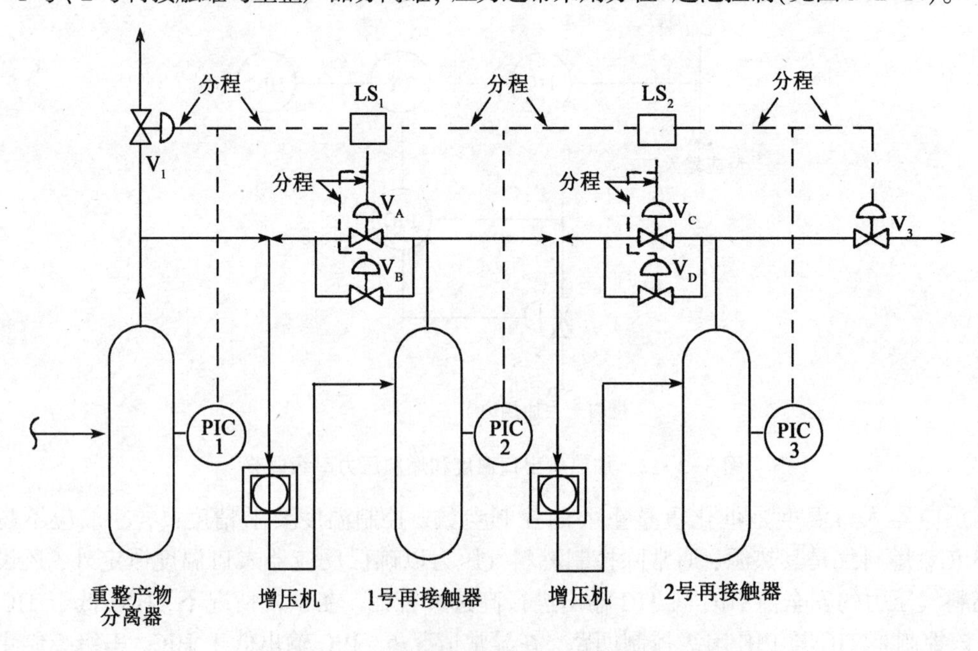

图 5-2-14　重整再接触压力分程-超池控制

这是一个互相关联的复杂控制回路，PIC_1，PIC_2，PIC_3都要求保持一定的压力，在工艺动态条件下：

① 当 P_1 高时，打开 V_1，当 P_1低时，送出信号至 LS_1；

② 当 P_2 高时，送出信号至 LS_1，当 P_2 低时，送出信号至 LS_2；

③ 当 P_3高时，送出低信号至 LS_2，当 P_3低时，关闭 V_3；

④ LS_1 选择两个输入信号中的低信号，控制 V_A，V_B，先打开小阀 V_A，后打开大阀 V_B；

⑤ LS_2 选择两个输入信号中的低信号，控制 V_C，V_D，先打开小阀 V_C，后打开大阀 V_D。

不难看出，整个系统的压力调节，首先是在系统内部互相调节和补偿以维持系统压力的平衡；其次，当整个系统压力高时，V_1 打开，部分氢气放空，而当整个系统压力低时，关小或关闭 V_3，少产或不产氢气。

这个控制方案既保证了重整反应系统的压力，又保证了增压机吸入口和再接触罐的压力，且大小阀的应用增大了阀的调节范围。

实践证明，这个方案满足了工艺的要求，使氢气损失减少，烃回收率增加，是一个合理、先进的控制方案。

3.稳定部分

稳定塔(C201) 压力由液化气吸收罐(D205) 的压力来控制，控制燃料气的排放量。

稳定塔底第三层设温度控制，控制再沸炉的燃料量，以保持塔底的温度一定，确保稳定汽油的质量。

稳定塔再沸炉四路进料应设有流量低限报警，总进料管上设总流量控制和低限报警。

回流罐液位与液化气的抽出流量串级调节。

塔底重沸炉，为避免偏流炉管结焦，应采取如下措施：

① 各路低限报警；

② 各路设机械限位，保证最小开度；

③ 各路炉出口设温度高限报警；

④ 两路流量低限组成二取二联锁停车系统。

(二) 催化重整的先进过程控制和优化控制

催化重整先进过程控制和优化控制，是提高当代催化重整工艺经济效益的重要的、必不可少的手段之一。下面简要介绍先进过程控制和在线优化控制及其在联合装置加工领域中的应用。

1.先进过程控制(APC)

先进过程控制主要指约束控制、推断控制、多变量控制，以及近年来发展的基于模型的多变量预估控制(MPC)、自适应控制、专家系统、模糊逻辑、神经网络等智能控制。它是线优化控制和多装置联合控制的基础。随着集散控制系统(DCS) 进入石化工业，先进过程控制成为提高常规控制水平的有效技术手段。它以设备和生产过程的自身局限性为控制方案的基础约束条件，把生产过程模型作为控制策略的组成部分，准确地预测主要过程变量变化的响应，从而有效地控制生产装置按照工程师或操作员设定的过程目标安全运行。连续重整装置的先进过程控制能够实现以下目标：

(1) 在设备极限条件下(或接近设备极限条件下) 操作，如进料率最大；

(2) 加强产品性能控制，如产品的辛烷值或蒸气压控制；

（3）过程变量变化时达到平滑过渡，如进料量变化时，进料前馈控制。

图 5-2-15 是连续重整装置先进过程控制示意图。

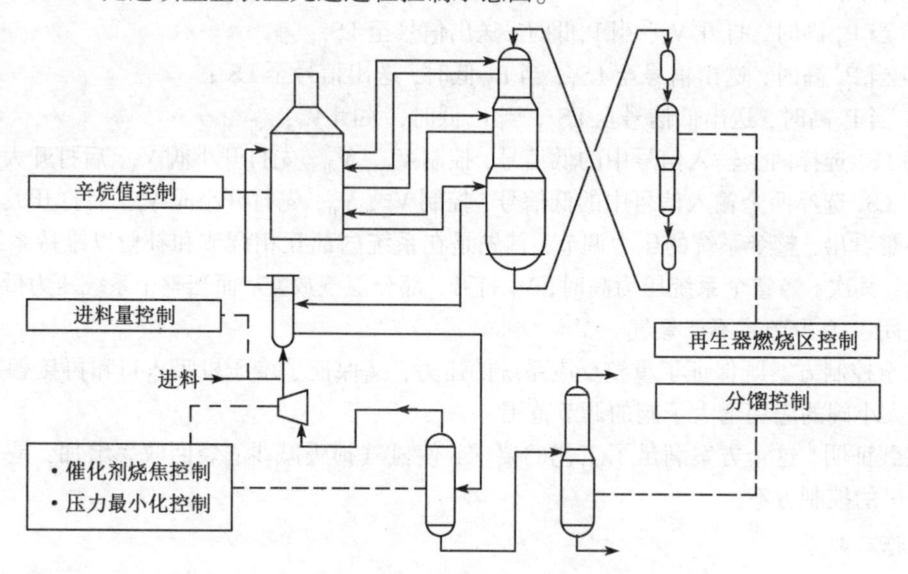

图 5-2-15　连续重整装置先进过程控制示意图

采用先进过程控制以后，装置运行接近机械和工艺过程约束，可以取得如下效益：

（1）进料量增加 4.5%；

（2）分离器压力降低 0.035 MPa；

（3）氢油比可从 2.6 降至 2.4；

（4）结焦率达到使再生器部分 100%烧焦的水平；

（5）净利润增加 4.7%。

2.在线优化控制

采用先进过程控制，可严格地控制变量，减少标准偏差；而采用在线优化控制，可使操作移向优化给定值，提高操作效益。

在线优化是把加工过程经济性引入装置操作的过程控制技术。具体地讲，采用在线优化系统，规划模拟器与先进过程控制系统相接运行，从而辨识最有利可图的操作条件，设定相应的控制给定值。如果生产过程具有进料-产品价格差别大、加工量大、能源操作费用高或工况变化频繁等特点，采用优化控制技术效果尤为显著。

在线优化系统的主要构成元素如下：工艺过程模型、目标函数、解法算法、数据有效化、动态实施、模型修正。

如图 5-2-16 所示，连续重整优化控制系统满足一个规定目标要求，而这一特定目标几小时可以更新一次，在多数情况下，用户经常选择最大利润作为研究目标。与先进过程控制系统相比，采用在线优化控制的特点是将产量、公用工程消耗及利润直接引入控制系统中去，从而取得最佳效益。

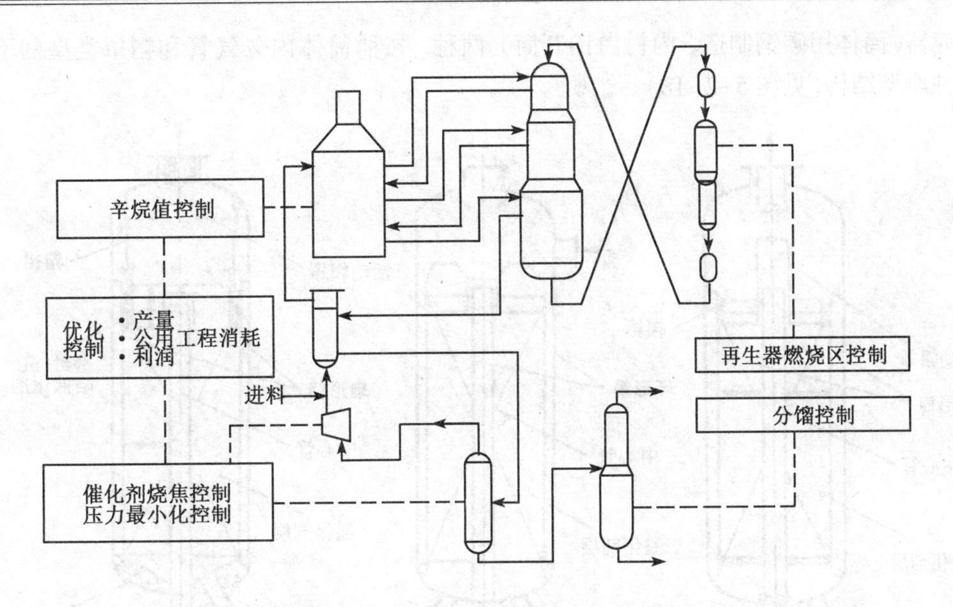

图 5-2-16　连续重整优化控制示意图

四、催化重整反应器

（一）固定床反应器

重整固定床反应器有两种基本形式：一种是轴向反应器，物料自上而下轴向流动通过催化剂床层，结构比较简单；另一种是径向反应器，物料进反应器后分布在四周分气管内，然后径向流过催化剂层从中心管流出，需要设置分气管、中心管、帽罩等内部构件，构造比较复杂。

为改善反应过程的气流分布，一般轴向反应器床层压降按照 0.012~0.023 MPa 进行设计。但高径比不能过低，否则气流分布不好。高径比过低则反应器直径大，将显著增加反应器的壁厚和投资；而过高的高径比又会增加压力降。对于多金属重整，操作压力低，催化剂颗粒小，装量多，而要求压力降又要小，采用轴向反应器较难达到要求，而径向反应器则可以满足此种需要。

为什么径向反应器压力降比较小呢？这是由于它的流通面积大，床层薄，因而阻力小。在图 5-2-17中比较了轴向与径向的流动情况。

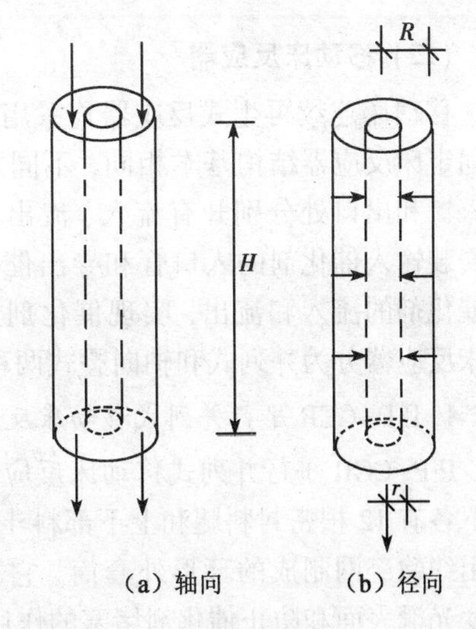

图 5-2-17　轴向反应器与径向反应器

由于流体阻力与流通面积的平方成反比，与流通路径长度成正比，所以径向床层阻力约为轴向的$(R-r/H)^3$倍。对于一般反应器，当催化剂床层的高径比为 1.5~2.0 时，径向床层阻力为轴向的数十分之一，加上分气管、集气管压降，其反应器压降还是比轴向小得多，因此，径向结构是减小阻力的有效办法。

固定床径向反应器按照外壁冷、热温度不同，分为热壁（筒体用合金钢、外保温）和冷壁反应器(筒体用碳钢制造、内衬白钢套筒) 两种。按照筒体内分气管和帽罩类型的不同，有三种典型结构(见图 5-2-18)。

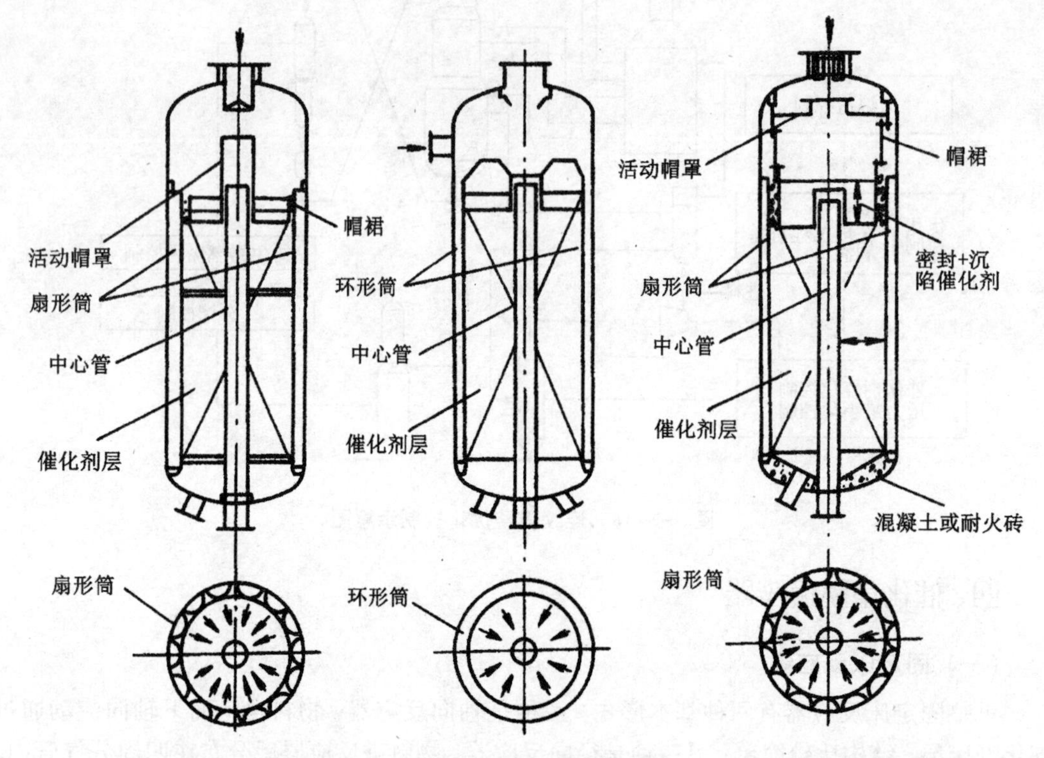

图 5-2-18　径向反应器示意图

(二) 移动床反应器

移动床连续再生式反应器均采用径向反应器，与径向固定床反应器结构基本相同，不同之处主要是在反应器入口和出口处分别开有流入、流出催化剂的开孔，以便安装输入催化剂的入口管和导出催化剂的出口管，保证催化剂的流入和流出，实现催化剂连续循环再生。移动床反应器分为并列式和轴向叠式两种。

1. IFP-CCR 平行并列式移动床反应器

IFP-CGR 平行并列式移动床反应器(见图 5-2-19) 上下各有 12 根密封料腿和上下部料斗相连。反应器内装有用约翰逊网制成的环形外套筒。它具有大开孔率、高强度光滑表面和防止催化剂堵塞的作用。

IFP-CCR(Ⅱ型) 第二代平行并列式移动床反应器的基本特点如下。

(1) 低压操作，氢油摩尔比低，催化剂再生频率高，再配合高选择性催化剂，整个系统的总选择性较好。

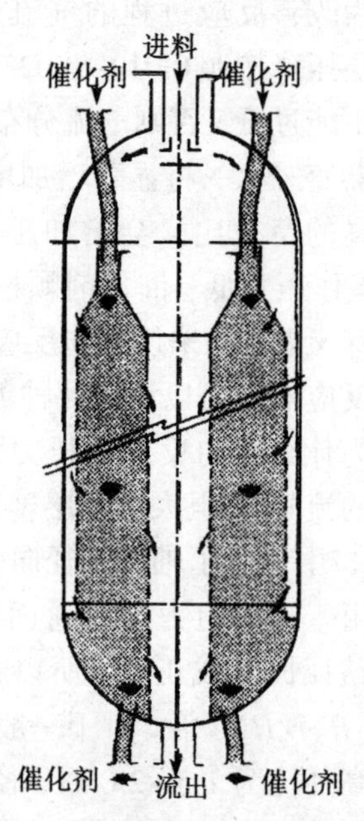

图 5-2-19　IFP-CCR 平行并列式移动床反应器结构示意图

（2）催化剂连续循环，循环量通过提升罐得到精确控制，催化剂颗粒流动平稳，磨损少，消耗量相对降低。

（3）催化剂反应再生系统设计更趋合理，操作费用和公用工程减少，环境污染减轻。

（4）反应器系统受力小，器内催化剂层薄，可完全消除“阻塞效应”，可应用4台反应器，平均温度低，因而可降低催化剂的失活率。

（5）设专用氮气密封循环来提升再生段与受应段催化剂，并采用闭锁式料斗，安全可靠。

（6）自动化程度较高，催化剂的循环过程由在线自动化系统控制，不会出现人为停工现象。

2.UOP-CCR 轴向重叠式移动床反应器

UOP-CCR 轴向重叠式移动床反应器结构示意图见图 5-2-20 至图 5-2-22。

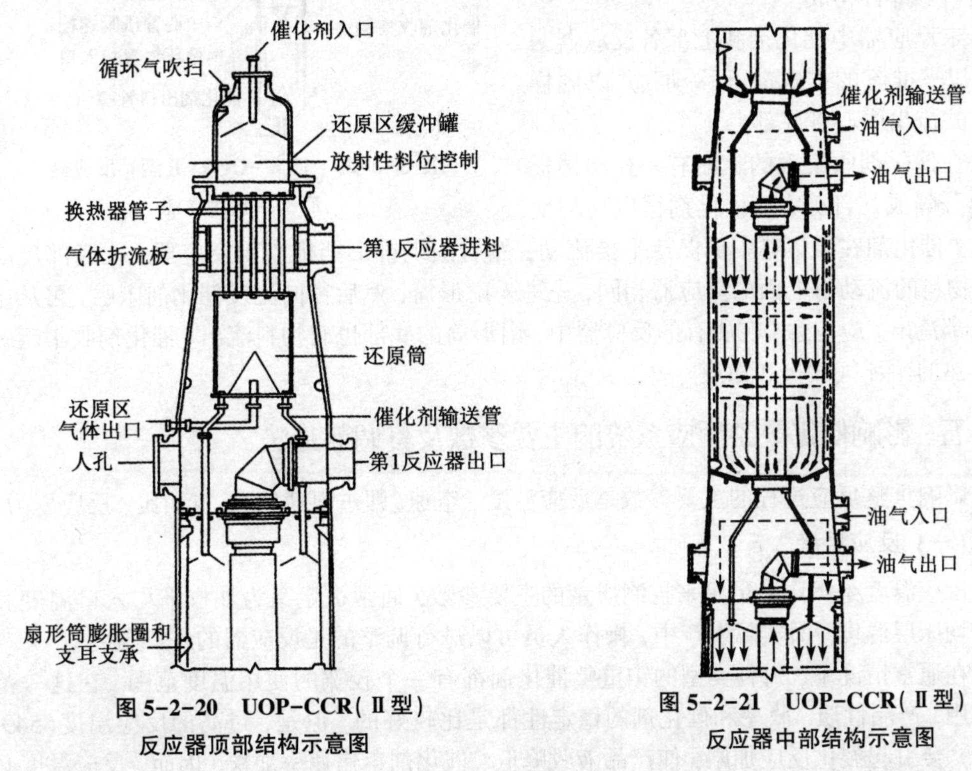

图 5-2-20 UOP-CCR（Ⅱ型）反应器顶部结构示意图

图 5-2-21 UOP-CCR（Ⅱ型）反应器中部结构示意图

（1）由图 5-2-20 可以看出，UOP-CCR（Ⅱ型）反应器顶部包括缓冲段、预热段、还原室和第 1 反应器等部分。

反应物料流向：含氢混合物料自第 1 反应器进料口进入后，首先经还原换热器，为还原过程提供热量后，进入第 1 反应器的扇形筒，径向流经催化剂层后进入中心管；为充分发挥催化剂作用，还有少部分物料进入第 1 反应器床顶部，为密封催化剂提供一股向下流动的物料。

催化剂自顶部引入，经预热后进入还原筒，还原后催化剂进入第 1 反应器。

还原氢气通过还原区之后，分成两部分：约 10%氢气与催化剂一起进入第 1 反应器；约 90%氢气被引出还原筒，经冷却去回收部分处理。

（2）由图 5-2-21 可以看出，UOP-CCR（Ⅱ型）反应器中部结构比较简单，主要由中部反应器和所属物料出、入口部件构成。

反应器中心管底有一个环形催化剂排出口，用漏斗形挡板分成12格，引导催化剂通过12根催化剂输送管进入下边的反应器中。进入中间反应器锥体区的进料通过准半圆形通气口均匀分配下流到扇形筒中，然后径向流过催化剂床层进入中心管。一部分进料进入盖板上围绕中心管的通气环，经过盖板上一系列的小孔并经过齿形金属网从盖板下流出。小孔使气流均匀地流到催化剂的密封区，齿形金属丝网可防止催化剂流失。

(3) 由图5-2-22可以看出，UOP-CCR反应器下部是由末反应器及其催化剂引出口等部件构成。

末反应器中催化剂和上部各反应器一样，以平推流的方式向下移动，并以同样的方式流出中心管底部。

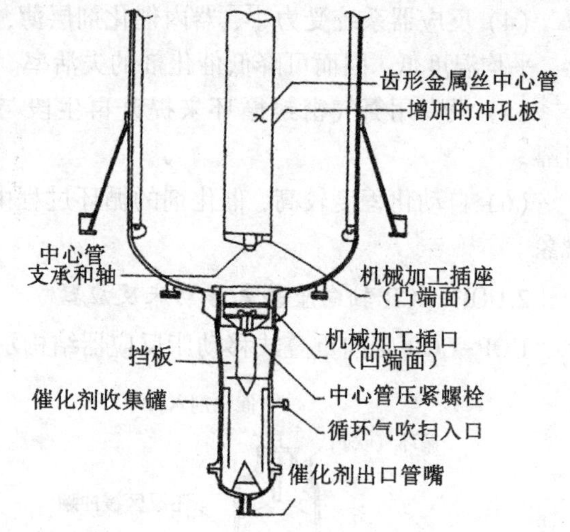

图5-2-22 UOP-CCR(Ⅱ型)反应器底部结构示意图

在催化剂收集罐的上面有一径向挡板将其分隔成几部分，使催化剂得以均匀地流过。催化剂在收集罐中仍保持平推流动，然后围绕锥形挡板流出反应器。在底部反应器中，物料的流动与上面的反应器相同，先进入扇形筒，然后径向流过催化剂床层，再从中心管上部流出。应注意，在所有的反应器中，扇形筒的底部也有物料流出。催化剂收集罐一般用预热的循环气吹扫和加热。

五、影响催化重整反应系统的主要参数及其调节方法

影响重整反应过程的主要参数是反应温度、空速(即进料速度)、氢油比、反应压力等。

(一) 反应温度

反应温度是操作人员用来控制质量的主要参数，通常被定义为加权平均入口温度和加权平均床层温度。而实际生产中，操作人员可以进行调整的是反应器的入口温度。

在通常情况下，每种类型的铂重整催化剂都有一个较宽的使用温度范围。在这一范围内使用，产品性质、收率和催化剂的稳定性都是比较好的。但是，过高的反应温度(549 ℃以上)会引起裂化反应加剧，使产品液收降低、催化剂生焦速率加快。因而，反应温度必须严格加以控制，即要求各反应器入口温度波动在1 ℃范围之内，而且最高不超过549 ℃。

重整各反应器入口温度是调节产品质量的主要手段。当催化剂活性下降时，可提高反应器入口温度，以保证产品质量(重整转化率)稳定。压力、空速、氢油比一般都不作为调节手段。生产过程是每次提温不得超过3 ℃。重整温度调节原则：对于提量提温情况，应“先提量，后提温”；对于降量降温情况，应“先降温，后降量”，以减少催化剂的结焦。

反应温度的控制和调整，主要取决于保护催化剂和满足产品质量要求两个方面的因素，遇有下列情况，操作人员必须立即汇报班长和车间，征得同意后，在限定的工艺指标内进行调整。

(1) 当循环气中出现含水量大于200 mg/kg、硫化氢量大于2 mg/kg、进料中含硫量大于0.5 mg/kg这三种情况中的任一种情况，均应将反应器入口温度降至480 ℃。

(2) 当进料空速降低，而产品质量要求不变，应降低反应温度；反之，应适当提高反应温度。

(3) 原料油组成发生变化，进料中烷烃量增加，环烷烃量减少，应考虑提高反应温度；而如果进料中环烷烃含量特别多，反应出现急冷现象，反应温度也需作适当调整，以满足产品质量要求。

(4) 产品辛烷值或芳烃产率要求提高，应调高反应温度。在其他条件不变的前提下，一般反应温度每提高 3~5 ℃，产品辛烷值可提高 1 个单位。

(5) 催化剂活性下降，重整转化率下降，应考虑提高反应温度，但是反应温度最高不超过 549 ℃。

(6) 压缩机故障引起循环氢流量波动。

注意：以上调整过程中，应将温控由自动切至手动，达到稳定状态后再切至自动。

(二) 空速

空速对芳烃转化率(芳烃产率与芳烃潜含量之比) 的影响随反应深度的增加而增加。当芳烃转化率低于 100%时，主要是环烷脱氢生成芳烃，而脱氢反应很快，控制因素是热量的供应。

调整进料空速的原则是“先降温后降空速”，以保护催化剂。特别是当空速大幅度降低时，反应器入口温度应立刻降低 5~10 ℃，以避免原料油过度裂化的危险，深黄色的重整产物是过度裂化的标志。

通常进料空速在低于设计空速 50%下操作是不允许的，在提高空速时，注意校验循环氢的流量，以保证必要的氢油比。同时，为保证产品质量，应适当先提高一些温度。

连续重整装置的催化剂的循环量变化，也导致空速的改变。在进料量一定时，加大催化剂的循环量将导致空速的降低；反之，将导致空速的增加。

选择空速时还应考虑原料油的性质。对环烷基原料油可以采用高空速，而对于烷基原料油则采用低空速。另外，还要考虑催化剂的性能。铂重整空速是 3~4 h^{-1}，铂-铼重整空速是 2 h^{-1}。

(三) 氢油比

为保证催化剂的稳定性，氢气循环是必须的。循环氢量的摩尔数与进料量(原料油量)的摩尔数之比，称为氢油摩尔比，简称氢油比。氢油比增加，使原料油以更快的速率通过反应器，而且为吸热反应提供了更多的载热体，最终的结果是有利于催化剂的稳定性，但对产品的质量和收率的影响很小。

循环氢有利于反应产物和缩合物质的扩散及清洗，并给催化剂带来立等可取的氢气。在一定的氢油比范围内波动并无危害，但氢气循环率过低，氢油比下降，当低至某一转折点时，将会导致催化剂积炭迅速增加，最终将缩短装置的运转周期。在工业生产过程中，进料量时有波动，最重要的是对氢油比加以核对，维持在一个可以接受的比率，特别是操作条件比较苛刻时。

下面一些变化将导致氢油比增加：

(1) 气循环量加大；

(2) 进料减少；

(3) 分离器压力升高。

在有些时候，上述条件没有发生变化，氢油比却下降，其原因是：

(1) 循环气氢纯度下降；

(2) 装置的压降增加；

(3) 压缩机效率降低。

(四) 反应压力

降低反应压力，有利于芳构化反应，而抑制裂化反应；相反，提高反应压力，将增加加氢裂化反应，而降低芳构化作用。为了获得更多的目的产物，降低反应压力是一种很好的措施。

但是，重整催化剂在低压下操作，催化剂的结炭速率迅速增加，将严重影响催化剂的使用周期。为此，任何重整装置都必须保持一个适宜的反应压力、维持一定的氢分压，避免过高的结炭速率。

在连续重整装置中，由于使用容碳能力强的双金属催化剂，又配备相应的催化剂连续再生设施，使催化剂上的结炭能够在保持正常生产的条件下进行烧焦，因而其反应压力可降至超低压水平，即平均反应压力为0.35 MPa，从而使得产品收率和质量得到很大的提高。

由于催化剂类型、装置压力等级，再生装置烧焦能力已经确定，因而其反应压力往往也是确定的，一般不进行调整。实际工业生产中所控制的压力是产品分离器压力，并不是反应器压力，反应器随系统压力降变化而变化。因此，分离器压力不能代表反应压力，分离器压力控制为0.24 MPa，而反应平均压力则为0.35 MPa。当然，循环氢纯度提高或适当增加氢油比，也可使氢分压得以增加。

在实际操作中，一般对反应压力不进行调整，通过严格控制产品分离器的压力来保障反应器压力的稳定。

【思考题】

(1) 催化重整反应有哪些特点？工业上采取哪些措施应对这些特点？

(2) 影响重整反应过程的因素有哪些？这些因素如何影响最终产品的分布和收率？

(3) 催化重整反应系统有哪些典型事故？

任务三　重整催化剂的评价

一、重整催化剂的组成

工业重整催化剂分为两大类：非贵金属催化剂和贵金属催化剂。

非贵金属催化剂，主要有 Cr_2O_3/Al_2O_3，MoO_3/Al_2O_3等，其主要活性组分多属元素周期表中第Ⅵ族金属元素的氧化物。这类催化剂的性能较贵金属催化剂低得多，故已淘汰。

贵金属催化剂，主要有$Pt\text{-}Re/Al_2O_3$，$Pt\text{-}Sn/Al_2O_3$，$Pt\text{-}Ir/Al_2O_3$等系列，其活性组分主要是元素周期表中第Ⅷ族的金属元素，如铂、钯、铱、铑等。贵金属催化剂由活性组分、助催化剂和载体构成。

(一) 活性组分

由于重整过程有芳构化和异构化两种不同类型的理想反应，因此，要求重整催化剂具备脱氢和裂化、异构化两种活性功能，即重整催化剂的双功能。一般由一些金属元素提供环烷烃脱氢生成芳烃、烷烃脱氢生成烯烃等脱氢反应功能，也叫金属功能；由卤素提供烯烃环化、五元环异构等异构化反应功能，也叫酸性功能。通常情况下，把提供活性功能的组分又称为主催化剂。

重整催化剂的这两种功能在反应中是有机配合的，它们并不是互不相干的，应保持一定平衡；否则会影响催化剂的整体活性及选择性。研究结果表明，烷烃的脱氢环化反应可按照图 5-2-23 所示反应过程进行。

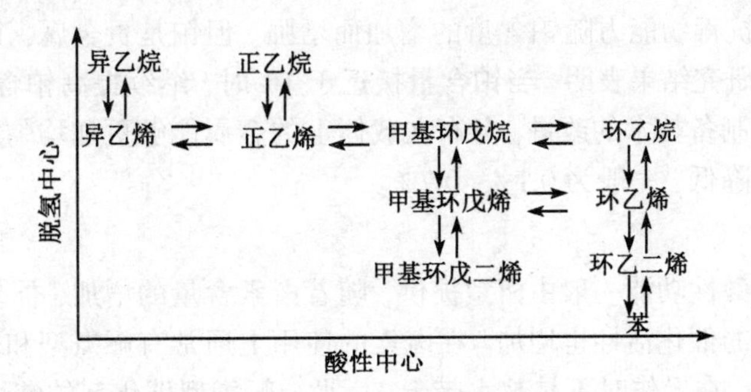

图 5-2-23 C_6 烃重整反应过程

可以看出，在正己烷转化成苯的过程中，烃分子交替地在脱氢中心和酸性中心上起作用。正己烷转化为苯的总反应速度取决于过程中各个阶段的反应速度，而反应速度最慢的阶段起着决定作用。因此，重整催化剂的两种功能必须适当配合，才能得到满意的结果。如果脱氢活性很强，则只能加速六元环烷烃的脱氢，而对五元环烷烃和烷烃的芳构化及烷烃的异构化反应促进不大，达不到提高芳烃产率和提高汽油辛烷值的目的；相反，如果酸性功能很强，则促进了异构化反应，加氢裂化也相对增加，而液体产物收率下降，五元环烷烃和烷烃生成芳烃的选择性下降，达不到预期的目的。因此，保证这两种功能得到适当的配合是制备重整催化剂和实际生产操作的一个重要问题。

从表 5-2-3 中的实验数据可进一步观察两种功能的配合。表中有两组催化剂：

A 组：铂含量保持不变，为 0.30%，氟含量从 0.05%依次增加到 1.25%；

B 组：氟含量保持不变，为 0.77%，铂含量从 0.012%依次增加到 0.3%。

表 5-2-3 金属组分与酸性组分的相互关系

A 组		B 组	
氟含量	苯产率	铂含量	苯产率
0.05%	25.0%	0.012%	14.5%
0.15%	31.5%	0.030%	45.0%
0.30%	41.0%	0.050%	56.0%
0.50%	59.0%	0.075%	63.0%
1.00%	71.0%	0.1%	63.5%
1.25%	71.5%	0.3%	63.0%

注：以甲基环戊烷为原料油，反应条件为 500 ℃ 1.8 MPa。

从表5-2-3中可以看出，A组催化剂，随氟含量的增加，苯产率也增加，当氟含量大于1%时，苯产率增加趋缓，接近平衡转化率。由此可见，含氟小于1%时，甲基环戊烷脱氢异构生成苯的反应速度是由酸性功能控制的。对B组催化剂，随催化剂中铂含量增加，苯产率增加，当铂含量大于0.075%，苯产率增加不大。由此可见，含铂小于0.075%时，反应速度由催化剂的脱氢功能控制。

1.铂

活性组分中所提供的脱氢活性功能，目前应用最广的是贵金属铂。一般来说，催化剂的活性、稳定性和抗毒物能力随铂含量的增加而增强。但铂是贵金属，其催化剂的成本主要取决于铂含量。研究结果表明，当铂含量接近于1%时，继续提高铂含量几乎没有裨益。随着载体及催化剂制备技术的改进，分布在载体上的金属能够更加均匀地分散，重整催化剂的铂含量趋向于降低，一般为0.1%~0.7%。

2.卤素

活性组分中的酸性功能一般由卤素提供，随着卤素含量的增加，催化剂对异构化和加氢裂化等酸性反应的催化活性也增加。在卤素的使用上通常有氟氯型和全氯型两种。氟在催化剂上比较稳定，在操作时不易被水带走，因此，氟氯型催化剂的酸性功能受重整原料油含水量的影响较小。一般氟氯型新鲜催化剂含氟和氯约为1%，但氟的加氢裂化性能较强，使催化剂的选择性变差。氯在催化剂上不稳定，容易被水带走，这也正好可以通过注氯和注水控制催化剂酸性，从而达到重整催化剂的双功能合适地配合。一般全氯型新鲜催化剂的氯含量为0.6%~1.5%，实际操作中要求氯含量稳定在0.4%~1.0%。

（二）助催化剂

助催化剂本身不具备催化活性或活性很弱，但其与主催化剂共同存在时，能改善主催化剂的活性、稳定性及选择性。近年来，重整催化剂的发展主要是引进第二、第三及更多的其他金属作为助催化剂。一方面，减小铂含量以降低催化剂的成本；另一方面，改善铂催化剂的稳定性和选择性。把这种含有多种金属元素的重整催化剂叫作双金属或多金属催化剂。目前，双金属和多金属重整催化剂主要有以下三大系列。

1.铂-铼系列

与铂催化剂相比，铂-铼催化剂初活性没有很大改进，但活性、稳定性大大提高，且容碳能力增强（铂-铼催化剂容碳量可达20%，铂催化剂仅为3%~6%），主要用于固定床重整工艺。

2.铂-铱系列

在铂催化剂中引入铱，可以大幅度提高催化剂的脱氢环化能力。铱是活性组分，它的环化能力强，其氢解能力也强，因此，在铂-铱催化剂中常常加入第三组分作为抑制剂，改善其选择性和稳定性。

3.铂-锡系列。

铂-锡催化剂的低压稳定性非常好，环化选择性也好，其较多应用于连续重整工艺。

（三）载体

载体，也叫担体。一般来说，载体本身并没有催化活性，但是具有较大的比表面积和较好的机械强度，它能使活性组分很好地分散在其表面，从而更有效地发挥其作用，节省活性组分的用量，同时提高催化剂的稳定性和机械强度。目前，作为重整催化剂的常用载体有 $\eta-Al_2O_3$ 和 $\gamma-Al_2O_3$。$\eta-Al_2O_3$ 的比表面积大，氯保持能力强，但热稳定性和抗水能力较差，因此，目前重整催化剂常用 $\gamma-Al_2O_3$ 作载体。载体应具备适当的孔结构，孔径过小不利于原料油和产物的扩散，易于在微孔口结焦，使内表面不能充分利用而使活性迅速降低。采用双金属或多金属催化剂时，操作压力较低，要求催化剂有较大的容焦能力以保证稳定的活性。因此，这类催化剂的载体的孔容和孔径要大一些，这一点从催化剂的堆积密度中可以看出，铂催化剂的堆积密度为 0.65~0.80 g/cm^3，多金属催化剂的堆积密度为 0.45~0.68 g/cm^3。

二、重整催化剂评价

对重整催化剂的评价，主要从化学组成、物理性质及使用性能三个方面进行。

（一）化学组成

重整催化剂的化学组成涉及活性组分的类型和含量、助催化剂的种类和含量、载体的组成和结构。主要指标有金属含量、卤素含量、载体类型及含量等。

（二）物理性质

重整催化剂的物理性质主要由催化剂的化学组成、结构和配制方法所形成。主要指标有堆积密度、比表面积、孔体积、孔半径及颗粒直径等。

（三）使用性能

催化剂的化学组成和物理性质、原料油组成、操作方法和条件共同作用，使重整催化剂在使用过程产生结果性的差异。主要指标有活性、选择性、稳定性、再生性能、机械强度及寿命等。

在生产操作过程中，应随时掌握、了解催化剂这些性能的变化情况，并根据它们的变化调整好操作过程中的工艺参数，确保装置“安、稳、长、满、优”运行。

1.活性

活性是指催化剂加速反应的能力。催化剂活性越强，原料油转化率越高，或者达到相同转化率时，操作苛刻度（如温度）越低。对重整催化剂活性来说，重整催化剂的活性越强，使原料油转化成相应产物（芳烃或高辛烷值汽油）的功能越强，因而通常可用芳烃产率或产品辛烷值与收率的乘积表示，也可用操作苛刻度（如温度）表示。

2.选择性

选择性是指催化剂促进目的反应（对重整催化剂来说，就是生成芳烃或提高辛烷值的各种化学反应）能力大小。由于重整反应是一个复杂的平行-顺序反应过程，因此，催化剂的选择性直接影响目的产物的收率和质量。催化剂的选择性可用目的产物的收率或目的产物收率与非目的产物收率的比值进行评价，如芳烃转化率、汽油收率等表示。

通常催化剂除加速希望发生的反应外，还会加速不希望发生的反应（如裂化反应等）。

3.稳定性

稳定性是指催化剂在使用条件下保持其活性和选择性的能力。因此，催化剂的稳定性包括两种含义：一种是活性稳定性，另一种是选择性稳定性。对重整催化剂来说，既要求具有良好的活性稳定性（即要求运转末期和运转初期平均反应温度之差较小），又要求具有良好的选择性稳定性（即要求运转初期催化剂的选择性和运转末期催化剂的选择性之差较小)。

一般把催化剂活性和选择性下降称为催化剂失活。造成催化剂失活的原因如下。

(1) 固体物覆盖。主要是指催化反应过程中产生的一些固体副产物覆盖于催化剂表面，从而隔断活性中心与原料油之间的联系，使活性中心不能发挥应有的作用。催化重整过程主要固体覆盖物是焦炭，焦炭对催化剂活性影响可从生焦能力和容焦能力两方面进行考察。例如，铂-锡催化剂的生焦速度慢，铂-铼催化剂的容焦能力强，因此，焦炭对这两类催化剂的活性影响相对较弱。催化重整过程中影响生焦的因素主要有原料油性质(原料油重、烯烃含量高越易生焦)、反应操作条件(温度高、氢分压低、空速低易生焦)、催化剂性能、再生方法和程度等。

(2) 中毒。主要是指原料油、设备、生产过程中泄漏的某些杂质与催化剂活性中心反应而造成活性组分失去活性能力，这类杂质称为毒物。中毒分为永久性中毒和非永久性中毒。永久性中毒是指催化剂活性不能恢复，如砷、铅、钼、铁、镍、汞、钠等中毒，其中以砷的危害性最大。砷与铂有很强的亲和力，它与铂形成合金($PtAs_2$) 造成催化剂永久性中毒，通常催化剂上的砷含量超过200 μg/g 时，催化剂活性就会完全失去。非永久中毒是指在更换不含毒物的原料油后，催化剂上已吸附的毒物可以逐渐排除而恢复活性。这类毒物一般有含氧、含硫、含氮、一氧化碳和二氧化碳等化合物。因此，要加强重整原料油的预处理、设备管线的吹扫等，防止毒物进入反应过程。

(3) 老化。主要是指催化剂活性组分流失、分散度降低、载体的结构等某些催化剂的化学组成和物理性能发生改变而造成催化剂的性能变化。重整催化剂在反应和再生过程中由于温度、压力及其他介质的作用而造成金属聚集、卤素流失、载体破碎及烧融等，这些会对催化剂的活性及选择性造成不利的影响。

综上所述，重整催化剂在使用过程中，由于固体物覆盖(积炭)、中毒、老化等原因造成活性及选择性下降，从而影响重整催化剂长期稳定使用，结果是芳烃转化率或汽油辛烷值降低。稳定性分活性稳定性和选择性稳定性，前者以反应前、后期催化剂的反应温度变化来表示，后者以新鲜催化剂和反应后期催化剂的选择性变化来表示。

4.再生性能

重整催化剂由于积炭等原因失活，可通过再生来恢复其活性，但催化剂经再生后很难恢复到新鲜催化剂的水平。这是由于有些失活不能恢复(永久性的中毒)；再生过程中由于热等作用造成载体表面积减小和金属分散度下降而使活性降低。因此，每次催化剂再生后其活性只能达到上次再生的85%~95%，当它的活性不再满足要求时，需要更换新鲜催化剂。

5.机械强度

催化剂在使用过程中，由于装卸或操作条件等原因，催化剂颗粒粉碎，造成床层压降增大，压缩机能耗增加，也对反应不利。因此，要求催化剂必须具有一定的机械强度。工业上常以耐压强度(牛/粒) 表示重整催化剂的机械强度。

6.寿命

重整催化剂在使用过程中，当活性、选择性、稳定性、再生性能、机械强度等使用性能不能再满足实际生产需求时，必须更换新鲜催化剂。这样催化剂从开始使用到废弃这一段时间叫作寿命，可用小时表示，也可用每千克催化剂处理原料油量表示。

（四）工业用重整催化剂

我国关于重整催化剂的研究路线大体上与国外的研究路线相同。最近几年，我国在研制双金属和多金属催化剂方面取得了良好的成果，有些已达到或超过国外同类催化剂水平。

三、催化剂的失活控制与再生

在运转过程中，催化剂的活性逐渐下降，选择性变差，芳烃产率和生成油辛烷值降低。其原因主要是积炭、中毒和老化。因此，在运转过程中，必须严格操作，尽量防止或减少这些失活因素的产生，抑制催化剂失活速率，延长开工周期。通常用提高反应温度来补偿催化剂的活性损失，当运转后期，反应温度上升到设计的极限或液体收率大幅度下降时，催化剂必须停工再生。

（一）催化剂的失活控制

1.抑制积炭生成

催化剂在高温下容易生成积炭，但如能将积炭前身物及时加氢或加氢裂解变成轻烃，则可减少积炭。催化剂制备时，在金属铂以外加入第二金属（如铼、锡、铱等），可大大提高催化剂的稳定性。因为，铼的加氢性能强，容炭能力提高；锡可提高加氢性能；铱可把积炭前身物裂解变成无害的轻烃，从而减少积炭。由于催化剂中加入了第二金属和制备技术的改进，催化剂上铂含量从0.6%降到0.3%，甚至更低，而催化剂的稳定性和容炭能力却大为提高。

提高氢油比有利于加氢反应的进行，减少催化剂上积炭前身物的生成。提高反应压力可抑制积炭的生成，但压力加大后，烷烃和环烷烃转化成芳烃的速度减慢。

对铂-铼及铂-铱双金属催化剂在进油前进行预硫化，以抑制催化剂的氢解活性，也可减少积炭。

2.抑制金属聚集

在优良的新鲜催化剂中，铂金属粒子分散很好，大小为2~5 nm，而且分布均匀。但在高温下，催化剂载体表面上的金属粒子聚集速度很快，金属粒子变大，表面积减少，以致催化剂活性减小，所以对提高反应温度必须十分慎重。例如，催化剂上因氯损失较多，而使活性下降，则必须调整好水-氯平衡，控制好催化剂上氯含量，观察催化剂活性是否上升，在此基础上再决定是否提温。

再生时，高温烧炭也加速金属粒子的聚集，一定要很好地控制烧炭温度，并且要防止硫酸盐的污染。烧炭时，注入一定量的氯化物会使金属稳定，并有助于金属的分散。

另外，要选用热稳定性好的载体，如 $\gamma-Al_2O_3$，在高温下不易发生相变，可减少金属聚集。

3.防止催化剂污染中毒

在运转过程中，如果原料油中含水量过高，会洗下催化剂上的氯，使催化剂酸性功能减弱而失活，并且使催化剂载体结构发生变化，加速催化剂上铂晶粒的聚集。氧及有机氧化物在重整条件下会很快变为水，所以必须避免原料油中过量水、氧及有机氧化物的存在。

原料油中的有机氮化物在重整条件下会生成氨，进而生成氯化铵，使催化剂的酸性功能减弱而失活。此时虽可注入氯以补偿催化剂上氯的损失，但已生成的氯化铵会沉积在冷却器、循环氢压缩机进口，堵塞管线，使压降增大，所以当发现原料油中氮含量增加，首先要降低反应温度，寻找原因，加以排除，不宜补氯和提温。

在重整反应条件下，原料油中的硫及硫化物会与金属铂作用使铂中毒，导致催化剂的脱氢和脱氢环化活性变差。如发现硫中毒，也是先降低反应温度，再找出硫高的原因，加以排除。

催化剂硫中毒的另一种情况是再生时硫酸盐中毒而失活。当催化剂烧炭时，存在炉管和热交换器内的硫化铁与氧作用生成二氧化硫和三氧化硫进入催化剂床层，在催化剂上生成亚硫酸盐及硫酸盐强烈吸附在铂及氧化铝上，促使金属晶粒长大，抑制金属的再分散，活性变差，并难于氯化更新。

砷中毒是原料油中微量的有机砷化物与催化剂接触后，强烈地吸附在金属铂上而使金属失去加氢脱氢的金属功能。砷中毒为不可逆中毒，中毒后必须更换催化剂。所以必须严格控制原料油中砷和其他金属（如 Pb，Cu 等）的含量，以防止催化剂发生永久性中毒。

（二）催化剂的再生

催化剂经长期运转后，如因积炭失去活性，经烧炭、氯化更新、还原及硫化等过程，可完全恢复其活性，但如因金属中毒或高温烧结而严重失活，再生不能使其恢复活性时，则必须更换催化剂。例如，某重整装置用铂-铼催化剂（Pt 0.3%，Re 0.3%），经运转一周期后，反应器降温，停止进料并用氮气循环置换系统中的氢气，加压烧炭及氯化更新进行再生，效果良好。催化剂再生条件的实例见表 5-2-4，催化剂再生前后分析见表 5-2-5，催化剂再生后性能见表 5-2-6。

表 5-2-4　催化剂再生条件

程序	介质	反应器入口温度/℃	压力/MPa	剂气体积比	气中氧含量
烧炭	氮气+空气	410（前期）	1.0～1.5	1200～1400	0.5%～1.0%
		430（后期）	1.0～1.5	1200～1400	1.0%～5.0%
氯化更新	氮气+空气 +氯	420～500	0.5	800	≥8%
		500～500	0.5	800	≥13%

表 5-2-5　催化剂再生前后分析

反应器	再生前成分			再生后成分		
	C	S	Cl	C	S	Cl
第一反应器上部	1.2%	0.005%	1.04%	0.4%	0.005%	0.6%
第二反应器上部	2.3%	0.007%	1.30%	0.04%	—	0.76%
第三反应器上部	4.4%	0.003%	1.30%	0.03%	0.005%	0.98%
第四反应器上部	4.6%	—	1.38%	0.02%	—	0.12%

表 5-2-6　催化剂再生后性能

反应条件及结果	第一周期(初期)	第二周期(初期)
加权平均入口温度/℃	479.8	480.4
平均反应压力/MPa	1.8	1.8
体积空速/h^{-1}	2.06	2.0
气油比/($Nm^3 \cdot m^{-3}$)	1388	1332
稳定汽油收率	91.5%	92.3%
稳定汽油辛烷值	—	—
MONC	78.0	79.7
RONC	—	88.1
循环气中氢浓度	94.0%	92.0%
气体产率/($Nm^3 \cdot m^{-3}$)	221	227

注：原料油为 80~180 ℃大庆石脑油。

催化剂再生包括以下几个环节。

1.烧炭

烧炭在整个再生过程中所占时间最长，且在高温下进行，而高温对催化剂上微孔结构的破坏、金属的聚集和氯的损失都有很大影响，所以要采取措施尽量缩短烧炭时间并很好地控制烧炭温度。烧炭前将系统中的油气吹扫干净，以节省无谓的高温燃烧时间。烧炭时若采用高压，则可加快烧炭速度。提高再生气的循环量，除了可加快积炭的燃烧外，还可及时将燃烧时所产生的热量带出。烧炭时床层温度不宜超过 460 ℃，再生气中氧浓度宜控制在 0.3%~0.8%。当反应器内燃烧高峰过后，温度会很快下降。如进、出口温度相同，表明反应器内积炭已基本烧完。在此基础上将温度升到 480 ℃，同时提高气中氧含量至 1.0%~5.0%，烧去残炭。

2.氯化更新

氯化更新是再生中很重要的一个步骤。研究和实践结果表明，烧焦后催化剂再进行氯化和更新，可使催化剂的活性进一步恢复而达到新鲜催化剂的水平，有时甚至可以超过新鲜催化剂的水平。

重整催化剂在使用过程中，特别是在烧焦时，铂晶粒会逐渐长大，分散度降低。同时，烧焦过程中产生水，会使催化剂上的氯流失。氯化就是在烧焦之后，用含氯气体在一定温度下处理催化剂，使铂晶粒重新分散，从而提高催化剂的活性，氯化也可以给催化剂补充一部分氯。更新是在氯化之后，用干空气在高温下处理催化剂。更新的作用是使铂的表面再氧化以防止铂晶粒的聚结，从而保持催化剂的表面积和活性。对不同的催化剂应采用相应的氯化和更新条件。

3.还原

还原是将氯化更新后的氧化态的催化剂，用氢还原成金属态催化剂，化学反应式如下：

$$PtO_2 + 2H_2 \longrightarrow Pt + 2H_2O$$

$$ReO_7 + 7H_2 \longrightarrow Re + 7H_2O$$

还原好的催化剂，铂晶粒小，金属表面积大，而且分散均匀，有良好的活性。还原时，必须很好地控制还原气中的水和烃，因为水会使铂晶粒长大和载体比表面积减少。烃类(C_2以上）在还原时会发生氢解反应，所产生的积炭覆盖在金属表面，影响催化剂的性能。氢解反应所产生的甲烷，还会使还原氢的浓度大大降低，不利于还原。

4.被硫污染后的再生

催化剂及系统被硫污染后，在烧焦前必须先将临氢系统中的硫及硫化铁除去，以免催化剂在再生时受硫酸盐污染。我国通用的脱除临氢系统中硫及硫化铁的方法有高温热氢循环脱硫及氧化脱硫法。

高温热氢循环脱硫是在装置停止进油后，压缩机继续循环，并将温度逐渐提高到510 ℃，循环气中的氢在高温下与硫及硫化铁作用生成硫化氢，并通过分子筛吸附除去，当油气分离器出口气中硫化氢小于1 μg/g时，热氢循环即可结束。

氧化脱硫是将加热炉和热交换器等有硫化铁的管线与重整反应器隔断，在加热炉炉管中通入含氧的氮气，在高温下一次通过，将硫化铁氧化成二氧化硫而排出。气中氧含量为0.5%~1.0%，压力为0.5 MPa。当温度升到420 ℃时，硫化铁的氧化反应开始剧烈，二氧化硫浓度最高可达每克几千毫克，控制最高温度不超过500 ℃。当气中二氧化硫低于10 μg/g时，将氧浓度提高到5%，再氧化2 h即可结束。

【思考题】

（1）重整催化剂的双功能分别是什么？生产中如何进行控制？
（2）重整催化剂为什么要进行氯化和更新？生产中如何进行控制？
（3）催化重整催化剂有哪些性能评价指标？
（4）如何控制反应系统中的水-氯平衡？
（5）催化剂的再生包括哪几个环节？

任务四　芳烃抽提工艺与过程控制

一、重整芳烃的抽提过程

（一）芳烃抽提的基本原理

溶剂液-液抽提原理是根据某种溶剂对脱戊烷油中芳烃和非芳烃的溶解度不同，从而使芳烃与非芳烃进行分离，得到混合芳烃。在芳烃抽提过程中，溶剂与脱戊烷油混合后分为两相(在容器中分为两层)：一相由溶剂和能溶于溶剂中的芳烃组成，称为提取相(又称富溶剂、抽提液、抽出层或提取液)；另一相为不溶于溶剂的非芳烃，称为提余相(又称提余液、非芳烃)。两相液层分离后，再将溶剂和芳烃分开，溶剂循环使用，混合芳烃作为芳烃精馏原料油。

影响抽提过程的因素主要有：原料油的组成、溶剂的性能、抽提方式、操作条件等。衡量芳烃抽提过程的主要指标有芳烃回收率、芳烃纯度和过程能耗。其中，芳烃回收率为

$$\text{芳烃回收率}=\frac{\text{抽出产品芳烃量}}{\text{脱戊烷油中芳烃量}}\times 100\% \qquad (5-2-1)$$

（二）溶剂的选择

溶剂使用性能的优劣，对芳烃抽提装置的投资、效率和操作费用起着决定性的作用。为了抽提过程得以进行，溶剂必须具备这样的特性：在原料油中加入一定的溶剂后能产生组成不同的两相，芳烃得以提纯。同时这两相应有适当密度差而分层，以便分离。因此，在选择溶剂时必须考虑如下三个基本条件。

1.对芳烃有较高的溶解能力

溶剂对芳烃溶解度越大，则芳烃回收率越高，溶剂用量越小，设备利用率越高，操作费用也越小。

工业用芳烃抽提溶剂对芳烃溶解能力由高至低顺序为：*N*-甲基吡咯烷酮和四乙二醇醚、环丁砜和*N*-甲酰基吗啉、二甲基亚砜和三乙二醇醚、二乙二醇醚。温度对溶解度也有影响，温度提高，溶解度增大。同种烃类，分子大小不同的烃类在溶剂中的溶解度也有差别。例如，芳烃在二乙二醇醚中溶解度的顺序从高到低为：苯、甲苯、二甲苯、重芳烃。

2.对芳烃有较高的选择性

溶剂的溶解选择性越高，分离效果越好，芳烃产品的纯度越高。

在常用芳烃抽提溶剂中，各种烃类在溶剂中的溶解度不同，其顺序从高到低为：芳烃、环二烯烃、环烯烃、环烷烃、烷烃。例如，烃类在二乙二醇醚中溶解度的比值大致为芳烃：环烷烃：烷烃=20：2：1。不同溶剂，对同一种烃类的溶解度是有差异的。通常将甲苯的溶解度与正庚烷溶解度的比值作为评价溶剂的选择性指标。

工业用芳烃抽提溶剂对芳烃溶解选择能力由高至低顺序为：环丁砜和二甲基亚砜、乙二醇醚和*N*-甲酰基吗啉、*N*-甲基吡咯烷酮。

3.溶剂与原料油的密度差要大

溶剂与原料油的密度差越大，提取相与提余相越易分层。

除此之外，还应考虑溶剂与油相界面张力要大，不易乳化，不易发泡，容易使液滴聚集而分层；溶剂化学稳定性好，不腐蚀设备；溶剂沸点要高于原料油的干点，不生成共沸物，且便于用分馏的方法回收溶剂；溶剂价格低廉，来源充足。

目前，工业上采用的主要溶剂有：二乙二醇醚、三乙二醇醚、四乙二醇醚、二丙二醇醚、二甲基亚砜、环丁砜和*N*-甲基吡咯烷酮等。

二、环丁砜抽提工艺流程

图5-2-24是环丁砜抽提系统控制流程图。

抽提装置工艺流程由芳烃抽提系统、抽余油水洗系统、富溶剂提馏系统、溶剂回收系统、水汽提系统、溶剂再生系统和芳烃水洗系统等组成。

1.芳烃抽提系统

来自分馏部分的抽提原料油进入抽提进料缓冲罐后，由抽提塔进料泵输送，经流量控制器控制流量后，进入抽提塔(如果原料油中芳烃含量升高或降低，可改不同进料口入塔)，与贫溶剂环丁砜逆流接触，进行液-液抽提。贫溶剂入抽提塔上部第一块塔板，其流量由流量控制器控制。经过抽提，塔内形成了抽余相(轻相)和抽出相(重相)。大部分非芳烃作为抽余相由塔顶送出，而溶解在溶剂中的芳烃和少量的非芳烃作为抽出相(也称富溶剂)由塔底抽出。

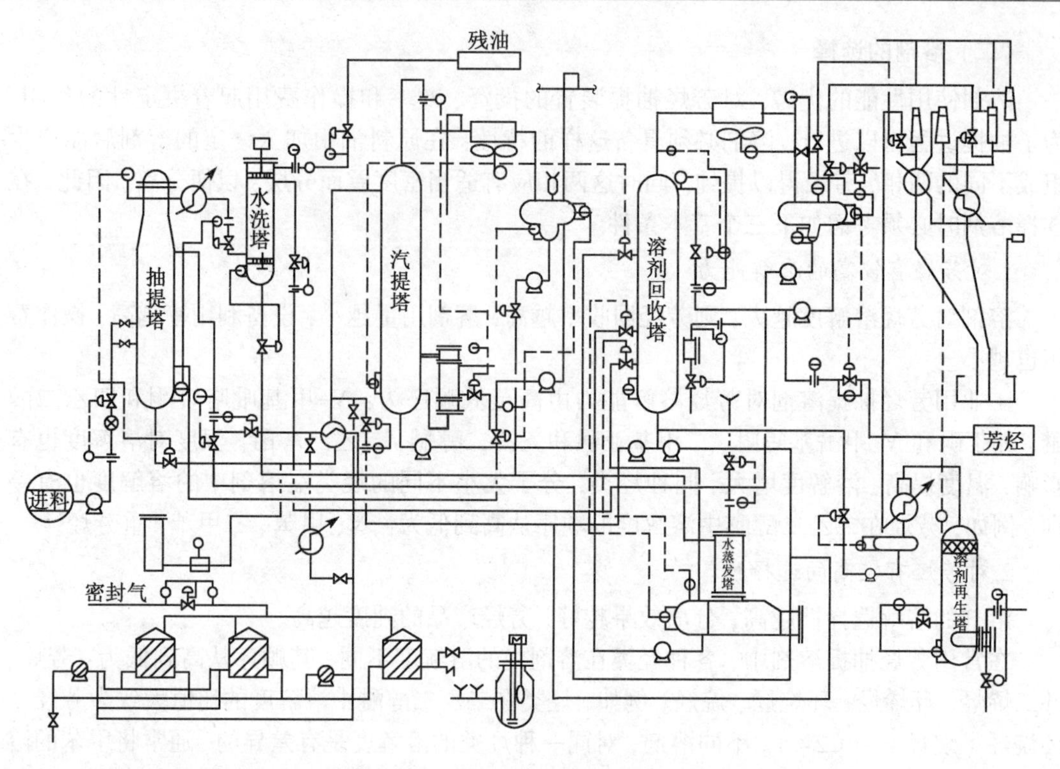

图 5-2-24　环丁砜抽提系统控制流程图

为提高芳烃的纯度，在抽提塔下部设置了一条反洗线(回流线)，用提馏塔顶回流罐中的轻质非芳烃及轻质芳烃作为反洗液，以置换溶解在富溶剂中的重质非芳烃。反洗液的流量由串级回路控制。若反洗液中积累多量烯烃，部分反洗液(总量的10%~20%)可以同抽提进料一起入塔。

当抽提进料中芳烃潜含量较高时，为了降低烯烃在富溶剂中的溶解度，以保证芳烃纯度，在抽提塔进口处还设置了第三溶剂线，其流量由流量控制器控制。

抽提塔塔压由分程控制器控制，一方面保证进料不汽化，在液体状态下操作；另一方面，要把抽提塔塔底的富溶剂自压到提馏塔中。

2.抽余油水洗系统

抽余油自抽提塔顶溢出后，由液面控制器与流量控制器串级调节，经抽余油冷却器冷却后进入抽余油水洗塔下部塔板，与塔顶进入的水在塔板上逆流接触。抽余油中的溶剂溶解在水中，抽余油自塔顶由抽余油泵抽出，一部分由流量控制器控制与抽余油水洗塔进料一起返回塔里作为上循环，以维持较高的喷射速率；另一部分经计量后送出装置。

非芳烃水洗塔塔底含溶剂的水控制一定的界面，靠自压送到水汽提塔。另外，从塔底引出一部分水经抽余油水洗塔水循环泵升压，由流量控制作为下循环，与抽提塔顶来抽余油混合，以减轻新鲜水的负荷和提高水洗效果。

3.富溶剂提馏系统

自抽提塔塔底抽出的富溶剂由液面与流量组成的串级回路控制。与贫溶剂换热后，靠自压进入提馏塔的上部进料中，富溶剂中的轻质非芳烃被蒸出，控制其流量并与拔顶苯、水汽提塔顶含烃水蒸气一起经提馏塔顶空冷器、提馏塔顶后冷器冷凝冷却后进入提馏塔顶回流罐中。冷下来的非芳烃和苯作为回流芳烃即反洗液。提馏塔顶回流罐水包中的水由提馏塔顶冷凝水泵抽出。提馏塔塔压由压力控制器与重沸器蒸气凝水流量控制器串级调节。

提馏塔塔底的富溶剂经液面控制器与流量控制器串级调节，由提馏塔底泵抽出，送至回收塔。

为防止进料中芳烃含量过高和提高汽提效果，在提馏塔进料线上设置了第二溶剂线。加入第二溶剂后，可提高芳烃与非芳烃之间的相对挥发度，进一步提高抽提芳烃的纯度。

4.溶剂回收系统

自提馏塔底来富溶剂被送至回收塔的进料层塔板上。顶部引出含芳烃的蒸气，经冷凝冷却后收集在回流罐中。回流罐中的芳烃经回流泵抽出，一部分由流量控制器控制，作为回流进入回收塔的第一层塔板；另一部分送至芳烃水洗罐。回流罐水包中的水用冷凝水泵升压后，经流量控制去抽余油水洗塔作为洗涤水。当水包界面高时，可打开手阀将水排至地下。系统的补充水可进行手动遥控。回收塔塔底的内置式重沸器由蒸气加热，通过蒸气冷凝水流量控制器与温度控制器进行串级调节来保证贫溶剂组分及水量合格。

回收塔塔底贫溶剂由贫溶剂泵升压换热后，用作第一、二、三溶剂。其在进重沸器之前有一小部分经液面与流量串级控制下，进入溶剂再生塔进行再生。

重沸器系统在负压下操作。抽真空尾气经蒸气喷射泵后冷凝冷却，通过“大气腿”进入大气腿水封罐。

5.水汽提系统

进到水汽提塔的含烃水，经水汽提塔再沸器管程中的贫溶剂加热，少量非芳烃自塔顶蒸出，通过控制蒸出管线上的阀门开度，再送至冷凝器冷凝。汽提蒸气经压控控制一定压力，计量后可经溶剂再生塔再去回收塔，也可直接去回收塔(如溶剂再生塔停车时)。无烃水经水汽提塔底泵升压后，通过液控控制去回收塔。

6.溶剂再生系统

在溶剂再生塔中，挥发和非挥发性物质得到了分离。溶剂再生塔重沸器用蒸气加热，由控制其冷凝水量来调节加热负荷。溶剂再生塔、回收塔处于同一真空系统。溶剂中所含的聚合物或固体物留在溶剂再生塔底部，定期进行排放、清洗。

7.芳烃水洗系统

由回收塔回流泵抽出的抽出油，在液面控制器与流量控制器串级调节下，经静态混合器进入芳烃水洗罐。冷凝水在流量控制下，在静态混合器前与抽出油混合，进入芳烃水洗罐，目的是使抽出油和水更好地混合，以提高洗涤效果。水汽提塔顶抽出油经压控送至分馏进料缓冲罐，水汽提塔底水由芳烃水洗罐水循环泵升压后，一部分循环使用，另一部分水经液控送至水处理系统。

三、芳烃抽提过程的操作特点与参数调控

(一) 抽提系统

1.芳烃抽提系统的操作特点

芳烃抽提是一种物理分离过程，根据原料油烃类各组分在溶剂中的溶解度不同，即当溶剂与原料油混合后，溶剂对芳烃和非芳烃进行选择性溶解。溶剂对芳烃的溶解度大，就

可以将芳烃溶解于溶剂之中，而非芳烃组分绝大多数不能被溶解，结果形成组成不同、密度不同的两相，从而达到一定程度的分离。

抽提塔正是依据上述原理进行单元操作的，在抽提塔的筛板之间进行多次混合（即抽提），最终在塔顶得到芳烃含量很低的、密度较轻的抽余相，即抽余油（非芳烃）；在塔底得到溶解大量芳烃的、密度较重的抽取相，即富溶剂。

当芳烃与非芳烃沸点差很小时，用通常的方法是难以将它们分离的。性能优异的芳烃抽提溶剂对芳烃具有极好的溶解能力，而对非芳烃溶解度很小。这样，便可以用溶剂在抽提塔中将含有的芳烃从混合物中溶解抽提出来；然后，通过常规的蒸馏设备将芳烃与溶剂分离，便可取得纯度很高的芳香烃产品。

2.抽提过程中的参数调控

在芳烃抽提过程中，影响抽提效果的主要因素有原料油的组成、溶剂的性能、工艺参数。工艺参数包括溶剂比、操作压力、返洗（回流芳烃）量、操作温度、第二溶剂、进料口引入的第三溶剂和返洗液、汽提水量、进料口的切换、界面的控制等。

一般抽提塔工艺操作的调控方法。

（1）操作温度。

温度对溶剂的溶解度和选择性影响很大。当温度升高时，溶解度将会加大，有利于抽余油对芳烃回收率的增加。但是非芳烃在溶剂中的溶解度也会增加，因而溶剂的选择性变差，使产品芳烃纯度下降。

通常抽提塔顶温度为 88 ℃左右。采用调整贫液溶剂入塔温度来控制塔的操作温度。塔顶与塔底的温度梯度以 14 ℃左右为宜。

（2）操作压力。

抽提塔的操作压力对芳烃纯度和芳烃回收率影响不大。但是，抽提塔操作压力与界面控制密切相关，操作压力必须保证全塔在液相下操作。当原料油中轻组分增加或塔顶温度提高时，应适当提高操作压力，以保证塔在液相条件下操作。当以 60~130 ℃馏分作重整原料油时，抽提温度在 150 ℃左右，抽提压力应维持在 0.8~0.9 MPa。

（3）溶剂比。

溶剂比，通常是指进入抽提塔顶的贫溶剂量与进料量之比，即一次溶剂进料比。在一定操作条件下，芳烃回收率与抽提过程的溶剂比有直接关系。当溶剂过量（即溶剂比过大）时，溶剂中将溶解较多的非芳烃，从而影响芳烃的纯度；反之亦然。

如果 100%回收芳烃，溶剂比最大，溶剂中溶解的非芳烃也最多，这样就影响了芳烃的纯度；当溶剂比过小时，抽余油中含有的芳烃量会随溶剂比的减小而增加，这样就降低了芳烃回收率。

事实上，当溶剂比增加到某一数值后，回收率增加已经很小，其原因是溶剂中允许易于分离的轻质非芳烃存在。当溶剂比增大时，回流芳烃（或反洗液）中芳烃含量下降，但它的下降又反过来使富溶剂含油下降（即溶解度下降），从而抵消了溶剂比变化的影响。

总之，溶剂比是调节芳烃回收率的重要手段。通常溶剂比越高，芳烃回收率越高，但芳烃质量会下降；反之，则相反。溶剂比应根据进料组成和进料量来确定，当进料量或进料组成发生明显改变时，应及时调整溶剂量，以保证适当的溶剂比。

对于不同原料油，如用 HSCN（裂解加氢汽油）作为抽提进料时，所需溶剂比通常比重整生成油作抽提进料时要低，对环丁砜抽提苯、甲苯而言，前者通常为 3.5 左右，后者则为

3.8左右。

在实际生产中，下列情况应提高溶剂比：

① 芳烃回收率低(非芳烃中含芳烃量高)；

② 原料油中芳烃含量上升；

③ 原料油由窄馏分变为宽馏分或由轻变重。

下列情况需降低溶剂比：

① 芳烃纯度下降；

② 溶剂的溶解度上升(提高抽提温度)。

调节溶剂比时应注意以下事项：

① 提高溶剂比时，变化不应太快，否则抽提塔压力会超高。

② 当提高溶剂比时，应先调整其他参数，后调整溶剂比；当降低溶剂比时，应先降低溶剂比，后调整其他参数。

溶剂比并非越大越好。溶剂比过大，不仅需要加大塔径，而且回收率不能再提高，还会降低溶剂的选择性，使产品芳烃纯度下降。适宜的溶剂比是由抽余油的芳烃含量确定的。芳烃含量较高时，可将贫液溶剂分出一小部分注入富溶剂，又称第二溶剂，一起去汽提塔；当进料中烯烃或环烷烃含量增加时，可随进料自进料口加入适量的贫溶剂(又称第三溶剂)。在使用第二溶剂或第三溶剂时，总的溶剂比应保持不变。

(4) 回流(返洗) 比。

芳烃抽提，回流比一般为0.3~0.6。回流比越大，产品芳烃的纯度就越高，但芳烃回收率下降。回流比的大小，应与原料油芳烃含量相适应，原料油中芳烃含量越高，回流比越小。实际上，回流比与溶剂比也是互相影响的。降低溶剂比时，产品纯度可提高，起到提高回流比的作用。

(二) 抽提蒸馏系统

1.抽提蒸馏过程的操作特点

与溶剂抽提过程不同，抽提蒸馏过程是溶剂使组分的蒸气压发生变化，在抽提蒸馏塔中通过蒸馏过程将烷烃分离出去，进而在汽提塔中将芳香烃汽提出来。

溶剂沸点比原料油中任何组分的沸点都高，由于改变了关键组分的相对挥发度，因而可以分离用常规蒸馏法难以分离的体系，溶剂将随塔釜抽出物一起离开蒸馏塔。

抽提蒸馏过程的操作，与液-液溶剂抽提过程的操作不同，它是以气-液传质过程来分离组分(如芳香烃)的，以蒸馏的方式进行，它的塔釜仍靠再沸器提供热量。另外，有若干块塔板，组成溶剂再生段，以使抽余物在塔顶引出之前，其中的溶剂浓度降低至可忽略的程度。

在提馏塔，由于溶剂的存在，易于溶解在溶剂中的芳烃组分的挥发度下降，从而使非芳烃的相对挥发度增加，用常规的蒸馏或汽提方法，可把富溶剂中溶解的少量非芳烃从富溶剂中蒸馏或汽提出来。

除轻质非芳烃外，富溶剂中难免会夹带少量沸点稍高的烷烃、环烷烃等，要把它们分开靠简单的蒸馏是比较困难的，更不用说仅靠闪蒸。但是溶剂对芳烃和非芳烃尚有抽提蒸馏作用，所以当富溶剂经过抽提提馏塔时，可以很好地把芳烃与非芳烃分离开，此时塔顶就可得到回流芳烃(或返洗液)，汽提塔就可得到纯度更好的抽出物产品——芳烃。有些抽提装置，为了提高抽提蒸馏效果，还在富溶剂中打入第二溶剂。

2.提馏塔操作参数的调控

影响提馏塔操作的因素有塔顶蒸出量、塔釜温度、富溶剂烃含量和溶剂的 pH 值等。

（1）塔顶蒸出量。

在抽提塔中，溶剂所溶解的少量非芳烃随着富溶剂到提馏塔，在提馏塔顶被蒸出。操作时，塔顶蒸出率要充足，这是控制抽出油质量的主要手段之一。但蒸出量不可过大，否则会使返洗液量增大，造成抽提塔的处理能力下降；也不可过小，否则非芳烃不能去除干净。因此，塔顶蒸出量在保证除去富溶剂中所含的非芳烃前提下，应尽可能小。通常可由返洗比来控制。

（2）塔釜温度。

提馏塔塔釜温度是控制芳烃质量的主要参数。通常如果在富溶剂中非芳烃含量高，特别是重质非芳烃含量高时，温度可适当高些；反之，则低些。环丁砜抽提工艺中提馏塔底温度一般控制在 175~178 ℃为宜。

（3）富溶剂烃含量。

若富溶剂中烃含量过高，选择性会下降，使得富溶剂中芳烃和非芳烃的分离变得困难。此时，可向提馏塔中增补些溶剂，以改善塔的恒温平衡，有利于非芳烃的分离。但在正常情况下不用添加溶剂。

（4）溶剂的 pH 值。

系统溶剂的 pH 值通常控制在 5.5～6.0 为宜，如果 pH 值小于 5.5，可向单乙醇胺（MEA）罐中补入适量 MEA。

3.溶剂回收系统

回收塔的作用是将提馏塔脱出非芳烃后的富溶剂中的芳烃蒸出，与此同时完成溶剂的循环。

（1）溶剂回收过程的操作特点。

回收塔的操作控制与汽提塔的相似。但是，由于回收塔用于芳烃与溶剂的最终分离，根据溶剂分解温度低及溶剂与芳烃沸点差较大的特点，多采用减压、小回流比及塔底吹汽提蒸气的操作方法。由于塔内气、液两相负荷的分布情况比较特殊，尤其是进料口以上部分（精馏段）气相负荷非常大，而液相负荷相对较小，这样矛盾就集中在塔的上部。这种特殊的情况，会导致板上气、液相分布不均匀，传质效果不好，影响塔板的正常操作。

（2）溶剂回收系统工艺参数。

① 操作温度和压力。在一定真空度（即压力）下，塔底温度适宜可使抽提溶剂维持一个理想的溶解度和选择性，保证芳烃纯度塔塔底温度变化，可导致溶剂溶解能力、溶剂的选择性、芳烃的回收率和质量发生变化。

如果塔底温度过高，会导致芳烃夹带溶剂，严重时会冲塔，破坏塔的平稳操作；如果塔底温度过低，会导致贫溶剂含油量增高，造成抽提塔操作波动。

适当的温度和压力（真空度）可以防止溶剂的热分解。对环丁砜抽提，一般塔顶温度控制在 61~68 ℃、塔底温度控制在 170～190 ℃为好。再沸器出口温度通常控制在 174～179 ℃，塔顶受槽温度控制在 25~36 ℃，回收塔的绝对压力控制在 0.04 MPa，回收塔的压力随塔负荷的增加而增加。

② 回流比。采用适当的回流比也是保证塔顶抽出液不带溶剂的调节方法。回流比是以保证产品含溶剂合格为前提的，回流比过大，造成能耗增加，一般控制 0.65 左右为宜。

③ 汽提水量。汽提用蒸气和无烃水对汽提出芳烃是不可缺少的，也是影响回收塔操作的重要因素。

从原理上来说，引入回收塔的汽提蒸气和汽提水都能降低分压，有利于芳烃与溶剂的分离，避免溶剂遭受高温带来的热分解副作用，这就保护了溶剂。

汽提水进入回收塔的另一作用是回收水洗水和汽提塔顶受槽水中携带的溶剂。但汽提水量不宜大幅度调节，只有在贫溶剂含水量变化，调节塔底温度有困难时，才适当调节汽提水量。

提馏塔分出的水量与汽提塔顶分出的水量大致为 1：3~1：2 的关系。有经验的操作人员不是盲目地往水斗中补入新鲜水，而是按照再生溶剂水的损失量(通常为 2%）与烃类系统带走的水(通常为 1%)，计算总共补入的水量。补充水量过多，将加大水汽提塔的负担，结果导致水汽提塔操作恶化，塔顶水中溶剂含量增高，加大溶剂损耗。水洗水含溶剂还会导致水洗塔操作恶化，水洗效果不好，而要保证水洗效果就要增加水洗水量，这就造成恶性循环。

【思考题】

(1) 芳烃抽提由哪几部分构成？

(2) 芳烃抽提的基本原理是什么？

(3) 选择溶剂时，必须考虑哪三个基本条件？

(4) 简述芳烃抽提过程的操作特点及如何进行参数调控。

任务五 芳烃/非芳烃蒸馏工艺与过程控制

一、芳烃/非芳烃蒸馏流程

(一) 芳烃蒸馏过程的工艺流程

芳烃蒸馏的工艺流程有两种类型：一种是三塔流程，用来生产苯、甲苯、混合二甲苯和重芳烃；另一种是生产苯、甲苯、乙基苯、间对二甲苯、邻二甲苯和重芳烃。

芳烃蒸馏的任务是将混合芳烃分离成符合要求的苯、甲苯、混合二甲苯、邻二甲苯、C_9芳烃及 C_{10+} 重芳烃。

蒸馏是分离液体混合物的一种方法。由于组成混合物各组分的沸点不同，在受热时，低沸点的组分优先被汽化，冷凝时，高沸点的组分优先被冷凝。但是只经过一次汽化和冷凝，在气相中还会留有高沸点组分，而在液相中也会含有一定量的低沸点组分。若将气相和液相经过多次部分冷凝和汽化，最后在气相中就会得到较纯的低沸点组分，在液相中也会得到较纯的高沸组分。芳烃精馏就是运用了不同部分汽化和冷凝的方法，在一系列蒸馏塔中将芳烃混合物分成纯组分的操作过程。

1.脱辛烷系统

来自重整装置脱戊烷塔底的脱戊烷油经脱辛烷塔进料泵升压，控制流量，在脱辛烷塔进料、重芳烃塔顶换热器与重芳烃塔顶蒸气换热后，进入辛烷塔(即重整油塔)。

脱辛烷塔顶馏出物(C_6~C_8组分) 经脱辛烷塔顶空冷器冷凝冷却进入回流罐中，分为气、液两相。气体排到放空罐，并通过自力式调节阀补入 N_2，维持一定压力，液体经脱辛烷塔回流泵升压，一部分作为回流由串级回路控制其流量，进入脱辛烷塔的第一块板上，另一部分作为芳烃抽提原料油经抽提原料油冷却器冷却后，在串级调解下，送至抽提进料缓冲罐，脱辛烷塔底重沸器由二甲苯塔底油提供热源，通过控制加热油的冷却量来调节塔釜的汽化量。塔釜液(气芳烃) 经脱辛烷塔底泵升压后，由串级回路控制其流量送至二甲苯塔。芳烃联合装置总流程图见图 5-2-25。

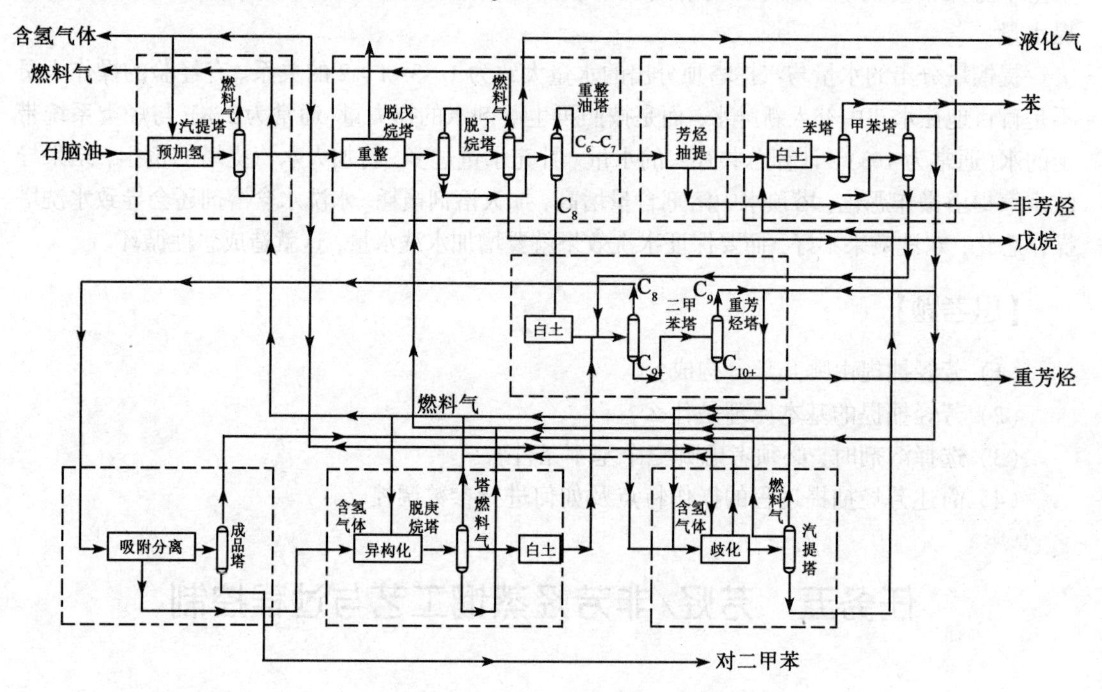

图 5-2-25　芳烃联合装置总流程图

2.白土精制系统(见图 5-2-26)

自抽提单元来的混合芳烃进到分馏进料缓冲罐，通过白土塔进料泵升压后，与白土塔底流出物换热，再经自上塔进料加热器加热到 150~190 ℃后，从上部进入白土塔，脱除微量烯烃等不安定物。白土塔的压力用其出口管线上的压力调节器来控制，操作压力为 1.5~1.8 MPa，以维持进料为液相状态。

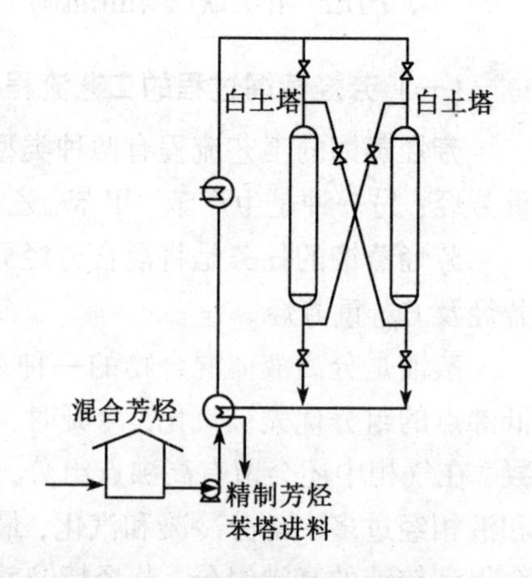

图 5-2-26　白土精制流程图

3.苯蒸馏系统

由白土塔底出来的物流与白土进料换热后，和歧化单元来的混合芳烃一起进入苯塔。塔顶出来的油气在空冷器冷凝后，收集在苯塔回流罐中，分成气、液两相。气体排到放空罐，并补入 N_2，维持一定压力，液体经泵升压后，一部分经串级调节进入苯塔的第一块塔板上，一小部分拔顶苯送至抽提单元作为原料油。

苯塔重沸器可由二甲苯塔顶油化加热，通过控制油气的冷凝量来调节苯塔釜液的汽化量。塔釜液经苯塔底泵升压后，在串级调节下送至甲苯塔。

4.甲苯蒸馏系统

甲苯塔顶馏分经空冷器冷却至 90 ℃后进入甲苯塔回流罐中，分成气、液两相。气体排到放空罐，并通过补入 N_2 维持一定压力。液体经甲苯塔回流泵升压后，一部分在串级调节下打回流，另一部分在串级调节下作为歧化反应的原料油送至歧化单元或经甲苯冷却器冷却至 40 ℃后送至中间罐区。

甲苯塔重沸器通常也由二甲苯塔顶油气提供热源，通过控制加热(油)气的冷凝量来调节甲苯塔釜汽化量。塔釜液经甲苯塔底泵升压后，在串级调节下，在换热器与二甲苯塔底出料换热后送至二甲苯塔。

5.二甲苯蒸馏

从二甲苯塔顶出来的馏分(乙苯，间、对二甲苯)，一部分在苯塔重沸器和甲苯塔重沸器冷凝后被收集在二甲苯塔回流罐，另一部分在塔顶压力控制器控制下，在蒸气发生器 1.3 MPa蒸气下，其冷凝液也被收集在二甲苯塔回流罐中，通过调节使二甲苯塔顶与二甲苯塔回流罐之间存在一定压差。

二甲苯塔回流罐中的冷凝液经二甲苯回流泵升压后，一部分在串级调节下打回流，另一部分在串级调节，经二甲苯冷却器冷却后，作为主产品送至中间罐区。

二甲苯塔釜液一部分在与二甲苯塔进料换热后，通过串级调节，压送至邻二甲苯塔。

需要指出的是，在苯塔重沸器、甲苯塔重沸器的壳程上部均应设有不凝气线，目的是防止二甲苯塔顶油气在冷凝冷却时，若发生气阻，可通过不凝气线将不凝气排至二甲苯塔回流罐中。

为了有效利用热源，降低能耗，二甲苯塔采用升压技术，将操作压力升至 0.58 MPa。

二甲苯重沸炉被加热物料为 $C_{8+}A$ 混合物，炉出、入口温差非常小，因此，不宜采用温度控制。由于炉子出口管线内存在大量的气、液相混合物，可在二甲苯重沸炉出口管线上安装一个偏心孔板，通过在偏心孔板两端设置的压差控制器与燃料气(油)压力控制器进行串级调节来控制炉出口压差，以稳定炉子的汽化率。

6.邻二甲苯蒸馏

邻二甲苯塔塔顶馏分经空冷器冷却至 40 ℃后，进入邻二甲苯塔顶回流罐中，分成气、液两相。气体排到放空罐，并通过补入 N_2，维持这一压力。冷凝液经邻二甲苯塔回流泵升压后，一部分由串级调节下打回流，另一部分经邻二甲苯塔冷却器冷却至 40 ℃后，在串级调节下，作为主产品送至中间罐区。

邻二甲苯塔重沸器由二甲苯塔底油提供热源，通过控制加热油的冷却量来调节塔釜汽化量。塔釜液经邻二甲苯塔底泵升压后，通过串级调节与来自其他部分的物料混合后，送至重芳烃塔。

7.重芳烃蒸馏

重芳烃塔顶馏分温度较高，约为 178 ℃，因此，在进入空冷器之前，可与脱戊烷油换热；然后经空冷器冷却后，进入重芳烃塔回流罐中，气体排至放空罐，并通过补入 N_2 维持一定压力。

冷凝液经重芳烃塔回流泵升压后，一部分由串级调节下打回流，另一部分在串级调节，作为歧化反应的原料油送到歧化单元，或者经C_9冷却器冷却至40 ℃后，送至中间罐区。

重芳烃塔重沸器由二甲苯塔底油提供热源，通过控制加热油的冷却量来调节塔釜汽化量。塔釜液经重芳烃塔底泵升压后，在重芳烃冷却器冷却至40 ℃，通过串级调节，作为副产品送出装置。

（二）抽余油（非芳烃）蒸馏过程

抽余油蒸馏的目的是分出6号、90号、120号溶剂等高附加值产品。

某石化公司采用两塔馏程生产溶剂油（见图5-2-27）。抽余油原料油进第一塔，由塔顶切除低于60 ℃的轻油后，再进入第二塔内分馏。由二塔塔顶抽出6号抽提溶剂油（60~90 ℃馏分），塔底为高于90 ℃的重质抽余油。这种工艺流程可以达到清晰分割，并且容易操作，拔出率高达35%~40%。

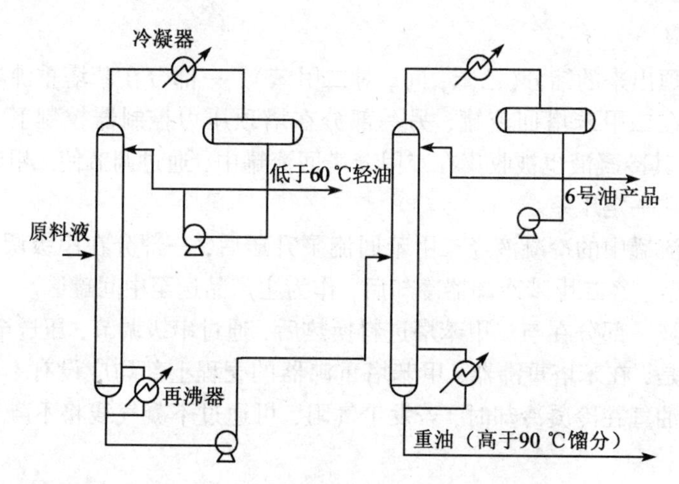

图5-2-27　双塔生产6号溶剂油流程图

二、芳烃/非芳烃蒸馏操作控制

芳烃/非芳烃蒸馏，特别是芳烃蒸馏过程，工艺过程复杂，流程长，产品质量要求严格。为保证生产过程稳定安全运行，降低能耗，提高收率，提高产品质量及操作管理水平，达到增加经济效益的目的，现代蒸馏装置的重要参数均采用自动控制或自动检测手段。

控制系统多选用集散型控制系统（简称DCS）。DCS通过若干微处理器控制着整个生产装置，能使“危险”分散，具有自诊断及冗余功能，还可配备丰富的软件和可靠的安全联锁及报警系统。过程通过采用DCS对工艺参数进行集中监测，多参数综合操作与控制，并可设置诸多控制回路，其中重要部位可设置串级调节或分程调节。

（一）操作控制方案

芳烃/非芳烃蒸馏多数控制回路可采用成熟的、稳定的单参数控制回路和主副参数串级控制回路，还可采用先进的特殊控制方案，具体如下：

（1）进料缓冲罐压力分程控制；

（2）塔底液位均匀调节和温差控制；

（3）分离罐液位测量可采用三重化输入方式；

（4）塔底重沸炉汽化率控制。

（二）主要操作控制点

1.进料温度控制

温度是影响工艺指标的一个极为重要的因素，所以温度自然是最重要的被调参数，保证该指标的最有效手段是调节供热量。为此，可设计温度作为主控参数、热源作为副控参数的串级调节系统。

2.二甲苯塔底重沸炉控制

由于重沸炉出、入口温差非常小，因此，不宜采用温度控制。由于炉子出口管线内存在大量的气液混合物，炉出口管线上可安装一个偏心孔板，用偏心孔板两端的压差信号作为被调参数(主控参数）来调节加热炉的燃料量。

3.分离罐液位控制

控制好液位对正常运转非常重要，为此，液位测量可采用三重化输入方式。这种方式是提高自控系统可靠性的一条行之有效的途径，它不仅可以减少仪表故障时联锁的误动作，还可以通过逻辑判断及时发现仪表的故障。

4.塔顶温度控制

芳烃蒸馏单元产品质量要求都很高，所以塔顶温度变化要很小，但是这在实际生产中很难做到。压力稍微变化就会影响产品质量，故采用了温差控制，温差可以抵消压力变化的影响，用灵敏板温度作为控制点，选择接近塔顶的板作为参考点，从这两点的温差变化就能反映出塔的组成变化。将温差变化通过与产品流量控制器串级调节，及时增减产品外送量，以起到提前调节的作用来保证产品质量。温差控制对芳烃蒸馏过程十分重要，所以必须对温差控制的特点和操作原理有所认识，下面以苯塔和甲苯塔的控制为例进行介绍。

（三）芳烃蒸馏的操作控制

1.苯塔和甲苯塔操作控制的特点

苯塔，通常是一个有40~60层塔板的常压蒸馏塔，用于从混合芳烃中分离出高纯度的苯产品。一般苯从塔顶第4块塔板上作为侧线抽出，塔顶的4层塔板用于干燥脱水和提纯。苯塔塔底为甲苯以上的混合芳烃。苯产品要求质量高，优级苯的冰点高于5.4 ℃，质量纯度大于99.95%。

苯塔和甲苯塔芳烃蒸馏的另一特点是要求塔顶、塔底产品必须同时合格，两种产品不允许重叠，一旦将某一芳烃(如甲苯）重叠到另一种芳烃产品(如苯）中，就将使这种产品(苯）的质量达不到国家规定的合格标准，这种不合格的产物是不能作为产品出售的。

2.塔顶与“灵敏”塔板间温差的控制

塔顶与“灵敏”塔板之间的温度差(以下简称温差）变化很大时，产品纯度才有微小变化。因塔顶温度不变(在塔顶产品纯度较高时)，而温差是一相对值，不受外界因素(如塔压力的波动）的干扰，故控制了温差也就等于控制了“灵敏”塔板的温度，进而也就控制了产品质量。基于这一原理及“灵敏”塔板位置基本不随进料组成变化而变化这一事实，就可以根据温差值来控制产品质量(纯度)。

苯塔温差有两种控制方法：一是温差与塔顶回流流量串级控制，称为回流控制方法；二是温差与侧线苯抽出流量串级控制，称为直接物料平衡控制。

(1）回流控制方法(见图5-2-28)。

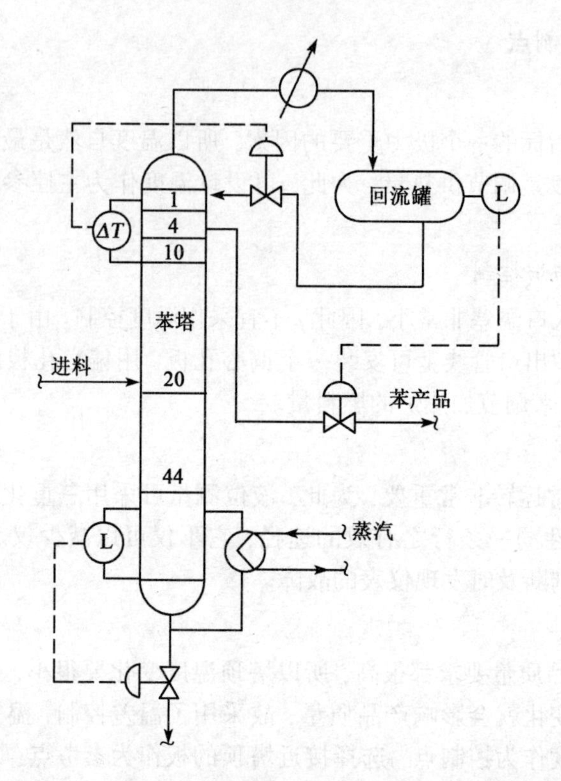

图 5-2-28　苯(塔)产品量用温差-回流量串级调节的控制方法

回流控制方法即温差-回流量串级调节控制方法，通过改变塔的回流量来控制塔的热平衡，以控制温差，而回流罐的液位靠改变侧线苯抽出量来恒定。在正常条件下，这种控制方法是可行的、直观的，可以保证产品质量(纯度)。但是，在回流比较大(大于 1) 的情况下，这种控制方法存在两个缺点：一是受外界环境干扰(如突然降温、下雨等)，回流稍有波动就会导致系统的波动，影响产品质量；二是产品抽出量仅由回流罐液位控制，回流的波动会导致回流罐液面的波动，而使侧线苯抽出量有较大变化，使塔的热平衡与温差波动。

(2) 直接物料平衡控制。

直接物料平衡控制即温差-苯抽出量串级调节控制方法，是把塔的热平衡与物料平衡紧密地结合起来，克服了回流控制方法的两个缺点。控制抽出的方法一般用于回流量(L_R)大于产品量(D) 的情况，即 L_R/D 比越大，优越性就越明显。因此，现在设计的苯塔基本都采用这种控制方法。

【思考题】

(1) 芳烃精馏有何特点？生产中如何实现？

(2) 芳烃蒸馏的工艺流程有几种类型？

项目三 操作技术

任务一 催化重整预处理仿真操作

一、训练目标

(1) 熟悉预处理部分工艺流程及相关流量、压力、温度等控制方法。

(2) 掌握预处理部分开车前的准备工作、冷态开车、停车的步骤及故障处理措施。

二、训练准备

(1) 仔细阅读预处理部分装置概述及工艺流程说明，并熟悉仿真软件中各个流程画面符号的含义及操作步骤。

(2) 熟悉仿真软件中控制组画面、手操器组画面的内容及调节方法。

三、训练步骤及故障处理措施

见催化重整装置仿真操作手册。

任务二 催化重整反应单元仿真操作

一、训练目标

(1) 熟悉催化重整反应单元工艺流程及相关流量、压力、温度等控制方法。

(2) 掌握催化重整反应单元开车前的准备工作、冷态开车、停车的步骤及事故处理方法。

二、训练准备

(1) 仔细阅读催化重整反应单元装置概述及工艺流程说明，并熟悉仿真软件中各个流程画面符号的含义及操作步骤。

(2) 熟悉仿真软件中控制组画面、手操器组画面的内容及调节方法。

三、训练步骤及事故处理方法

见催化重整装置仿真操作手册。

参考文献

[1] 林世雄.石油炼制工程[M].2 版.北京:石油工业出版社,1988.
[2] 张锡鹏.炼油工艺学[M].北京:石油工业出版社,1982.
[3] 黄乙武.液体燃料的性质和应用[M].北京:烃加工出版社,1985.
[4] 赵杰民.炼油工艺基础[M].北京:石油工业出版社,1981.
[5] 北京石油设计院.石油化工工艺计算图表[M].北京:烃加工出版社,1985.
[6] 张建芳,山红红,涂永善.炼油工艺基础知识[M].北京:中国石化出版社,2006.
[7] 陆士庆.炼油工艺学[M].北京:中国石化出版社,2011.
[8] 侯祥麟.中国炼油技术[M].2 版.北京:中国石化出版社,2001.
[9] 王宝仁,孙乃有.石油产品分析[M].2 版.北京:化学工业出版社,2009.
[10] 李淑培.石油加工工艺学[M].北京:中国石化出版社,2009.
[11] 陈长生.石油加工生产技术[M].北京:高等教育出版社,2007.
[12] 杨兴锴,李杰.燃料油生产技术[M].北京:化学工业出版社,2010.